内 容 简 介

　　甲壳动物物种多样性很高，是重要的海洋底栖动物；胶州湾是北方典型的温带海湾。本书是胶州湾及青岛邻近海域高等甲壳动物十足目珍贵资料的累积和多样性资料的完整总结。本书第一部分详细介绍了真虾总目以后的底栖甲壳动物最新分类系统；主体部分详细描述了胶州湾及青岛邻近海域十足目物种多样性，共计 43 科 90 属 152 种，包括每种的异名、标本采集地、形态特征和地理分布等，附有形态学特征图和整体照片。书后有参考文献、中名索引和学名索引，便于读者查询。

　　本书较为完整地展示了该海域的高等甲壳动物十足目的物种多样性，将为甲壳动物分类学、底栖动物生态学及分子系统学等学科的研究提供基础资料，可供海洋生物学的科研和教学工作人员阅读参考。

图书在版编目（CIP）数据

　　胶州湾及青岛邻近海域底栖甲壳动物. 下册 / 沙忠利等编著. —北京：科学出版社, 2018.6

　　（现代海洋科学：从近海到深海）

　　ISBN 978-7-03-057788-7

　　Ⅰ. ①胶…　Ⅱ.①沙…　Ⅲ. ①黄海–海湾–甲壳类–底栖动物–介绍　Ⅳ.①Q958.808

　　中国版本图书馆 CIP 数据核字(2018)第 126249 号

责任编辑：王海光　王　好 / 责任校对：郑金红
责任印制：肖　兴 / 封面设计：北京图阅盛世文化传媒有限公司

科学出版社 出版

北京东黄城根北街 16 号
邮政编码：100717
http://www.sciencep.com

北京汇瑞嘉合文化发展有限公司 印刷
科学出版社发行　　各地新华书店经销

*

2018 年 6 月第 一 版　　开本：720×1000 1/16
2018 年 6 月第一次印刷　　印张：24 3/4
字数：472 000

定价：298.00 元
(如有印装质量问题，我社负责调换)

现代海洋科学：从近海到深海

胶州湾及青岛邻近海域底栖甲壳动物（下册）

沙忠利　蒋　维　任先秋　王永良　编著

科学出版社

北　京

Marine Benthic Crustacea from Jiaozhou Bay and Qingdao Adjacent Waters (2)

Sha Zhong-Li, Jiang Wei, Ren Xian-Qiu & Wang Yong-Liang

Science Press

Beijing, China

现代海洋科学：从近海到深海
丛书编委会

丛 书 序

海洋是地球上最大的气候调节器，是人类和其他所有生物的生命保障系统。人们虽然居住在陆地上，但生活的方方面面却与海洋密切相关：我们呼吸的氧气70%来自于海洋，生存所必需的水 97%存在于海洋。有些生物可以在没有阳光和氧的环境中生存，但是任何生命都离不开水，而地球上所有水的最终源头都在海洋，正因为海洋的存在，地球上才形成了所有生物赖以生存的环境。

大多数人认为生命起源于海洋。地球上超过80%的生物生活在海洋中，而且在陆地上发现的生物类群在海洋中几乎都能发现，很多生活在海洋中的生物反而是特有的，例如，棘皮动物海参、海胆、海星和海蛇尾等只在海洋中生存。若以体积衡量，海洋占据了生物在地球上所能发展空间的99%。

海洋对气候具有重要的驱动和调节作用，我们所熟知的厄尔尼诺、拉尼娜等气候事件都起源于海洋，对我国影响很大的东亚季风与海洋的变化密切相关，大部分台风也是起源于海洋。

据联合国统计，世界上有超过 30 亿人的生计依赖于海洋和沿海的多种生物。在过去 60 多年中，人类从海洋中获取的鱼类资源超过 35 亿吨，全世界大约有 26 亿人摄入的动物蛋白来自海洋水产品，我国居民摄入的动物蛋白有 20%以上来自于海洋。

海洋是人类赖以生存的基础，但反过来，人类又对海洋造成了极大的影响。据联合国数据显示，全球 40%的海洋受到了人类活动的"严重影响"，包括污染、过度捕捞和沿海生物栖息地的丧失。

人类生活的陆地仅占地球表面的 30%，对于占地球 70%的海洋，我们应该有更多了解。在 1992 年里约热内卢举行的地球首脑会议上首次提出"世界海洋日"的概念。联合国于 2008 年第 63 届联合国大会上，将每年的 6 月 8 日定为"世界海洋日"（World Ocean Day），以唤起人类关注海洋、保护海洋的意识。联合国秘书长潘基文就此发表致辞时指出，人类活动正在使海洋世界付出可怕的代价，个人和团体都有义务保护海洋环境，认真管理海洋资源。2009 年首个世界海洋日的主题为："我们的海洋，我们的责任"，2010 年主题"我们的海洋：机遇与挑战"，2011 年主题"我们的海洋，绿化我们的未来"，2012 年主题"海洋与可持续发展"，2013 年主题"团结一致，我们就有能力保护海洋"，2014 年主题"众志成城，保护海洋"。

让每个人了解海洋、热爱海洋，唤起人们保护海洋的意识，合理开发利用海洋，综合管控海洋是每个海洋科技工作者的责任和义务。为传播海洋知识，及时介绍海洋科技发展最新进展，记录海洋科技发展历程，科学出版社和中国科学院海洋研究所共同商定出版《现代海洋科学：从近海到深海》丛书，该丛书涉及从近海到深海大洋各个方面的研究进展，包含海洋生物学、海洋生态学、物理海洋学、化学海洋学、生物海洋学、海洋地质学和海洋生物资源开发利用等各个方面。

为把握好丛书的学术质量，我们设立了编委会，成员均为中科院海洋研究所各研究室的骨干科学家，他们在各自的研究领域都取得了卓越的成果。编委会将与出版社共同遴选出版物，主导丛书发展方向，确保丛书的出版质量。

我将和编委们共同努力，与出版社紧密合作，并广泛征求海洋学界朋友们的意见，争取把丛书办好。丛书前期的出版物主要是中国科学院的研究成果，我们期望后续会有更多同行参与进来，踊跃投稿或提出建议。希望丛书的出版能够为我国海洋科技发展、海洋开发利用和海洋保护起到重要的推动作用！

2015 年 1 月于青岛

前　　言

《胶州湾及青岛邻近海域的底栖甲壳动物》分上、下两册编研出版，下册是上册（2017 年出版）的续篇。

胶州湾及青岛邻近海域的底栖甲壳动物计有 300 余种。上册记录了甲壳动物亚门软甲纲真虾总目以前较低等的种类 151 种，下册记录真虾总目以后的种类 152 种，它们隶于十足目 43 科 90 属。下册是在该海域较完整的资料积累的基础上完成的，也是中国科学院海洋研究所刘瑞玉院士领导的甲壳动物分类团队的重要贡献之一，报告的种类数目超过了以往任何关于该海域的论著，极大地丰富了物种多样性的资料，为读者们提供了重要参考。

上册所记录的种类大多为小型的甲壳动物，下册主要记录较大型的十足目甲壳动物。多数十足目甲壳动物具有很高的经济价值，与人们的关系甚为密切，特别是虾、蟹类，如对虾、梭子蟹等，是人类重要的食用海产品；有些种为鱼类的主要饵料，或是维持生物多样性、底内生态环境的主要成员，对维持生态平衡、保持生态系统稳定发挥着重要作用。

下册仍然沿用了上册 Zhi-Qiang Zhang（2011）的分类系统，对真虾总目以后的甲壳动物的分类系统细化介绍到"科"，以便读者参考和引用。

下册是依据中国科学院海洋生物标本馆（简称"标本馆"）所收藏和采集的甲壳动物标本、外单位送至中国科学院海洋研究所（简称"海洋所"）分类室鉴定的甲壳动物标本，以及海洋所甲壳动物分类组查阅的诸多学术论文为素材完成的。标本绝大多数保存于标本馆。中国科学院刘瑞玉院士生前指导了该学科的研究，积累了大量标本和资料，他所建立的甲壳动物分类组和底栖动物生态组为资料累积和标本采集都付出了艰辛劳动，并在分析研究中亲力亲为，作者对其甚为缅怀和感激。

下册是我与王永良、任先秋两位老先生和蒋维博士合作编研完成的。王先生编写和提供了虾类、异尾类等有关资料，任先生编写和提供了爬行虾类有关资料，两位老专家也对下册的编写提出了指导性的建议，是我工作的良师益友；蒋维博士编写了有关短尾下目（蟹类）的内容，他是老一代海洋蟹类研究者的传承人，现为甲壳动物分类团队的重要成员。我的研究生肖丽婵、韩源源提供了寄居蟹的研究资料，崔冬玲、王艳荣提供了鼓虾类的研究资料等。华东师范大学的刘文亮博士提供了阿蛄虾科部分种的图片。标本拍照等工作得到了标本馆管理人员的大力支持，以及中国海洋大学伍洋和唐基旭同学的帮助。本书还参考了甲壳动物学的老前辈沈嘉瑞、刘瑞玉、堵南山、戴爱云、宋大祥、杨思谅等先生的资料，在此一并致谢。惜上述老前辈多已仙逝，无限缅怀。

胶州湾及青岛邻近海域的底栖甲壳动物种类非常丰富，多样性指数很高，由于人类的活动及环境的变化，有些种类可能不易再采到，也可能还会有新的种类出现，有待进一步深入采集、分析和研究。

本书的出版得到中国科学院战略性先导科技专项（XDA11020306，XDA1103040102），国家自然科学基金（31201705）和科技部科技基础性工作专项（2013FY110700，2014FY110500）的资助。

由于作者水平所限，书中难免有不足之处，恳请同行和读者批评指正。

沙忠利

2017 年 11 月于青岛

目　　录

分 类 系 统

　　上册记录了在胶州湾和青岛邻近海域发现的属于甲壳动物亚门软甲纲真虾总目以前较低等的底栖甲壳动物 151 种。下册仍沿用 Zhi-Qiang Zhang（2011）的分类系统，继续记录在该海域真虾总目以后的底栖甲壳动物，主要是十足目的 152 种。为了简单明了，本书把真虾总目以后的甲壳动的分类系统细化介绍到"科"，以便读者参考和引用。

甲壳动物分类系统（续上册）

真虾总目 Superorder Eucarida Calman, 1904 (3 orders)
　磷虾目 Order Euphausiacea Dana, 1852 (2 families)
　　　　深水磷虾科 Family Bentheuphusiidae Colosi, 1917 (1 genus, 1 species)
　　　　磷虾科 Family Euphausiidae Dana, 1852 (10 genera, 86 species)
　异虾目 Order Amphionidacea Williamson, 1973 (1 family)
　　　　异虾科 Family Amphionididae Holthuis, 1955 (1 genus, 1 species)
　十足目 Order Decapoda Latreille, 1802 (2 suborders)
　枝鳃亚目 Suborder Dendrobranchiata Bate, 1888 (2 superfamilies)
　　　　对虾总科 Superfamily Penaeoidea Rafinesque, 1815 (5 families)
　　　　须虾科 Family Aristeidae Wood-Mason *et* Alcock, 1891 (9 genera, 26 species)
　　　　深对虾科 Family Benthesicymidae Wood-Mason *et* Alcock, 1891 (5 genera, 39 species)
　　　　对虾科 Family Penaeidae Rafinesque, 1815 (32 genera, 222 species)
　　　　单肢虾科 Family Sicyoniidae Ortmann, 1898 (1 genus, 52 species)
　　　　管鞭虾科 Family Solenoceridae Wood-Mason *et* Alcock, 1891 (9 genera, 83 species)
　　　　樱虾总科 Superfamily Sergestoidea Dana, 1852 (2 families)
　　　　莹虾科 Family Luciferidae De Haan, 1849 (1 genus, 7 species)
　　　　樱虾科 Family Sergestidae Dana, 1852 (12 genera, 101 species)
　腹胚亚目 Suborder Pleocyemata Burkenroad, 1963 (11 infraorders)
　猬虾下目 Infraorder Stenopodide Claus, 1872 (3 families)
　　　　巨颚虾科 Family Marcromaxillocarididae Albarez, Lliffe *et* Villabobos, 2006 (1 genus, 1 species)
　　　　俪虾科 Family Spongicolidae Schram, 1986 (7 genera, 39 species)
　　　　猬虾科 Family Stenopodidae Claus, 1872 (4 genera, 31 species)
　原虾下目 Infraorder Procaridoida Chace *et* Manning, 1972 (1 superfamily)
　　　　原虾总科 Superfamily Procaridoidea Chace *et* Manning, 1972 (1 family)

原虾科 Family Procarididae Chace *et* Manning, 1972 (2 gemera, 6 species)

真虾下目 Infraorder Caridea Dana, 1852 (14 superfamilies)

鼓虾总科 Superfamily Alpheoidea Rafinesque, 1815 (4 families)

鼓虾科 Family Alpheidae Rafinesque, 1815 (47 genera, 659 species)

犗虾科 Family Barboriidae Christoffersen, 1987 (3 genera, 8 species)

藻虾科 Family Hippolytidae Bate, 1888 (37 genera, 336 species)

长眼虾科 Family Ogyrididae Holthuis, 1955 (1 genus, 10 species)

匙指虾总科 Superfamily Atyoidea De Haan, 1849 (1 family)

匙指虾科 Family Atyidae De Haan, 1849 (42 genera, 468 species)

伯莱虾总科 Family Bresiloidea Calman, 1896 (5 family)

弯臂虾科 Family Agostocarodidae Hart *et* Manning, 1986 (1 genus, 3 species)

埃尔文虾科 Famil Alvinocardidae Chrstoffersen, 1986 (8 genera, 26 species)

伯莱虾科 Family Bresilidae Calman, 1896 (2 genera, 9 species)

盘指虾科 Family Disciadidae Rathbun, 1902 (4 genera, 12 species)

假螯虾科 Family Pseudochelidae De Grave *et* Moosa, 2004 (1 genus, 3 species)

弯背虾总科 Superfamily Campylonotoidea Solaud, 1913 (2 families)

深长臂虾科 Family Bathypalaemonellidae de Saint Laurent, 1985 (2 genera, 11 species)

弯背虾科 Family Campylonotidae Sollaud, 1913 (1 genera, 5 species)

褐虾总科 Superfamily Crangonoidea Haworth, 1825 (2 families)

褐虾科 Family Crangonidae Haworth, 1825 (23 genera, 219 species)

镰虾科 Family Glyphocrangonidae Smith, 1913 (1 genus, 88 species)

线足虾总科 Superfamily Nematocarcinoidea Smith, 1884 (4 families)

驼背虾科 Family Eugnatonotidae Chace, 1937 (1 genus, 2 species)

线足虾科 Family Nematocarcinidae Smith, 1884 (4 genera, 52 species)

活额虾科 Family Rhynchocinetidae Ortmann, 1890 (2 genera, 25 species)

剑额虾科 Family Xiphocarididae Ortmann, 1895 (1 genus, 2 species)

刺虾总科 Superfamily Oplophoroidea Dana, 1852 (2 families)

棘虾科 Family Acanthephyridae Dana, 1852 (7 genera, 55 species)

刺虾科 Family Oplophoridae Dana, 1852 (3 genera, 14 species)

玻璃虾总科 Superfamily Pasiphaeoidea Dana, 1852 (1 family)

玻璃虾科 Family Pasiphaeidae Dana, 1852 (7 genera, 95 species)

宽背虾总科 Superfamily Physetocaridoidea Chace, 1940 (1 family)

宽背虾科 Family Physetocarididae Chace, 1940 (1 genus, 1 species)

长臂虾总科 Superfamily Palaemonoidea Rafinesque, 1815 (8 families)

似贝隐虾科 Family Anchistioididae Borradaile, 1915 (1 genus, 3 species)

阔颚虾科 Family Desmocarididae Borradaile, 1915 (1 genus, 2 species)

宽额虾科 Family Euryrhynchidae Holthuis, 1950 (3 genera, 7 species)

叶颚虾科 Family Gnathophyllidae Dana, 1852 (4 genera, 14 species)

膜角虾科 Family Hymenoceridae Ortmann, 1890 (2 genera, 3 species)

咔咔虾科 Family Kakaducarididae Bruce, 1993 (3 genera, 3 species)

长臂虾科 Family Palaemonidae Rafinesque, 1815 (137 genera, 967 species)

盲虾科 Family Typhlocarididae Annandale *et* Kemp, 1913 (1 genus, 4 species)

长额虾总科 Superfamily Pandaloidea Haworth, 1825 (2 families)

长额虾科 Family Pandalidae Haworth, 1825 (23 genera, 188 species)

小海虾科 Family Thalassocarididae Bate, 1888 (2 genera, 4 species)

异指虾总科 Superfamily Processoidea Ortmann, 1890 (1 family)

异指虾科 Family Processidae Ortmann, 1890 (4 genera, 68 species)

剪足虾总科 SuperfamilyPsalidopodoidea Wood-Mason *et* Alcock, 1892 (1 family)

剪足虾科 Family Psalidopodidae Wood-Mason *et* Alcock, 1892 (1 genus, 3 species)

棒指虾总科 Superfamily Stylodactyloidea Bate, 1888 (1 family)

棒指虾科 Family Stylodactylidae Bate, 1888 (5 genera, 34 species)

多螯虾下目 Infraorder Polychelida Scholtz *et* Richter, 1995 (1 superafamily)

鞘虾总科 Superfamily Eryonoidea De Haan, 1841 (1 family)

多螯虾科 Family Polychelidae Wood-Mason, 1874 (6 genera, 37 species)

无螯虾下目 Infraorder Achelata Scholtz *et* Richter, 1995 (1 superafamily)

龙虾总科 Superfamily Palinuroidea Latreille, 1802 (2 families)

龙虾科 Family Palinuridae Latreille, 1802 (12 genera, 59 species)

蝉虾科 Family Scyllaridae Latreille, 1825 (20 genera, 88 species)

雕虾下目 Infraorder Glypheidea Winkler, 1882 (1 superfamily)

雕虾总科 Superfamily Glypheoidea Winckler, 1882 (1 family)

雕虾科 Family Glypheidae Winckler, 1882 (2 genera, 2 species)

螯虾下目 Infraorder Astacidea Latreille, 1802 (4 superfamilies)

礁螯虾总科 Superfamily Enoplometopoidea de Saint Laurent, 1988 (1 family)

礁螯虾科 Family Enoplometopidae de Saint Laurent, 1988 (1 genus, 12 species)

海螯虾总科 Superfamily Nephropoidea Dana, 1852 (1 family)

海螯虾科 Family Nephropidae Dana, 1852 (14 genera, 54 species)

螯虾总科 Superfamily Astacoidea Latreille, 1802 (2 families)

螯虾科 Family Astacidae Latreille, 1802 (3 genera, 11 species)

美螯虾科 Family Cambaridae Hobbs, 1942 (2 genera, 428 species)

拟螯虾总科 Superfamily Parastacoidea Huxley, 1879 (1 family)

拟螯虾科 Family Parastacidae Huxley, 1879 (15 genera, 165 species)

阿蛄虾下目 Infraorder Axiidea de Saint Laurent, 1979 (2 superfamilies)

阿蛄虾总科 Superfamily Axioidea Huxley, 1879 (9 families)

阿蛄虾科 Family Axiidae Huxley, 1879 (44 genera, 112 species)

玉虾科 Family Callianideidae Kossmann, 1880 (2 genera, 4 species)

秀虾科 Family Calocarididae Ortmann, 1891 (11 genera, 30 species)

珊瑚蛄虾科 Family Coralaxiidae Sakai *et* de Saint Laurent, 1989 (2 genera, 4 species)

钝头阿蛄虾科 Family Eiconaxiidae Sakai *et* Ohta, 2005 (1 genus, 30 species)

似钝头阿蛄虾科 Family Eiconaxiopsididae Kakai, 2010 (1 genus, 2 species)

凹蛄虾科 Family Meticonaxiidae Sakai, 1992 (3 genera, 18 species)

米蛄虾科　Family Micheleidae Sakai, 1992 (1 genus, 13 species)

斯蛄虾科　Family Strahlaxiidae Poore, 1994 (3 genus, 11 species)

美人虾总科 Superfamily Callianssoidea Dana, 1852 (10 families)

娇斧虾科 Family Anacalliacidae Manning *et* Felder, 1991 (3 genera, 3 species)

巴氏娇斧虾科 Family Bathycalliacidae Sakai *et* Türkay, 1999 (2 genera, 2 species)

美人虾科 Family Callianassidae Dana, 1852 (22 genera, 171 species)

似美人虾科 Family Callianopsidae Manning *et* Felder, 1991 (3 genera, 3 species)

栉指虾科 Family Ctenochelidae Manning *et* Felder, 1991 (1 genus, 10 species)

真娇斧虾科 Family Eucalliacidae Manning *et* Felder, 1991 (8 genera, 17 species)

古瑞虾科 Family Gourretiidae Sakai, 1999 (5 genera, 10 species)

里波科虾科 Family Lipkecallianassidae Sakai, 2005 (1 genus, 1 species)

伪古瑞虾科 Family Pseudogourretiidae Sakai, 2005 (1 genus, 1 species)

托玛森玉虾科 Family Thomassiniidae de Saint Laurent, 1979 (5 genera, 13 species)

蝼蛄虾下目 Infraorder Gebiidea de Saint Lurent, 1979 (1 superfamily)

海蛄虾总科 Superfamily Thalassinoidea Latreille, 1831 (4 families)

锥头泥虾科 Family Axianassidae Schmitt, 1924 (1 genus, 8 species)

泥虾科 Family Laomediidae Borradaile, 1903 (5 genera, 16 species)

海蛄虾科 Family Thalassinidae Latreille, 1831 (1 genus, 7 species)

蝼蛄虾科 Family Upogebiidae Borradaile, 1903 (13 genera, 163 species)

异尾下目 Infraorder Anomura MacLeay, 1838 (7 superfamilies)

澳寄居蟹总科 Superfamily Lomisoidea Bouvier, 1895 (1 family)

澳寄居蟹科 Family Lomisidae Bouvier, 1895 (1 genus, 1 species)

闪光蟹总科 Superfamily Aegloidea Dana, 1852 (1 family)

闪光蟹科 Family Aeglidae Dana, 1852 (1 genus, 69 species)

柱螯虾总科 Superfamily Chirostyloidea Ortmann, 1892 (2 families)

柱螯虾科 Family Chirostylidae Ortmann, 1892 (5 genera, 276 species)

针刺铠虾科 Family Eumunididae A. Milne-Edwards *et* Bouvier, 1900 (2 genera, 30 species)

铠甲虾总科 Superfamily Galatheoidea Samouelle, 1819 (4 families)

铠甲虾科 Family Galatheidae Samouelle, 1819 (11 genera, 95 species)

刺铠虾科 Family Munididae Ahyong, Baba, Macpherson *et* Poore, 2010 (20 genera, 395 species)

拟刺铠虾科 Family Munidopsidae Ortmann, 1898 (4 genera, 250 species)

瓷蟹科 Family Porcellanidae Haworth, 1825 (30 genera, 277 species)

蝉蟹总科 Superfamily Hippoidea Latreille, 1825 (3 families)

管须蟹科 Family Albuneidae Stimpson, 1858 (9 genera, 48 species)

眉足蟹科 Family Blepharipodidae Boyko, 2002 (2 genera, 6 species)

蝉蟹科 Family Hippidae Latreille, 1825 (3 genera, 27species)

　　寄居蟹总科 Superfamily Paguroidea Latreille, 1802 (6 families)
　　　陆寄居蟹科 Family Coenobitidae Dana, 1851 (2 genera, 19 species)
　　　活额寄居蟹科 Family Diogenidae Ortmann, 1892 (20 genera, 428 species)
　　　寄居蟹科 Family Paguridae Latreille, 1802 (75 genera, 542 species)
　　　拟寄居蟹科 Family Parapaguridae Smith, 1882 (10 genera, 76 species)
　　　门螯寄居蟹科 Family Pylochelidae Bate, 1888 (10 genera, 41 species)
　　　富雷寄居蟹科 Family Pylojaequesidae McLaughlin *et* Lamaitre, 2001 (2 genera, 2 species)
　　石蟹总科 Superfamily Lithodoidea Samouelle, 1819 (2 families)
　　　软腹蟹科 Family Hapalogastridae Brandt, 1850 (5 genera, 8 species)
　　　石蟹科 Family Lithodidae Samouelle, 1819 (10 genera, 121 species)
短尾下目 Infraorder Brachyura Latreille, 1802 (4 sections)
　绵蟹派 Section Dromiacea De Haan, 1833 (3 superfamilies)
　　人面绵蟹总科 Superfamily Homolodromioidea Alcock, 1900 (1 family)
　　　人面绵蟹科 Family Homolodromiidae Alcock, 1900 (2 genera, 24 species)
　　绵蟹总科 Superfamily Dromioidea De Haan, 1833 (2 families)
　　　绵蟹科 Family Dromiidae De Haan, 1833 (41 genera, 124 species)
　　　贝绵蟹科 Family Dynomenidae Ortmann, 1892 (5 genera, 19 species)
　　人面蟹总科 Superfamily Homoloidea De Haan, 1839 (3 familie)
　　　人面蟹科 Family Homolidae De Haan, 1839 (14 genera, 65 species)
　　　蛛形蟹科 Family Latreilliidae Stimpson, 1858 (2 genera, 7 species)
　　　普苹蟹科 Family Poupiniidae Guinot, 1991 (1 genus, 1 species)
　蛙蟹派 Section Raninoida De Haan, 1839 (1 superfamily)
　　蛙蟹总科 Superfamily Raninoidea De Haan, 1839 (1 family)
　　　蛙蟹科 Family Raninidae De Haan, 1839 (12 genera, 39 species)
　圆关公蟹派 Section Cyclodorippoida Ahyong *et al*., 2007 (1 superfamily)
　　圆关公蟹总科 Superfamily Cyclodorippoidea Ortmann, 1892 (3 families)
　　　圆关公蟹科 Family Cyclodorippidae Ortman, 1892 (10 genera, 49 species)
　　　丝足蟹科 Family Cymonomidae Bouvier, 1897 (5 genera, 38 species)
　　　叶形鬼蟹科 Family Phyllotymolinidae Tavares, 1998 (3 genera, 4 species)
　真短尾派 Section Eubrachyura de Saint Laurent, 1980 (2 subsections)
　　异孔亚派 Subsection Heterotremata Guinot, 1977 (28 superfamilies)
　　　奇净蟹总科 Superfamily Aethroidea Dana, 1851 (1 family)
　　　　奇净蟹科 Family Aethroidae Dana, 1851 (7 genera, 35 species)
　　　美丽蟹总科 Superfamily Bellioidea Dana, 1852 (1 family)
　　　　美丽蟹科 Family Belliidae Dana, 1852 (4 genera, 7 species)
　　　深水蟹总科 Superfamily Bythograeoidae Williams, 1980 (1 family)
　　　　深水蟹科 Family Bythogracidae Williams, 1980 (6 genera, 14 species)
　　　馒头蟹总科 Superfamily Calappoidea Milne Edwards, 1937 (2 families)
　　　　馒头蟹科 Family Calappidae Milne Edwards, 1937 (9 genera, 95 species)

黎明蟹科 Family Matutidae De Haan, 1841 (4 genera, 15 species)
黄道蟹总科 Superfamily Cancroidea Latreille, 1802 (2 families)
　近圆蟹科 Family Atelecyelidae Ortmann, 1893 (6 genera, 24 species)
　黄道蟹科 Family Cancridae Latreille, 1802 (4 genera, 6 species)
瓢蟹总科 Superfamily Carpilioidea Ortmann, 1893 (1 family)
　瓢蟹科 Family Carpiliidae Ortmann, 1893 (1 genus, 2 species)
角掌蟹总科 Superfamily Cheiragonoidea Ortmann, 1893 (1 family)
　角掌蟹科 Family Cheiragonidae Ortmann, 1893 (2 genera, 3 species)
盔蟹总科 Superfamily Corystoidea Samoulle, 1819 (1 family)
　盔蟹科 Family Corystidae Samoulle, 1819 (4 genera, 9 species)
疣扇蟹总科 Superfamily Dairoidea Ng et Rodriguez, 1986 (2 families)
　泪刺毛蟹科 Family Dacryopilumnidae Serene, 1984 (1 genus, 2 species)
　疣扇蟹科 Family Dairidae Ng et Rodriguez, 1986 (4 genera, 79 species)
关公蟹总科 Superfamily Dorippoidea MacLeay, 1838 (2 families)
　关公蟹科 Family Dorippidae MacLeay, 1838 (9 genera, 19 species)
　四额齿蟹科 Family Ethusidae Guinot, 1977 (4 genera, 79 species)
酋蟹总科 Superfamily Eriphioidea MacLeay, 1838 (6 families)
　疣酋蟹科 Family Dairoididae Števčić, 2005 (1 genus, 3 species)
　酋蟹科 Family Eriphiidae MacLeay, 1838 (2 genera, 8 species)
　深海蟹科 Family Hypothalassiidae Karasawa et Schweitzer, 2006 (1 genus, 2 species)
　哲扇蟹科 Family Menippidae Ortmann, 1893 (5 genera, 10 species)
　团扇蟹科 Family Oziidae Dana, 1851 (7 genera, 32 species)
　平扇蟹科 Family Platyxanthidae Guinot, 1977 (5 genera, 7 species)
地蟹总科 Superfamily Gecarcinucoidea Rathbun, 1904 (1 family)
　地蟹科 Family Gecarcinucidae Rathbun, 1904 (58 genera, 349 species)
长脚蟹总科 Superfamily Goneplacoidea MacLeay, 1938 (11 families)
　尖边蟹科 Family Acidopsidae Števčić, 2005 (2 genera, 4 species)
　宽甲蟹科 Family Chasmocarcinidae Serene, 1964 (9 genera, 35 species)
　康氏蟹科 Family Conleyidae Števčić, 2005 (1 genus, 1 species)
　宽背蟹科 Family Euryplacidae Stimpson, 1871 (10 genera, 33 species)
　长脚蟹科 Family Goneplacidae MacLeay, 1838 (16 genera, 67 species)
　小爪蟹科 Family Litocheiridae Števčić, 2005 (2 genera, 3 species)
　杯蟹科 Family Mathildellidae Karasawa et Kato, 2003 (5 genera, 22 species)
　新长眼柄蟹 Family Neommatocarcinidae Stevcic, 2011 (1 genus, 1 species)
　原怪蟹科 Family Progeryonidae Števčić, 2005 (3 genera, 7 species)
　掘沙蟹科 Family Scalopidiidae Števčić, 2005 (1 genus, 2 species)
　朽木蟹科 Family Vultocinidae Ng et Manuel-Santos, 2007 (1 genus, 1 species)
六足蟹总科 Superfamily Hexapodoidea Miers, 1886 (1 family)
　六足蟹科 Family Hexapodidae Miers, 1886 (13 genera, 20 species)

玉蟹总科 Superfamily Leucosioidea Samouelle, 1819 (2 families)
  精干蟹科 Family Iphiculidae Alcock, 1896 (2 genera, 5 species)
  玉蟹科 Family Leucosiidae Samouelle, 1819 (69 genera, 447 species)
蜘蛛蟹总科 Superfamily Majoidea Samouelle, 1819 (6 families)
  卧蜘蛛蟹科 Family Epialtidae MacLeay, 1838 (81 genera, 375 species)
  膜壳蟹科 Family Hymenosomatidae MacLeay, 1838 (19 genera, 124 species)
  尖头蟹科 Family Inachidae MacLeay, 1838 (39 genera, 204 species)
  拟尖头蟹科 Family Inachoididae Dana, 1851 (10 genera, 39 species)
  蜘蛛蟹科 Family Majidae Samouelle, 1819 (47 genera, 194 species)
  突眼蟹科 Family Oregoniidae Garth, 1958 (4 genera, 14 species)
虎头蟹总科 Superfamily Orithyoidea Dana, 1852 (1 family)
  虎头蟹科 Family Orithyiidae Dana, 1852 (1 genus, 1 species)
扁蟹总科 Superfamily Palicoidea Bouvier, 1898 (2 families)
  刺缘蟹科 Family Crossotonotidae Moosa *et* Serene, 1981 (2 genera, 6 species)
  扁蟹科 Family Palicidae Bouvier, 1898 (9 genera, 57 species)
菱蟹总科 Superfamily Parthenopoidea MacLeay, 1838 (1 family)
  菱蟹科 Family Parthenopidae MacLeay, 1838 (38 genera, 139 species)
毛刺蟹总科 Superfamily Pilumroidea Samouelle, 1819 (3 families)
  静蟹科 Family Galenidae Alcock, 1898 (4 genera, 9 species)
  毛刺蟹科 Family Pilumnidae Samouelle, 1819 (63 genera, 349 species)
  长螯蟹科 Family Tanaochelidae Ng *et* Clark, 2000 (1 genus, 2 species)
梭子蟹总科 Superfamily Portunoidea Rafinesque, 1815 (7 families)
  真蟹科 Family Carcinidae MacLeay, 1838 (8 genera, 30 species)
  镜蟹科 Family Catopridae Borradatle, 1902 (2 genera, 10 species)
  怪蟹科 Family Geryonidae Colosi, 1923 (3 genera, 37 species)
  大蟳蟹科 Family Macropipidae Stephenson *et* Campbell, 1960 (8 genera, 28 species)
  梨形蟹科 Family Pirimelidae Alcock, 1899 (2 genera, 5 species)
  梭子蟹科 Family Portunidae Rafinesque, 1815 (23 genera, 307 species)
  滨蟹科 Family Thiidae Dana, 1852 (2 genera, 3 species)
溪蟹总科 Superfamily Potamoidea Ortmann, 1896 (2 families)
  溪蟹科 Family Potamidae Ortmann, 1896 (97 genera, 521 species)
  仿溪蟹科 Family Potamonautidae Bott, 1970 (18 genera, 138 species)
伪细腰蟹总科 Superfamily Pseudothelphusoidea Ortmann, 1893 (1 family)
  伪细腰蟹科 Family Pseudothelphusidae Ortmann, 1893 (41 genera, 276 species)
假团扇蟹总科 Superfamily Pseudozoidea Alcock, 1898 (4 families)
  盲毛刺蟹科 Family Caecopilumnidae Števčić, 2011 (1 genus, 3 species)
  拟毛刺蟹科 Family Pilumnoididae Guinot *et* Macpherson, 1987 (1 genus, 8 species)
  小毛刺蟹科 Family Planopilumnidae Serene, 1984 (3 genera, 4 species)
  假团扇蟹科 Family Pseudoziidae Alcock, 1898 (3 genera, 10 species)

反羽蟹总科 Superfamily Retroplumoidea Gill, 1894 (1 family)

  反羽蟹科 Family Retroplumidae Gill, 1894 (2 genera, 10 species)

梯形蟹总科 Superfamily Trapezioidea Miers, 1886 (3 families)

  圆顶蟹科 Family Domecilidae Ortmenn, 1893 (4 genera, 6 species)

  拟梯形蟹科 Family Tetraliidae Castro, Ng *et* Ahyong, 2004 (2 genera, 12 species)

  梯形蟹科 Family Trapeziidae Miers, 1886 (6 genera, 38 species)

毛指蟹总科 Superfamily Trichodactyloidea Milne-Edwards, 1853 (1 family)

  毛指蟹科 Family Trichodactylidae Milne-Edwards, 1853 (15 genera, 45 species)

扇蟹总科 Superfamily Xanthoidea MacLeay, 1838 (3 families)

  精武蟹科 Family Panopeidae Ortmann, 1893 (26 genera, 84 species)

  假斜方蟹科 Family Pseudorhumbilidae Alcock, 1900 (10 genera, 13 species)

  扇蟹科 Family Xanthidae MacLeay, 1838 (123 genera, 572 species)

胸孔亚派 Subsection Thoracotremata Guinot, 1977 (4 superfamilies)

  隐螯蟹总科 Superfamily Cryptochiroidea Paul'son, 1875 (1 family)

  隐螯蟹科 Family Cryptochiridae Paul'son, 1875 (20 genera, 46 species)

方蟹总科 Superfamily Grapsoidea MacLeay, 1838 (8 families)

  地蟹科 Family Gecarcinidae MacLeay, 1838 (6 genera, 19 species)

  雕方蟹科 Family Glyptograpsidae Schubart, Cuesta *et* Felder, 2002 (2 genera, 3 species)

  方蟹科 Family Grapsidae MacLeay, 1838 (8 genera, 41 species)

  盾牌蟹科 Family Percnidae Števčić, 2005 (1 genus, 6 species)

  斜纹蟹科 Family Plagusiidae Dana, 1851 (4 genera, 18 species)

  相手蟹科 Family Sesarmidae Dana, 1851 (30 genera, 252 species)

  弓蟹科 Family Varunidae H. Milne-Edwards, 1853 (36 genera, 146 species)

  怪方蟹科 Family Xenograpsidae N. K. Ng, Davie, Schubart *et* Ng, 2007 (1 genus, 3 species)

沙蟹总科 Superfamily Ocypodoidea Rafinesque, 1815 (8 families)

  猴面蟹科 Family Camptandriidae Stimpson, 1858 (18 genera, 36 species)

  毛带蟹科 Family Dotiilidae Stimpson, 1858 (9 genera, 59 species)

  指沙蟹科 Family Heloeeiidae H. Milne-Edwards, 1852 (1 genus, 1 species)

  大眼蟹科 Family Macrophthalmidae Dana, 1851 (7 genera, 65 species)

  和尚蟹科 Family Mictyridae Dana, 1851 (1 genus, 4 species)

  沙蟹科 Family Ocypodidae Rafinesque, 1815 (2 genera, 115 species)

  仿招潮蟹科 Family Ucididae Stevere, 2005 (1 genus, 2 species)

  短眼蟹科 Family Xenophthalmidae Stimpson, 1858 (3 genera, 5 species)

豆蟹总科 Superfamily Pinnotheroidea De Haan, 1833 (2 families)

  隐指蟹科 Family Aphanodactylidae Ahyong *et* Ng, 2009 (4 genera, 7 species)

  豆蟹科 Family Pinnotheridae De Haan, 1833 (53 genera, 297 species)

(引自 Zhi-Qiang Zhang, 2011)

胶州湾及青岛邻近海域
底栖甲壳动物（下册）

十足目种类描述

　　十足目包括虾、螯虾、蟹类等大量形态各异的海洋、淡水、半陆生的动物类群。躯体由头胸部与腹部构成：头胸部由头部与所有胸节互相愈合而成，由 13 个体节构成，各节之间分界不明显；外具 1 发达的头胸甲，通常与头胸部完全愈合，并从背部向两侧延伸至胸足基部，包住鳃，形成鳃室。第 2 小颚具发达外肢形成颚舟叶，用以把水抽入和排出鳃室。头胸甲的外部形态变化较大，为重要的分类依据。

　　头胸部共具 13 对附肢：头部 5 对、胸部 8 对。头部附肢包括第 1 触角、第 2 触角、大颚、第 1 小颚及第 2 小颚。胸部前 3 对附肢形成颚足：第 1 颚足、第 2 颚足及第 3 颚足，为摄食辅助器官；后 5 对为步足，为捕食及爬行之器官。步足通常由 7 节构成，外肢自第 2 节长出，但大多数种类外肢已消失。步足各节名称，自近体端至远体端分别为：底节、基节、座节、长节、腕节、掌节和指节。某些步足的末 2 节可相对呈螯状。在螯足中，掌节分为两部，即掌部和不动指，而指节则成为可动指。

　　腹部共由 7 节构成，末节称尾节。腹部附肢双枝型，共 6 对。在虾类中，腹部附肢为主要游泳器官。其中第 1、第 2 对形态有所不同：第 1 对腹肢的外肢，两性均发达，但雌性内肢极小，而雄性内肢变形为交接器；第 2 对腹肢，内、外肢均很发达，雄性内肢内侧基部具 1 小附属肢，称作雄性附肢。第 3 至第 5 对腹肢，内、外肢均很发达，形状相同。第 6 对尾肢，内、外肢均很宽大，与尾节共同构成尾扇，在游泳中用以控制方向及升降。在蟹类中，腹部扁平，肌肉退化，卷折在头胸甲腹面，其附肢已不具游泳功能。雄性腹部的附肢只有第 1、第 2 节存在，并变形成雄性交接器，是蟹类分类的重要依据。雌性腹部第 2 至第 5 节上的腹肢均存在，内、外肢均发达，用以携带卵粒。

　　鳃是十足目的呼吸器官，鳃按其结构，分 3 种基本类型：枝鳃、丝鳃与叶鳃；按其着生部位，可分为 4 类：侧鳃、关节鳃、足鳃及肢鳃。侧鳃着生于附肢基部上方身体侧壁上。关节鳃着生于附肢底节与体壁间的关节膜上。足鳃和肢鳃着生于附肢底节外面，鳃的结构、数量是十足目重要的分类性状。

十足目通常雌雄异体，第二性征十分明显。肢鳃亚目与真虾下目雌性生殖孔位于第 3 对步足之底节上，雄性位于第 3 对步足底节与体壁的关节膜上。除真虾类外腹胚亚目生殖孔在末对步足的底节上，或在该节的腹甲上；雌性生殖孔开口于第 3 对步足的底节上，或在该节的腹甲上。

十足目现分两个亚目：肢鳃亚目与腹胚亚目。

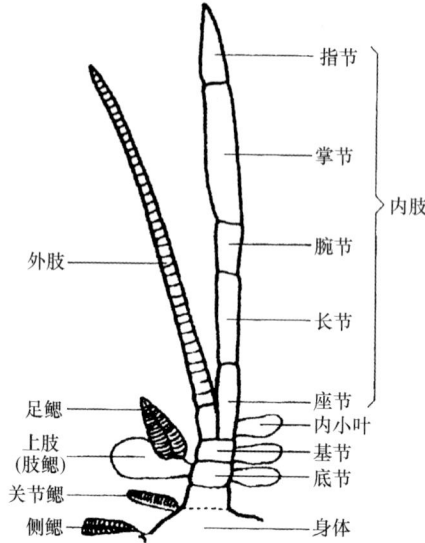

十足目附肢结构

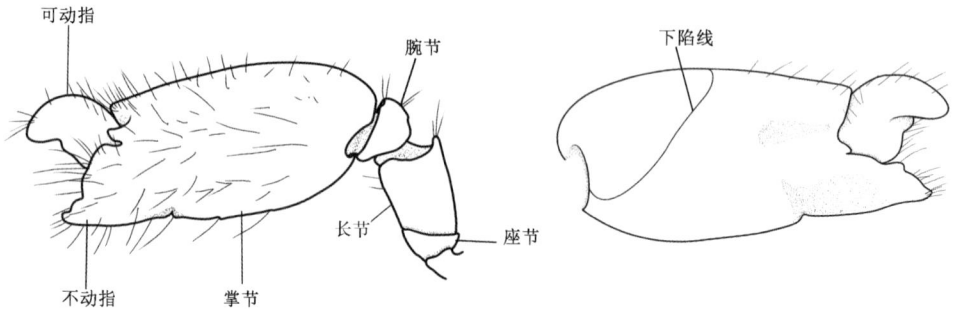

螯足结构（以鼓虾科为例）

节肢动物门　Phylum Arthropoda

　甲壳动物亚门　Subphylum Crustacea Pennant, 1777

　　软甲纲　Class Malacostraca Latreille, 1806

　　　十足目　Order Decapoda Latreille, 1803

枝鳃亚目 Suborder Dendrobranchiata Bate, 1888

　　头胸甲侧扁或圆柱形。复眼具柄，极少退化。第 1 触角双枝，具柄刺。第 2 触角柄缘肢 2 节，内肢柄部 3 节，外肢具鳞片。第 1 对颚足内肢分 5 节，不具齿状脊。前 3 对胸足具螯。腹部附肢双枝型，尾肢双枝型，尾节与宽大的尾肢共同形成尾扇。鳃呈树枝状。雄性生殖孔于第 5 对步足底节与体壁的关节膜上，雌性生殖孔在第 3 步足底节上。雄性通常具交接器，雌性具体外纳精器。体外受精，卵通常直接产入海水中；从卵中孵出的第 1 阶段幼体为无节幼体。

　　枝鳃亚目现分为两个总科：对虾总科和樱虾总科。

对虾总科 Superfamily Penaeoidea Rafinesque-Schmaltlz, 1815

对虾外部形态及头胸甲各部名称（仿刘瑞玉，2003）

A. 雄性对虾整体侧面观；B，C. 虾类头胸甲各部名称

一、对虾科 Family Penaeidae Rafinesque, 1815

特征描述：额角很发达，上缘或下缘具齿，头胸甲具肝刺、胃上刺、颊刺有或无，无眼后刺、触角上刺和肝上刺。颈沟较短，伸不到头胸甲背脊，腹部后数节均具有背脊。尾节末端尖、端侧缘末刺有或无。第 1 触角具内侧附肢，触角鞭一般为圆形，有时基部较粗扁。大颚触须 2 节，末节较基节长而宽，第 2 小颚原肢两大片，又各分成 2 小片。第 1 颚足内肢 5 节，第 3 颚足柱状，有的种雄雌异形。前 4 对或 5 对步足具外肢。雄性第 1 对腹肢上具交接器，交接器半开放型或封闭型；第 2 对腹肢上具雄性腹肢，无内腹肢和端侧突。雌性第 4 及第 5 对步足间的腹甲上具有交接器，开放或封闭型。

对虾科世界已知 26 属 216 种，中国海域分布有 17 属 72 种，胶州湾及青岛邻近海域发现有 7 属 8 种。

分属检索表

1. 额角背缘有齿，腹缘通常也有齿。末胸节有侧鳃 ·· 2
   额角仅上缘有齿(下缘无齿)。末胸节无侧鳃 ·· 5
2. 额角侧脊和沟短，短或约伸至胃上齿处。额胃脊缺 ································· 3
   额角侧脊和沟长，向后远超出胃上齿处，常几乎伸至头胸甲后缘。额胃脊存在
   ··· 囊对虾属 *Marsupenaeus*
3. 肝脊无或不太清楚 ······························· 明对虾属 *Fenneropenaeus*
   肝脊显著 ·· 4
4. 雌性交接器开放型，雄性交接器腹脊短，不到侧叶末缘 ········· 滨对虾属 *Litopenaeus*
   雌性交接器封闭型，雄性交接器腹脊长，伸到侧叶末缘 ········· 对虾属 *Penaeus*
5. 第 3 颚足和第 2 对步足具基节刺，雄性交接器不对称 ······· 赤虾属 *Metapenaeopsis*
   第 3 颚足和第 2 对步足不具基节刺。雄性交接器对称 ·········· 6
6. 末 2 胸节（ⅩⅢ）具侧鳃，颚足和前 4 对步足具外肢，第 5 对步足无外肢 ·········
   ··· 新对虾属 *Metapenaeus*
   末 2 胸节（ⅩⅢ）无侧鳃，全部步足或仅第 1 对步足具外肢 ·········· 7
7. 体纤细，甲壳薄。第 3 对步足缺上肢 ···················· 仿对虾属 *Parapenaeopsis*
   体粗壮，甲壳厚。第 3 对步足具上肢 ·················· 鹰爪虾属 *Trachysalambria*

（一）明对虾属 Genus *Fenneropenaeus* Pérez-Farfante, 1969

甲壳表面光滑，无毛。额角背缘及腹缘具齿。头胸甲具触角刺、肝刺，无眼眶刺和颊刺。额角侧脊和侧沟短，不抵或约伸至胃上齿处，无额胃脊。眼眶触角

沟不明显，颈脊清晰，颈沟清晰或弱。肝脊无，如有则适度不清楚。末胸节有侧鳃。第 6 腹节两侧各有 3 条明显的小短脊，无背侧沟。尾节无刺。

明对虾属世界已知 5 种，中国海域分布有 4 种，胶州湾及青岛邻近海域发现有 1 种。

1. 中国明对虾 *Fenneropenaeus chinensis* (Osbeck, 1765)

Cancer chinensis Osbeck, 1765: 151.

Penaeus orientalis Kishinoye, 1918: 79, text-figs; Yu, 1935b: 167; Kubo, 1949: 301, text-figs; Liu, 1955: 9, pls. 1-3, figs. 1-5; Shen *et* Liu, 1976: 16, figs. 11-13; Starobogatov, 1972: 368, pl. 4, fig. 34; Kim, 1977.

Penaeus (Feneropenaeus) chinensis: Holthuis, 1980: 41; Miquel, 1983: 140; Liu *et* Zhong, 1988: 128, figs. 68, 70 (1-2), pl. 2 (2); Hayashi, 1992: 127, figs. 5, 67b, 68a, 69a.

Fenneropenaeus chinensis (Osbeck): Pérez-Farfante *et* Kensley, 1997: 82.

标本采集地：胶州湾内外。

特征描述：甲壳透明光滑，散布有棕兰色细点，头胸甲、额角及腹部的脊都呈深红褐色，尾肢末半为深棕带蓝并夹有红色；雄性体色黄，雌性生殖腺未完全成熟前呈绿色，完全成熟后呈棕绿色。额角长，超出第 2 触角鳞片末端，额角基部脊较低，额角后脊不到头胸甲中部第 1 触角上，鞭很长，约为头胸甲长的 1.3 倍。雄性第 3 颚足指节约与掌节等长，第 3 对步足螯伸至第 2 触角鳞片末端。

生态习性：喜欢生活于泥沙底的浅海，以底栖的虾类、小型甲壳类、小型双壳软体动物和各种无脊椎动物的幼体等为食。该种为我国特有种，具有洄游习性。

地理分布：中国（渤海，黄海，东海，南海）；朝鲜半岛；日本；越南。

图 1a　中国明对虾 *Fenneropenaeus chinensis*

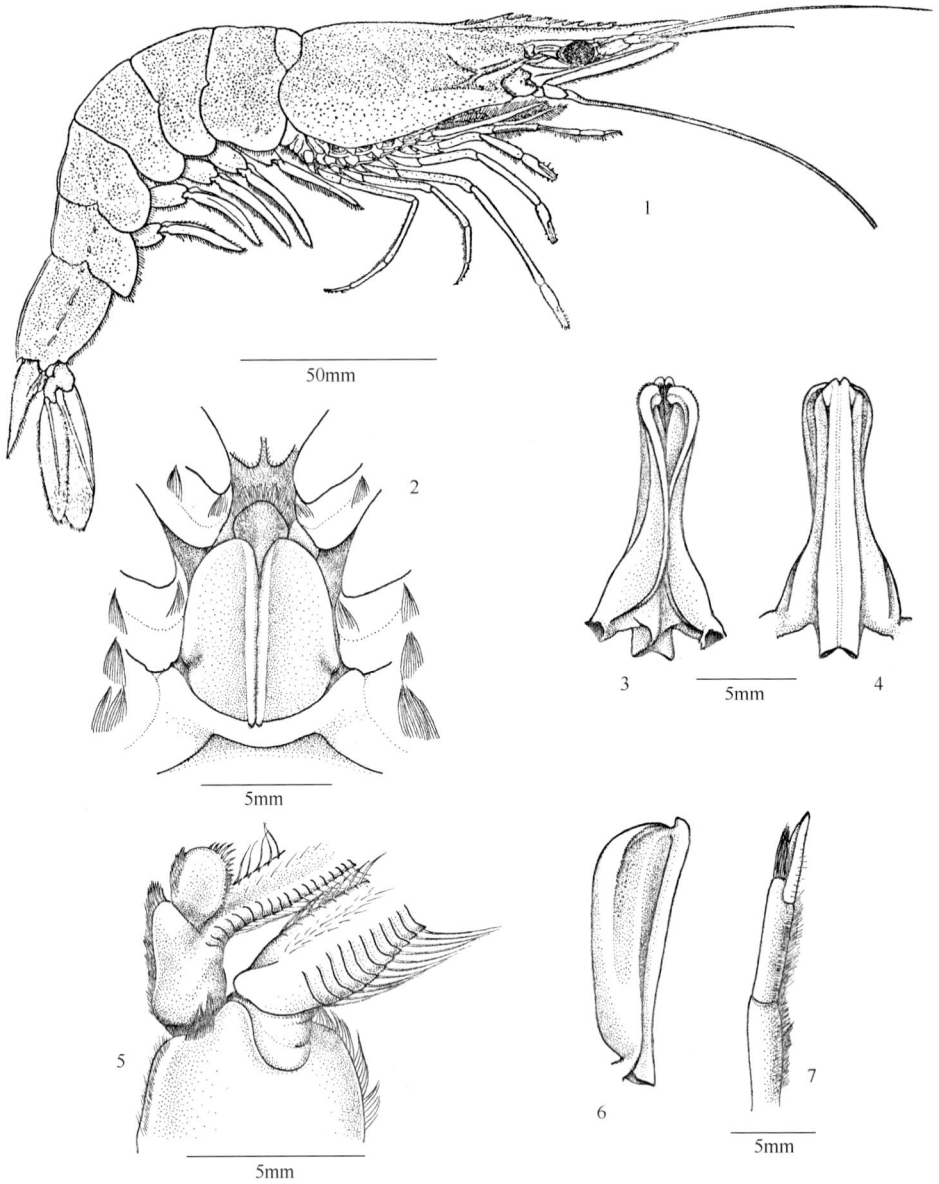

图 1b　中国明对虾 *Fenneropenaeus chinensis*（仿刘瑞玉和钟振如等，1988）
1. 雌性整体侧面观；2. 雌性交接器；3. 雄性交接器腹面；4. 雄性交接器背面；5. 雄性附肢；
6. 雄性交接器侧面；7. 雄性第 3 颚足

（二）滨对虾属 Genus *Litopenaeus* Pérez-Farfante, 1969

额角侧沟和侧脊短，止于胃上齿处或稍超出（向后），无额胃脊，肝脊明显，

第6腹节两侧各有3个明显的小短脊。雄性交接器无末中突，腹脊短，不到侧叶末缘。雌性交接器为开放型，第14胸节腹甲无板和纳精囊。

滨对虾属世界已知5种，中国海域分布有2种（皆系引进人工养殖），胶州湾及青岛邻近海域发现有2种。

分种检索表

1. 额角具1或2个腹缘齿；雄性交接器侧叶游离部分长，显著超过中央叶；雌性交接器在第14胸节腹甲有1对斜锐脊，脊对中部向腹面突出成锐耳⋯⋯⋯⋯ **凡纳滨对虾 *L. vannamei***
额角腹缘齿多于2个；雄性交接器侧叶游离部分短，不超过中央叶；雌性交接器在第14胸节腹甲前部无成对的脊，但具中脊（龙骨）⋯⋯⋯⋯⋯⋯⋯ **细角滨对虾 *L. stylirostris***

2. 细角滨对虾 *Litopenaeus stylirostris* (Stimpson, 1874)

Penaeus stylirostris Stimpson, 1874: 134.
Penaeus (*Litopenaeus*) *stylirostris*: Holthuis, 1980: 45.
Litopenaeus stylirostris: Pérez-Farfante *et* Kensley, 1997: 87, figs. 48, 49.

特征描述： 最大体长230mm，生活时体淡蓝灰色，有时具细斑。额角细长，末端尖，超出第2触角鳞片，额角背缘前1/3无齿，齿式常为5～10/3～8，在胃上齿之前，第1触角鞭长于柄。雄性交接器侧叶末部自由部分短，不超过中叶，叶的外面接近末缘具不规则成排小齿。雌性交接器为开放型，不具纳精囊，第4、第5步足基部具强纵列隆起，其腹甲上具中央脊。

生态习性： 引进人工养殖。

地理分布： 中国（黄海，台湾沿岸，南海）；美洲太平洋岸；加利福尼亚湾；秘鲁。（20世纪90年代自美国引进养殖。）

图2a 细角滨对虾 *Litopenaeus stylirostris*

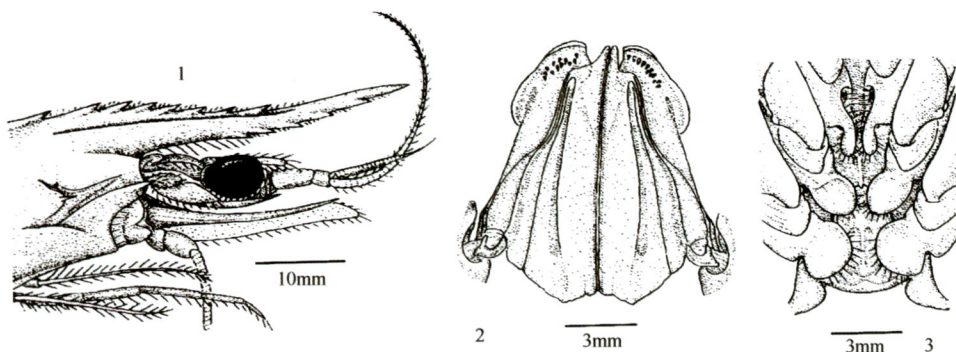

图2b　细角滨对虾 *Litopenaeus stylirostris*（仿刘瑞玉，2003）
1. 头胸甲侧面观；2. 雄性交接器；3. 雌性交接器

3. 凡纳滨对虾 *Litopenaeus vannamei* (Boone, 1931)

Penaeus vannamei Boone, 1931: 173.
Penaeus (Litopenaeus) vanamei: Holthuis, 1980: 46; Liu, 2008: 703.
Litopenaeus vannamei: Pérez-Farfante *et* Kensley, 1997: 90.

特征描述：生活时体白色半透明。额角短，不超出第 1 触角第 2 节，齿式 8～9/1～2，第 1 触角内外鞭等长，均极短小，头胸甲短，与腹部之比约为 1∶3。雄性交接器侧叶游离部分长，显著超过中央叶。雌性交接器不具纳精囊，为开放型，第 4 对步足间的腹甲上有大的半圆形至正方形中央突，第 5 对步足间的腹甲前部有 1 对斜锐脊，脊的中部向腹面突出成锐耳。

生态习性：引进人工养殖，现为主要养殖种。

图3a　凡纳滨对虾 *Litopenaeus vannamei*

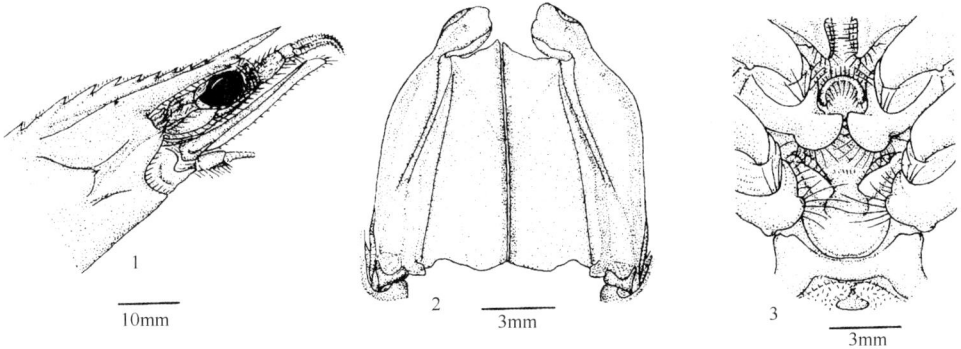

图 3b　凡纳滨对虾 *Litopenaeus vannamei*（仿刘瑞玉，2003）
1. 头胸甲侧面观；2. 雄性交接器；3. 雌性交接器

地理分布：中国（沿海各省，长江流域，海南）；美洲太平洋沿岸；加利福尼亚湾；秘鲁。（1986 年引自美洲，后迅速发展为中国最大的养殖种，约占人工养殖种类的 80%以上，年产量超过 100 万吨。）

（三）囊对虾属 Genus *Marsupenaeus* Tirmizi, 1971

表皮光裸。额角上缘有齿，下缘具 1 或 2 齿，幼虾长，显著超过第 1 触角柄，长随体增加而减少，成体者仅伸至第 1 柄节末端。头胸甲眼眶角刺状；触角刺和肝刺很显著，缺颊刺；眼后沟无；额角右脊和额角侧沟和脊长，几乎伸至头胸甲后缘；额胃脊后缘折向背前方，自基部分出的短支显著与脊分开；额胃沟后端明显双叉；眼胃脊长，几乎伸至头胸甲前缘；眼眶触角沟明显；颈脊锐，沟明显；肝脊和沟发达；心鳃脊无；无纵缝横缝。第 6 腹节两侧有 3 脊痕，无背侧沟。尾节具 3 对侧缘活动刺。第 2 触角柄无拟对虾刺，触鞭较头胸甲显著短很多。第 1 小颚触须长，常为 3 节，有时由 4 或 5 节构成，基节内中缘基部突出成刚毛小叶，具 1 中间刺和末侧缘排小刺。第 1、第 2 步足具基节刺。雄性交接器对称，半封闭，末中突十分发达，曲折，形成罩。雄性附肢亚椭圆形，具强边缘刺和成宽片的短强刺。雌性交接器封闭，第 14 节腹甲具单板两侧折叠构成前端开口的囊，有纳精囊的作用；第 13 节腹囊长板状中央突，向后伸入 14 节腹甲。

囊对虾属世界已知 1 种，中国海域分布有 1 种，胶州湾及青岛邻近海域发现有 1 种。

4. 日本囊对虾 *Marsupenaeus japonicus* (Bate, 1888)

Penaeus canaliculatus var. *japonicus* Bate, 1888: 245, pls. 31, 32 (4), 37 (2).
Penaeus canaliculatus Ortmann, 1890: 488; Kishinouye, 1900: 11, pls. 1 (1, 2), 7 (1); Rathbun, 1902: 37.

Penaeus canaliculatus: Alcock, 1906: 14 (part, synonymy only).

Penaeus pulchricaudatus Stebbing, 1914.

Penaeus japonicus: Nobili, 1906: 10; De Man, 1911: 107; Balss, 1914: 13; Yu, 1936a: 168; Yoshida, 1941: 9; Kubo, 1949: 273, figs. IP, IIA, 12, 13, 14, 14A-F, 20C, 24A-C, 49A, 57, 58A, 67I-K, 70, 71A, G, 73A, G, 77M, 106, 107, 108, 111; Barnard, 1950: 590; Hall, 1956: 71; 1962: 14; Dall, 1957: 142 (key); Racek, 1959: 11; Racek *et* Dall, 1965: 12, pl. 1, fig. 1; George, 1969: 12, 21; Starobogatov, 1972: 367, pl. 4, fig. 27; Shen *et* Liu, 1976: 40, fig. 24; Lee *et* Yu, 1977: 24, figs. 11, 12; Liu *et* Zhong, 1988: 114, figs. 54-61, pl. 1(5); Hayashi, 1992: 129. figs. 1, 65, 66a, 67c, 68c, 69c, 70.

Peneus japonicus: Maki *et* Tsuchiya, 1923: 26, pl. 1, fig. 3.

Penaeus (*Marsupenaeus*) *japonicus*: Holthuis, 1980: 46; Motoh *et* Buri, 1984: 31, figs. 20, 21, 22A, 23A, 24A, 24D.

Marsupenaeus japonicus: Pérez-Farfante *et* Kensley, 1997: 93, figs. 52, 53, 54.

标本采集地：胶州湾，青岛沿岸。

特征描述：体表具鲜明的横斑纹，头胸甲及腹部各节暗棕色、土黄色橙色环带相间，尾肢中部有深棕色横带，末半部蓝绿色，缘毛红色，余见囊对虾属的特征描述。

生态习性：该种在南黄海原无分布记录，后中国海洋大学王克行教授曾在山东半岛放流；也有少量养殖。

地理分布：中国（南黄海，东海，台湾，南海）；地中海东岸；非洲南部东岸，非洲东部；马达加斯加；毛里求斯；法国（留尼汪）；红海；波斯湾；印度；

图4a　日本囊对虾 *Marsupenaeus japonicus*

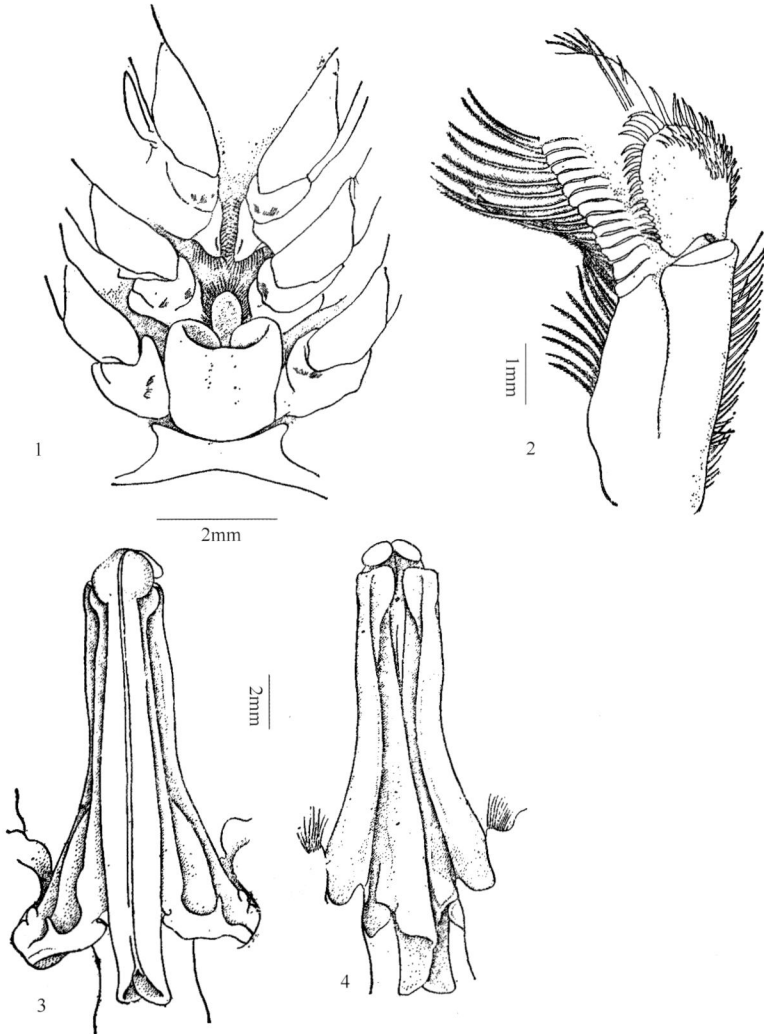

图 4b　日本囊对虾 *Marsupenaeus japonicus*（仿刘瑞玉和钟振如等，1988）
1. 雌性交接器；2. 雄性附肢；3. 雄性交接器背面；4. 雄性交接器侧面

马来西亚；新加坡；泰国；印度尼西亚；菲律宾；朝鲜半岛；日本；新几内亚；澳大利亚（澳大利亚北岸，昆士兰）；斐济。

（四）赤虾属 Genus *Metapenaeopsis* Bouvier, 1905

体形较小，身体表面粗糙，密覆短毛。额角短，仅上缘有齿，胃上齿明显地与额角第 1 齿分开。头胸甲具小的眼眶刺，发达的触角刺，颊刺和肝刺，无鳃甲刺；眼后沟无；眼眶触角沟和颈沟常弱，肝沟也常常弱，有时前部不清楚，绝不达到颊角；肝脊不清楚；无缝。部分种头胸甲后部有摩擦发声脊。腹部除第1节外，各节背面有中央隆脊。第1触角的柄刺较长，伸至第1节末端。第1颚足内枝不分节；第3颚足及第1、第2对步足具基节刺。雌性第2对步足间的腹甲上有1对长锐刺。步足均具外肢。尾节侧缘末部具3对活动刺，后端侧缘具1对固定刺。雄性交接器不对称。

　　赤虾属世界已知77种，中国海域分布有22种，胶州湾及青岛邻近海域发现有1种。

5. 戴氏赤虾 *Metapenaeopsis dalei* (Rathbun, 1902)

Parapenaeus dalei Rathbun, 1902: 40, figs. 9-11.

Penaeopsis dalei Yoshida, 1941:13, 15. fig. 7, pl. 3(1).

Ceracopenaeces dalei: Yokoya, 1930: 527; 1933: 6; 1939: 262.

Metapenaeopsis dalei: Kubo, 1949: 427, figs. 1L, 8H, 22Q, 33A-J, 46E, 64 D, D', 76K, Q, 80M, 148D; Liu, 1955: 18, pl. 6, fig. 52; Starobogatov, 1972: 375, pl. 10, fig. 132; Lee *et* Yu, 1977: 70, figs. 46, 47; Holthuis, 1980; Kim, 1976: 136; Liu *et* Zhong, 1988: 234, fig. 143.

　　标本采集地： 胶州湾内外。

　　特征描述： 头胸甲两侧后缘不具发声小脊。具胃上刺、肝刺、颊刺、触角刺和微小眼眶刺。第2对足底节之间腹甲上具一对长锐刺腹部第2节中部始至第6节背面具中央纵脊；第3腹节背脊较平，纵沟不明显，第6腹节长约为高的1.8倍；尾节稍长过第6腹节。雄性交接器左端腹突长于右端腹突，左端腹突末端有

图 5a　戴氏赤虾 *Metapenaeopsis dalei*

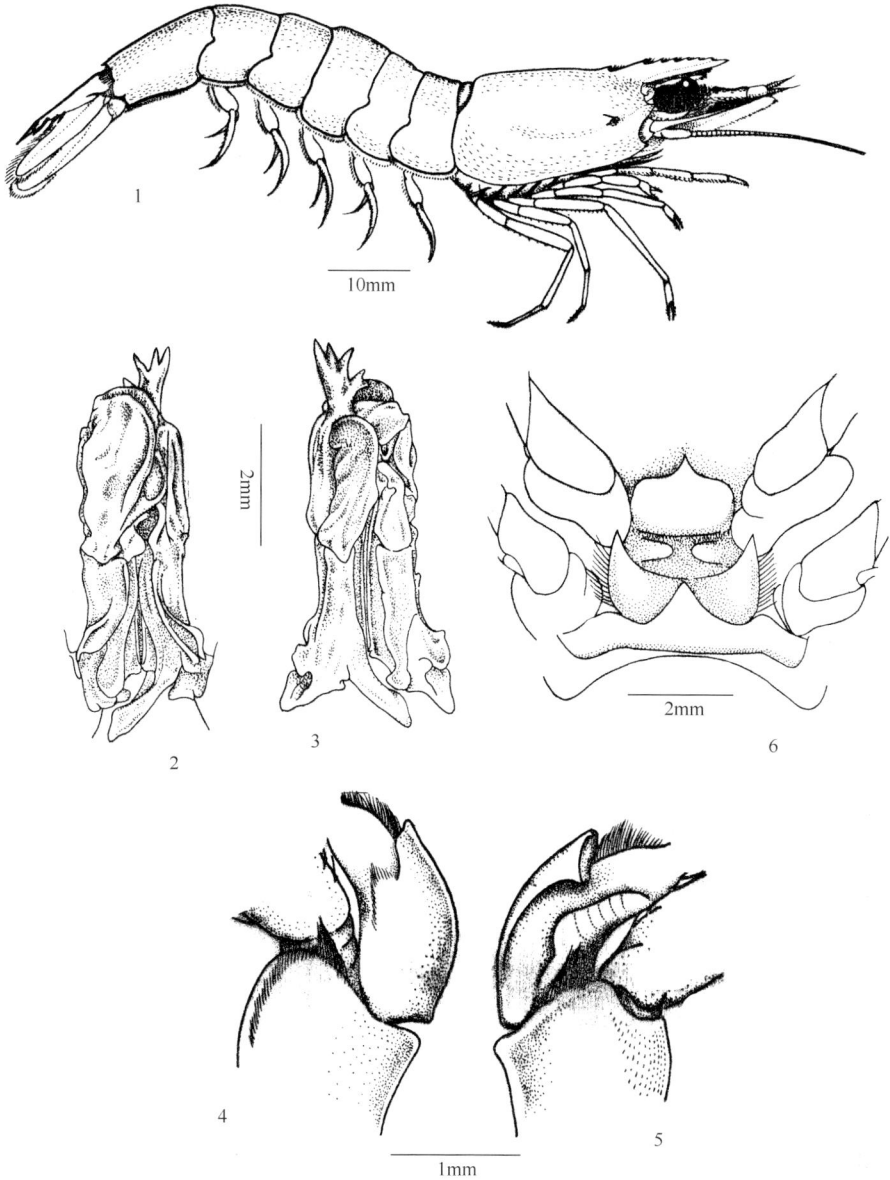

图 5b　戴氏赤虾 *Metapenaeopsis dalei*（仿刘瑞玉和钟振如等，1988）
1. 雌性整体侧面观；2. 雄性交接器腹面；3. 雄性交接器背面；4. 雄性附肢腹面；
5. 雄性附肢背面；6. 雌性交接器

窄突起，具 2～3 尖刺，右端腹突较膨大，末端宽圆无突起。雌性交接器前板略呈横方形，前缘中央向前突成小刺突，前板与后横板之间有 1 凹陷，在其两侧各有 1 齿突，后板前缘中央凹陷，两侧角隆起较高，顶端尖呈三角形，后板之后有一横脊，其前缘有 3 个突起，呈笔架形，中间的突起较大而突出，末端近刺状。

生态习性：生活于泥沙底的浅海。渔市上常混于鹰爪虾和细巧仿对虾中售卖，但数量不多。

地理分布：中国（黄海，东海，台湾，南海，北部湾）；日本；朝鲜半岛。

（五）新对虾属 Genus *Metapenaeus* Wood-Mason *et* Alcock, 1891

头胸甲不同程度有毛密，有时几乎完全光裸。额角仅上缘有齿，胃上齿常明显地与第 1 额角齿分开。头胸甲眼眶角常尖锐，但无刺；触角刺肝刺显著，颊角圆，无刺；眼后沟深，眼胃脊无；眼眶触角沟和颈沟发达；肝沟在肝刺前的部分很清楚，伴有腹脊，肝刺后方的脊不清楚或全无；无纵缝或横缝。第 6 腹节有一条连续的脊痕。第 1 触角第 1 节腹面末端中间无刺；触角鞭短于头胸甲。第 1 小颚触角须 2 节，末节微小，基节大，基侧小叶弱，基中小叶 1 大 1 小，后者有长中间刺。第 1～第 3 对步足具基节刺；仅前 4 对步足具外枝；第 5 对步足无外肢。尾节背面具中央沟，无亚末端固定刺，但有活动后侧刺。雄性交接器对称，背腹面略呈长方形，侧叶较中叶硬而厚，向背腹两面延伸翻卷，在背面中部形成 1 长方形空凹腔，中叶中部自其末端突出。雌性交接器封闭，由 1 块中板和 1 对侧隆起组成。

新对虾属世界已知 27 种，中国海域分布有 7 种，胶州湾及青岛邻近海域发现有 1 种。

6. 周氏新对虾 *Metapenaeus joyneri* (Miers, 1880)

Penaeus joyneri Miers, 1880: 458, pl. 15, figs. 8-10; Kishinouye, 1900: 19, pl. 7, fig. 7.

Parapenaeus joyneri: Rathbun, 1902: 38.

Penaeopsis joyneri: Balss, 1914: 7; Parisi, 1919: 60, pl. 5, figs. 8, 11; Gee, 1925: 156; Urita, 1926: 422; Yu, 1935b: 164; Yoshida, 1941: 14, pl. 2, fig. 3.

Metapenaeus joyneri: Alcock, 1905: 517; Maki *et* Tsuchiya, 1923: 41, pl. 2, fig. 3; Burkenroad, 1934 (list): 7; Kubo, 1949: 344, figs. V, 7S, 22D, 31C, D, 41F-K, 47A, 52D-G, 62A-A', 68I, J, 74E, K, 81G, 125E, F, 126; Liu, 1955: 12, pls. 3 (6-11), 4 (1); Starobogatov, 1972: 369, pl. 5, fig. 67; Lee *et* Yu, 1977: 100, fig. 70; Holthuis, 1980: 25; Liu *et* Zhong, 1988: 178, figs. 110-113, pls. 3 (1), 5 (2); Hayashi, 1992: 100, figs. 52c-55c.

标本采集地：胶州湾。

特征描述：甲壳薄，表面光滑有淡黄色，并散布许多蓝褐色小点。额角稍弯曲，上缘具 6～8 齿，末端 1/3 无齿，额角后脊至头胸甲后缘，腹部 1～6 节具背脊，尾节稍长于第 6 腹节，末端甚尖，背面具纵沟，侧缘无刺，第 1～第 3 对步足具基节刺，5 对足均无座节刺，雄性末 3 对足的基节刺较为延长呈棒状，顶端扁平宽大，边缘突出，上下端形成尖刺，第 4 对步足长节腹缘中部较突出，第 5 对步足长节

图 6a　周氏新对虾 *Metapenaeus joyneri*

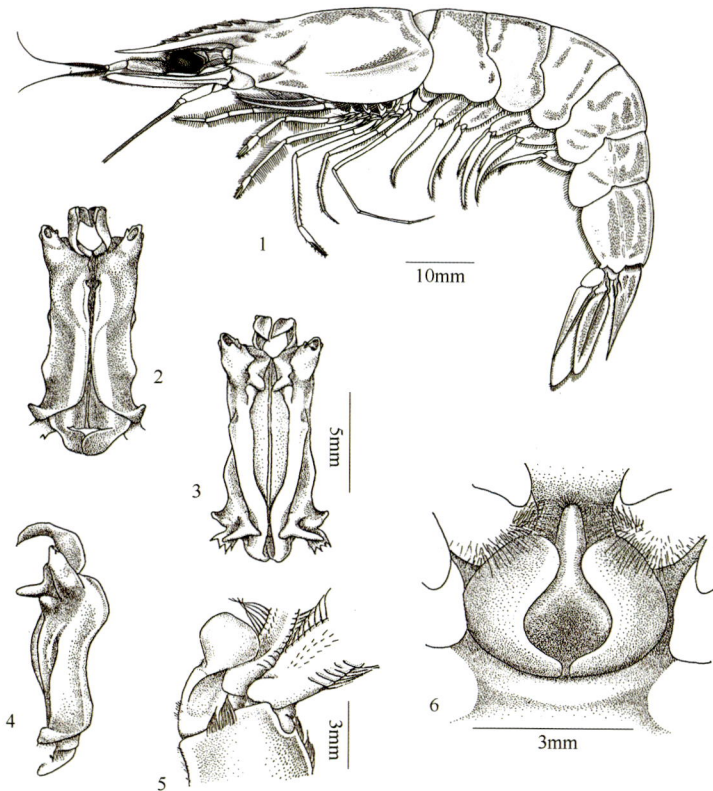

图 6b　周氏新对虾 *Metapenaeus joyneri*（仿刘瑞玉和钟振如等，1988）
1. 雌性整体侧面观；2. 雄性交接器腹面；3. 雄性交接器背面；4. 雄性交接器侧面；5. 雄性附肢；6. 雌性交接器

腹缘基部有 1 小突起。雄性交接器：宽大而坚硬，长方形侧叶向背腹两面延伸翻卷，末端中央有 2 支细长条突，其末部稍宽扁，弯向背面，末端尖。雌性交接器：由中板及两片侧板构成，中板前部细长并隆起，伸至第 4 对步足基部前缘，后部甚宽圆，后端中央凹下，侧板为半月形，由后向前伸，围于中板两侧，其前端几乎与中板侧缘相连接，达到第 4 对步足基部之后，较大个体其侧板前缘与中板相齐，侧板后缘触及末胸节腹甲前缘。

生态习性：生活于浅海的泥沙底。该种为南方常见种，北方仅产于山东半岛沿海。

地理分布：中国（黄海，东海，台湾，北部湾，南海）；日本；朝鲜半岛。

（六）仿对虾属 Genus *Parapenaeopsis* Alcock, 1901

体纤细。甲壳薄，有微小点和刚毛，但无密毛。额角仅上缘有齿，胃上齿与第 1 额齿很接近或明显分开。头胸甲眼眶刺小，触角刺和肝刺发达，无颊刺；但颊角有时尖锐；眼后沟明显；眼胃脊无；眼眶触角沟和颈沟弱；肝沟常在前部明显；有时后部弱；肝脊常有，偶较弱；常为锐脊向前下方斜伸自肝刺几乎伸至颊角，后部常钝。纵缝伸至头胸甲后缘附近，鳃区常有横缝。第 1 小颚触须常为 2 节，基节突出有基侧小叶。第 3 对步足无上肢。第 6 腹节具一条长脊痕，或分为 2 或 3 短条。尾节具 3～5（常为 4）小的活动侧刺，还有 2 或 3 对小的亚端固定刺。雄性交接器对称，半封闭，对称，末端两侧多具突起。雌性交接器封闭，由前板、后板组成，前板多宽且圆。

仿对虾属世界已知 21 种，中国海域分布有 6 种，胶州湾及青岛邻近海域发现有 1 种。

7. 细巧仿对虾 *Parapenaeopsis tenella* (Bate, 1888)

Penaeus tenellus Bate, 1888: 270; Kishinouye, 1900: 22, pls. 6 (3), 7 (8).
Penaeus curcifer Ortmann, 1890: 451, pl. 36, figs. 5a, b.
Penaeus (Parapenaeopsis) tenellus: De Man, 1907: 435, 454.
Parapenaeopsis tenella: De Man, 1911: 9, 92; Balss, 1914: 11; Kubo, 1936: 58; Yoshida, 1941: 15, text-fig. 8, pl. 3, figs. 2-2; Hall, 1961: 89; 1962: 26, figs. 100-100b; Bruin, 1965: 98; George, 1969: 17, 36; Starobogatov, 1972: 370, pl. 7, fig. 185; Holthuis, 1980: 33; Liu *et* Wang, 1987: 524, fig. 1; Liu *et* Zhong, 1988: 196, fig. 120, pl. 6 (3); Hayashi, 1992: 107, figs. 33, 56, 57d-e.
Parapenaeopsis tenellus: Kubo, 1949: 371, text-figs. 1N, 7G', 22J, 32A, B, 47M, 63E, F, 75E, K, 78N, 134A, B, E, F, 135D, H; Liu, 1955: 16, pls. 4 (2), 5 (6-9); Dall, 1957: 221, figs. 29a-g; Racek *et* Dall, 1965: 108, pls. 8 (10), 13 (8).

标本采集地：胶州湾。

特征描述：体型纤细。甲壳薄而光滑，体表淡粉红色或稍带淡黄色，腹部有

图 7a　细巧仿对虾 *Parapenaeopsis tenella*

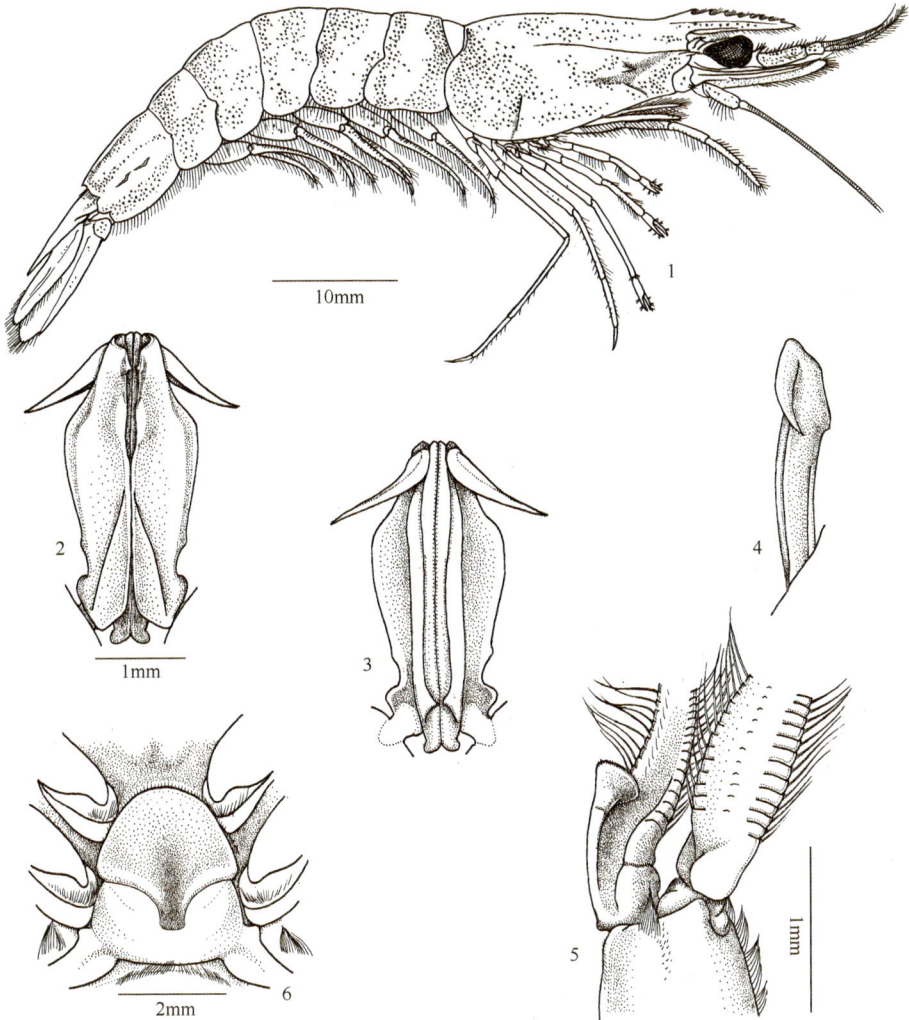

图 7b　细巧仿对虾 *Parapenaeopsis tenella*（2～5 仿刘瑞玉和钟振如等，1988）

1. 雌性整体侧面观；2. 雄性交接器腹面；3. 雄性交接器背面；4. 雄性交接器侧面；5. 雄性附肢；6. 雌性交接器

许多小蓝黑点，尾肢红色，额角短，上缘微凸，全长均具齿，齿数6～8个；无胃上刺。触角刺上方的纵缝向后延伸，其长为头胸甲长的2/3。第1、第2对步足各具1基节刺，不具肢鳃，步足全具外肢。腹部第3～6节背面具纵脊，第6节纵脊末端具一锐刺。雄性交接器：略呈锚状，侧叶中部甚宽，两端稍窄，末端侧突特发达，末端尖，向后侧方倒伸。雌性交接器：前板略呈菱形，前缘宽圆，中央有深纵沟，前板与后板有膜质间隙，后板前缘中部深凹，两侧不复于前板之上。

生态习性：浅海广布种。

地理分布：中国（黄海，东海，台湾，南海，香港，北部湾）；印度；斯里兰卡；孟加拉国；马来西亚；印度尼西亚；菲律宾；日本；朝鲜半岛；新几内亚；澳大利亚北岸。

（七）鹰爪虾属 Genus *Trachysalambria* Burkenroad, 1934

体粗，壳厚，常具密毛。额角较短，约达第1触角柄第2节基部至第3节末端之间，仅上缘有齿；胃上齿明显与第1额角齿分开。头胸甲有眼眶刺，触角刺和肝刺；颊角一般钝或略尖，但常无刺；无眼后沟；纵缝短，止于肝刺前；横缝短。腹部第6节无脊痕，尾节具1～3（或4）对活动侧刺，亚末端1对角弱局部伸出。第1触角柄无拟对虾刺；触鞭短于头胸甲。第1小颚触须完整，末端趋细。第1，第2颚足及第1至第3步足（或仅第3对步足）有上肢；第3颚足无基节刺；第2对步足无座节刺；第4和第5对步足稍长于前3对步足，前3对步足掌节不延长，指节不显著短于掌节。雄性交接器对称，半封闭，末端侧突相对较窄，从基部向末端逐渐变细，向两侧伸直或稍向后弯回，呈角状。雄性附肢亚球状，或亚方形角圆形。雌性交接器封闭，在末胸节腹甲的板较长，中间突出形成中央小隆起，不与中央突起接续；中央突起不具延伸部。

本属世界已知8种，中国海域分布有5种，胶州湾及青岛邻近海域发现有1种。

8. 鹰爪虾 *Trachysalambria curvirostris* (Stimpson, 1860)

Penaeus curvirostris Stimpson, 1860: 44; Kishinouye, 1900: 23, pls. 6 (4), 5 (10).

Trachypeneus curvirostris: Alcock, 1905: 523; Schmitt, 1926: 353; Hall, 1962: 29.

Trachypenaeus curvirostris: Yu, 1935b: 166; Kubo, 1949: 393; Cheung, 1960: 61; Liu, 1955: 14, pls. 4 (3), 5 (1-5); Racek *et* Dall 1965: 89; Hall, 1961: 98; 1962: 29; 1966: 99; Bruin, 1965: 92; George, 1969: 16, 33; Starobogatov, 1972: 370, pl. 7, fig. 87; Lee *et* Yu 1977: 78, figs. 72, 73; Holthuis, 1980: 53; Liu *et* Zhong, 1988: 185, fig. 115.

Trachysalambria curvirostris: Pérez-Farfante *et* Kensley, 1997: 147, fig. 96.

标本采集地：张戈庄，太平港，沙子口。

特征描述：甲壳稍厚，表面粗糙，雌虾体长60～95mm，雄虾体长50～80mm。

额角末端尖锐，稍向上弯，上缘 8～10 齿（包括胃上刺），头胸甲具触角刺、肝刺、眼眶刺。腹部第 2～第 6 节背面具纵脊，第 2 节上甚短，第 6 节上较高，脊的末端和该节下侧角各具小刺，第 6 腹节的长约为最大宽（高）的 1.1 倍，第 5 对步足较短，伸不到鳞片的末缘。雄性交接器锚形，左右对称，侧叶向腹面曲卷，基部较宽，耳状突较小，中部稍窄，侧缘直，末端向两侧伸出翼状突起。侧突的两端稍尖，伸向两侧，末缘较凸，呈弧形，基缘直，与交接器两侧缘成直角，侧突背面纵肋弯曲，背中板细长，顶端突出，再向腹面曲卷。雌性交接器：前板呈半椭圆形，前缘圆，稍向腹面曲卷，两侧缘微弧形，前板中部具纵沟，位于前后板之间的纳精囊，凹穴较深而窄，后半前缘呈"V"形，中部缺刻很深，后缘着生短毛。

生态习性：生活于泥沙底浅海。我国沿海均有分布，数量较大。胶州湾内外均有分布，是产量丰富的海产品。

地理分布：中国（渤海，黄海，东海，台湾，南海，香港，北部湾）；地中海东部；巴西（纳塔尔）；南非-坦桑尼亚；红海；马达加斯加；也门-印度南部（包括波斯湾）；斯里兰卡；马来西亚；印度尼西亚；菲律宾；日本；朝鲜半岛；新几内亚；澳大利亚（西北岸，新南威尔士）。

图 8a　鹰爪虾 *Trachysalambria curvirostris*

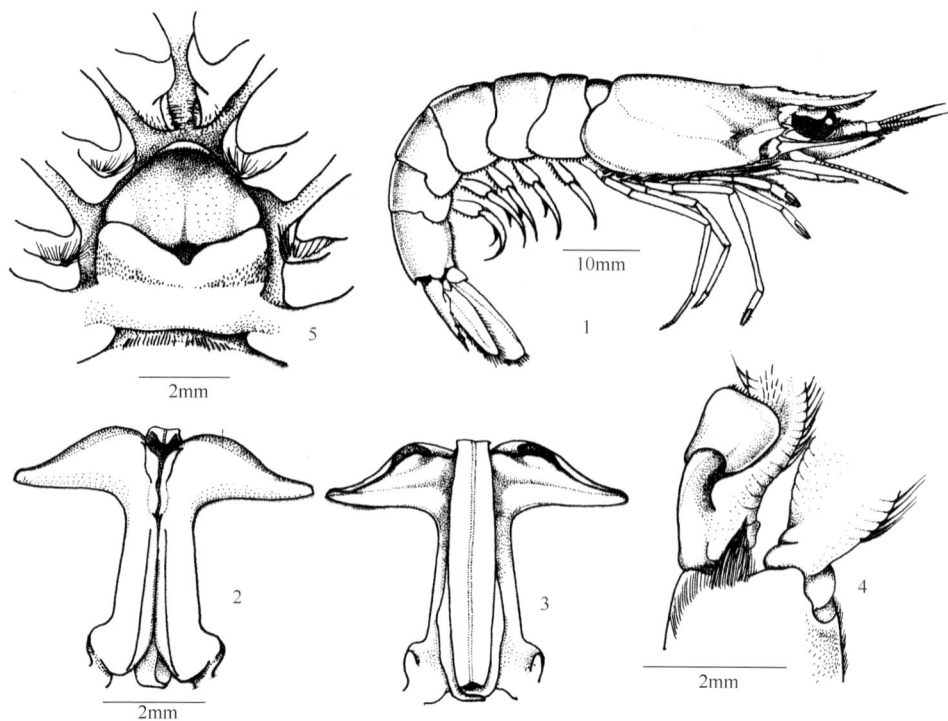

图 8b　鹰爪虾 *Trachysalambria curvirostris*（仿刘瑞玉和钟振如等，1988）

1. 雌性整体侧面观；2. 雄性交接器腹面；3. 雄性交接器背面；4. 雄性附肢；5. 雌性交接器

樱虾总科 Superfamily Sergestoidea Dana, 1852

二、樱虾科 Family Sergestidae Dana, 1852

头胸甲侧扁，额角短于眼柄。雄性第 1 触角的下鞭形成抱持器；第 2 触角鞭长，具有一 "S" 形弯曲，自弯曲处至末端间生有长的感觉毛。第 1 颚足具外肢及肢鳃；第 3 颚足及步足都不具肢鳃。胸部自第 2 颚足以后之各不具外肢。无关节鳃。第 4、第 5 对步足甚小或全缺。雌性第 3 对步足之底节及其间的腹甲变形。雄性附肢仅有 1 小片。雄性交接器对称。雌性无特殊之交接器。

樱虾科世界已知 12 属 106 种，中国海域分布有 3 属 26 种，胶州湾及青岛邻近海域发现有 1 属 2 种。

（八）毛虾属 Genus *Acetes* H. Milne Edwards, 1830

额角短小。头胸甲具眼后刺及肝刺。前 3 对步足皆呈极微小之钳状，第 4～第 5 对步足完全退化。该属虾类个体较小，但产量却很大。

本属世界已知 14 种，中国海域分布有 6 种，胶州湾及青岛邻近海域发现有 2 种。

分种检索表

1. 雌性生殖板后缘中央向前凹陷，形成 1 对乳状突起。雄性交接器的头状部细长呈棒状，其外缘及顶端膨大且具有钩刺的部分较长。尾肢的内肢基部有 1 列红色小点 ················· ·· 中国毛虾 *A. chinensis*
   雌性生殖板后缘微曲，不形成 1 乳状突起。雄性交接器的头状部末端膨大而向内侧弯曲，其外缘及顶端膨大且具有钩刺的部分较短。尾肢的内肢基部仅有 1 个大的红色小点 ········· ·· 日本毛虾 *A. japonicus*

9. 中国毛虾 *Acetes chinensis* Hansen, 1919

Acetes chinensis Hansen, 1919: 41, pl. 4, figs. 3a,3b; Urita, 1926: 423, fig.; Yu, 1935: 169; Liu, 1955: 19, pl. 7, figs. 1-2; 1956: 30, pl. 1-3, figs.

Acetes japonica: 吉田裕，1941: 18, test-fig. (part)

标本采集地：沙子口，石老人，大公岛。

图 9a 中国毛虾 *Acetes chinensis*

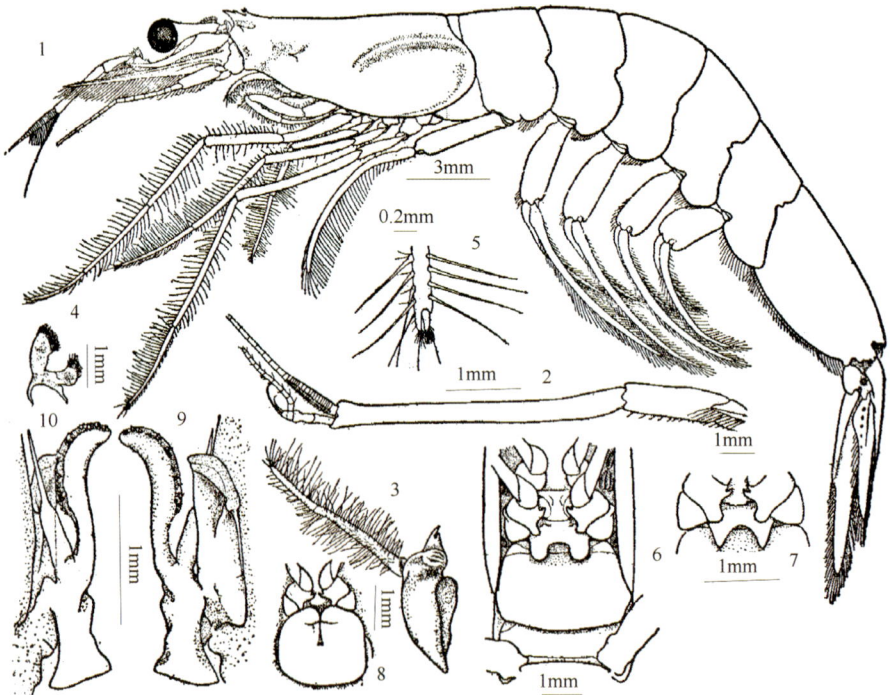

图 9b 中国毛虾 *Acetes chinensis*（仿刘瑞玉，1955）

1. 雌性整体侧面观；2. 雄性第 1 触角柄末部及触角鞭基部；3. 大颚内面；4. 第 1 小颚；5. 第 1 步足指节；6. 雌性生殖板及第 2、第 3 步足，第 1 腹肢基部；7. 雌性生殖板；8. 雄性生殖底节；9. 雄性交接器腹面；10. 雄性交接器背面

特征描述：身体十分侧扁。额角短小，侧面略呈三角形，下缘斜而微曲，上缘具 2 齿。头胸甲具眼后刺和肝刺，无颊刺。眼柄很长，约为眼球直径的 2 倍。第 1 触角雌雄异形：雌性第 3 节触角柄较短，上鞭约与头胸甲等长，下鞭小而直，长不及上鞭的一半；雄性第 3 节触角柄较长，约为第 2 节长的 2.5 倍，上鞭基部两节较粗，第 2 节末部腹面膨大，第 3 节自其内侧向内前方弯曲伸出，其外侧又生出一短小的节，末端生有两根不等长的变形刚毛。第 2 触角鳞片窄而长，稍短于头胸甲，触鞭很长，为体长的 3 倍。第 3 颚足极细长，远超出第 2 触角鳞片的末端。前 3 对步足具螯，第 1 对最短，第 3 对最长；第 3 对步足底节内侧前端具 1 刺，后端具 1 圆形突起；后 2 对步足完全退化。腹部第 6 节最长，略短于头胸甲，其长为高的 2 倍。尾节短，其长约为头胸甲的一半，末端圆形无刺，后侧缘及末缘具羽状毛。雄性交接器分为内、外叶两部。外叶薄片状，略呈长方形；边缘较厚，稍向腹面卷曲。内叶基部较宽，末部由 2 个突起组成。雌性第 3 对步足基部间的生殖板中部向前凹陷，两侧形成两个乳突，突起的形状变化较大。

生态习性：生活于泥沙底的浅海，尤其喜欢海湾和河口附近；游泳能力较弱。冬天气温低时向深处移动，春季以后，移至近岸寻找适宜地点产卵。我国沿海均有分布，但黄渤海产量最大。

地理分布：中国（渤海，黄海，东海，南海）；日本；朝鲜半岛。

10. 日本毛虾 *Acetes japonicus* Kishinouye, 1905

Acetes japonica Kishinouye, 1905: 163, figs.; Kemp, 1917: 56, figs.; Burkenroad, 1934: 127; 吉田裕, 1941: 18, text-fig. (part); Liu, 1955: 22, pl. 8, figs. 1-5; 1956: 35, pl. 4, figs.
Acetes disper Hansen, 1919: 39, pl. 3, figs. 5a-5f, pl. 4, fig. 1a; Zheng, 1953: 37, test-fig.
Acetes disper var. *vel* Hansen, 1919: 40, pl. 4, figs. 2a.

标本采集地：胶州湾，沙子口，石老人，汇泉湾，黄岛，红岛。

特征描述：形态特征与中国毛虾相似，主要区别如下。体型较小，成体雌虾体长在 30mm 左右。第 3 颚足及步足均较中国毛虾较短，第 3 对步足通常伸至第 1 触角柄或第 2 触角鳞片的末端，超出甚少。雌性生殖板略作方形，后缘中部微向前凹，两端不形成乳状突起。雄性交接器头状部十分膨大，顶端较尖而向内侧弯曲。新鲜标本的内肢基部仅有 1 个较大而明显的红点（极少有具 2～3 红点），胸部后端的腹甲上常有红色小点 1～2 个。

生态习性：生活习性同中国毛虾相似。本种仅产于山东半岛南岸以南地区，胶州湾内所产者均为日本毛虾，而胶州湾外常与中国毛虾混在一起，但产量较小。

地理分布：中国（黄海，东海，南海）；印度；马六甲海峡；印度尼西亚；朝鲜半岛；日本。

图 10a　日本毛虾 *Acetes japonicus*

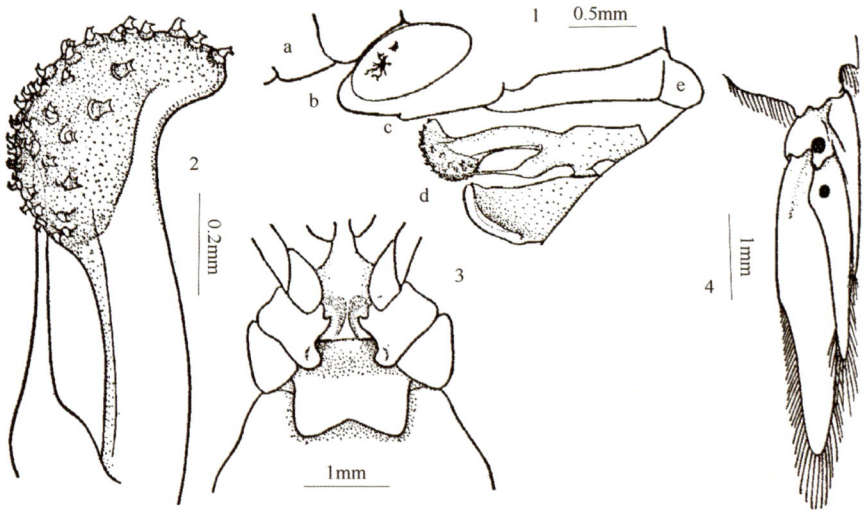

图 10b　日本毛虾 *Acetes japonicus*（仿刘瑞玉，1955）
1. 雄性胸部末端及雄性腹肢侧面观：a. 第 3 步足底节，b. 生殖底节，c. 雄性生殖孔，d. 雄性交接器；
e. 腹部第 1 节；2. 雄性交接器之头状部侧面观；3. 雌性生殖板；4. 尾节及尾肢侧面观

腹胚亚目 Suborder Pleocyemata Burkenroad, 1963

鳃不具次级分枝。卵产出后，附着于雌性腹肢上。第 1 期幼体为蚤状幼体。

真虾下目 Infraorder Caridea Dana, 1852

头胸甲柱状、侧扁或背腹稍扁。第 2 腹节侧甲总是覆于第 1 和第 3 腹节的侧甲上。大多数科第 3 步足不呈螯状（*Procaris* sp. 所有步足均不呈螯状，*Pseudocheles* sp. 5 对步足全呈螯状）。鳃为叶鳃型。卵产出后抱于雌性腹肢上。虽然幼体多态，但从卵中孵出的幼体，通常为原蚤状幼体。

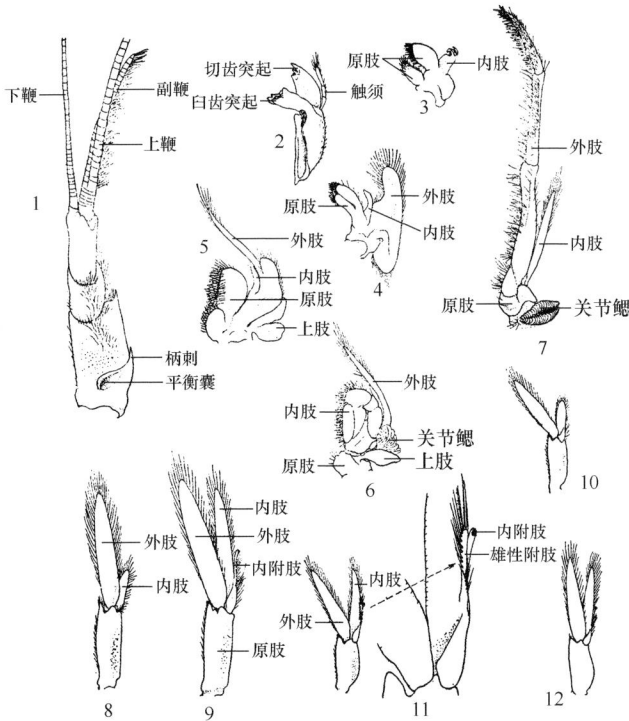

真虾附肢结构（仿刘瑞玉，1959）

1. 第 1 触角；2. 大颚；3. 第 1 小颚；4. 第 2 小颚；5. 第 1 颚足；6. 第 2 颚足；7. 第 3 颚足；8. 雌性第 1 腹肢；
9. 雌性第 2 腹肢；10. 雄性第 1 腹肢；11. 雄性第 2 腹肢；12. 雄性第 3 腹肢

分科检索表

1. 第 1 步足螯状（至少 1 只呈螯状）···2
   第 1 步足半螯状···褐虾科 *Crangonidae*
2. 两对螯足指节内缘均呈梳状·····················玻璃虾科 *Pasiphaeidae*
   螯足指节内缘不呈梳状···3
3. 眼柄极长，延伸至第 1 触角柄末端·················长眼虾科 *Ogyrididae*
   眼柄正常或被头胸甲覆盖···4
4. 眼部分或全部被头胸甲覆盖；第 1 螯足特别粗大，且常不对称·············鼓虾科 *Alpheidae*
   眼不被头胸甲覆盖；第 1 螯足不特别粗大···5
5. 第 2 螯足螯大于第 1 螯足，且腕节不分节·········长臂虾科 *Palaemonidae*
   第 2 螯足螯小于第 1 螯足，且腕节分若干小节·······藻虾科 *Hippolytidae*

鼓虾总科 Superfamily Alpheoidea Rafinesque 1815

三、鼓虾科 Family Alpheidae Rafinesque, 1815

额角短小或全无，不呈锯齿状。头胸甲光滑，多无触角刺，有时具眼上刺及颊刺。眼的全部或部分被头胸甲前缘覆盖。大颚有门齿部及臼齿部，有触须，须由 2 节构成。第 2 颚足末端第 1 节接于第 2 节的侧面。第 3 颚足具外肢。第 1 对步足钳状，一般甚强大，左右多不对称。第 2 对步足细小，亦为钳状，其腕由 3、4 或 5 小节构成，末 3 对步足爪状。步足具肢鳃。尾节宽而短，呈舌状。本科中多为穴居或潜伏生活的种类。

鼓虾科物种多样性很高，世界已知 47 属约 700 种，中国海域分布有 13 属 129 种，胶州湾及青岛邻近海域发现有 3 属 13 种。

分属检索表

1. 第 6 腹节无活动侧板···鼓虾属 *Alpheus*
   第 6 腹节具活动侧板···2
2. 额角发达···角鼓虾属 *Athanas*
   额角短小···鞭尾虾属 *Stenalpheops*

（九）鼓虾属 Genus *Alpheus* Fabricius, 1798

头胸甲前端突出，形成眼罩，完全包被两眼的上面和前端；额角短小，刺状或三角形，向后常有短或长的额脊；额角与眼罩间常形成侧沟；颊缘圆形无刺。

第 2 触角鳞片常退化。第 1 对步足显著不对称。大螯圆柱形，侧扁或歪扭，表面光滑，完整或有沟、刺及雕刻；可动指有杵突，伸入不动指的臼窝内，指基部上面及掌上缘末端各有圆三角形的吸着面。小螯较简单，有时雌雄异形。第 2 对步足腕节由 5 小节构成。第 3 对步足指节简单或双爪。第 6 腹节侧甲无活动侧板。尾节一般呈舌状，后缘拱圆。鳃式：5 侧鳃+1 关节鳃+7 上肢；有时第 1 对步足尚有一附加关节鳃。

鼓虾属物种数目较多，世界已知 250 余种，中国海域分布有 73 种，胶州湾及青岛邻近海域发现有 7 种。

分种检索表

1. 大螯掌部吸着面基部横沟未扩展至相连的两面 ······ 2
   大螯掌部吸着面基部横沟扩展至相连的两面，呈三角形或四边形凹陷 ······ 3
2. 大螯掌部的外侧无横沟，额角后脊伸到头胸甲的中部附近 ······ 长指鼓虾 *A. digitalis*
   大螯掌部的外侧近活动指处具 1 横沟，额角后脊较短 ······ 短脊鼓虾 *A. brevicristatus*
3. 大螯可动指基部内、外侧各具 1 尖刺 ······ 4
   大螯可动指基部内、外侧均不具尖刺 ······ 5
4. 大、小螯足细长，大螯掌节上边缘具尖突出 ······ 日本鼓虾 *A. japonicas*
   大、小螯足粗壮，大螯掌节上边缘钝，不具明显突出 ······ 刺螯鼓虾 *A. hoplocheles*
5. 第 2 触角鳞片侧刺与鳞片部分等长 ······ 优美鼓虾 *A. euphrosyne*
   第 2 触角鳞片侧刺长于鳞片部分 ······ 6
6. 大螯粗短，长约为宽的 2.4 倍 ······ 叶齿鼓虾 *A. lobidens*
   大螯细长，长约为宽的 3.5 倍 ······ 鲸环鼓虾 *A. balaenodigitus*

11. 鲸环鼓虾 *Alpheus balaenodigitus* Banner *et* Banner, 1982

Alpheus balaenodigitus Banner DM *et* Banner AH, 1982: 223, fig. 70.

标本采集地：沧口。

特征描述：额角尖锐，伸至第 1 触角柄第 1 节近末端；额脊明显，约伸至眼基部后方；侧沟适度深，眼罩前缘稍直，在额角基部稍凹陷。第 1 触角柄第 2 节长约为宽的 2.3 倍，为第 1 节长的 1.8 倍，第 3 节约与第 1 节等长；柄刺末端尖，至第 1 节末端或稍超过之。第 2 触角鳞片外侧缘凹形，侧刺超过第 1 触角柄末端，鳞片部分约与第 1 触角柄末端相齐；柄腕约至第 1 触角柄末端。第 3 颚足各节比例为 10：3：7。大螯长约为宽的 3.5 倍，指占螯长的 2/5，掌节背面近末端具 1 较深横沟，侧面观为"马鞍"形，"鞍"末端和基部均钝圆且不突出，"鞍"向掌外侧面和内侧面分别延伸为近四边形和三角形较浅凹陷，内侧面凹陷伸至掌节中部；掌节腹面与"鞍"约相对应位置具 1 横沟，且稍向两侧面延伸为较浅凹陷。

图 11a　鲸环鼓虾 *Alpheus balaenodigitus*

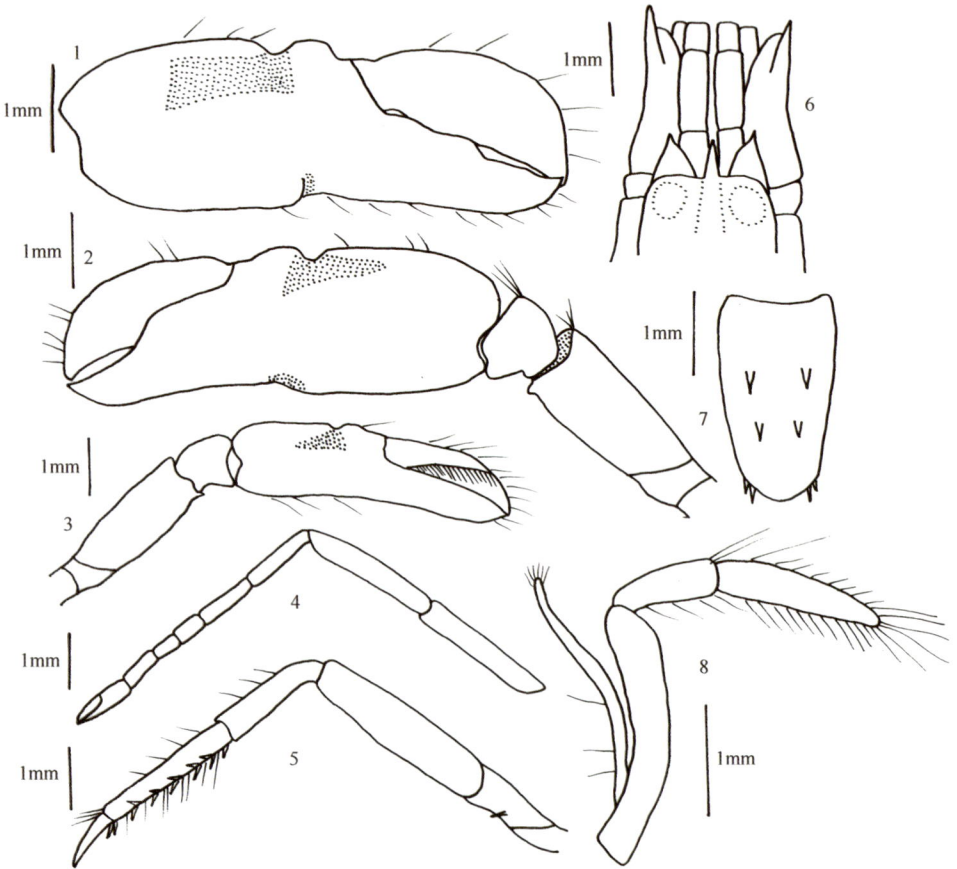

图 11b　鲸环鼓虾 *Alpheus balaenodigitus*

1. 大螯外侧面观；2. 第 1 步足（大螯）内侧面观；3. 第 1 步足（小螯）；4. 第 2 步足；5. 第 3 步足；
6. 头部背面；7. 尾节；8. 第 3 颚足

长节长约为宽的 2.5 倍，腹内缘末端突出为尖齿。雄性小螯长约为宽的 4.5 倍，指与掌约等长，可动指背面具刚毛环，掌节背面与大螯相似，具 1 横沟，内侧面的凹陷浅，三角形。长节长约为宽的 2.5 倍，内下缘末端具一小而稍尖的齿。第 2 对步足腕节各节比例为 9∶（8～9）∶3∶3∶5。第 3 对步足座节具 1 刺，长节无刺，腕节约为长节长的 3/5，背缘和腹缘末端稍突出，掌节约为长节长的 0.7 倍，腹缘约具 14 刺，呈两排分布，指节细长，圆柱形，约为掌长的 1/3。尾节长约为后宽 2.5 倍，为前宽的 2 倍，前对背刺约在 1/3 处，后对约在 2/3 处，后缘弓形。

生态习性：常生活于浅海潮间带泥沙底。

地理分布：中国（黄海，南海）；澳大利亚。

12. 短脊鼓虾 *Alpheus brevicristatus* De Haan, 1844

Alpheus brevicristatus De Haan, 1844: pl. 45, fig. 1; De Man, 1909: 158; Yokoya, 1939: 264-265, fig. 2a; Liu, 1955: 30, pl. 10, figs. 3-8; Yang *et* Kim, 1998: 187-193, figs. 1-4.

Alpheus kingsleyi Miers, 1879: 54.

Alpheus Malabaricus De Haan, 1849: 177; Ortmann, 1890: 481.

标本采集地：青岛渔市，汇泉湾，沧口，薛家岛，即墨七口，张戈庄。

特征描述：额角尖锐，伸至第 1 触角柄第 1 节近末端；额脊向后延伸至眼基部；侧沟窄而深；无眼刺。第 1 触角柄第 2 节长约为宽的 3 倍，为第 1 节长的 2.5 倍，第 3 节约与第 1 节等长；柄刺基部宽圆，末端短尖，约伸至第 1 节末端。第 2 触角鳞片侧刺尖锐，稍超过第 1 触角柄末端，鳞片末端与第 1 触角柄末端相齐；柄腕伸至第 1 触角柄末端；基节腹缘侧刺短小，尖细，末端约与额角相齐。第 3 颚足各节比例为 10∶2∶5。雄性大螯与小螯可动指明显长于不动指，雌性两者约

图 12a　短脊鼓虾 *Alpheus brevicristatus*

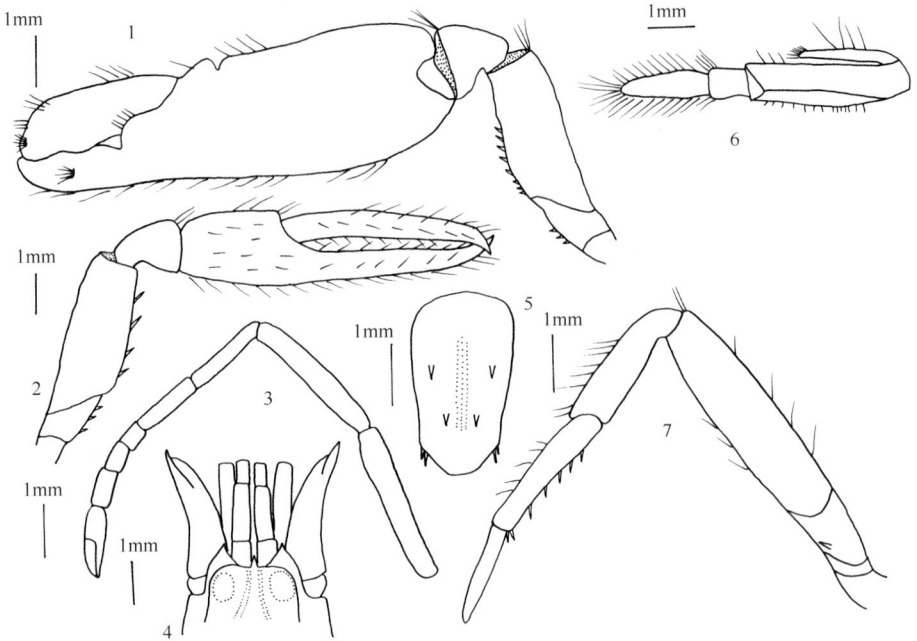

图 12b　短脊鼓虾 *Alpheus brevicristatus*

1. 第 1 步足（大螯）；2. 第 1 步足（小螯）；3. 第 2 步足；4. 头部背面；5. 尾节；6. 第 3 颚足；7. 第 3 步足

等长；大螯扁平，长约为宽的 4 倍，各面具粗短刚毛，掌节背部近末端具 1 横沟，背面及内侧面均具 1 不明显纵沟，背缘和腹缘均具成排长刚毛；长节腹内缘具 5～7 刺；座节腹缘具 1～3 刺。小螯指节切缘具长刚毛，可动指背缘具长刚毛，指节闭合时末端交叉，中间有缝隙；长节腹内缘具 5～7 刺；座节腹缘具 1～3 刺。第 2 对步足腕节各节比例为 9∶8∶3∶3∶4。第 3 对步足指节长于掌节的一半；掌节腹缘具 4～6 刺和末端 1 对刺；长节短于腕节的 2 倍，无刺；座节腹缘具 1 刺。第 4 对步足与第 3 对步足相似，第 5 对步足比第 3、4 对步足细，无刺。尾节前后约等宽，长约为宽的 2 倍，前对背刺在 1/3 处，后对在 2/3 处，后缘圆。

生态习性：生活在泥沙底的浅海，多穴居于低潮线以下的泥沙中，但常在潮线附近的泥沙中伏。繁殖期多在秋季，产量较小。

地理分布：中国（渤海，黄海，东海，台湾，南海）；日本；澳大利亚。

13. 长指鼓虾 *Alpheus digitalis* De Haan, 1844

Alpheus digitalis De Haan, 1844: 178, pl. 45, fig. 4; Coutière, 1898: 249, fig. 2; 1899: 230, fig. 283; Holthuis *et* Sakai, 1970: 292; Yamaguchi *et* Baba, 1993: 224, figs. 45A, 45B (part); Cha *et al.*, 2001: 87, unnumbered figs (part).

Alpheus rapax: De Haan, 1844: 177, pl. 45, fig. 2 (part); De Man, 1888: 264; Ortmann, 1890: 481 (part); Kim, 1977: 241, figs. 96, 97, pls. 23, 42a, b (part).

Alpheus distinguendus De Man, 1909: 155, pl. 7, figs. 9-14 (part); 1911: 324 (key); Liu, 1955: 29, pl. 10, figs. 1, 2 (part); Motoh, 1972: 39, pl. 7, figs. 2, 3 (part); Sakamoto *et* Hayashi, 1977: 1263 (list); Hayashi, 1986: 109, 263, fig. 65 (part); Miyake, 1998: 43, pl. 15, fig. 6.

Crangon heterocarpus Yu, 1935a: 63, figs. 3, 4.

Alpheus bevicristatus: Igarashi, 1969: 4, pl. 4, fig. 10; Kim, 1977: pl. 50, fig. 41.

标本采集地： 胶州湾内外，石老人，沙子口，沧口，女姑口，丁字湾。

特征描述： 额角尖刺状，伸至第 1 触角柄第 1 节末端；额脊明显，向后延伸稍超过眼基部；侧沟宽而深；无眼刺。第 1 触角柄第 2 节长约为宽的 3 倍，约为第 1 节长的 3 倍，第 3 节约与第 1 节等长；柄刺基部宽圆，末端尖刺状。第 2 触角鳞片侧刺强壮，尖锐，伸至第 1 触角柄末端，鳞片宽，与侧刺等长；柄腕稍短于侧刺；基节腹缘侧刺尖锐细长，伸至第 1 触角柄第 1 节约 2/3 处。第 3 颚足各节比例为 10：2：5。大螯扁平，长约为宽的 4.5 倍，指节长于掌部长的 1/2，可动指较宽，末端钝圆，不动指末端尖，闭合时两指交叉；掌节外侧面近中部具 1 纵脊，未延伸至掌节最末端，腹缘、背缘均具成排长刚毛；长节三棱形，背缘末端突出为尖刺状，腹外缘无刺，腹内缘具 5～10 个刺；座节不具刺。小螯雌雄异形；雄性小螯细长，长约为宽的 5 倍，指约为掌部长的 2.2 倍，两指内缘弯曲，密布刚毛，指闭合时仅末端合拢，中间有空隙；雌性小螯指约为掌节长的 1.6 倍；长节背缘末端突出为尖刺状，腹内缘具 5～8 个刺，末端尖刺状，腹外缘无刺；座节无刺。第 2 对步足腕节各节比例为 5：5：2：2：2。第 3 对步足座节具 1 刺；腕节上缘末端突出；约为长节长的 1/2，掌节长于腕节，腹缘具 4～6 个小刺埋没在长刚毛中；指节匙状，约为掌长的 1/2。尾节长约为后宽的 3 倍，为前宽的 2.5 倍，前对背刺约在 2/5 处，后对约在 3/5 处，后缘拱圆。

生态习性： 生活在泥沙底的浅海，多穴居于低潮线以下的泥沙中。肉可鲜食或制成虾米。

图 13a　长指鼓虾 *Alpheus digitalis*

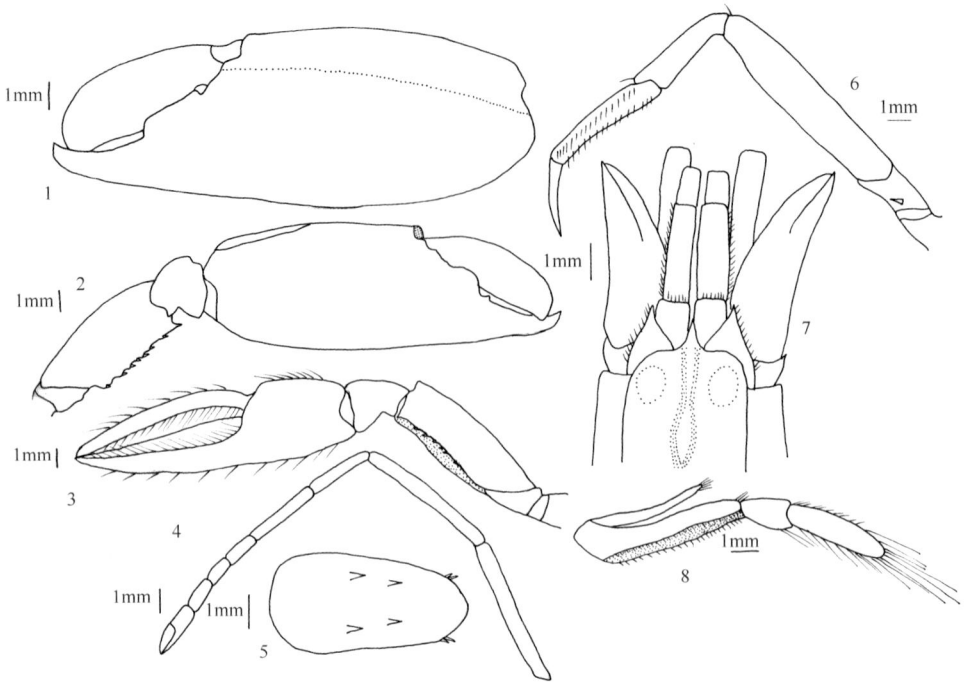

图 13b　长指鼓虾 *Alpheus digitalis*

1. 大螯外侧面；2. 第 1 步足（大螯）内侧面；3. 第 1 步足（小螯）；4. 第 2 步足；5. 尾节；
6. 第 3 步足；7. 头部背面；8. 第 3 颚足

地理分布：中国（渤海，黄海，东海，南海）；缅甸（丹老群岛）；新加坡；泰国；越南；日本。

14. 优美鼓虾 *Alpheus euphrosyne* De Man, 1897

Alpheus euphrosyne De Man, 1897: 745, fig. 64a-d; 1898: 317, pl. 4, fig. 2; Banner AH *et* Banner DM, 1966: 130, fig. 49.

Alpheus eurydactylus De Man, 1920: 109; 1924: 48, fig. 17.

Alpheus euphrosyne euphrosyne De Man, 1897; Banner *et* Banner, 2982: 232, fig. 73; 1985: 16; Chace, 1988: 27.

标本采集地：沧口。

特征描述：额角短小，三角形，未伸至第 1 触角柄第 1 节 1/2 处，额脊较低，侧沟不明显。第 1 触角柄第 2 节长约为宽的 2 倍，约为第 1 节长的 1.5 倍，约为第 3 节长的 2.5 倍；柄刺宽，末端尖，伸至第 1 节末端。第 2 触角鳞片侧刺约与鳞片部分等长，有的个体鳞片部分稍长于侧刺，约与第 1 触角柄末端相齐；柄腕稍超过第 1 触角柄末端。第 3 颚足各节比例为 10：5：7。大螯较粗大，长约为掌

图 14a 优美鼓虾 *Alpheus euphrosyne*

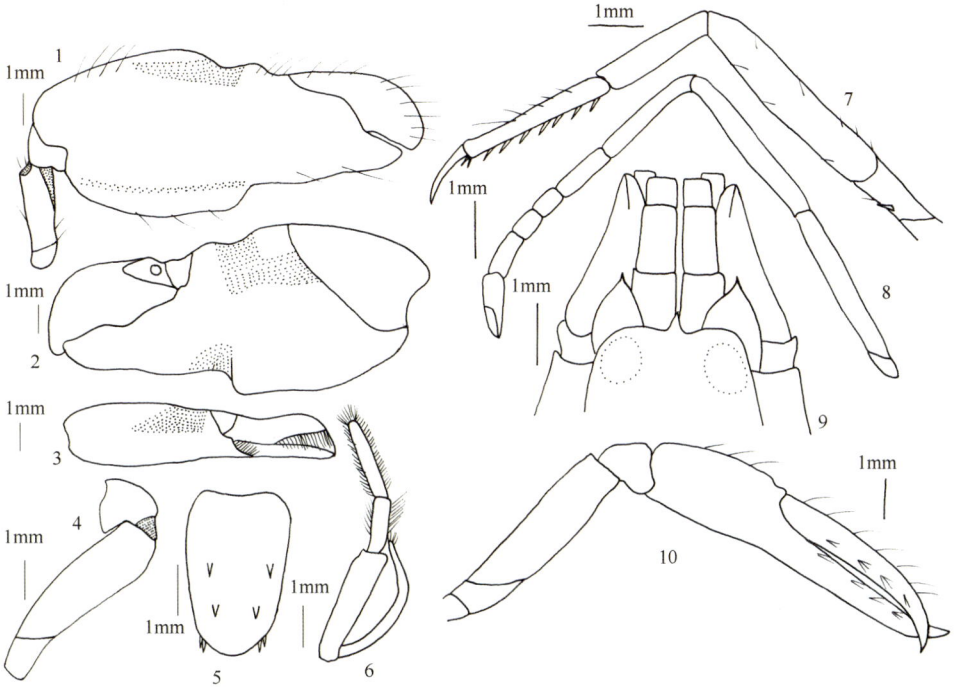

图 14b 优美鼓虾 *Alpheus euphrosyne*

1. 第 1 步足（大螯）内侧面观；2. 大螯外侧面观；3. 小螯；4. 第 1 步足（小螯）腕节和长节；5. 尾节；
6. 第 3 颚足；7. 第 3 步足；8. 第 2 步足；9. 头部背面；10. 第 1 步足（小螯）

宽的 2.3 倍，指节约占螯长的 2/5；掌节背缘近末端具 1 较浅横沟，侧面观为"鞍"
形，"鞍"基部与末端钝圆均不突出，"鞍"分别向两侧面延伸形成三角形和四边
形凹陷，三角形凹陷延伸至掌部 1/2 处，四边形凹陷延伸至下陷线处；腹缘与背
缘相应位置也具 1 横沟，横沟基部向前突出，钝圆形，横沟稍向两侧面延伸为凹

陷，外侧面凹陷近三角形；长节无刺。小螯雌雄异形；雄性小螯长约为宽的 4.7 倍，指约与掌部等长，缺刻凹陷与大螯相似，但不明显，指节具刚毛环；雌性小螯长约为宽的 5 倍，指约为掌长的 1.3 倍，掌部有极浅的凹陷；长节无刺。第 2 对步足腕节各节比例为 10：5：3：3：4。第 3 对步足座节具 1 刺；长节无刺；腕节约为长节长的 1/2，上缘末端突出；掌节稍短于长节，腹缘具 7 刺和末端 1 对刺，腹缘和侧缘均具成排长刚毛；指节匙状，腹缘具短刚毛。尾节宽，长约为前宽的 1.5 倍，为后宽的 2 倍，前对背刺约在 2/5 处，后对背刺约在 7/10 处，后缘稍圆。

生态习性：生活于潮间带及浅海。

地理分布：中国（黄海，台湾，南海）；印度尼西亚；泰国。

15. 刺螯鼓虾 *Alpheus hoplocheles* Coutière, 1897

Alpheus hoplocheles Coutière, 1897: 197; Liu, 1955: 32, pl. 11, figs. 1-5; Fransen, Holthuis *et* Adema, 1997: 35.
Crangon hoplocheles Yu, 1935: 60.

标本采集地：青岛宿流，丁字湾。

特征描述：额角尖锐，伸至第 1 触角柄第 1 节约 2/3 处；额脊明显，较短，稍超眼后缘；侧沟较深；无眼刺。第 1 触角柄第 2 节长约为第 3 节长的 2 倍，

图 15a　刺螯鼓虾 *Alpheus hoplocheles*

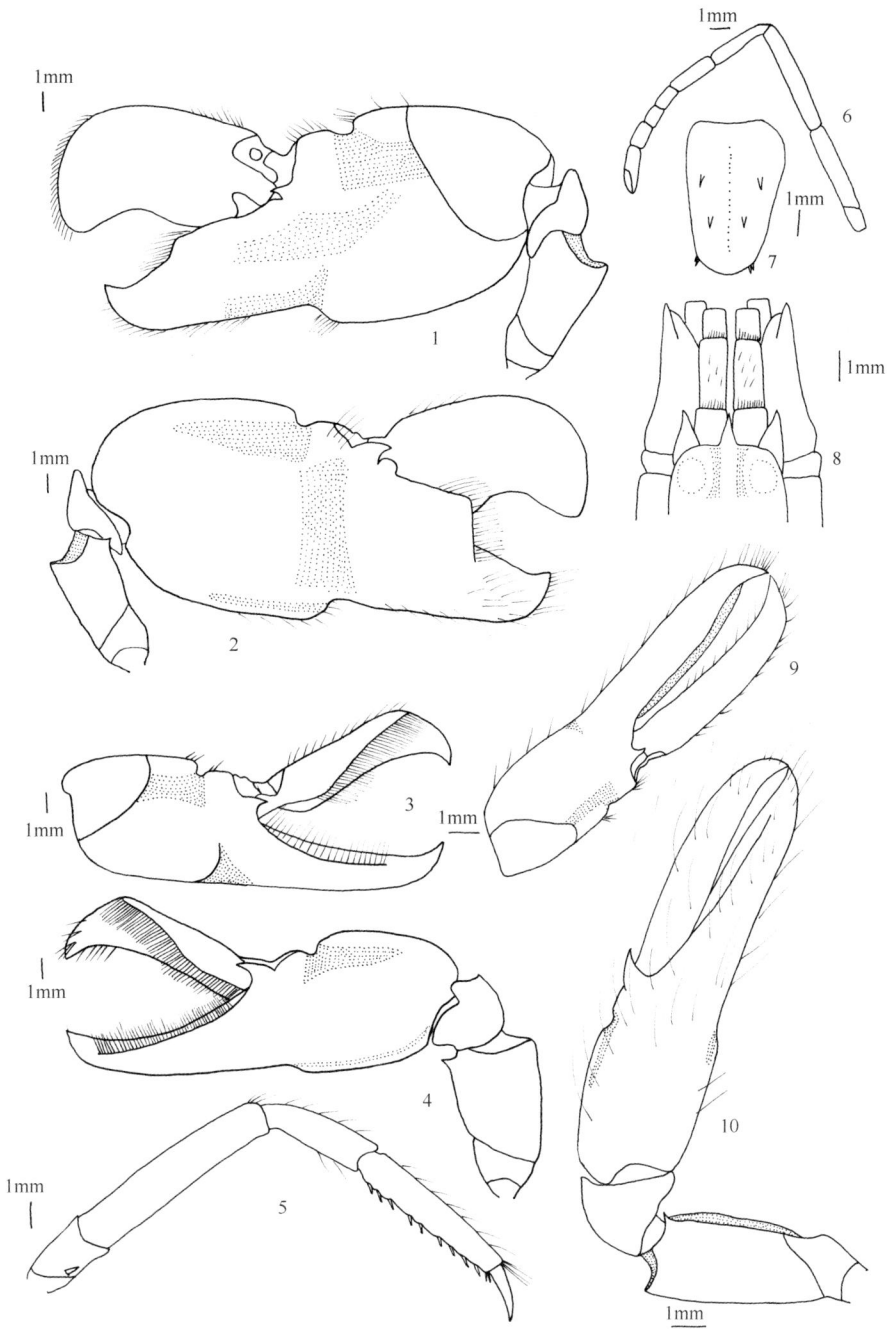

图 15b　刺螯鼓虾 *Alpheus hoplocheles*

雄性：1. 第 1 步足（大螯）外侧面观，2. 第 1 步足（大螯）内侧面观，3. 小螯，4. 第 1 步足（小螯），
5. 第 3 步足，6. 第 2 步足，7. 尾节，8. 头部背面；雌性：9. 小螯，10. 第 1 步足（小螯）

第 1 节稍长于第 3 节；柄刺较窄，末端尖，伸至第 1 节末端。第 2 触角鳞片侧刺尖锐，超过第 1 触角柄末端，鳞片部分约与第 1 触角柄末端相齐；柄腕约与侧刺等长，基节腹缘侧刺尖细。第 3 颚足各节比例为 10：3：7，第 3 节边缘的长毛甚稀疏。大螯长约为宽的 2.5 倍，指节短于掌节；掌节背部近末端具 1 横沟，横沟向掌节内侧面和外侧面分别延伸为近三角形和四边形凹陷，腹缘与背缘相应位置也具 1 横沟，向内侧面延伸为 1 横沟，背缘近可动指基部两侧面各具 1 尖齿；腕节极短；长节腹内缘具 1 小刺，末端具一尖齿。雄性小螯长约为宽的 4 倍，指约与掌等长，掌内外缘缺刻极明显，与大螯相似，背部末端近可动指基部两侧各具 1 尖齿，可动指背腹面皆有隆起，呈药匙状，不动指背腹面具隆起，两指隆起的脊的内缘生有密毛；长节腹内缘具 1 小刺，末端突出为尖齿；座节无刺。雌性小螯长为宽的 4.5 倍左右，指节稍长于掌节，可动指背面不具刚毛环；掌节侧面沟不明显；长节与雄性近似。第 2 对步足腕节各节比例为 8：7：3：3：4。第 3 对步足指节单爪，约为掌节长的 1/3；掌节腹缘约具 7 个刺和末端 1 对刺；腕节上下缘末端皆突出；座节具 1 刺。尾节前后约等宽，长为宽的 1.6 倍，前对背刺约在 1/3 处，后对约在 2/3 处，背面中央有甚窄而明显的纵沟，后缘圆。

生态习性：多潜伏于潮线附近的泥沙中或碎石下，分布地区较窄，产量甚小。繁殖期多在秋季。

地理分布：中国（渤海，黄海，东海，南海）；日本。

16. 日本鼓虾 *Alpheus japonicus* Miers, 1879

Alpheus japonicus Miers, 1879: 53; Ortmann, 1890: 476, pl. 36. fig. 14; De Man, 1907: 430, pl. 33, fig. 53; Balss, 1914: 43; Yokoya, 1930: 527; 1933: 59; Liu, 1955: 31, pl. 12, figs. 1-7; Banner *et* Banner, 1984: 39, fig. 1.

Alpheus longimanus Bate, 1888: 551, pl. 98, fig. 4.

标本采集地：胶州湾，女姑口，沙子口。

特征描述：额角尖锐，长三角形，伸至第 1 触角柄第 1 节约 2/3 处；额脊不明显，向后延伸至眼基部；侧沟浅；无眼刺。第 1 触角柄第 2 节长约为宽的 2 倍，第 1 节约与第 2 节等长，第 3 节约为第 2 节长的 1/2；柄刺基部宽圆，末端尖，约伸至第 1 节末端。第 2 触角鳞片侧刺尖锐，约伸至第 1 触角柄末端，鳞片与侧刺末端相齐；柄腕约伸至第 1 触角柄末端，基节腹缘侧刺短小，与额角末端相齐。第 3 颚足各节比例为 10：2：5。大螯长约为掌部宽的 5 倍，指节稍比掌部窄，可动指指约为掌节长的 2/3；掌节两侧面末端近可动指基部处各具 1 尖齿，背缘近末端处具 1 "鞍" 形凹陷，"鞍" 基部向前突出为尖齿状，此尖齿悬于 "鞍" 上，横沟分别向内侧面和外侧面延伸为近三角形和四边形凹陷，四边形凹陷延伸至下陷线，腹缘与背缘相对应位置也具 1 横沟，向内侧面延伸为浅纵沟；长节三棱形，

图 16a　日本鼓虾 *Alpheus japonicus*

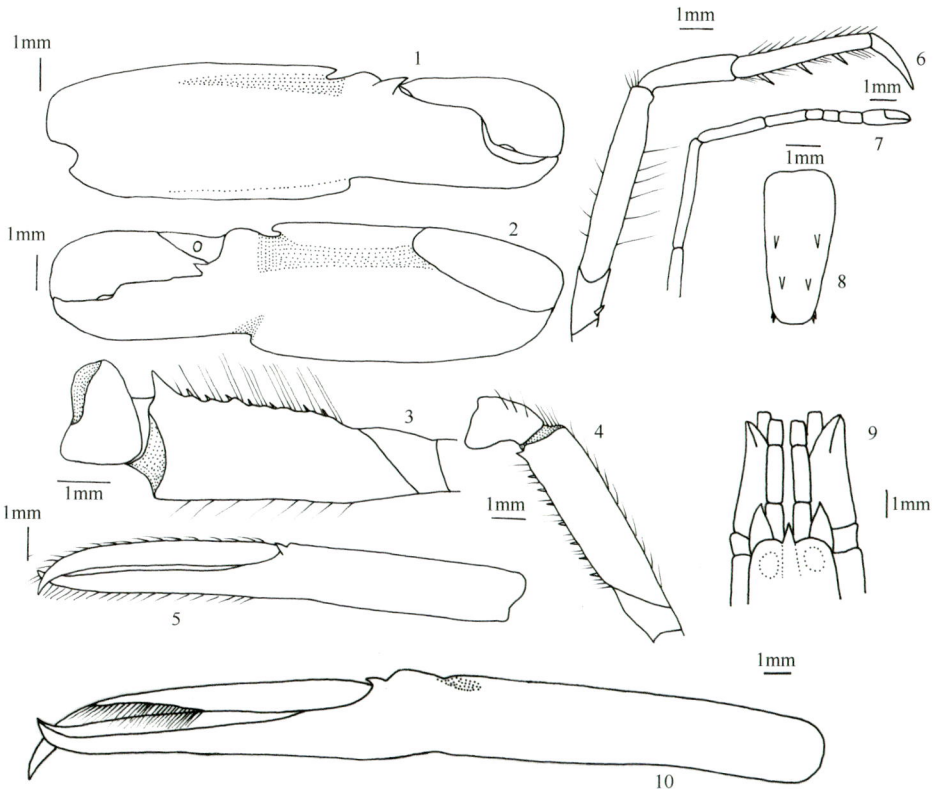

图 16b　日本鼓虾 *Alpheus japonicus*

雌性：1. 大螯内侧面观，2. 大螯外侧面观，3. 第 1 步足（大螯）腕节和长节，4. 第 1 步足（小螯）腕节和长节，5. 小螯，6. 第 3 步足，7. 第 2 步足，8. 尾节，9. 头部背面；雄性：10. 小螯

背缘末端钝三角形，腹内缘具 5～7 个刺，末端突出为尖齿；座节无刺。小螯特别细长，长约为宽的 9 倍，指节约与掌部等长，指闭合时末端交叉，中间无空隙；掌节背缘近末端具 1 横沟，末缘可动指基部具 1 尖齿；长节腹内缘具 5～7 个刺，末端突出为尖齿。第 2 对步足腕节各节比例为 6∶5∶2∶2∶3。第 3 对步足指节

匙状，约为掌节一半长；掌节约为腕节长的 1.5 倍，腹缘约具 7 个刺和末端 1 对刺；长节约为腕节长的 2 倍，无刺。座节具 1 刺。尾节长约为前宽的 2.5 倍，为后宽的 3.5 倍，背刺强壮，前对约在 2/5 处，后对约在 4/5 处，后缘圆。

生态习性： 生活于泥沙底浅海，分布极广，为本属各种中在北方沿海最常见且产量最大者。繁殖期在秋季。

地理分布： 中国（渤海，黄海，东海，南海）；日本南部；朝鲜半岛。

17. 叶齿鼓虾 *Alpheus lobidens* De Haan, 1849

Alpheus lobidens De Haan, 1849: 179; Ortmann, 1890: 474, pl. 36, fig. 13. Coutière, 1897: 199; Banner *et* Banner, 1981: 29, fig. 4; Chace, 1988: 34.

Alpheus crassimanus Heller, 1865: 107, pl. 10, fig. 2; Bate, 1888: 554, pl. 99, fig. 2; De Man, 1902: 880, pl. 27, figs. 62, 62a; Kemp, 1915: 299; Barnard, 1950: 756, fig. 144; Banner, 1959: 147, fig. 11; Banner AH *et* Banner DM, 1966: 138, fig. 52; Forest *et* Guinot, 1958: 6, figs. 1, 2.

Crangon crassimanus Banner, 1953: 134, fig. 49.

Alpheus lobidens polynesica Banner *et* Banner, 1974: 429, fig. 3a-h, j-l.

标本采集地： 沧口，大岛子，双埠。

特征描述： 额角尖锐，三角形，伸至第 1 触角柄第 1 节近末端；侧沟较浅；额脊不明显。第 1 触角柄第 2 节长约为宽的 2 倍，约为第 1 节长的 1.6 倍，第 3 节稍短于第 1 节；柄刺尖锐，伸至第 1 节末端。第 2 触角鳞片侧刺超过第 1 触角柄末端，鳞片部分约与第 1 触角柄末端相齐；柄腕超过第 1 触角柄末端。第 3 颚足各节比例为 10：4：7。大螯长约为宽的 2.4 倍，指节约占螯长的 2/5；掌节背缘近末端具 1 横沟，侧面观为"鞍"形，"鞍"末端与基部均不突出，横沟分别向两侧面延伸形成三角形和四边形凹陷，三角形凹陷向后延伸至掌近端 1/4 处，四边形凹陷延伸至下陷线处，腹缘与背缘相应位置也具 1 横沟，横沟向两侧面延伸形成小的三角形凹陷，内侧面近腹缘处具 1 较窄纵沟，从三角形凹陷基部向后延伸未

图 17a　叶齿鼓虾 *Alpheus lobidens*

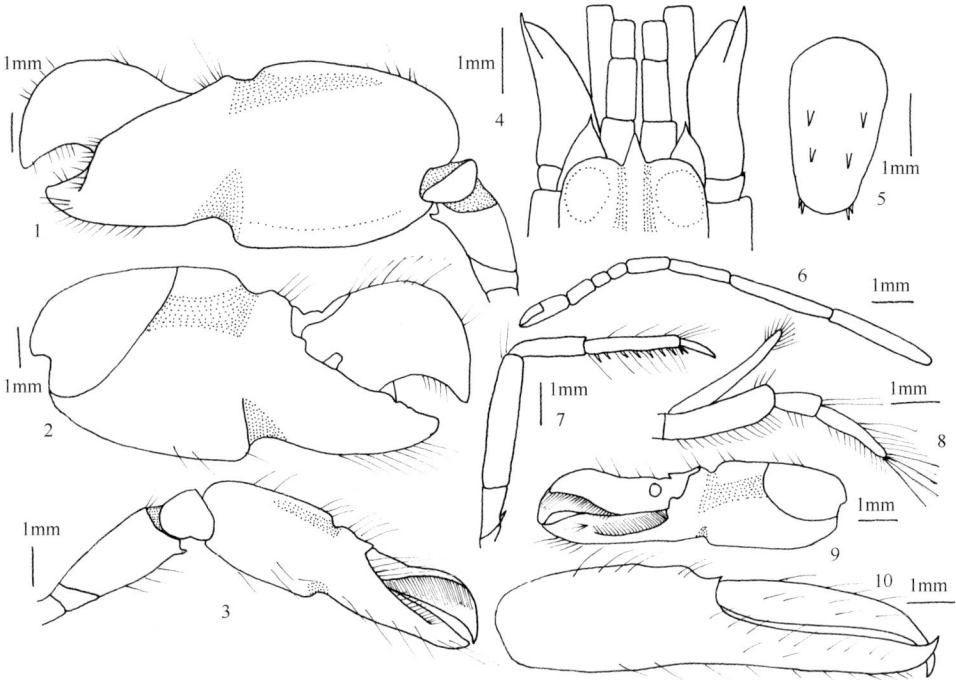

图 17b　叶齿鼓虾 *Alpheus lobidens*

雄性：1. 第 1 步足（大螯），2. 大螯外侧面观，3. 第 1 步足（小螯），4. 头部背面，5. 尾节，
6. 第 2 步足，7. 第 3 步足，8. 第 3 颚足，9. 小螯；雌性：10. 小螯

至掌节基部；长节腹内缘近末端具一齿。小螯性别二态性：雄性小螯长约为宽的
3.4 倍，指稍短于掌部，可动指背面具刚毛环；掌节所具的缺刻及凹陷与大螯相似，
但稍浅。雌性小螯长约为宽的 4.4 倍，指约与掌部等长，可动指背部不具刚毛环，
掌部的缺刻不明显；长节腹内缘近末端具一齿；座节无刺。第 2 对步足腕节各节比
例为 14：9：4：4：6。第 3 对步足座节具 1 刺；长节无刺；腕节无刺，约为长节长
的 1/2；掌节下缘具 5～7 个刺和末端 1 对刺；指节单爪。尾节长约为前宽的 1.8 倍，
约为后宽的 3.4 倍，前对背刺约在 2/5 处，后对背刺约在 7/10 处，后缘稍圆。

生态习性：多潜伏于潮线附近的泥沙中或碎石下。

分布：中国（渤海，南海，台湾）；日本；从红海到夏威夷的印度洋-西太平
洋海区。

18. 太平鼓虾 *Alpheus pacificus* Dana, 1852

Alpheus pacificus Dana, 1852: 544, pl. 34, fig. 5; Nobili, 1899: 233; Coutière, 1905: 909, fig. 47;
　　Tiwari, 1963: 315, fig. 30; Banner AH *et* Banner DM, 1966: 143, fig. 54; Gillett *et* Yaldwyn,
　　1969: 70, 110, fig. 41; Bruce, 1976: 43; Banner DM *et* Banner AH, 1982: 217, fig. 68: Chace,
　　1988: 45.

Crangon pacifica Banner, 1953: 138, fig. 50 [neotype established].
Alpheus gracilidigitus Miers, 1884: 287.

标本采集地：石老人。

特征描述：额角接近伸至第 1 触角柄第 1 节末端，侧缘具一些短刚毛；侧沟较深，向后延伸至眼后方；眼罩稍膨胀，前缘圆。第 1 触角柄第 2 节长约为宽的 2.2 倍，为第 1 节长的 1.5 倍，第 3 节约与第 1 节等长；柄刺尖锐，约伸至第 1 节末端。第 2 触角鳞片外缘稍向内侧凹，侧刺超过第 1 触角柄末端；鳞片较窄，稍短于侧刺；柄腕约与侧刺等长，基节腹缘侧刺基部较宽。第 3 颚足各节比例为 10：3：7。大螯长约为宽的 2.2 倍，指约为螯长的 2/5；掌节背缘近末端处具 1 横沟，侧面观为"鞍"形，"鞍"基部前伸为钝圆突出并悬于横沟之上，末端不具明显突出，横沟分别向掌内侧面和外侧面延伸为近三角形和四面形凹陷，三角形凹陷向基部延伸至掌节一半长处，四边形凹陷向基部延伸至下陷线处，腹缘与背缘相应位置也具 1 横沟，向外侧面和内侧面均延伸形成"V"形沟，伸至掌宽的 1/3 处；长节腹内缘末端无齿，背缘末端突出且圆。雄性小螯长约为宽的 4 倍，掌节腹缘末端具 1 不明显突出；指节约为掌节长的 1.5～2 倍，可动指与不动指皆弯曲，细长，末端尖，可动指背部不具刚毛环，切缘侧面有一列密集的前伸的刚毛，与不动指上的一列刚毛相交叉，可动指切面具 2 个脊，大脊在切面的中部，当指节闭合时，占据不动指上的白窝，小脊在内侧缘，闭合时不接触固定指，雌性或不成熟的雄性可动指切缘缺少这两个脊。雌性小螯较小，指约为掌长的 1.2～1.5 倍，刚毛散布；腕节杯状；长节与大螯相似。第 2 对步足腕节各节比例为 10：8：2：2：5。第 3 对步足座节具 1 刺；长节无刺，腹缘具数根刚毛；腕节约为长节的 2/5，掌约为长节长的 4/5，腹缘具 8 刺；指节单爪，约为掌节长的 1/3。尾节长约为宽的 2 倍，后宽较前宽稍窄，后面侧缘缢缩，后外侧刺较弱，后缘弓形。

生态习性：生活于泥沙底浅海，分布极广，多见于南海。

图 18a　太平鼓虾 *Alpheus pacificus*

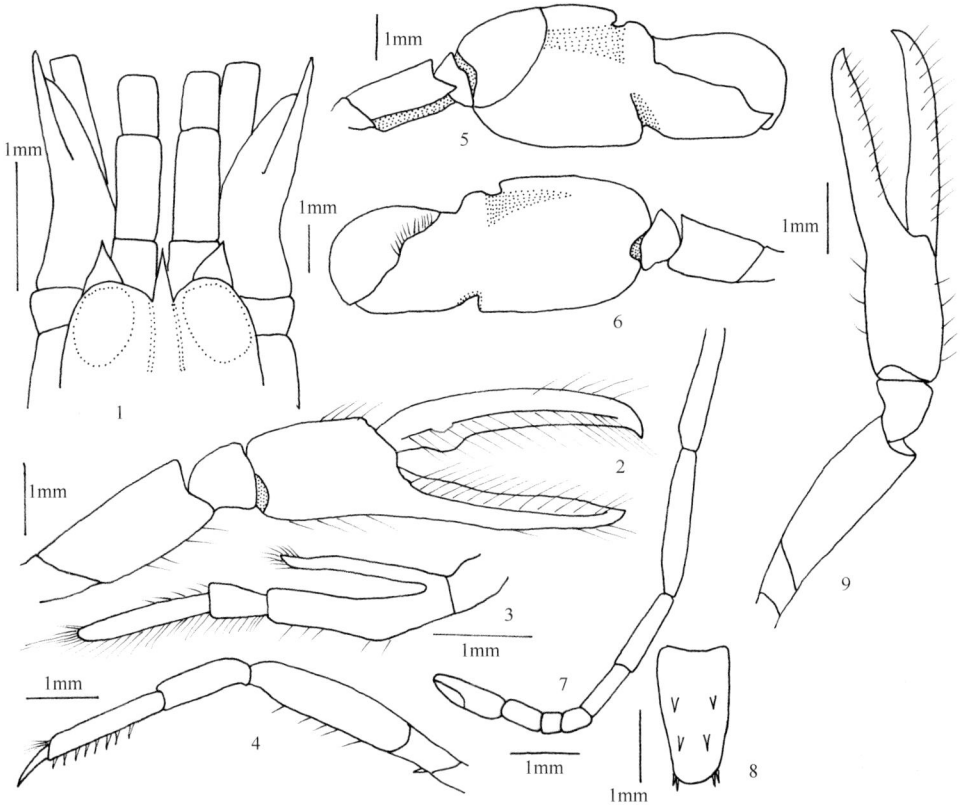

图 18b　太平鼓虾 *Alpheus pacificus*

雄性：1. 头部背面，2. 第 1 步足（小螯），3. 第 3 颚足，4. 第 3 步足，5. 第 1 步足（大螯）外侧面观，6. 第 1 步足（大螯）内侧面观，7. 第 2 步足，8. 尾节；雌性：9. 第 1 步足（小螯）

地理分布：中国（黄海，南海）；从红海和马达加斯加岛到克利伯顿岛横穿印度洋-西太平洋海区；肯尼亚（蒙巴萨岛）；美国（夏威夷）。

（十）角鼓虾属 Genus *Athanas* Leach, 1814

额角发达，侧面观端部尖锐；眼部分或完全裸露。通常具眼上刺，眼后刺和眼下刺，但其发达程度有变化。第 1 对步足通常不对称，性别二态型，长节膨大。第 2 对步足腕节 5 节。第 3 对步足指节简单或亚螯状。腹部第 1 节侧板盖住头胸甲后侧角。胸部第 6 节具 1 活动的侧板。尾节无肛突，后缘圆形或直线形。至少胸部前 2 对步足具上肢，鳃式变化。

角鼓虾属世界已知 40 种，中国海域分布有 11 种，胶州湾及青岛邻近海域已知有 4 种。

所有种生活在浅海或潮间带，常和珊瑚兼性共生；部分种与十足目甲壳动物或棘皮动物生活在一起，部分种常在潮间带的泥滩或石块下生活。

分种检索表

1. 大小螯密被长毛···虾蛄角鼓虾 A. squillophilus
   大小螯表面无密的长毛·· 2
2. 雄性大螯指节强烈弯曲，半月形···大岛角鼓虾 A. ohsimai
   雄性大螯指节微弯曲，非半月形·· 3
3. 眼下刺端部尖锐···日本角鼓虾 A. japonicus
   眼下刺端部钝圆···异形角鼓虾 A. dimorphus

19. 异形角鼓虾 *Athanas dimorphus* Ortmann, 1894

Athanas dimorphus Ortmann, 1894: 12; Coutière, 1903: 77; 1905: 858; Tattersall, 1921: 371; Banner AH *et* Banner DM, 1966: 28; 1983: 76; Banner DM *et* Banner AH, 1973: 313; Chace, 1988: 61; Hayashi, 1995: 2, figs. 268b, 279b, 270c, d; Sha *et* Liu, 2007: 751; Pachelle, Mendes *et* Anker: 87-96, figs. 2, 3; Almeida *et al.*, 2012, fig. 1.

Athanas setoensis Kubo, 1951: 265; Banner DM *et* Banner AH, 1973: 313.

Athanas monoceros (Heller) (Described as *Alpheus monoceros*), 1861: 274; Coutière (1899: 61-62) refered the species as a variety of *A. dimorphus* Ortmann 1894, a procedure contrary to the rules of zoological nomenclature.

Athanas solenomerus Coutière, 1897a: 381; 1897b: 233.

Athanas leptocheles Coutière, 1897a: 381; 1897: 233.

Athanas dispar Coutière, 1897b: 233; 1897: 301.

Athanas dimorphus seeding Banner AH *et* Banner DM, 1966: 28, fig. 4.

标本采集地：沧口。

特征描述：额角伸到或超过第1触角柄第2节末端。无眼上齿；眼侧刺尖；眼下刺稍突出。第1触角柄柄刺伸到从第2节末端到第3节中部。第2触角柄鳞片超过第1触角柄；无基节上刺，具基节下刺。柄腕伸到第2触角柄末端。头胸甲前侧角无尖锐刺。第1步足具雌雄差异，但雌雄都近似对称：雌性，小而细长，各节弯曲部分契合；长节和腕节约等长；雄性，大而粗壮，稍膨胀，螯近圆柱形，可动指弯曲，短于掌节一半长，指节切面有时具齿，闭合时相互咬合，腕节长为螯得1/6，长节长为螯的4/5，座节长稍大于宽，背面具1~2个可动刺。第2步足腕节各小节长比约为5:1:1:1:2。第3步足长节长约为宽的4.6倍；腕节约为长节一半长。掌节和长节近似等长，腹面具一排可动刺；指节单爪。第4、第5步足与第3步足近似。尾节长约为后边缘宽的3.2倍。

生态习性：常生活于潮间带或珊瑚礁的石块下或死珊瑚下。

地理分布：中国（黄海，南海）；埃及；红海；非洲东部；印度；泰国；菲律宾南部；日本；澳大利亚；新喀里多尼亚。

图 19a 异形角鼓虾 *Athanas dimorphus*

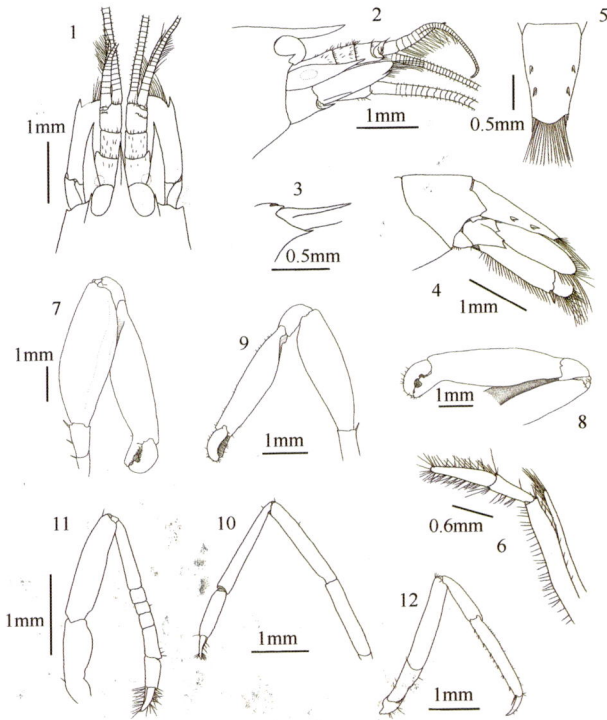

图 19b 异形角鼓虾 *Athanas dimorphus* Ortmann（仿 Almeida *et al.*, 2012）
雄性（1～9, 11, 12）和雌性（10）

1. 头胸甲背面观；2. 头胸甲侧面观；3. 右边的触角基节；4. 第 6 腹节尾节和尾肢侧面观；5. 尾节背面观；6. 第 3 颚足（右边）腹面观；7. 右大螯；8. 右大螯前半部；9. 左小螯；10. 雌性左螯；11. 右第 2 胸足；12. 右第 3 胸足

20. 日本角鼓虾 *Athanas japonicus* Kubo, 1936

Athanas japonicus Kubo, 1936: 43; Miya *et* Miyake, 1968: 139, figs. 4-6; Banner DM *et* Banner AH, 1973: 308; Hayashi, 1995: 4, figs. 268e, 270h, I; Anker, 2003: 301; Sha *et* Liu, 2007: 752.
Athanas lamellifer Kubo, 1940: 102, fig. 22; Miya *et* Miyake, 1968: 139.

　　标本采集地：沧口，薛家岛。

　　特征描述：额角伸到第 1 触角柄第 2 节末端；额脊直伸，仅向后延伸到眼眶处；眼上刺无，眼后刺和眼下刺尖锐。第 1、第 2 触角柄近等长。第 1 触角柄柄刺伸到第 2 节末端。第 2 触角柄鳞片部分稍长于侧刺。柄腕伸到第 2 触角柄末端。螯肢可后弯曲伸展。头胸甲前侧角无尖锐刺。大螯细长，长约 5 倍于宽，指节明显短于掌节；可动指背部具刀片状脊，切缘平整，不动指切缘具大小不规则齿；腕节杯状；长节细长，上表面和腹面内侧圆滑，腹面外侧刀片状、具 2 个齿状突出。小螯约为大螯长的 1/4；腕节稍短于长节，约与座节和螯等长；指节稍短于掌节。第 2 步足腕节各小节长比约为 10：1.7：1.5：1.4：4。第 3 步足长节长约 7 倍于宽；座节约为长节一半长，上边缘具 1 可动刺；腕节短于长节；掌节约与

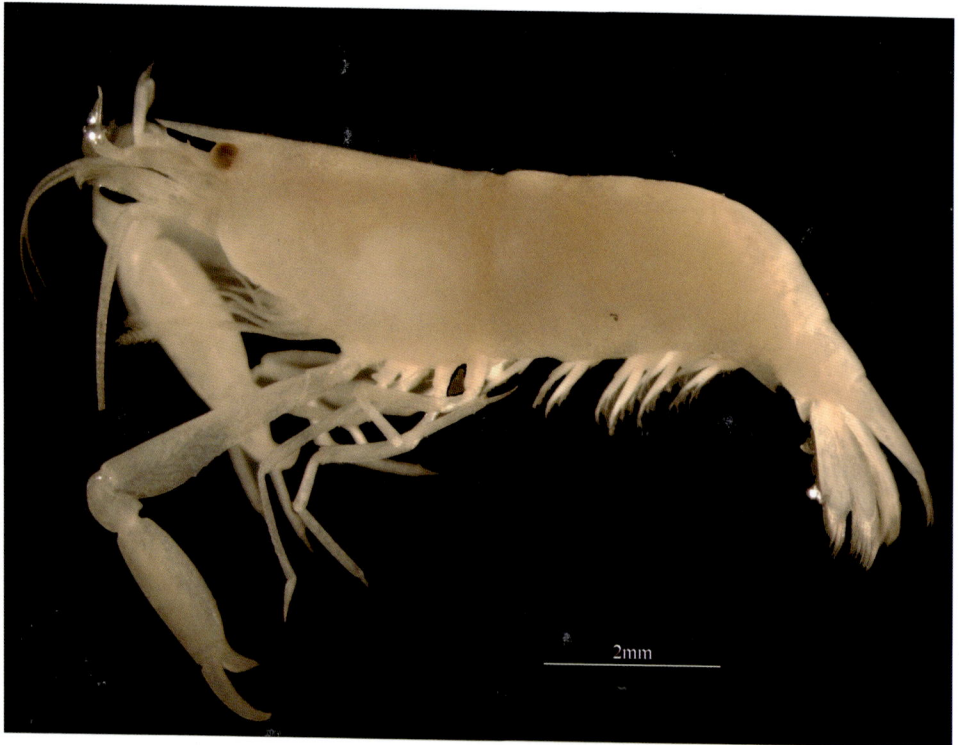

图 20a　日本角鼓虾 *Athanas japonicus*

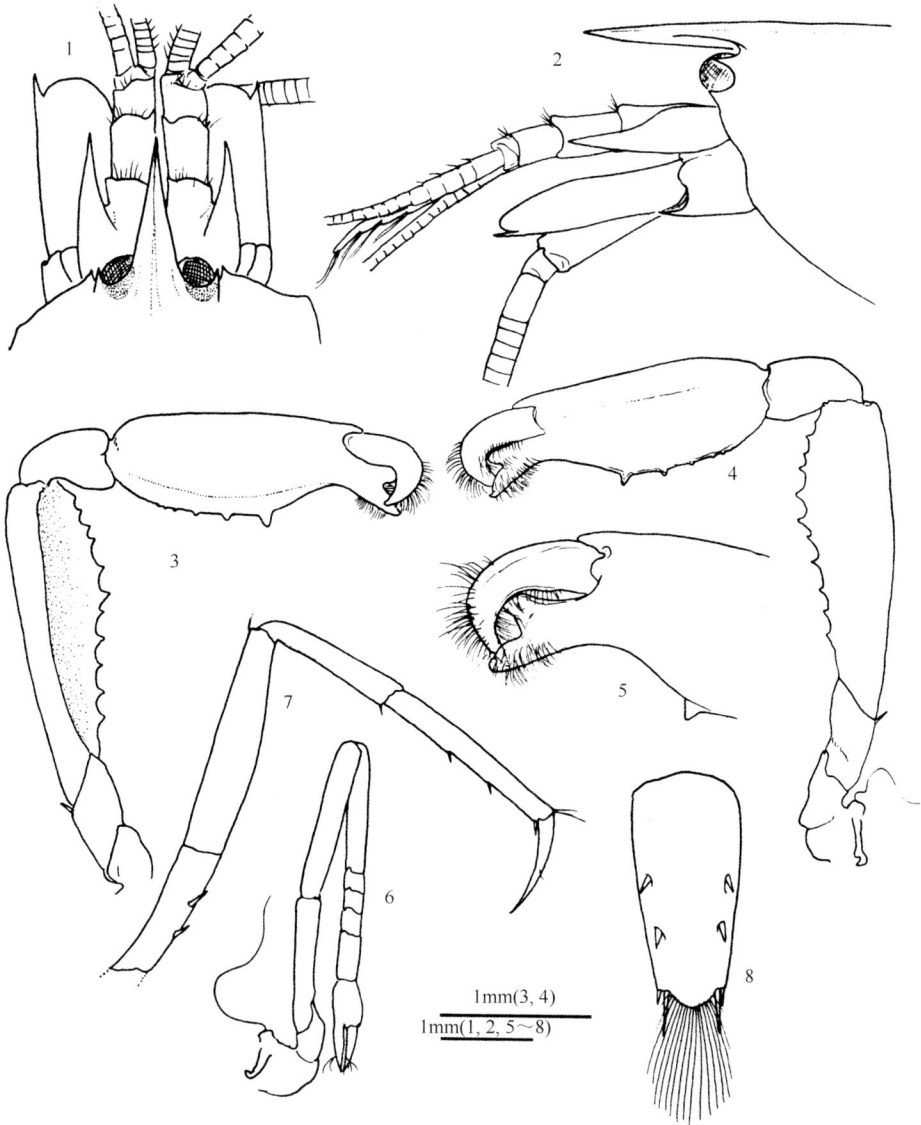

图 20b　日本角鼓虾 *Athanas japonicus*（仿 Anker, 2003）
1. 头胸甲前部背面观；2. 头胸甲前部侧面观；3. 大螯；4. 大螯侧面观；5. 大螯的指节和掌节；
6. 第 2 步足；7. 第 3 步足；8. 尾节

长节等长，腹面具一排可动刺；指节单爪，约为掌节一半长，细长而弯曲。尾节长约为后边缘宽的倍。

　　生态习性：常生活于潮间带的泥滩、石块下、红树林根部和死珊瑚的洞中。

　　地理分布：中国（黄海，东海，南海）；新加坡；日本海；澳大利亚。

21. 大岛角鼓虾 *Athanas ohsimai* Yokoya, 1936

Athanas ohsimai Yokoya, 1936: 129, fig. 1; Hayashi, 1995: 108, figs. 272d, 273f, g; Sha *et* Liu, 2007: 752.

标本采集地：沧口，薛家岛。

特征描述：额角背面三角形状，超过第 1 触角柄第 2 节中部。不具眼上刺；眼下刺和眼后刺尖。第 1 触角柄柄刺未到第 2 节末端。第 2 触角柄稍超过第 1 触角柄第 2 节末端。第 1 步足具雌雄差异，雄性：长而粗壮；长节长，腹面具 3～4 个突起；腕节长约为掌节的 1/3；指节半月形，不动指短于可动指；雌性：较细长，长节约与座节等长；腕节稍短于长节的 2/3，稍长于掌节；指节约与掌节等长。第 2 步足长节与座节等长；腕节分 5 小节，基节约与后 4 节之和等长。第 3 步足座节具 2 个微刺；长节腹侧具 1 个可动刺；掌节腹缘具 2～3 个可动刺。第 4 步足座节具 2 个微刺，长节和掌节腹侧均不具可动刺。第 5 步足座节具 1 个微刺，掌节腹侧中部具刚毛簇。尾节稍短于第 6 腹板，长约两倍于基部宽；背缘两侧各具 2～3 个可动刺；后边缘侧角各具 2 个可动刺。

生态习性：常生活于沙滩和浅海的石块下。水深 0～5m。

地理分布：中国（黄海，东海，南海）；日本。

图 21a　大岛角鼓虾 *Athanas ohsimai*

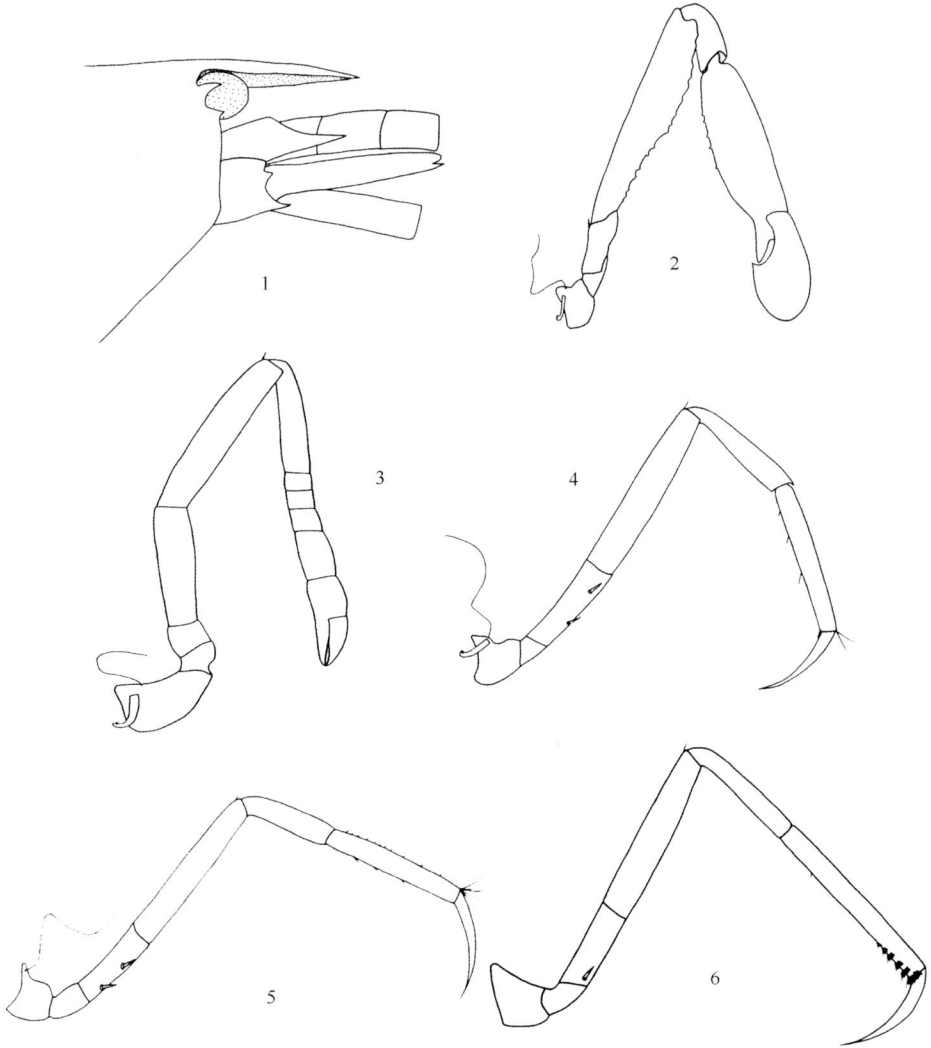

图 21b　大岛角鼓虾 *Athanas ohsimai*
1. 头胸甲侧面观；2. 右螯；3. 第 1 步足；4. 第 3 步足；5.第 4 步足；6. 第 5 步足

22. 虾蛄角鼓虾 *Athanas squillophilus* Hayashi, 2002

Athanas squillophilus Hayashi, 2002: 396, figs. 1-3; Sha *et* Liu, 2007: 754.

标本采集地：沧口，薛家岛。

特征描述：额角背面观窄三角形状，超过第 1 触角柄基节末端。头胸甲具眼下刺和颊角刺。尾节背缘两侧各具 2 个可动刺；后边缘两侧角各具 2 个可动刺，中间具 11 根长刚毛。第 1 触角柄粗短，基节腹缘中部具强齿；柄刺超基节末端；

图 22a　虾蛄角鼓虾 *Athanas squillophilus*

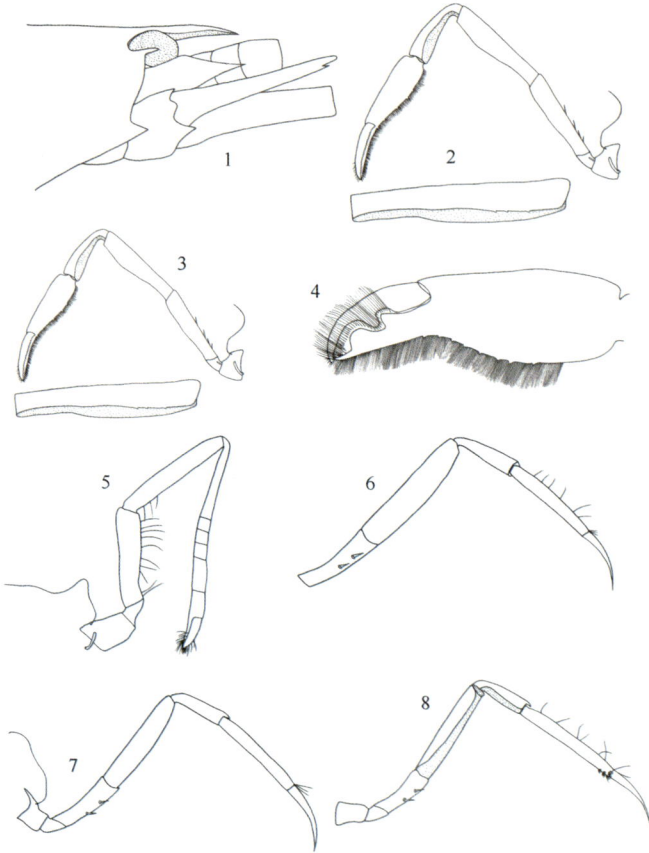

图 22b　虾蛄角鼓虾 *Athanas squillophilus*

1. 头胸甲侧面观；2. 左螯及长节；3. 左螯及长节；4. 右螯指节；5. 第 2 步足；6. 第 3 步足；
7. 第 4 步足；8. 第 5 步足

第 2 节短于第 1 节一半长；第 3 节稍长于第 2 节。第 2 触角长于第 1 触角柄，鳞片明显长于侧刺。柄腕稍短于第 2 触角柄。第 1 步足形状近似，大小稍不对称；大螯侧扁，基部稍肿胀，腹缘脊不明显，具小突起和浓厚长刚毛；长节和座节腹缘具沟，弯曲时与腕节和螯契合；长节稍短于腕节两倍长。第 2 步足腕节长于长节，分 5 或 6 小节，基节长后几节之和。第 3 步足长节、腕节、掌节和指节均不具可动刺；指节单爪，稍长于掌节一半长；掌节约为腕节长的 1.2 倍；腕节稍长于座节；长节侧扁，约 1.8 倍于座节长；座节侧扁，腹缘具 2 个可动刺。第 4、第 5 步足与第 3 步足近似，但第 5 步足掌节腹侧具 4 排刚毛簇；腕节、长节和座节均不具可动刺。

生态习性：常生活于潮间带泥滩中口虾蛄 *Oratosquilla oratoria* 的洞穴中。

地理分布：中国（黄海）；日本。

（十一）鞭尾虾属 Genus *Stenalpheops* Miya, 1997

身体侧扁，伸长，尾鞭有或无。额角短，侧面观末端尖。无眼罩。颊角圆。眼及眼柄背面观和侧面观均可见。第 1 触角柄细长，基节不具腹侧齿；柄刺发达，约到第 1 触角柄最末端。第 2 触角鳞片部分窄，侧刺发达。大颚具两节的触须；第 2 小颚基节内叶单裂，颚叶宽。第 2 颚足内肢明显伸长；上肢大。第 1 对步足细长，对称，性别二态性；螯圆柱形，表面光滑，无沟和脊；指节切缘具 2～3 宽的三角形齿；腕节、长节腹侧中间具 3～7 排短刚毛簇。第 2 对步足腕节 5 小节。后 3 对步足指节单爪；长节不具可动刺。腹板与同科其他属相似，第 6 腹节具可动侧板。雄性第 2 腹足内肢具雄性附肢和内附肢，雌性则仅具内附肢。尾肢外肢裂片锯齿状。尾节细长，背部具两对可动刺，后边缘圆。鳃式：5 侧鳃，1 关节鳃（位于第 3 颚足），6 上肢。

鞭尾虾属世界已知 2 种，中国海域分布有 2 种，胶州湾及青岛邻近海域分布有 2 种。

分种检索表

1. 螯具性别二态性，尾外肢具鞭状突 ·· 无刺鞭尾虾 *S. anacanthus*
   螯不具性别二态性，尾外肢无鞭状突 ·································· 高丽鞭尾虾 *S. koreanus*

23. 无刺鞭尾虾 *Stenalpheops anacanthus* Miya, 1997

Stenalpheops anacanthus Miya, 1997: 145-161, (part) figs. 2D, 3A, E-G; Wang *et* Sha, 2017: 1617, figs. 1-10.
Cavipelta yamashitai Hayashi, 1998: 229-238, (part) figs. 1-3, 4C, D, F, H, K, L.

Chelomalpheus crangonus Anker *et al.*, 2001: 1053-1060, figs. 4-8.

标本采集地：沧口，张戈庄。

图 23a　无刺鞭尾虾 *Stenalpheops anacanthus*

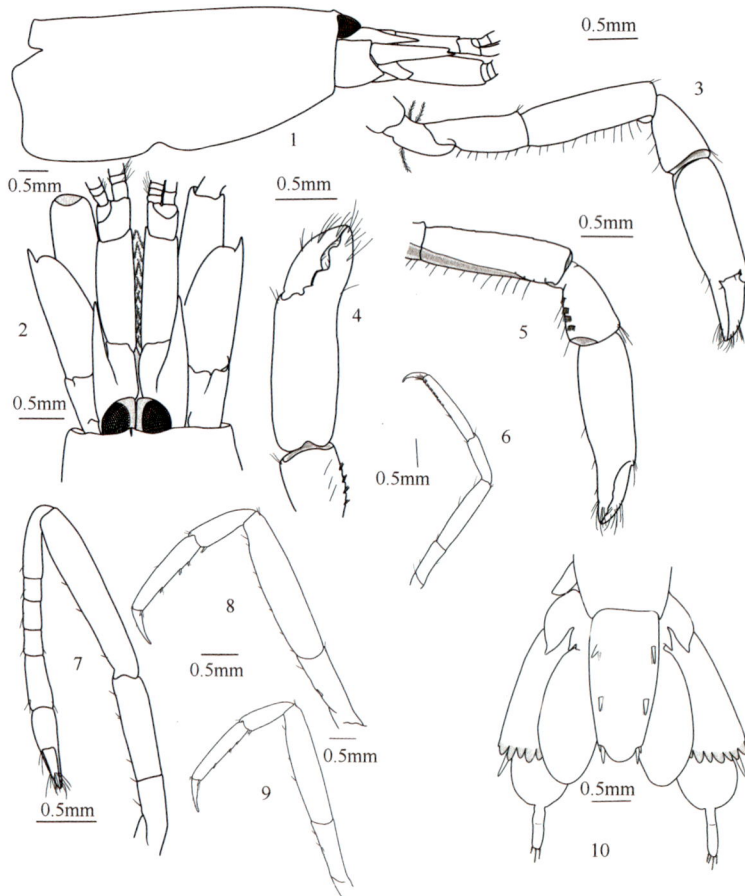

图 23b　无刺鞭尾虾 *Stenalpheops anacanthus*（仿 Wang and Sha, 2017）

1. 头胸甲侧面观；2. 头胸甲背面观；3. 右第 1 步足；4. 右第 1 步足的指节和掌节；5. 左第 1 步足；
6. 左第 5 步足；7. 左第 2 步足；8. 左第 3 步足；9. 左第 4 步足；10. 尾节和尾肢

特征描述： 头胸甲前缘额角基部略凹陷，具两条明显背脊，其上具小齿，略向后延伸到头胸甲长 1/3 处；下边缘近第 2 对步足基部具一明显宽缺刻。额角小，末端尖，具额脊，其随体长而增大，最大成三角形状，末端向后弯曲；不具眼罩。颊角圆。眼发达，体背面观和侧面观，均可见。第 1 对步足大小，形状皆对称。螯性别二态性，成熟雄性个体螯随体长而变化，最终成亚螯状（不动指逐渐向后弯曲，一部分与掌节融合，只保留末端部分，可动指逐步强烈向后弯曲），指节切缘逐步变得圆滑，至多有颗粒状突起；腕节杯状，下边缘具 6 横排短刚毛簇；座节上边缘具 4 个小齿，腹面平坦，具浓厚刚毛。雄性幼体与雌性螯相同，正常，指节不向后弯曲，指节切面具强齿，闭合时不能相互咬合，中间有缝隙，可动指末端略弯曲。第 2 对步足腕节 5 小节。第 3 对步足较粗短，指节单爪，锥形，强烈弯向掌节，约为掌节长的 3/8；掌节长约为基部宽的 5.2 倍，腹面具 3 个小可动刺和 1 对端刺；腕节约掌节长的 5/8，腹面末端具 1 可动刺；座节腹面近中部具 1 强可动刺。第 4、第 5 步足与第 3 对步足近似。尾节长约为基部宽的 2 倍，两侧边缘略凸出；后边缘强烈凸出，两侧各具 2 个小可动刺，内侧一对约为外侧一对的 5 倍长；两对较大背刺分别位于尾节长 1/6 和 1/2 处。

生态习性： 生活于潮间带泥滩。

地理分布： 中国（青岛，台湾）；日本。

24. 高丽鞭尾虾 *Stenalpheops koreanus* (Kim, 1998)

Chelomalpheus koreanus Kim, 1998: 140-145, figs. 1-3.
Stenalpheops anacanthus Miya, 1997: 145-161, (part) figs. 2A-C, 3B-D, 4, 5 (non *S. anacanthus* Miya, 1997).
Cavipelta yamashitai Hayashi, 1998: 229-238, (part) figs. 4A, B, E, G.
Stenalpheops koreanus: Wang *et* Sha, 2017: 1617, figs. 1-10.

标本采集地： 沧口，张戈庄。

图 24a 高丽鞭尾虾 *Stenalpheops koreanus*

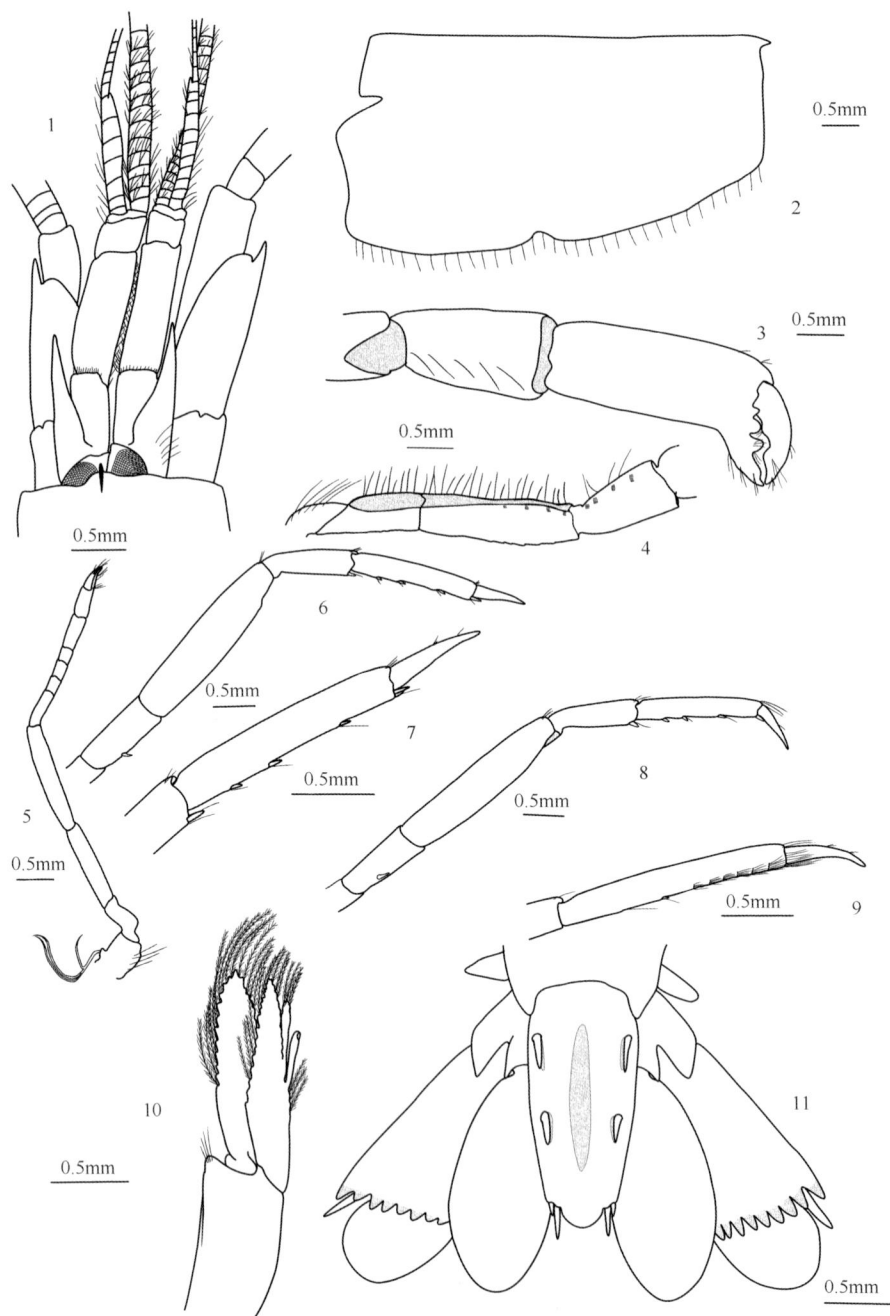

图 24b　高丽鞭尾虾 *Stenalpheops koreanus*（仿 Wang and Sha, 2017）

1. 头胸甲背面观；2. 头胸甲侧面观；3. 右螯；4. 右第 1 步足的腕节、长节和座节；5. 右第 2 步足；6. 右第 3 步足；
7. 右第 3 步足的掌节和指节；8. 右第 4 步足；9. 右第 5 步足的指节和掌节；10. 右第 2 胸肢；11. 尾节和尾肢

特征描述： *S. koreanus* 在外部形态上与 *S. anacanthus* 有以下区别：螯不具性别二态性；尾外肢后边缘不具鞭状突出。

生态习性： 栖息于潮间带泥滩、泥沙滩中。

地理分布： 中国（青岛）；韩国；日本。

四、藻虾科 Family Hippolytidae Bate, 1888

额角较发达，具齿。眼上刺有或无。眼较长，不被头胸甲所覆盖。大颚有臼齿部，其接触面周围环以梳状短毛；门齿部及触须有或无。第 2 颚足指节斜接于掌节上。第 3 颚足外肢有或无。步足无外肢。第 1 对步足螯状，通常较粗短，左右对称。第 2 对步足细长，腕节由 2 节或更多节构成，螯甚小。胸部肢体具肢鳃 1~7 对。腹部第 3 及第 4 节间比较弯曲。

藻虾科世界已知 37 属 330 余种（De Grave and Fransen, 2011），中国海域分布有 17 属 43 种（刘瑞玉，2008；Xu and Li, 2015），胶州湾及青岛邻近海域发现有 4 属 12 种。

分属检索表

1. 第 2 对步足腕节分为 7 节 ⋯⋯⋯⋯⋯⋯⋯⋯⋯⋯⋯⋯⋯⋯⋯⋯⋯⋯⋯⋯⋯⋯⋯⋯⋯⋯⋯⋯⋯⋯⋯⋯ 2
   第 2 对步足腕节分为 3 节或许多节 ⋯⋯⋯⋯⋯⋯⋯⋯⋯⋯⋯⋯⋯⋯⋯⋯⋯⋯⋯⋯⋯⋯⋯⋯⋯⋯⋯⋯⋯ 3
2. 第 3 颚足无外肢 ⋯⋯⋯⋯⋯⋯⋯⋯⋯⋯⋯⋯⋯⋯⋯⋯⋯⋯⋯⋯⋯⋯⋯ 七腕虾属 *Heptacarpus*
   第 3 颚足具外肢 ⋯⋯⋯⋯⋯⋯⋯⋯⋯⋯⋯⋯⋯⋯⋯⋯⋯⋯⋯⋯⋯⋯⋯⋯⋯⋯ 安乐虾属 *Eualus*
3. 头胸甲前侧角呈锯齿状 ⋯⋯⋯⋯⋯⋯⋯⋯⋯⋯⋯⋯⋯⋯⋯⋯⋯⋯⋯⋯ 深额虾属 *Latreutes*
   头胸甲前侧角不呈锯齿状 ⋯⋯⋯⋯⋯⋯⋯⋯⋯⋯⋯⋯⋯⋯⋯⋯⋯⋯⋯ 鞭腕虾属 *Lysmata*

（十二）安乐虾属 Genus *Eualus* Thallwitz, 1892

头胸甲具触角刺，无眼上刺，颊刺有或无。大颚具门臼部、臼齿部和触须（2 节组成）。第 3 颚足具外肢。第 2 对步足腕节分为 7 节。

安乐虾属世界已知 40 种，中国海域分布有 5 种，胶州湾及青岛邻近海域发现有 3 种。

分种检索表

1. 额角上缘全长皆有锯齿 ⋯⋯⋯⋯⋯⋯⋯⋯⋯⋯⋯⋯⋯⋯⋯⋯⋯ 中华安乐虾 *E. sinensis*
   额角上缘端半部无锯齿 ⋯⋯⋯⋯⋯⋯⋯⋯⋯⋯⋯⋯⋯⋯⋯⋯⋯⋯⋯⋯⋯⋯⋯⋯⋯⋯⋯⋯⋯⋯⋯⋯ 2
2. 前两对步足具上肢 ⋯⋯⋯⋯⋯⋯⋯⋯⋯⋯⋯⋯⋯⋯⋯⋯⋯ 细额安乐虾 *E. gracilirostris*
   前三对步足具上肢 ⋯⋯⋯⋯⋯⋯⋯⋯⋯⋯⋯⋯⋯⋯⋯⋯⋯ 狭颚安乐虾 *E. leptognathus*

25. 细额安乐虾 *Eualus gracilirostris* (Stimpson, 1860)

Hippolyte gracilirostris Stimpson, 1860: 103.
Spirontocaris gracilirostris Balss, 1914: 44; Yokoya, 1933: 26; Urita, 1942: 27.
Eualus gracilirostris Holthuis, 1947: 11; Liu, 1963: 233; Miyake *et* Hayashi, 1967: 255, fig. 4.

标本采集地：汇泉湾，太平湾，大岛子，团岛，麦岛，石老人。

特征描述：小型种。额角细、短，顶端稍向上方斜伸，末端稍向上扬，伸达第 1 触角柄末端。上缘 5～7 齿，后部 1、2 齿在头胸甲上，下缘末端 1～4 小齿。触角刺大，颊刺下腹部背面圆滑，第 3～第 5 节侧甲圆，第 4、第 5 节侧甲后缘尖锐具刺。眼发达，有单眼。第 1 触角柄，各节末端各具 1 较长的刺。柄刺达到柄节第 1 节末。鳞片侧缘末端刺于鳞片等长。第 3 颚足末节 1/2 超过触角鳞片，具外肢和上肢。第 1～第 3 步足具上肢。第 3、第 4 步足长节各 4 刺，第 5 对步足长节末端附近 1 刺。尾节长于第 6 腹节，背面 5～6 对刺。后端边缘膨凸，有 3 对刺。头胸甲背腹面有褐色带。腹部黄绿色，赤褐色。体透明，散布有红色斑点。形态非常似中华安乐虾 *Eualus sinensis*，易相混。

生态习性：黄海超过 40m 的较深水域采获。数量不大。山东半岛、辽东半岛和黄海较深水域常见，无大经济价值。水深 0～60 m。

地理分布：中国（黄海）；日本；俄罗斯远东海。

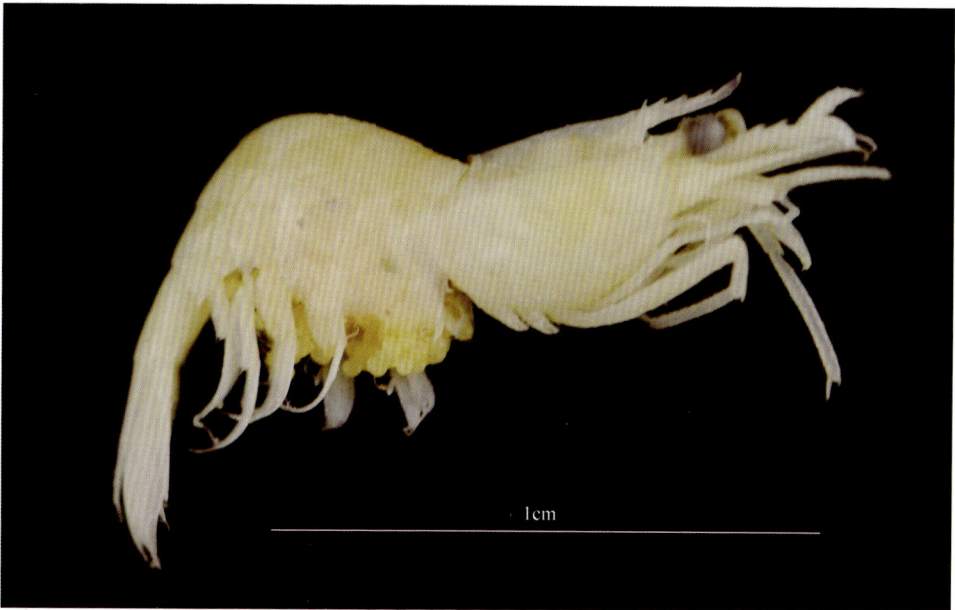

图 25a　细额安乐虾 *Eualus gracilirostris*

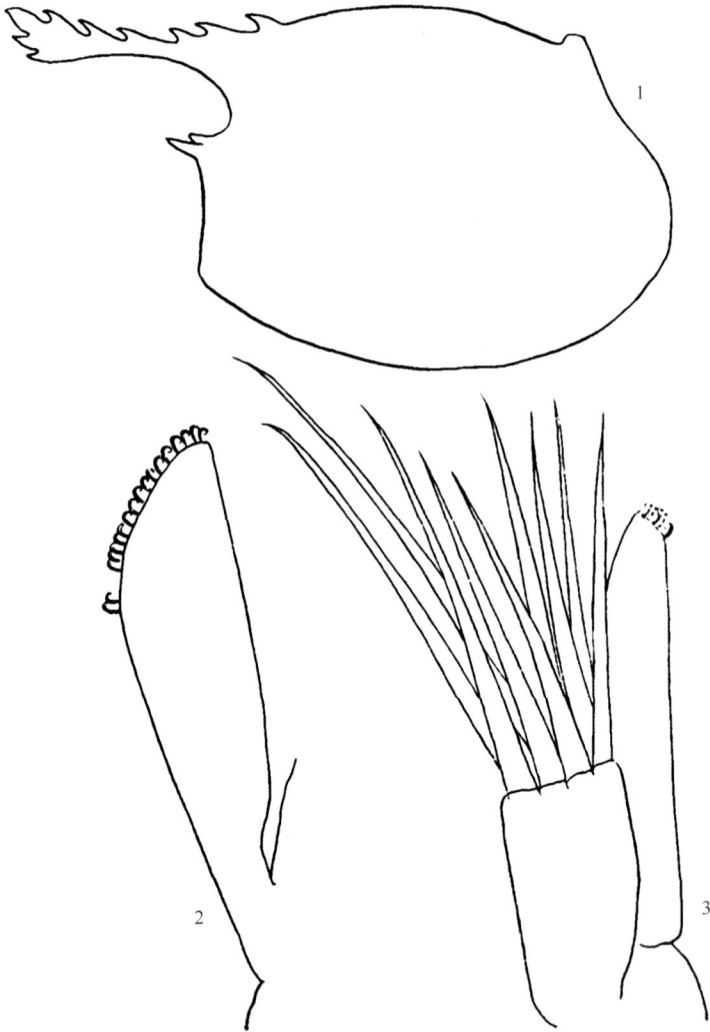

图 25b　细额安乐虾 *Eualus gracilirostris*（仿 Hayashi and Miyake, 1967）
1. 头胸甲侧面观；2. 雌性腹肢内肢；3. 雄性腹肢及内肢

26. 窄额安乐虾 *Eualus leptognathus* (Stimpson, 1860)

Hippolyte leptognatha Stimpson, 1860: 103.

Spirontocaris japonica Yokoya, 1930: 273, 533.

Spirontocaris leptognatha Yokoya, 1933: 26.

Eualus leptognathus Holthuis, 1947: 11, 43; Liu, 1955: 41, pls. 14 (5, 6); Miyake *et* Hayashi, 1967: 258, fig. 5.

标本采集地：中港，贵州路，薛家岛（鱼鸣嘴）。

特征描述：小型种。额角长于头胸甲，上缘基半部具 3～6 齿，其中基部 2 齿在头胸甲上，下缘 2～3 齿，在上缘最末齿之前。具触角刺和颊刺。眼大，具单眼。第 1 触角柄第 2、第 3 节等长，末端各有 1 刺。（第 1 触角）柄刺伸达第 1 柄节末端。第 2 触角鳞片侧缘末端刺与叶片相齐。第 3 颚足伸至触角鳞片末端，具外肢和上肢。第 1～第 3 步足具上肢。第 3～第 5 对步足长节各具 3～7 活刺，末端尖。腹部圆滑。第 1～第 3 节侧甲圆，第 4 腹节侧甲后缘圆，第 5 节侧甲后缘有刺，尾节长于第 1～第 3 腹节，具背侧刺 4～5 对，后端中央突有末端小刺 3 对。活体呈不规则灰色花纹。

本种额角末半无齿，身体一般形态相似 *E. fabricii*；但后者仅第 3 对步足具上肢；第 2 对步足及多数第 1 对步足不具上肢。后者体大，头胸甲长雌性 7mm，雄性 4mm 以上。

生态习性：生活于较清澈而生有海藻的浅海中，喜附着于水中物体上。肉虽可食，但产量很小。繁殖期在 4～6 月。

地理分布：中国（渤海，黄海）；日本；俄罗斯（远东海）。

图 26a　窄额安乐虾 *Eualus leptognathus*

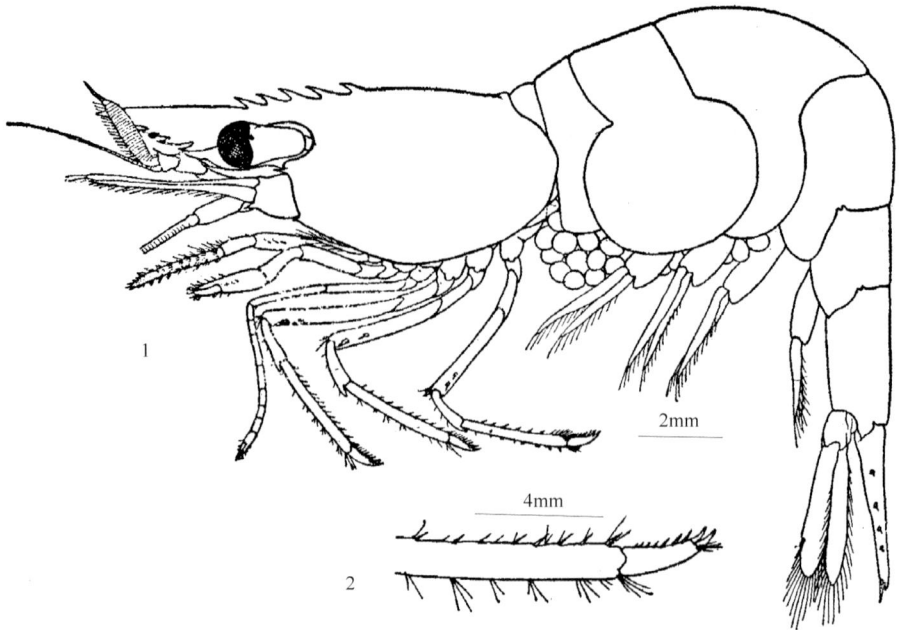

图 26b　窄额安乐虾 *Eualus leptognathus*（仿刘瑞玉，1955）
1. 雌性整体侧面观；2. 第 3 步足指节

27. 中华安乐虾 *Eualus sinensis* (Yu, 1931)

Spirontocaris sinensis Yu, 1931a: 513; 1935a: 48.
Eualus sinensis: Liu, 1955: 41, pls. 14 (5, 6).

标本采集地：青岛（仰口），石岛。

特征描述：小型种。体短粗。额角纤细，雄性者与头胸甲等长，雌性者长约为头胸甲长之 2/3，上缘 5～6 齿，其中第 1、第 2 齿在头胸甲上；下缘 2～4 齿，在近前端处，头胸甲具小的触角刺，颊角一般无刺。两侧缘发达。眼中等大，角膜发达。第 1 触角柄伸至第 2 触角鳞片中部，各节末端有 1 小刺，柄刺伸至第 1 柄节末端。雌性者伸至第 2 柄节末端。第 2 触角鳞片外缘末端刺伸至叶片末缘（相齐）。第 3 颚足具外肢和上肢。第 1 和第 2 对步足具上肢。第 3 和第 4 对步足长节具 2～3 小刺，第 5 对步足长节末端具 1 小刺，第 3～第 5 步足指节下（后）缘具 6～7 刺。末 2 刺同等粗大。第 1～第 3 腹节侧甲圆，第 4、第 5 腹节侧甲后缘尖。尾节末段具 3 对小刺。

生态习性：常生活于有岩石的浅海，退潮时可在潮线附近浅水中石块之间活动。春季较常见。繁殖期在春夏之间（4～5 月）。

图 27a　中华安乐虾 *Eualus sinensis*

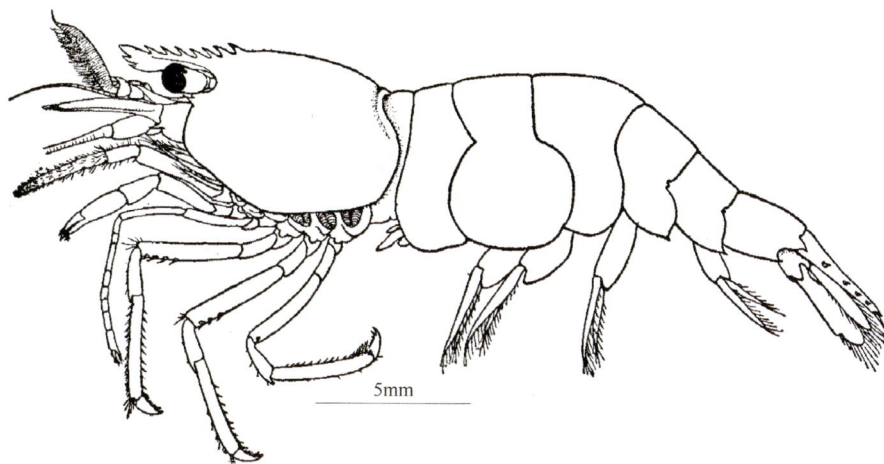

图 27b　中华安乐虾 *Eualus sinensis*（仿刘瑞玉，1955）

整体侧面观

地理分布：中国（黄海）；日本。

（十三）七腕虾属 Genus *Heptacarpus* Holmes, 1900

额角较发达，侧扁，通常上下缘具锯齿。头胸甲具触角刺，无眼上刺；颊刺有或无。眼发达。大颚具门齿部，臼齿部和触须；触须由 2 节构成。第 3 颚足不

具外肢。步足基部不具关节鳃。第 2 对步足腕节分 7 节。第 6 腹节后侧角无活动
侧板。尾节背面通常具 4～6 对活动小刺。

七腕虾属世界已知 33 种，中国海域分布有 6 种，胶州湾及青岛邻近海域发
现有 5 种。

分种检索表

28. 利刃七腕虾 *Heptacarpus acuticarinatus* Komai *et* Ivanov, 2008

Spirontocaris camtchatica Balss, 1914: 44; Parisi, 1919: 47; Yokoya, 1933: 26.
Heptacarpus camtschaticus: Holthuis, 1947: 12; Hayashi *et* Miyake, 1968: 134, fig. 6; Hayashi, 1979:
      14; 1992: 180; Liu *et* Zhong, 1994: 559. [Not *Heptacarpus camtschaticus* (Stimpson, 1860)]
Heptacarpus acuticarinatus Komai *et* Ivanov, 2008: 9.

标本采集地：胶州湾。

特征描述：额角长，平直前伸，上缘 4～7 齿，下缘 4～9 齿。头胸甲短于额
角，额角后脊向后伸至头胸甲中部。触角刺发达，在眼窝后缘下侧，颊角后脊腹
部各节圆滑。眼柄圆筒形，有单眼，第 1 触角柄伸达第 2 触角鳞片中央，触角刺
伸至第 2 柄节中部。第 2、第 3 小节末端有小刺（第 1 节无）。触角鳞片伸至额角
末端；外缘末端刺不到叶片末缘。第 3 颚足伸至鳞片末的 1/3。步足无上肢，第 1
对步足长节无刺。第 3 对步足长节 7～9 刺。第 4 对步足长节 5～7 刺。第 5 对步
足长节 3～5 刺，指节后缘 4～5 刺。第 1～第 4 节侧甲后缘圆形，第 5 腹节侧甲
后缘有齿，尾节约为第 6 腹节长的 1.3 倍。背面 4～5 对活动刺，末端有刺 3 对。
雄性第 1 腹肢内肢末端细长。第 2 腹肢内肢有雄性附肢和内附肢。

生态习性：黄海超过 20m 的较深水域。体透明，有红色斑点。在黄海和东海
北部常见，但产量不大。水深 20～180m。

地理分布：中国（黄海，东海）；日本；俄罗斯（堪察加）；鄂霍次克海；千
岛群岛。

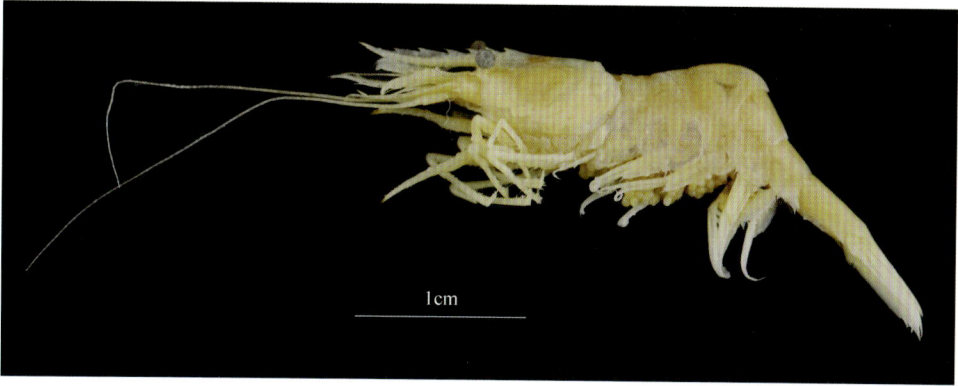

图 28a　利刃七腕虾 *Heptacarpus acuticarinatus*

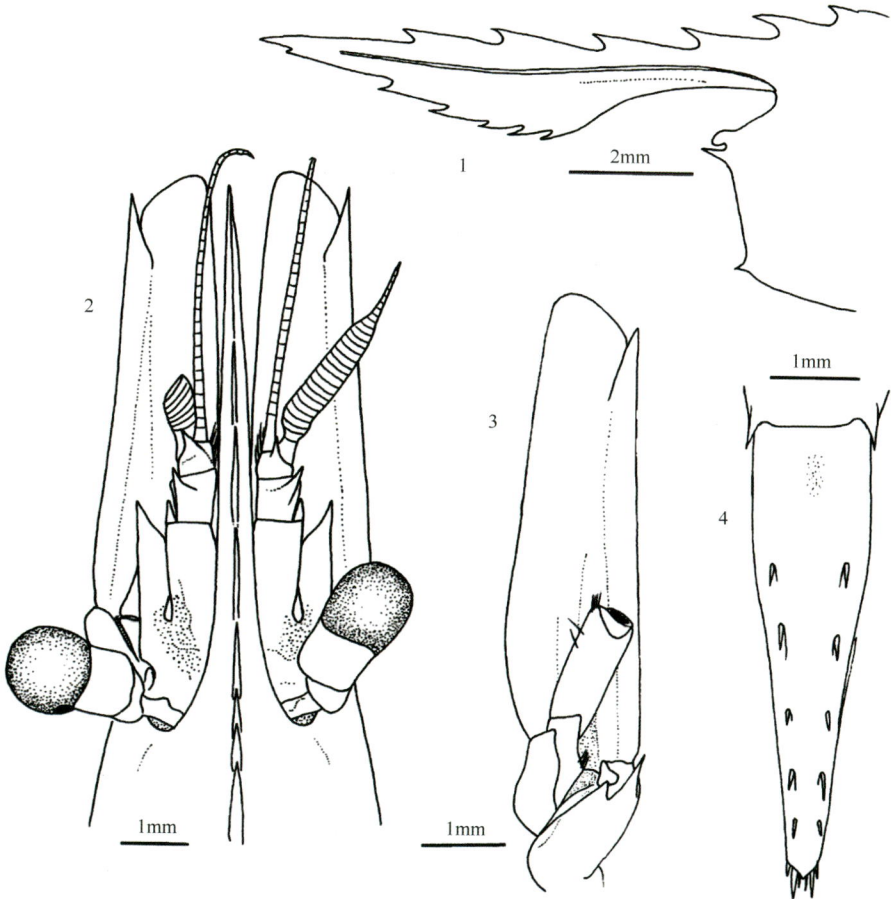

图 28b　利刃七腕虾 *Heptacarpus acuticarinatus*（仿 Komai and Ivanov, 2008）

抱卵雌性：1. 额角侧面观；2. 头胸甲背面观；3. 第 2 触角；4. 尾节

29. 长足七腕虾 *Heptacarpus futilirostris* (Bate, 1888)

Nauticaris futilirostris Bate, 1888: 606, pl. 109 (1).

Spirontocaris rectirostris: De Man, 1906: 403; 1907: 411, pls. 32 (33-34); Kemp, 1916: 386; Urita, 1921: 217; 1926: 426; Nakazawa, 1927: 1018, fig. 1958; Nakazawa *et* Kubo, 1947: 776, fig. 2238.

Heptacarpccs rectirostris: Liu, 1955: 36, pls. 13 (1-5); Utinomi, 1956: 59, pl. 29 (6); Miyake, 1961b: 168; Kubo, 1965: 615, fig. 972.

Heptacarpus futilirostris: Miyake *et* Hayashi, 1968: 437, figs. 3, 4, 6, 7e-f; Hayashi *et* Miyake, 1968: 138, fig. 9.

标本采集地：沙子口，沧口，中港，石老人，栈桥，大岛子。

特征描述：额角较短，甚短于头胸甲向下前方斜直伸出，上缘5～7齿，基部1、2齿在头胸甲上，下缘近末端常有2齿。触角刺发达。有单眼，第1触角柄伸至第2触角鳞片；第1触角柄刺伸至柄节第2节末。第1～第3节末缘各具1小刺。触角鳞片较额角末端长。鳞片外缘末端刺超出鳞片末缘。第3颚足性成熟雄性特别延长。第3颚足至第3对步足有上肢。第1对步足长节无刺。第3对步足长节2～5刺，第4对步足长节1～3刺，第5对步足长节1刺，各指节后（下）缘5～6刺。腹部圆滑。第1～第3腹节侧中后缘圆形。第4、第5腹节侧甲后缘尖锐。尾节背面4对活动刺，末端中央尖突，有3对刺。雄性第1腹肢内肢末端中长，末端方钩状刚毛。第2腹肢具雄性附肢。

生态习性：常生活于浅水区，附着于海藻上。

地理分布：中国（渤海，黄海，东海）；日本（濑户内海）。

图 29a　长足七腕虾 *Heptacarpus futilirostris*

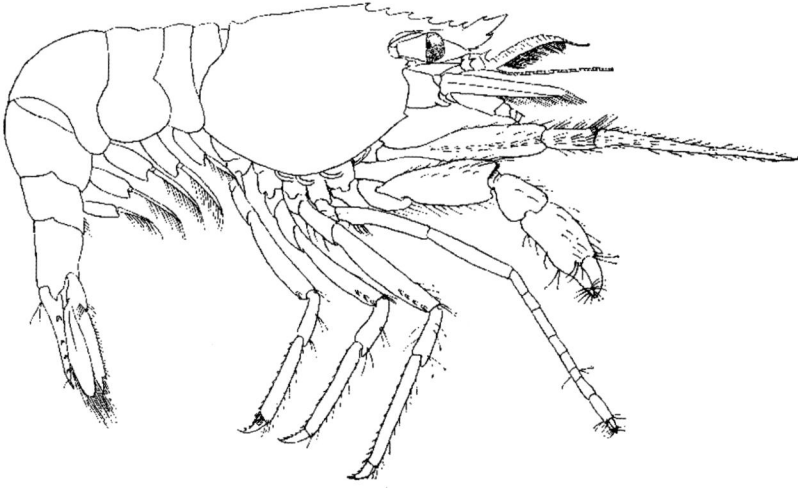

图 29b　长足七腕虾　*Heptacarpus futilirostris*（仿 Hayashi and Miyake, 1968）
整体侧面观

30. 屈腹七腕虾　*Heptacarpus geniculatus* (Stimpson, 1860)

Hippolyte geniculata Stimpson, 1860: 34; Ortmann, 1890: 503, pl. 37 (3); Doflein, 1902: 636.

Spirontocaris geniculate: Rathbun, 1902: 636; Yokoya, 1930: 530; 1933: 26; 1939: 270; Yu, 1935b: 43; Urita, 1942: 22; Nakazawa *et* Kubo 1947: 774, fig. 2234.

Heptacarpus geniculatus: Holthuis, 1947: 12, 44; Liu, 1955: 38, pls. 14 (1, 2); Hayashi *et* Miyake, 1968: 132, fig. 5; Hayashi, 1979: 21 (part); 1989: 23; Liu *et* Zhong, 1994: 559 (list); Chace, 1997: 44 (list); Yang *et* Kim, 2005: 12, fig. 1; Komai *et* Ivanov, 2008: 15, figs. 10-13, 18, 19.

Spirontocaris alcimede De Man, 1906: 404; 1907: 416, pls. 32 (42-46); Yu, 1935b: 43.

标本采集地：薛家岛（鱼鸣嘴），前海，贵州路。

特征描述：额角长平伸，上缘基半 4～7 齿，下缘全长 8～9 齿，头胸甲短于额角。小的触角上刺在眼眶后缘下侧。颊角常无刺，圆形（有的个体一侧有刺）。腹部第 3 节背面曲折，强膝状。眼长，眼柄圆筒形，有 1 单眼。第 1 触角柄较短，伸达第 2 触角鳞片基部 1/3，柄刺伸至柄基节末端，第 2、第 3 柄节末端各有 1 小刺；第 2 触角鳞片伸至额角末端附近，侧缘末端刺不到叶片末端。第 3 对步足长节 5～8 刺。第 4 对步足长节 5～6 刺。第 5 对步足长节具 3～4 刺；指节后（下）缘 6～8 刺。第 1～第 4 腹节侧甲圆形。第 5 腹节侧甲尖。尾节长，背面 4 或 5 对活动刺。雄性第 1 腹肢内肢末端较细，延长，末端内侧有钩状刚毛。第 2 腹肢内肢有雄性附肢和内附肢。该种步足无上肢，第 3 腹节背缘强度曲折，易与其他种区别。

生态习性：常生活于海藻场。体呈暗绿色、暗褐色，背中线为白色纵线。溞状幼体 9 期。

地理分布：中国（黄海）；日本（北海道）。

图 30a　屈腹七腕虾 *Heptacarpus geniculatus*

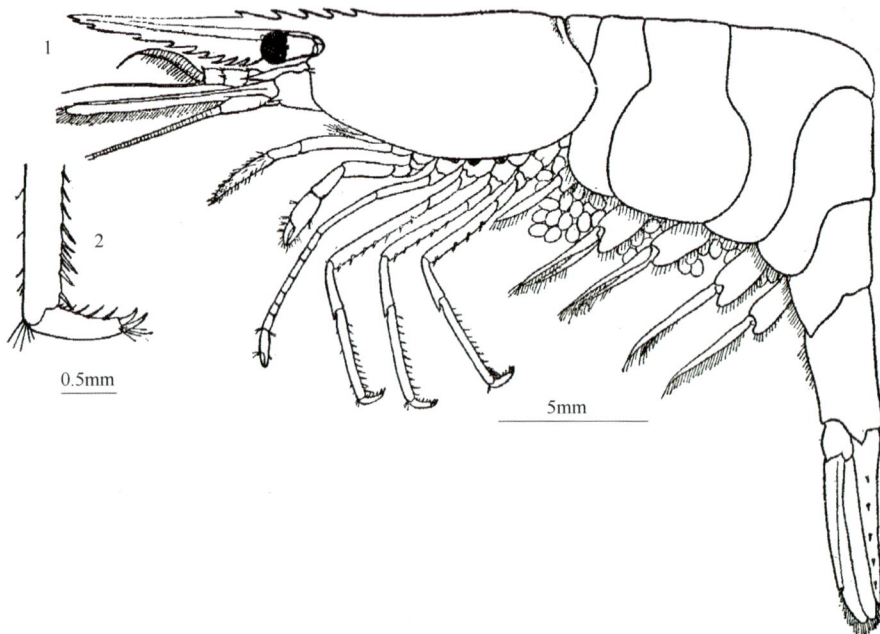

图 30b　屈腹七腕虾 *Heptacarpus geniculatus*（仿刘瑞玉，1955）
雌性：1. 整体侧面观；2. 第 3 步足指节

31. 长额七腕虾 *Heptacarpus pandaloides* (Stimpson, 1860)

Hippolyte pandaloides Stimpson, 1860: 103; Doflein, 1902: 637.

Spirontocaris propugnatrix De Man, 1906: 404; Kemp, 1914: 124; Nakazawa *et* Kubo, 1947: 775.

Heptacarpus pandaloides: Holthuis, 1947: 44; Liu, 1955: 37, pl. 13, figs. 6, 7; Miyake *et* Hayashi, 1968a: 374, fig. 1; Hayashi *et* Miyade, 1968: 136, fig. 7; Hayashi, 1992: 273.

标本采集地：前海，小青岛，汇泉湾，后海。

特征描述：中型大小。额角很长，约达头胸甲长的 1.3 倍。额角上缘基部 1/2～3/4 及头胸甲前部共有具齿 7～9 个，末端 1/4～1/2 无齿，基部 1～2 齿在头胸甲上。触角刺两性皆发达，颊角通常无刺。眼长圆筒形，有单眼。第 1 触角柄部达额角基部 1/3，柄第 1 节末端无刺。第 2、第 3 节末端各有 1 小刺，柄刺（触角棘）伸至柄第 1 节末端。触角鳞片较头胸甲长，外缘末端刺短于叶片末端。颚足具上肢，步足无上肢，第 1 对步足短，长节无刺。第 3 对步足长节 7～9 活动刺，第 4 对步足长节 5～7 刺，第 5 对步足长节 2～4 刺。指节后（下）缘 5～7 刺。第 3 腹节圆滑无强屈曲。第 1～第 4 腹节侧后缘圆形，第 5 腹节侧甲雌性都具背刺，尾节背面 4～7 对活动刺，通常为 5 对。末端中央尖突，具 3 对刺。雄性第 1 腹肢内肢末端尖细，有带钩的刚毛。第 2 腹肢内肢有雄性附肢和内附肢。

活体壳绿色或棕褐色，背部中央线上有棕色或白色的纵斑；第 1～第 3 腹节侧甲带红色小点。

生态习性：生活于沙底的浅海中，常附于海藻上。体色会随周围海藻的颜色而变。繁殖期 11～12 月。

地理分布：中国（黄海）；日本。

图 31a　长额七腕虾 *Heptacarpus pandaloides*

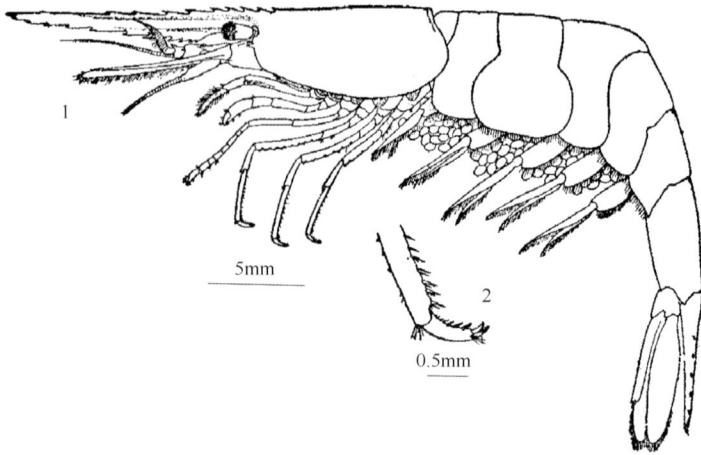

图 31b　长额七腕虾 *Heptacarpus pandaloides*（仿刘瑞玉，1955）

雌性：1. 整体侧面观；2. 第 3 步足指节

32. 直额七腕虾 *Heptacarpus rectirostris* (Stimpson, 1860)

Hippolyte rectirstris Stimpson, 1860: 102; Doflein, 1902: 637, pl. 3 (7).

Spirontocaris rectorpstros: Rathbun, 1902: 44; De Man, 1907: 411, pls. 32 (31, 32) (part); Balss, 1914: 43; Yokoya, 1930: 531.

Heptacarpus rectirostris: Holthuis, 1947: 13; Liu, 1955: 36, pl. 13, figs. 1-5; Miyake *et* Hayashi, 1968: 434, figs. 1, 2, 7a-d.

标本采集地：胶州湾内外，沙子口。

特征描述：体中型大小。额角短，伸至第 1 触角末端上缘 5～6 齿，基部 2～3 齿在头胸甲上，下缘近末端处有 3～4 齿，有触角刺。（前侧角）颊角雌性有刺，雄性常无刺。眼圆筒形，有单眼。第 1 触角柄末端伸至第 2 触角鳞片中部。第 1～第 3 节末缘内侧各有 1 小刺，柄刺超出柄第 1 节末端。触角鳞片外缘末端刺超出叶片末缘。第 3 颚足雌雄异形，末节一部分超出触角鳞片，第 1～第 3 颚足和第 1～第 3 步足具上肢，第 1 对步足长节有刺。成体雄性第 1 对步足特长，超过额角末端，形状与雌性不同。腕节、长节及不动指切缘有长刚毛丛生。第 3 对步足长节 4～6 刺，第 4 对步足长节 4～5 刺，第 5 对步足长节 3～5 刺。指节后（下）缘 6 刺。腹部圆滑。第 1～第 3 腹节侧甲后缘圆，第 4、第 5 腹节侧甲后缘有刺。尾节背面 4 对活动刺，末端中央尖，两侧有 3 对刺。雄性第 1 腹肢内肢末端 1/3 细，末端有钩状刚毛。第 2 腹肢内肢有雄性附肢和内附肢。体多青色，卵橙色。

生态习性：生活于海水清澈的岩石或泥沙底，多附于海藻或其他物体上。繁殖期 3～6 月。水深 5～60m。

地理分布：中国（渤海，黄海）；日本（濑户内海）；俄罗斯（堪察加）。

图 32a　直额七腕虾 *Heptacarpus rectirostris*

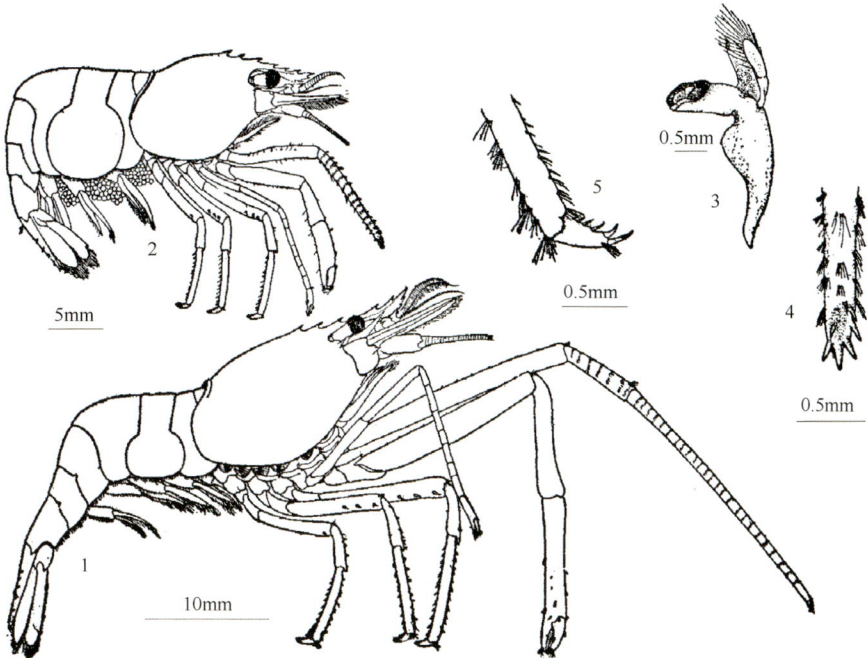

图 32b　直额七腕虾 *Heptacarpus rectirostris*（仿刘瑞玉，1955）

雄性：1. 整体侧面观；2. 雌性，整体侧面观；3. 大颚；4. 第3步足顶端；5. 第3步足指节

（十四）深额虾属 Genus *Latreutes* Stimpson, 1860

额角形状变异大，雌性常异形，一般雄性者较细长，雌者较高（宽）而短；上下缘具齿。头胸甲具胃上刺和触角刺；前侧角圆，呈锯齿状。腹侧甲边缘不具小齿。大颚仅有臼齿突，无门齿部及触须。第 3 颚足具外肢。第 2 对步足腕节分 3 节。末 3 对步足指节正常形状，长节外侧末端附近有 1 活刺。第 1 触角柄刺圆形。第 2 触角鳞片外缘无齿。步足基部无关节鳃，最少前 3 对步足具肢鳃。

深额虾属世界已知 18 种，中国海域分布有 5 种，胶州湾及青岛邻近海域发现有 3 种。

分种检索表

1. 第 3 胸足指节"双爪" ·· 2
   第 3 胸足指节"单爪" ··· 水母深额虾 *L. anoplonyx*
2. 头胸甲背面胃上刺后方无疣状突起 ··································· 刀形深额虾 *L. laminirostris*
   头胸甲背面胃上刺后方有明显的疣状突起 ··················· 疣背深额虾 *L. planirostris*

33. 水母深额虾 *Latreutes anoplonyx* Kemp, 1914

Latreutes anoplonyx Kemp, 1914: 104, figs. 3-5; Holthuis, 1947: 60; 1980: 128; Liu, 1955: 43, pls. 15 (10-12); 1963: 232; Hayashi *et* Miyake, 1968: 149, fig. 13; Hayashi, 1994: 17, figs. 251, 252e-g; Chace, 1997: 69.

?*Latreutes mucronatus*: Balss, 1914: 47, text-fig.

标本采集地：沧口，石老人，大公岛，后海，丁字湾。

特征描述：额角形状雌雄略有不同，雌性个体较短而宽，雄性个体较长而窄；额角的齿数变化较大，通常背缘具 7～22 齿，腹缘 6～11 齿，齿比较小，有时不很明显。头胸甲具胃上刺及触角刺，前侧角锯齿状，具小齿 8～12 个；胃上刺较小，胃上刺之后圆滑，不存在疣状突起。眼粗短，眼柄宽于眼角膜。大颚无门齿突及触须，仅具臼齿部，臼齿之边缘具有梳状排列的刺毛。第 3 颚足具外肢，内肢伸至第 2 触角鳞片中部之前，其末节超出第 1 触角柄末端，形状于前两属者相似，末端及内缘具硬刺 8 或 9 个。第 1 对步足最短，伸至第 1 触角柄第 1 节末端附近，指稍短于其掌及腕，形状于前两属者相似，但掌的基部较宽，腕节末缘向后凹陷。第 2 对步足细长，腕由 3 节构成。第 3 对步足最长，掌长约为指长的 2.5 倍，长节末端外侧有一活动刺。第 4 及第 5 对步足构造于第 3 足相似。前 4 对步足皆具带钩的上肢鳃。雌性个体腹部较雄性个体粗短，背面圆滑无纵脊，第 6 节长为尾节的 0.6～0.8 倍；尾节末端较宽，中央突出尖角，尖角两侧有活动小刺两

图 33a　水母深额虾 *Latreutes anoplonyx*

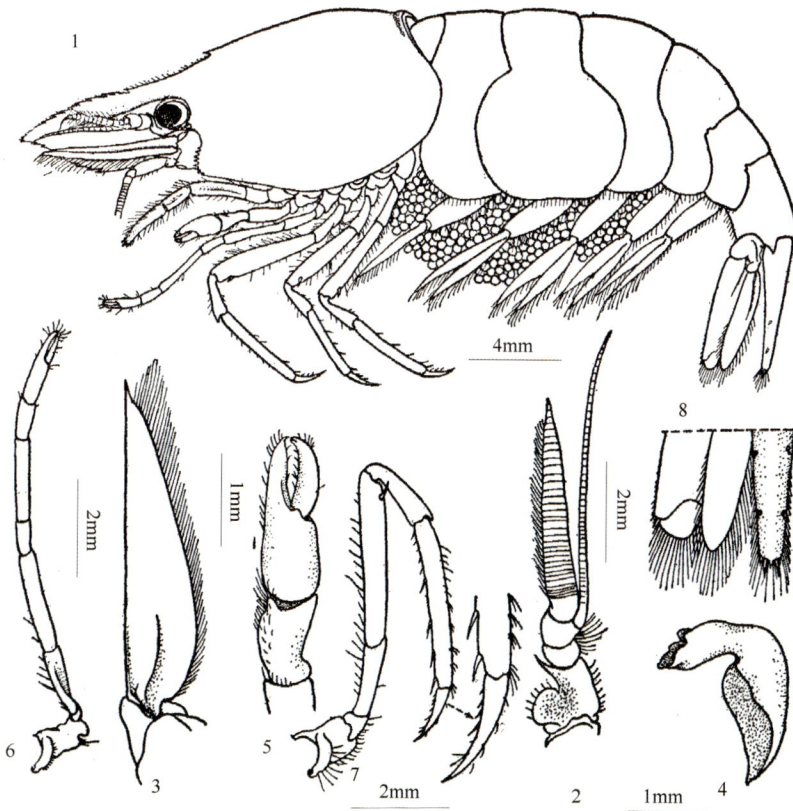

图 33b　水母深额虾 *Latreutes anoplonyx*（仿刘瑞玉，1955）
雌性：1. 整体侧面观；2. 第1触角柄；3. 第2触角鳞片；4. 大颚；5. 第1步足螯与腕节；
6. 第2步足；7. 第3步足；8. 左尾肢与尾节后边缘

对尾肢与尾节等长，其外肢之外末角有一活动刺，刺的内侧为一弯曲之缝。体色棕红色间以黑白斑点，头胸部及腹部背面常有较浓或较淡的纵斑。

生态习性：生活于泥沙底之浅海，通常多与海蜇 *Rhopilema esculentum* Kishinouye 共生，附于其口腕上。为北方沿海习见，定置张网中多与毛虾或其他小虾同时捕获，产量不甚大。繁殖期 9～10 月。

地理分布：中国（渤海，黄海，南海）；日本。

34. 刀形深额虾 *Latreutes laminirostris* Ortmann, 1890

Latreutes laminirostris Ortmann, 1890: 506, pl. 37, fig. 5
Latreutes laminirostris: De Man, 1907: 422; Yokoya, 1930: 528; Yu, 1935b: 49; Liu, 1955: 45, pl. 16, figs. 1, 29; Hollhuis, 1980: 128; Hayashi, 1994: 95.

标本采集地：胶州湾，薛家岛。

特征描述：体形细长，但肢体甚短。额角甚长而宽，略呈长方形，颇似中国式菜刀（两性同形）；长于头胸甲，末部 1/3～2/5 超出第 2 触角鳞片；上下缘皆平直，末缘与上下缘垂直，其下角为圆形，上角向前突出呈刺状；上缘具 2～11 齿，每 2 齿在尖端附近，下缘及末缘共具 5～10 齿。胃上刺甚小，可动，接近头胸甲前缘，其后方无脊，亦无突起。触角刺可动。眼柄内侧有很小的刺突和大的圆头突起。第 2 触角鳞片细产。第 3 颚足伸至第 1 触角柄第 1 节末端附近，到鳞片基部 1/4 处，末节甚宽，具硬刺 9 或 10 个。第 1、第 2 步足与水母深额虾相似。第 3 对步足伸至第 2 触角鳞片中部附近，掌节腹缘有活动刺两行；指节细长，末端双爪，腹缘具小刺 4～8 个，第 2 爪及腹缘的刺都较水母深额虾为大。第 4 对步足与第 3 对相似。末 3 对步足之长节末端外侧皆具一活动刺。前 4 对步足皆具上肢。

图 34a　刀形深额虾 *Latreutes laminirostris*

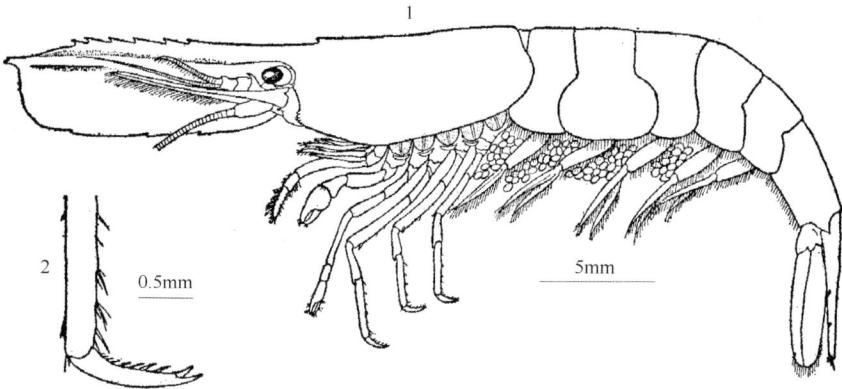

图 34b　刀形深额虾 *Latreutes laminirostris*（仿刘瑞玉，1955）
雌性：1. 整体侧面观；2. 第 3 步足指节

腹部细长，圆滑无脊，无刺，尾节约为第 6 节长的 1.5 倍，其末端较尖细。尾肢与尾节等长。外缘末端附近具一活动刺。

　　生态习性： 喜沙底的浅海，附着于海藻上。体色与长额七腕虾及屈腹七腕虾等相似，为绿色或棕色，背面多具棕色或白色纵斑一条。

　　地理分布： 中国（渤海，黄海）；日本。

35. 疣背深额虾 *Latreutes planirostris* (De Haan, 1844)

Hippolte planirostris De Haan, 1844: pl. 45, fig. 7.
Cyclorhynckus planirostris: Stimpson, 1860: 27.
Latreutes planirostris: Ortmann, 1891: 505, pl. 37, figs. 4d, 4n ; De Man, 1907: 421; Yokoys, 1939:
　　273; Hollhuis, 1947: 17; Liu, 1955: 43, pls. 15 (10-12); Hayashi, 1994: 95, figs. 253c, d.
Rhynchocyclus planirostris: Stimpson, 1860: 27; Miers, 1879: 55.
Platrbema planirostris: Bate, 1888: 587; Rathbun, 1902: 46.
Latreutes mucronatus: Doflein, 1902: 638, pl. 5 (6).

　　标本采集地： 胶州湾（红石崖），张戈庄，大公岛，栈桥，红岛，沙子口，石老人，薛家岛。

　　特征描述： 额角形状与前种者相似，呈箭头状；雌性甚短而宽，稍短于头胸甲，伸至第 2 触角鳞片末端附近，其长为宽的 2～2.5 倍，上缘末半稍向下斜；雄性甚长而窄，超出第 2 触角鳞片末端，其长为头胸甲的 1.2～1.5 倍，为其自宽的 3～4 倍，上缘平直。额角齿数变化亦大，上缘 7～20 个，下缘 6～11 个；上下缘的锯齿多在额角之末半，上缘末端 2 或 3 齿极小；雌性的锯齿通常皆较雄者为大，数较少。头胸甲前侧角同常多具 8～11 小齿。胃上刺极大，距头胸甲前缘较远，其尖端向下弯曲，刺后的脊甚高而长，延伸至头胸甲中部以后，脊后有一

图 35a 疣背深额虾 *Latreutes planirostris*

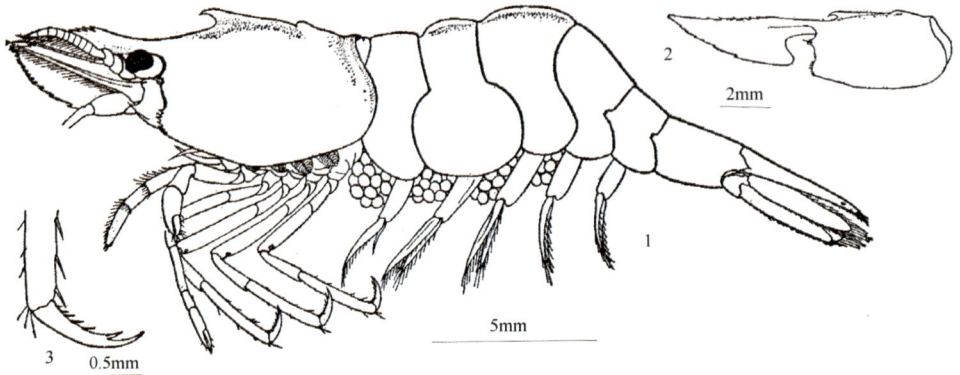

图 35b 疣背深额虾 *Latreutes planirostris*（仿刘瑞玉，1955）
雌性：1. 整体侧面观；2. 头胸甲侧面观；3. 第 3 步足指节

明显之疣状突起，为本种重要特征。胃上刺及其后方的突起，雄性较雌性稍小，雄性胃上刺的位置也较接近前缘。眼柄内侧有极小的刺状突起和大的圆头状突起。第 1 触角柄极短，柄及 2 鞭皆与前种者相似。第 2 触角鳞片形状亦与前种者相似，其长约为宽的 1/5。雌性达额角末端，雄性较宽三角形短。第 3 颚足末端不到第 2 触角鳞片中部，末节末缘及内缘具硬刺 8～10 个。第 1 及第 2 对步足与前种者相同。第 2 对步足伸至第 2 触角鳞片中部之前。第 3 对步足伸至鳞片末端附近。第 3 至第 5 对步足之指节与前种不同，末端为双爪，第 2 爪较小，腹缘具 4 或 5 个活动刺，较前种者稍粗大。长节外缘末端各具一活动刺。前 4 步足具一上肢鳃。腹部第 2 及第 3 节背面有强大的纵脊。第 6 节长为尾节的 0.5～0.7 倍。尾节与第 6 节均较前种者为细长，其长稍短于头胸甲或与之相等。体色常随生活环境改变，棕红与白黑相间，极似海底的沙石，无固定花纹。

生态习性：生活于沙底或泥底的浅海，喜附着于其他物体上（如各种网具之绳索等）。为北方沿海较习见的种类。繁殖期在初夏。水深 5～110m。

地理分布：中国（渤海，黄海，东海）；日本。

（十五）鞭腕虾属 Genus *Lysmata* Risso, 1816

头胸甲具触角刺及胃上刺，无眼上刺，颊刺有或无。额角短于头胸甲，末端超过眼，边缘具齿。第 1 触角具 2 鞭。大颚仅具臼齿部，无门齿部及触须。第 3 颚足具外肢。步足基部无关节鳃；前 4 对步足基部具肢鳃；第 2 对步足之腕节由许多小节构成。腹部各节后缘中部无刺，侧甲之边缘光滑无齿。

鞭腕虾属世界已知 43 种，中国海域分布有 5 种，胶州湾及青岛邻近海域发现有 1 种。

36. 红条鞭腕虾 *Lysmata vittata* (Stimpson, 1860)

Hippolysmata vittata Stimpson, 1860: 26; Liu, 1955: 45, pl. 16, figs. 3-6.
Nauticaris unirecedens Bate, 1888: 608, fig. 1.
Hippolysmata durkanensis Stebbing, 1921: 20.
Hippolysmata (*Hippolysmata*) *vittata* Hayashi *et* Miyake, 1968: 156, fig. 17; Bruce, 1990: 601, figs. 23-28.
Lysmata vittata Chace, 1997: 78.
Lysmata rauli Laubenheimer *et* Rhyne, 2010: 298-304, figs. 1-3.

标本采集地：青岛。

特征描述：额角短，长不超过头胸具的 2/3，末端微向下斜，伸至第 1 触角柄第 3 节基部附近，上缘具 7～8 齿，下缘具 3～5 齿。头胸甲具胃上刺、触角刺及颊刺。腹部各节光滑，第 3、第 4 节间不甚弯曲。眼斜接于其柄上。眼柄甚短。第 1 触角柄第 2 节长约为第 3 节的 2 倍，各节之末缘背面皆为锯齿状，触角鞭上下鞭皆甚细长，上鞭之长约与其体长或第 2 触角鞭之长相等。第 2 触角鳞片较短，仅伸至第 1 触角柄之末端，其末缘平直，与外侧刺相齐。大颚仅具臼齿部，无门齿部及触须。第 3 颚足细长，具外肢；内肢末节超出额角或第 1 触角柄第 2 节末端。第 1 对步足钳之全部到半超出额角末端，指部超出第 1 触角柄末端，掌较指长，但短于其腕，2 指的内缘弯曲，基部形成一空隙，仅末不能完全合拢。第 2 对步足特殊细长，腕节完全超出额角末端，其长节由 9～11 小节构成，腕节由 19～22 小节构成，形如鞭状；腕节长为长节的 2 倍强；钳甚小，指稍短于其掌。第 3 对步足腕节全部或大半超出额角末端，掌节后缘有小刺 6～8 个，指末端具双爪，腹缘有小刺 4～5 个。第 4 及第 5 对步足形状与第 3 对相似。第 3、第 4 步足长节末半外缘有 4～5 个活动小刺，第 5 步足则只有 1 或 2 个。

图 36a　红条鞭腕虾 *Lysmata vittata*

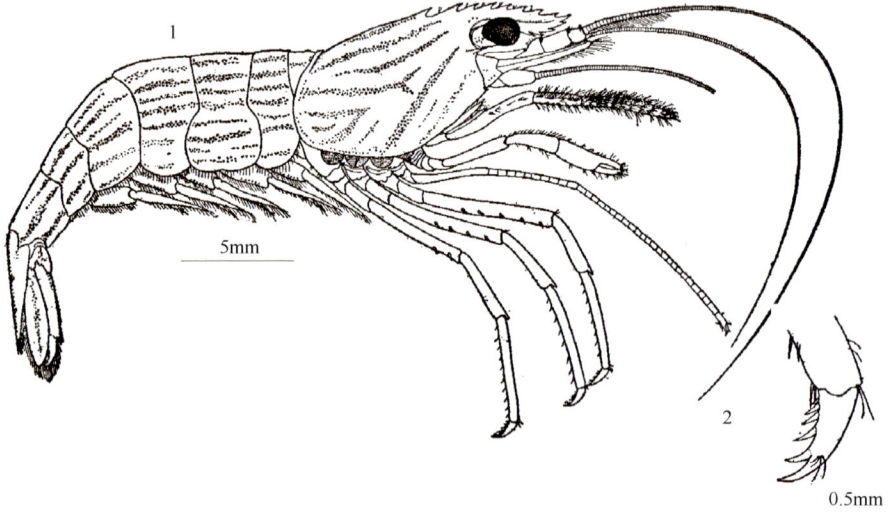

图 36b　红条鞭腕虾 *Lysmata vittata*（仿刘瑞玉，1955）
1. 整体侧面观；2. 第 3 步足指节

前 4 对步足皆具肢鳃。尾节基部甚宽，末端较窄，中央形成一小尖刺，其两侧各有两对活动刺，外侧者较内侧者为小，背面也有两对活动刺。尾肢稍长于尾节，其内外肢等长，外肢外末角不动刺之内侧有一活动刺及一不动刺，刺之内侧有纵裂缝。全体具有粗细相间的红色纵斑，颜色甚鲜艳。

生态习性：常生活于泥沙底或沙底的浅海，有时出现于河口附近或极浅的港口中，多杂于其他虾中捕获，产量极小。

地理分布：中国沿海；日本。

五、长眼虾科 Family Ogyrididae Holthuis, 1955

体长 10～30mm。额角退化或缺。眼柄极长，超过第 1 触角柄。前 2 对步足螯状，大小相近，也不显著大于其他步足。第 2 对步足腕节分成数节。

长眼虾科世界已知 1 属 11 种，中国海域分布有 1 属 2 种，胶州湾及青岛邻近海域发现有 1 属 1 种。

（十六）长眼虾属 Genus *Ogyrides* Kemp, 1915

体型较小。额角短小或无。眼小，眼柄极细长。前 2 对步足螯状，大小相近。第 1 对步足不特别强大。第 2 对步足的腕节 3～5 节。头胸甲背面中央通常具纵脊。脊上具活动刺。

长眼虾属世界已知 11 种，中国海域分布有 2 种，胶州湾及青岛邻近海域发现有 1 种。

37. 东方长眼虾 *Ogyrides orientalis* (Stimpson, 1860)

Ogyris orientalis Stimpson，1860: 36; Yokoya, 1927: 171, pl. 7, figs. 1-16; Liu, 1955: 34-35, pl. 12; Fujjino *et* Miyake, 1970: 255, fig. 6; Holthuis, 1980: 123; Wang, 1991: 179, fig. 138; Liu *et* Zhong, 1994: 588.
Ogyris sibogae: De Man, 1915: 135, pl. 1, figs. 1-1h.
Ogyrides sibogae: De Man, 1922: 14, pl. 2, figs. 8-8g.
Ogyrides orientalis: Liu, 1955: 84, pl. 12, figs. 8-16.

标本采集地： 胶州湾，太平港，仰口。

特征描述： 额角短小，末端钝圆，上下缘不具齿。头胸甲表面布有许多小凹点及短毛，额角及头胸甲背面毛较长；背面中央前半部具纵脊，脊前部具 3～5 个活动刺；具微小的触角刺。眼小，但眼柄特长，眼柄基部较粗，末端较细，长约为头胸甲长的一半，略超过第 1 触角柄末端。第 1 触角柄柄刺末端分叉，外侧刺较长。第 2 触角鳞片较短，仅伸至第 1 触角柄第 2 节末端附近。大颚触须由 2 节构成。第 3 颚足细长，呈棒状，具外肢。前 2 对步足细小，呈螯状；第 2 对步足腕节分 4 节；末 3 对步足指节呈长叶片状，末端钝圆。第 3 对步足最短而粗，第 4 对步足最长，第 5 对步足最细。第 4 对步足基部之间的腹甲上有 1 细长的突起，向前伸至第 3 对步足基部，末端呈双刺状。腹部圆滑，第 5 和第 6 节间较弯曲，第 6 节背面前缘隆起。尾节约与第 6 节等长，长大于宽，略呈倒梯形，末缘

图 37a　东方长眼虾 *Ogyrides orientalis*

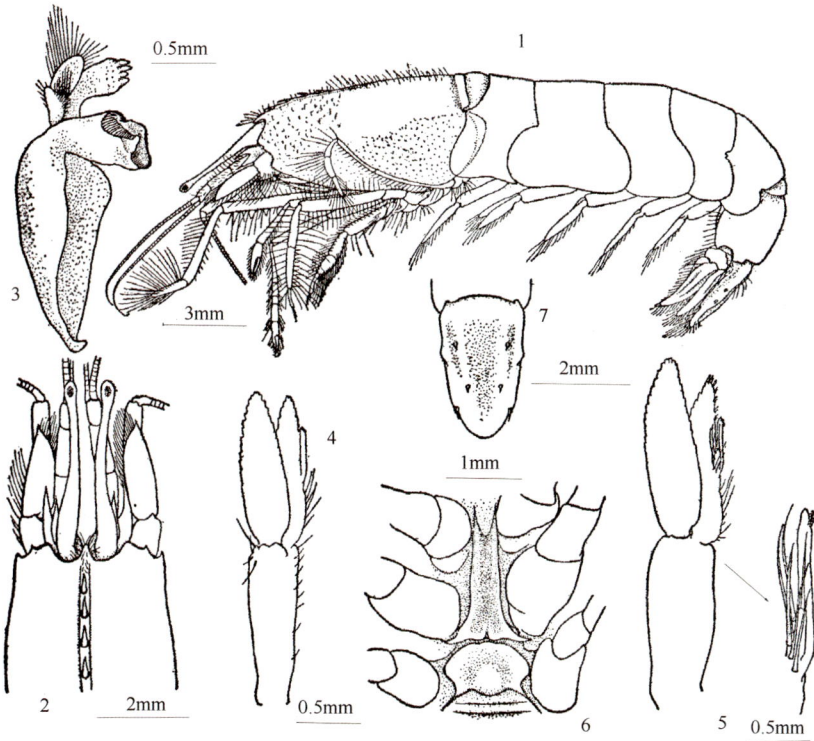

图 37b　东方长眼虾 *Ogyrides orientalis*（仿刘瑞玉，1955）

雌性：1. 整体侧面观；2. 头胸甲背面观；3. 大颚；4. 第 2 腹足；5. 雄性第 2 腹足；

6. 后三对步足腹甲突起；7. 尾节

弧形，背面中央纵行凹下，其两侧具 2 对活动小刺，侧缘后角具 2 对小刺。尾肢的内、外肢末端均很窄，外肢较长，其外缘向内曲，具短羽状毛。体透明，体表散布有红色及黄色斑点。

　　生态习性：生活于泥底或沙质底浅海，通常潜伏于泥沙之中。繁殖期在夏秋之交。水深 9～535m。

　　地理分布：中国（渤海，黄海，东海，南海北部）；日本；菲律宾；印度尼西亚；印度。

褐虾总科 Superfamily Crangonoidea Haworth, 1825

六、褐虾科 Family Crangonidae Haworth, 1825

额角短小或呈刺状。头胸甲较硬厚，有时凹凸不平。大颚简单，无臼齿无触须。第 2 颚足的末节细小，斜接于亚末节的末端。第 3 颚足具外肢。第 1 对步足强大，呈半钳状。第 2 对步足细小或缺失，腕不分节。第 3 对步足细小。第 4、第 5 步足强大。步足不具肢鳃。尾节尖细。

褐虾科世界已知 23 属 219 种，中国海域分布有 9 属 23 种，胶州湾及青岛邻近海域发现有 2 属 4 种。

分属检索表

1. 头胸甲上有 1 个背中央齿 ·······························褐虾属 *Crangon*
   头胸甲上有 2 个显著的背中央刺 ·······················合褐虾属 *Syncrangon*

（十七）褐虾属 Genus *Crangon* Fabricius, 1798

额角短小，平扁，中间沟或有或无。头胸甲上有 1 个背中央齿。头胸甲无带刺的脊。鳃甲刺不很粗壮。眼正常。第 4、第 5 步足较第 2、第 3 步足粗壮，且指节稍平扁。第 2 步足细小，钳状，其指短于掌长之半，第 4、第 5 对步足的指爪状。4 对腹肢内肢甚短，不具内附肢。雄性第 2 腹肢的内肢较雄性附肢为长。

褐虾属世界已知 25 种，中国海域分布有 4 种，胶州湾及青岛邻近海域发现有 3 种。

分种检索表

1. 第 5 腹节具背中央脊 ·································日本褐虾 *Crangon hakodatei*
   第 5 腹节无背中央脊 ···2
2. 第 6 腹节腹面无中央沟 ·························圆腹褐虾 *Crangon cassiope*
   第 6 腹节腹面具中央沟 ·························黄海褐虾 *Crangon uritai*

38. 圆腹褐虾 *Crangon cassiope* De Man, 1906

Crangon cassiope De Man, 1906: 402; 1907: 406, pl. 32, figs. 20-25; Liu, 1955: 59, pl. 22, figs. 1-4; Hayashi *et* Kim, 1999: 80, figs. 9-10.

标本采集地：胶州湾，汇泉湾，沧口，红岛，小港，石老人。

图 38a　圆腹褐虾 *Crangon cassiope*

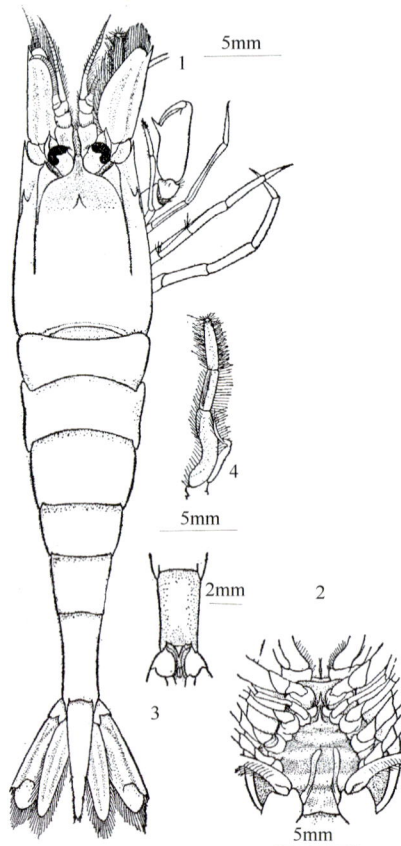

图 38b　圆腹褐虾 *Crangon cassiope*（仿刘瑞玉，1955）
1. 雌性整体背面观；2. 雄性胸部腹面观；3. 第 6 腹节腹面观；4. 第 3 颚足

特征描述：头胸部甚粗，腹部后半较细。额角平扁，约伸达眼的中部，末端钝圆，背面中央凹陷，略呈匙状。头胸甲宽而圆，具胃上刺、肝刺、触角刺及颊刺。额角边缘隆起线向两侧及后方延伸形成额胃脊；眼眶触角沟、肝沟明显；触角刺外侧另有 1 向后伸的细纵缝。第 1 触角鞭长不到头胸甲长的一半。第 2 触角鳞片外末角刺超出鳞片的末缘。底 3 颚足具外肢，内肢末节长为宽的 4.5～7 倍。第 1 对步足粗壮，螯很宽扁；不动指与掌外缘略成 45 度角，指端不超过掌节外末缘，掌长为掌宽的 2.5～3 倍；长节内缘中部有 1 尖刺。第 2 对步足纤细，螯极微小。末 3 对步足爪状。腹肢的内肢短小，不具内附肢。雌性第 1 腹肢内肢较雄性长。雄性附肢仅为 1 长圆形小突起，内缘生有缘毛。腹部各节背面圆滑；第 6 节腹面不具纵沟或有时末部有浅凹。尾节稍短于头胸甲，后侧缘具 2 对小刺，尾节末端呈锐三角形，尖端两侧有 2 对小刺，其间又有 1 对刺毛。各步足及腹肢基部间的腹甲上，均有 1 刺，第 1、第 2 对步足间刺较大，后侧腹甲上的刺很小；雌性在抱卵时第 2 至第 3 对步足间无刺。体表无黑色小点而有紫褐色较大斑点，散布在棕褐色的色素小点之间。

生态习性：生活于沙底或泥沙底的浅海。繁殖期 4～5 月。北方常见种。

地理分布：中国（黄海，东海）；俄罗斯远东海；朝鲜半岛；日本。

39. 日本褐虾 *Crangon hakodatei* Rathbun, 1902

Crangon propinquus Stimpson, 1860: 25 (part).
Crangon hakodatei Rathbun, 1902: 42, fig. 15; Kim, 1976: 145; Komai *et al*., 1992: 195 (list); Hayashi *et* Kim, 1999:76, figs. 7, 8.
Crangon (Crangon) hakodatei: De Man, 1920: 250 (list); Kim, 1977: 297, pl. 30, fig. 61, text-fig. 129.
Crago hakodatei: Urita, 1926: 429.
Crangon affinis: Liu, 1955: 60, pl. 22, figs. 5-8; Holthuis, 1980: 148. [Not *Crangon affinis* De Haan, 1849]

标本采集地：胶州湾，张戈庄，沙子口，石老人，大麦岛，红岛。

特征描述：体形较为细长。甲壳表面粗糙不平，上具软毛。额角较窄长，末端约与眼齐。头胸甲上的中胃刺在头胸甲前 1/5 处；鳃甲刺不很粗壮。第 1 触角上鞭通常不能伸达第 2 触角鳞片末缘。第 2 触角鳞片较窄而长。第 3 颚足较短，一般不超过第 2 触角鳞片末端。腹部第 3 到第 5 腹节有明显的背中央脊，第 6 腹节背面纵脊中央下陷形成明显的沟，第 6 节腹面也具深的纵沟，沟两侧各生有 1 列细毛。尾节长而尖细，约与头胸甲长相等，背部有中沟。第 2 对步足基部间腹甲上的刺极为粗大，较向腹面斜伸；第 3 至第 5 对步足间刺明显；抱卵的雌虾第 1 及第 2 对步足间刺与不抱卵时相同，第 3 至第 5 对步足间刺消失。

图 39a　日本褐虾 *Crangon hakdatei*

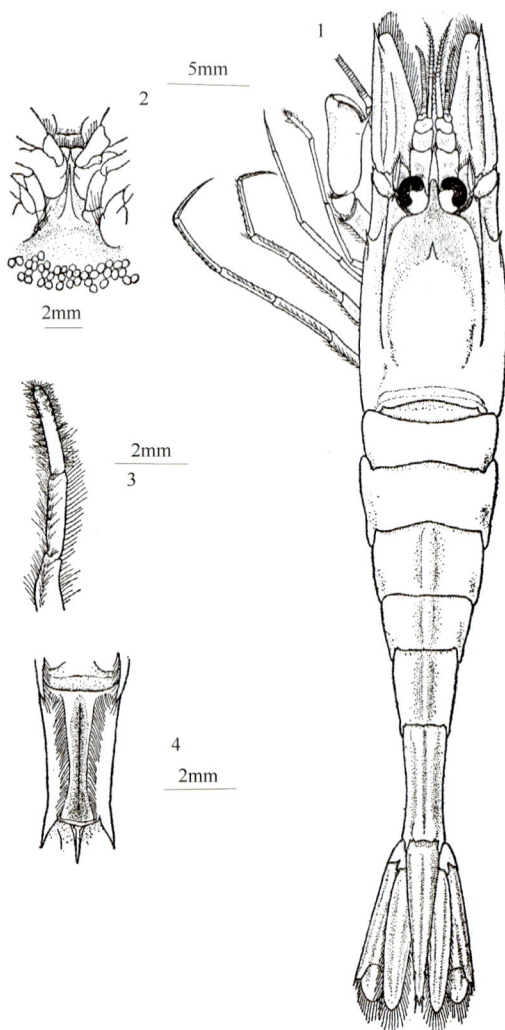

图 39b　日本褐虾 *Crangon hakdatei*（仿刘瑞玉，1955）
抱卵雌性：1. 整体背面观；2. 胸部腹面观；3. 第 3 颚足；4. 第 6 腹节腹面观

生态习性：生活于 0～219m 沙底或泥沙底的浅海。个体大，可制作虾米，具经济价值。黄渤海最常见的种类。

地理分布：中国（黄海，东海）；朝鲜半岛；日本。

40. 黄海褐虾 *Crangon uritai* Hayashi *et* Kim, 1999

Crangon uritai Hayashi *et* Kim, 1999: 86, figs. 13-16.
Crangon crangon: Parisi, 1919: 90. [Not *Crangon crangon* Linnaeus, 1758]
Crangon crangon: Liu, 1955: 58, pl. 21, figs. 1-10.

标本采集地：胶州湾，薛家岛，沙子口，汇泉湾，沧口，红岛，黄岛，栈桥，前海沙滩，日照。

特征描述：额角平扁，较短小，通常不超出眼柄中部的末端，末端圆。头胸甲背部中央的胃刺位于头胸甲前 1/5 处。第 3 腹节到第 5 腹节无背中央脊，第 6 腹节腹面有 1 条明显的中央沟，但是背部光滑，无亚中央脊或中央沟。尾节背部无中央沟，侧后部有小刺 2 对。第 3 颚足倒数第 3 节近末端处有 3～4 个刺（多数 4 个）构成的刺簇。第 4、第 5 对步足相对强壮。雄性附肢极短小，呈长圆形小突起状，内缘生有刺毛。抱卵雌性第 5 胸节腹面有中央突起。背面黑色、白色与棕褐色小点相间，无固定花纹，颜色极似海底的沙砾。

生态习性：生活于沙底或泥沙底的浅海，喜嵌入海底的沙中。为北方常见种类。繁殖期 4～5 月。个体大，可制作虾米。

地理分布：中国（黄海，东海）；俄罗斯远东海；朝鲜半岛；日本。

1cm

图 40a　黄海褐虾 *Crangon uritai*

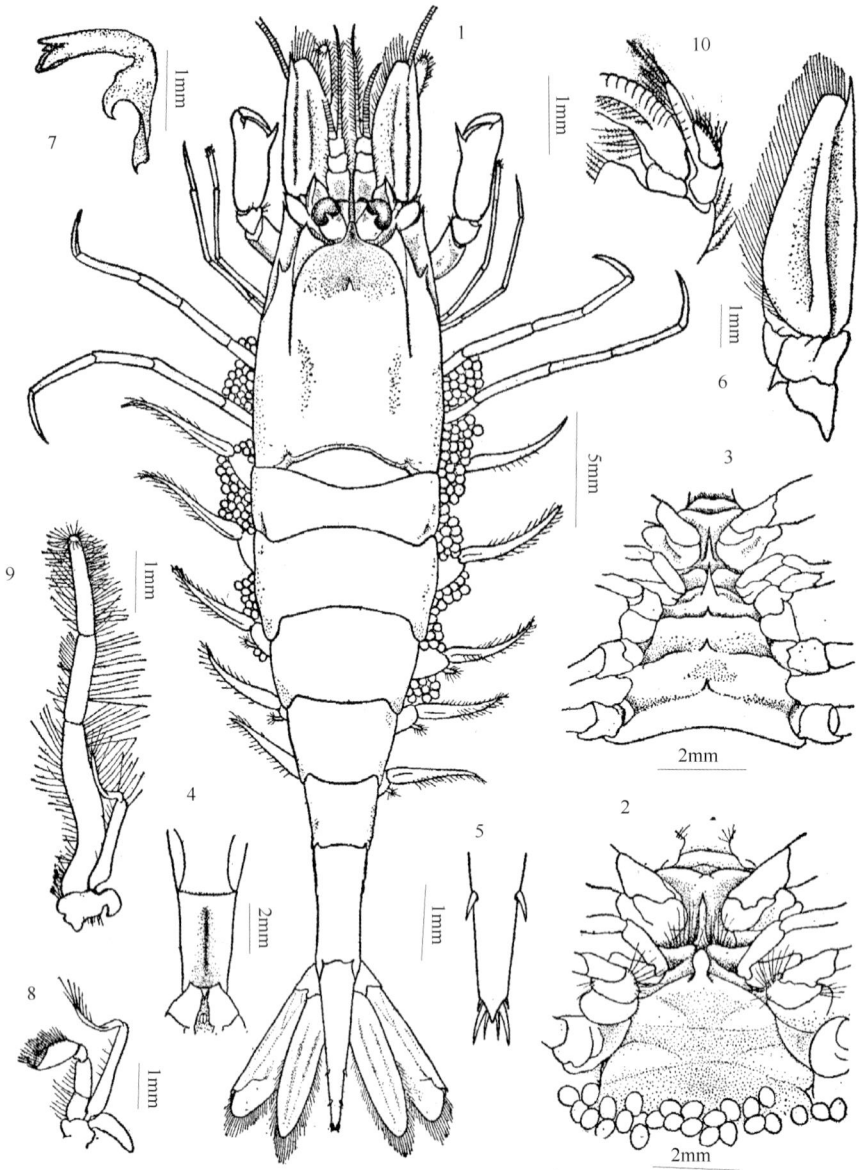

图 40b　黄海褐虾 *Crangon uritai*（仿刘瑞玉，1955）

抱卵雌性：1. 整体背面观；2. 胸部腹面观；3. 雄性胸部腹面观；4. 第 6 腹节腹面观；5. 尾节后边缘；
6. 第 2 触角鳞片；7. 大颚；8. 第 2 颚足；9. 第 3 颚足；10. 雄性第 2 腹足阳性附肢及内附肢

（十八）合褐虾属 Genus *Syncrangon* Kim *et* Hayashi, 2003

额角短而前指，到达或稍微超过角膜末缘，末端尖锐或稍微尖锐，腹板中等深，侧缘无齿。头胸甲胃区不低于头胸甲一般水平，头胸甲上有 2 个显著的背中央刺。亚中央胃区无刺和纵向脊。心区有 2 个纵沟，眼后脊明显但无刺。肝刺强壮，后有或短或长的脊。鳃甲刺强壮，近乎直。颊刺远小于触角刺。肝沟明显。第 3 到第 6 腹节具有扁平的背中央脊，脊的两侧都有较深的沟，第 6 腹节背中央脊末端具凹陷。第 1 到第 5 腹节的侧甲腹缘圆或钝，边缘无刺或突起。第 6 腹节下后角从背面看几乎平行，不向外侧伸展。尾节末端尖，具亚中间脊和中间沟，有 3 对小的背侧齿。第 1 到第 5 腹节腹甲至少在雄性和未抱卵雌性中有尖锐的刺。第 1 触角第 1 节的腹面纵脊上有尖锐的刺。柄刺宽，四方形。

第 1 对步足掌部末中央刺（拇指）基部分节。第 2 对步足螯化，到达第 1 对步足掌部的 1/3 处。第 4、第 5 对步足指节近刮刀形，掌部有刺或无。第 4 到第 8 胸节的侧鳃前指。第 2 到第 4 腹肢的内肢分 2 节，第 5 腹肢在雌性中不分节。雄性所有内肢都不分节，第 2 腹肢雄性附肢正常，内肢退化。

合褐虾属世界已知 2 种，中国海域分布有 1 种，胶州湾及青岛邻近海域发现有 1 种。

41. 窄尾合褐虾 Syncrangon angusticauda (De Haan, 1849)

Crangon angusticauda De Haan, 1849: 189, pl. 45, fig. 15; Stimpson, 1860: 25; Herklots, 1861: 147 (list); Nakazawa, 1927: 1028, fig. 1978.

Cheraphilus angusticauda: Kinahan, 1862: 57 (list).

Sclerocrangon angusticauda: Ortmann, 1890: 533; De Man, 1907: 408; 1920: 251 (list); Parisi, 1919: 90, pl. 6, fig. 6; Yokoya, 1933: 40; Miyake, 1961: 9; Miyake *et al.*, 1962: 124; Kubo, 1965: 624, fig. 1809; Fujino, 1978: 25; Sekiguchi, 1982: 25; Imanaka *et al.*, 1984: 52.

Crangon (Sclerocrangon) angusticauda: Ortmann, 1895: 179; Balss, 1914: 65.

Metacrangon angusticauda: Zarenkov, 1965: 1765 (list); Miyake, 1982: 71, 189 (list); 1998: 188 (list); Komai *et al.*, 1992: 195 (list); Komai, 1994: 97; Minemizu *et al.*, 2000: 114, 2 unnumbered figs.

Syncrangon angusticauda: Kim *et* Hayashi, 2003: 671, figs. 1-3.

标本采集地：胶州湾。

特征描述：额角三角形，末端圆或略尖，长为头胸甲长的 0.20～0.33 倍。头胸甲长稍大于宽。背中央脊中等高。心区有 2 条横沟。从肝刺向后延伸的脊短而模糊。第 1 腹节和第 2 腹节无背中央脊。第 3 腹节到第 5 腹节有低而平的背中央脊，第 5 腹节光滑，并不在后缘形成刺。第 3 到第 5 腹节腹节的侧甲下缘圆，第 6 腹节背中央脊顶端平，两侧有沟。第 5 对步足的腕节等长或稍长于指节。窄尾合褐虾的体色多变。

生态习性：该种纪录是依据韩庆喜博士学位论文记载，作者未见标本。水深 0～40m。

地理分布：中国（黄海，东海）；日本。

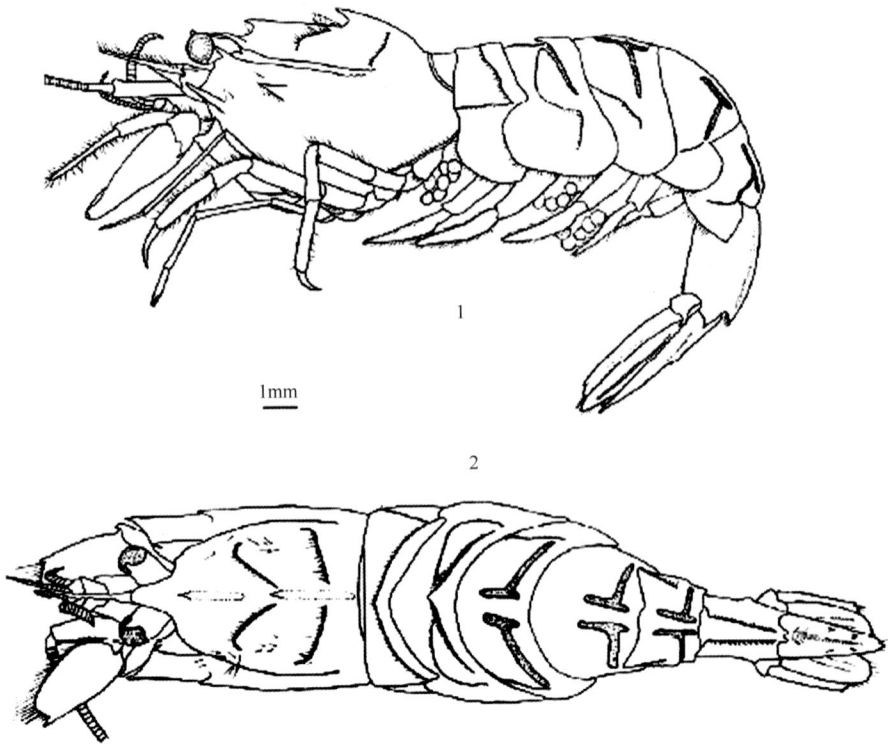

1mm

图 41　窄尾合褐虾 *Syncrangon angusticauda*（仿韩庆喜，2009）
抱卵雌：1. 整体侧面观；2. 整体背面观

长臂虾总科 Superfamily Palaemonoidea
Rafinesque, 1815

七、长臂虾科 Family Palaemonidae Rafinesque, 1815

额角多侧扁。头胸甲具触角刺，鳃甲刺及肝刺有或无。眼发达。大颚门齿不和臼齿部通常分离，有触须（3 节）或缺失。第 2 颚足末节接于末 2 接的侧面。第 3 颚足不特别膨大，具外肢。第 1 触角鞭的上鞭分叉。前两对步足具螯，腕不分节。第 1 对步足小于第 2 对。步足均不具肢鳃。

长臂虾科世界已知 102 属 500 余种，中国海域分布有 35 属 151 种，胶州湾及青岛邻近水域发现有 3 属 9 种。可生活于淡水、半咸水或海洋中。

分属检索表

1. 头胸甲具鳃甲刺，不具肝刺···2
   头胸甲不具鳃甲刺，具肝刺··沼虾属 *Macrobrachium*
2. 额角上缘基部具鸡冠状的隆起···白虾属 *Exopalaemon*
   额角上缘基部不具鸡冠状的隆起···长臂虾属 *Palaemon*

（十九）白虾属 Genus *Exopalaemon* Holthuis, 1950

额角发达，具锯齿，额角上缘基部具鸡冠状隆起，末部具有附加小齿，基部鸡冠状隆起部短于末部尖细部分。头胸甲具触角刺及鳃甲刺，不具肝刺，通常具鳃甲沟。眼具色素，角膜发达。第 1 触角柄基节前缘圆，前侧刺小。大颚触须分 3 节。胸部第 4 节腹甲无纤细的中央突起。第 5 腹节侧甲后侧缘圆形。尾节后缘中央 2 根毛小。雄性第 1 腹肢的内肢具或不具 1 退化的内附肢。末 3 对步足指节形状正常，通常短于掌节。

白虾属世界已知 10 种，中国海域分布有 7 种，胶州湾及青岛邻近水域发现有 2 种。

分种检索表

1. 额角上缘末部具附加小齿···脊尾白虾 *E. carinicauda*
   额角上缘末部不具附加小齿···秀丽白虾 *E. modestus*

42. 脊尾白虾 *Exopalaemon carinicauda* (Holthuis, 1950)

Palaemon (*Exopalaemon*) *carinicauda* Holthuis, 1950: 9, 48; Liu, 1955: 48-49, pl. 17, fig. 1.
Palaemon (*Exopalaemon*) *modestus*: Holthuis, 1950: 9, 51; Liu, 1955: 50, pl. 17, fig. 3.
Exopalaemon carinicauda: Holthuis, 1980: 82; Wang, 1991: 187, fig. 145, pl. 3, fig. 5; Liu, Liang *et*
　　 Yan, 1990b: 245-246, fig. 37; Liu *et* Zhong, 1994: 553.

标本采集地： 胶州湾内外。

特征描述： 额角侧扁，长于头胸甲，末端向上扬起；基部鸡冠状突起短于末端尖细部；上缘隆起部分具 6～9 个齿，末端附近有 1 附加小齿，下缘具 3～6 齿。头胸甲具有触角刺及鳃甲刺，不具肝刺，通常具鳃甲沟。触角刺较小，鳃甲刺较大。第 1 触角柄基节前缘圆，前侧刺小。第 1 对步足短小。第 2 对步足较粗壮，掌部膨大，指节细长，长约为掌长的近 2 倍，腕节短，约等于掌长。末 3 对步足指节细长，均呈爪状。第 5 对步足掌节后缘末端附近具横行短毛列。第 2～第 5 腹肢均具内附肢。雄性附肢细小，呈长棒状，边缘具刺毛。尾肢宽大，外肢外缘末端具 1 刺，其内侧有 1 横裂缝。腹部第 3 至第 6 节背面具明显纵脊；尾节明显长于第 6 节，后部末端尖细，前侧有 2 对微小的刺。体透明，微带蓝色或红棕色小斑点，腹部各节后缘颜色加深。

图 42a　脊尾白虾 *Exopalaemon carinicauda*

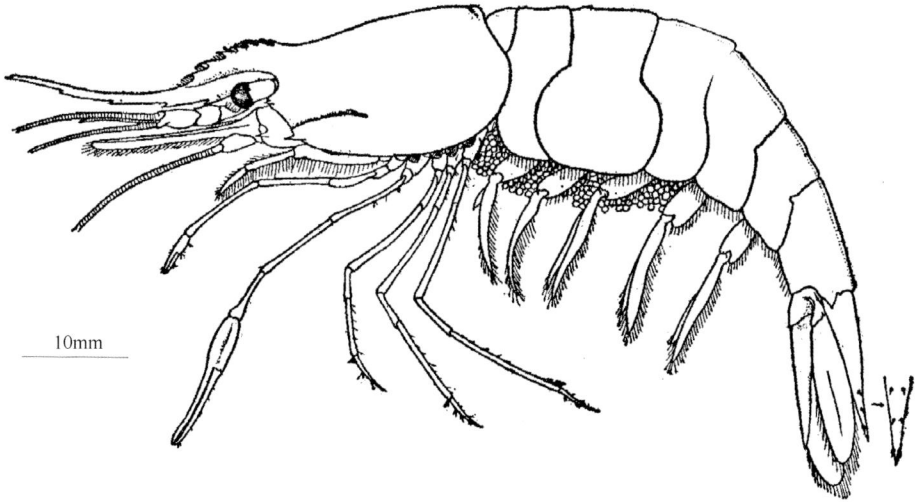

图 42b　脊尾白虾 *Exopalaemon carinicauda*（仿刘瑞玉，1955）
抱卵雌性整体侧面观

生态习性：生活于泥沙底近岸浅海或河口附近。繁殖期 4～11 月。雌虾可连续产卵，繁殖力较强。养殖对象，产卵仅次于对虾和毛虾，为重要经济虾类。

地理分布：中国近海及沿岸；西太平洋。

43. 秀丽白虾 *Exopalaemon modestus* (Heller, 1862) (淡水种)

Leander modestus Heller, 1862: 527; 1865: 111, pl. 10, fig. 6; Liu, 1949: 172, figs.
Exopalaemon modestus Holthuis, 1980: 83; Liu *et al.*, 1990b: 244, fig. 35; Liu *et* Zhong, 1994: 553.

标本采集地：胶州湾。

特征描述：额角较短，稍超出第 2 触角鳞片，末端向上扬起；基部鸡冠状突起长于末端尖细部；上缘隆起部分具 7～11 个齿，末端无附加小齿，下缘中部具 2～4 齿。头胸甲具有触角刺及鳃甲刺，不具肝刺，鳃甲沟明显而长。触角刺较小，鳃甲刺较大。第 1 触角柄基节前缘圆，前侧刺小。第 2 对步足指节长约等于或略长于掌长，腕节长，约等于 2 倍掌长。第 5 对步足掌节后缘末端具横行短毛列。末 3 对步足指节短于掌节，掌节腹缘具小刺。腹部各节背面圆滑无脊，第 5 腹节侧板顶端宽圆形；尾节长约为第 6 节的 1.3 倍，后缘中央有 2 根小毛。体色透明，散布有明显之棕色斑点；卵为浅棕绿色。

生态习性：生活于淡水湖泊季河流中，较常见的经济虾类，产量较大。淡水种，不进入河口区生活。

地理分布：中国（东北-福建）；俄罗斯远东。

图 43a　秀丽白虾 *Exopalaemon modestus*

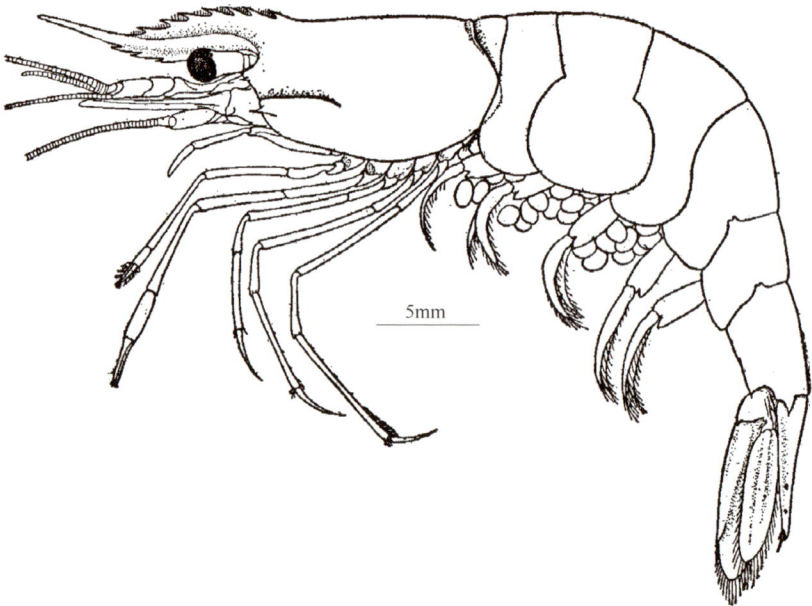

图 43b　秀丽白虾 *Exopalaemon modestus*（仿刘瑞玉，1955）

抱卵雌性整体侧面观

（二十）沼虾属 Genus *Macrobrachium* Bate, 1868

额角侧扁，上下缘均具锯齿。头胸甲具触角刺及肝刺，无鳃甲刺，具鳃甲沟。尾节具 2 对背刺和 2 对末端侧刺。大颚具 3 节触须。颚足均具外肢。第 3 颚足和所有步足均具侧鳃。前 2 对步足螯状，第 1 对短小，第 2 对非常粗壮，通常超过体长，在雄性中尤其粗大（可以超过体长 2 倍以上）；后 3 对步足指节呈爪状，第 5 对步足掌节后缘末部具许多横列短毛。第 1 腹肢无内附肢。产于淡水湖沼或半咸水中。

沼虾属世界已知 243 种，中国海域分布有 34 种，胶州湾及青岛邻近水域发现有 2 种。

分种检索表

1. 额角上缘基部具鸡冠状的隆起 ································· 罗氏沼虾 *M. rosenbergii*
   额角上缘基部不具鸡冠状的隆起 ······················· 日本沼虾 *M. nipponense*

44. 日本沼虾 *Macrobrachium nipponense* (De Haan, 1849)

Palaemon nipponensis De Haan, 1849: 171.
Palaemon sinensis Heller, 1962: 528; 1865: 119, pl. 10, fig. 11.
Palaemon (Eupalaemon) nipponensis Ortmann, 1891: 713, pl. 47, fig. 4; Parisi, 1919: 80, pl. 6, fig. 2.
Macrobrachium nipponense: Holthuis, 1950: 172; 1980: 100; Liu, 1955: 55-57, pl. 19, fig. 2; Liu *et al.*, 1990a: 111-112, fig. 9; Wang, 1991: 193-194, fig. 152; Liu *et* Zhong, 1994: 553.

标本采集地：黄岛丁家河水库。

特征描述：额角侧扁，约伸至第 2 触角鳞片末；上缘微凸，具 11～14 齿；下缘具 3～5 齿；额角后脊延伸至头胸甲中部。头胸甲具触角刺、肝刺及胃刺，无鳃甲刺，前侧角钝圆。第 1 触角柄较短，不抵第 2 触角鳞片末端，柄刺不显著，第 1 节外缘末端具 1 尖刺。第 2 触角鳞片与额角等长。大颚门齿部与臼齿部分离，触须 3 节。第 1 对步足短小，指节稍短于掌部。雄性第 2 对步足特别强大，长可超过体长；雌性第 2 对步足较短，稍短于体长；指节长短于掌部和腕节，与长节长相等，遍生小刺。后 3 对步足呈爪状；第 5 对步足指节较短，约为掌节的 1/3，而不及腕节的 3/4；掌节后缘末部具横行短毛列。腹部第 6 节长为高的 1.2～1.3 倍。尾节长为第 6 腹节的 1.5～1.8 倍，尾节末端窄，末缘中央呈尖刺状，后侧缘各具 2 枚小刺，内侧刺的基部具有 1 对羽状毛；背面有 2 对短小的活动刺。体深青绿色，具棕色斑纹。

生态习性：生活于淡水湖沼中。我国南北各地均产，是我国产量最大的淡水虾。经济价值较高。能在海水中生活。

地理分布：中国大陆；日本；朝鲜半岛；越南。

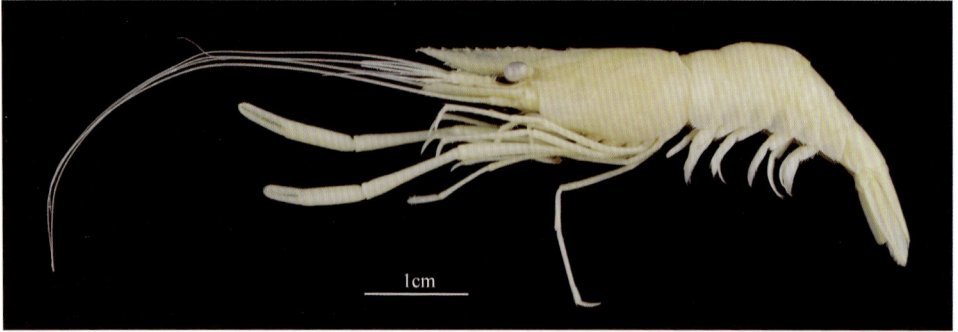

图 44a　日本沼虾 *Macrobrachium nipponense*

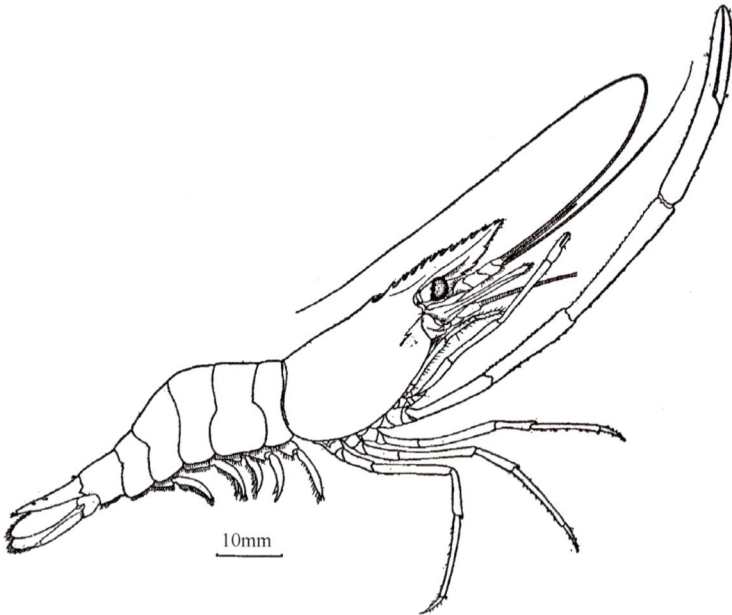

图 44b　日本沼虾 *Macrobrachium nipponense*（仿刘瑞玉，1955）
雄性整体侧面观

45. 罗氏沼虾 *Macrobrachium rosenbergii* (De Man, 1879)

Palaemon rosenbergii De Man, 1879: 167.

Palaemon carcinus De Man, 1888: 565.

Palaemon carcinus rosenbergii Ortmann, 1891: 701.

Macrobrachium rosenbergii: Holthuis, 1950: 111, fig. 25; 1980: 103; Liu *et al*., 1990a: 104-105, fig. 1.

图 45a　罗氏沼虾 *Macrobrachium rosenbergii*

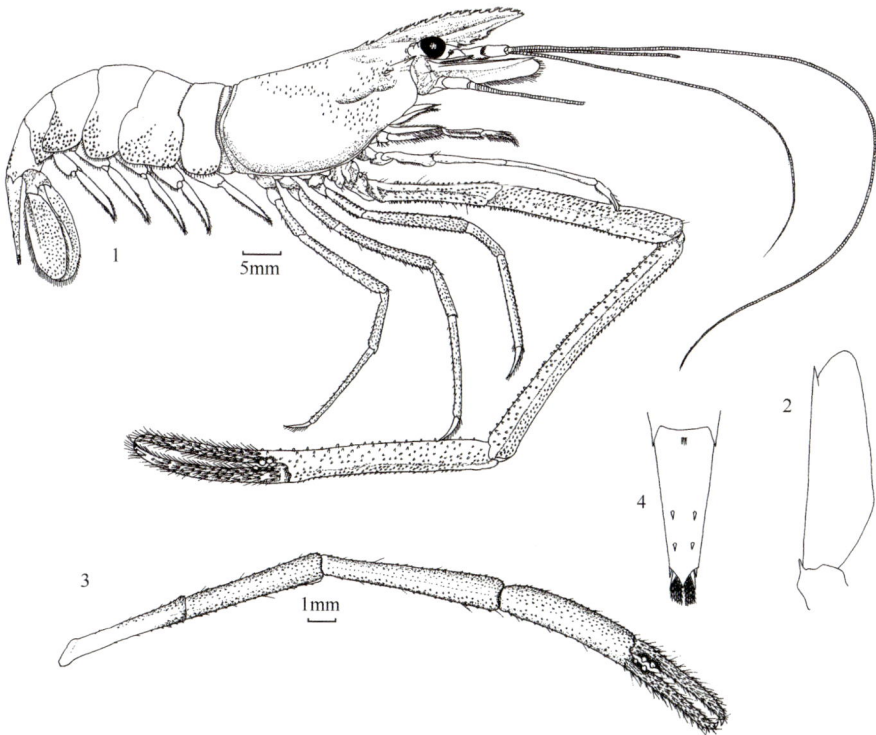

图 45b　罗氏沼虾 *Macrobrachium rosenbergii*（仿李新正等，2007）
雄性：1. 整体侧面观；2. 第 2 触角鳞片；3. 第 1 步足；4. 尾节

标本采集地：青岛渔市。

特征描述：额角长，基部具鸡冠状隆起，末半部向上翘起，末端超出第 2 触角鳞片末缘；上缘具 12～15 齿，约 3 齿在眼眶后的头胸甲上；下缘具 11～13 齿。头胸甲具触角刺、肝刺，无鳃甲刺，前侧角钝圆。第 1 对步足指节稍短于掌部，腕节约为螯长的 2 倍。雄性第 2 对步足特别强大，指节短于掌部，切缘基部具 2 齿，不动指切缘也具 2 齿；掌部基半部稍膨大，短于腕节；座节和长节约等长，短于腕节；各节表面覆有小刺。后 3 对步足形状相近；第 3 及第 5 对步足接近伸至鳞片的末端；第 3 对步足掌节约为指节的 2.5 倍；第 5 对步足掌节约为指节的 3 倍。尾节背面后半部具 2 对活动刺，末端尖刺状，两侧各具 2 枚侧刺，外小内大，内侧刺不伸抵中央刺的末端。

生态习性：栖息于淡水和咸淡水中，幼体在海水中发育。养殖引进种。

地理分布：中国大陆；印度洋-西太平洋。

（二十一）长臂虾属 Genus *Palaemon* Weber, 1795

额角发达，具锯齿，额角不具鸡冠状隆起。头胸甲具触角刺和鳃甲刺，不具肝刺，通常具鳃甲沟。尾节后端尖，具 2 对背刺和 2 对后侧刺，在两侧刺间具 1 对羽状长刚毛。第 1 对步足细小，明显小于第 2 对；后 3 对步足指节呈爪状，掌节后缘具活动小刺；第 5 对步足掌节后缘末端具横行短毛列。

长臂虾属世界已知 120 种，中国海域分布有 16 种，胶州湾及青岛邻近水域发现有 5 种。

分种检索表

1. 额角上缘齿少于 10 个（不包括末端附加齿）·····················敖氏长臂虾 *P. ortmanni*
   额角上缘齿多于 10 个（不包括末端附加齿）·····················2
2. 额角细长 ·····················3
   额角短宽 ·····················4
3. 第 5 对步足指节显著短于腕节，长节短于掌节·····················葛氏长臂虾 *P. gravieri*
   第 5 对步足指节长于腕节，长节长于掌节·····················细指长臂虾 *P. tenuidactylus*
4. 额角末端平直。第 3～第 5 步足指节宽短·····················锯齿长臂虾 *P. serrifer*
   额角末端上扬。第 3～第 5 步足指节细长·····················巨指长臂虾 *P. macrodactylus*

46. 葛氏长臂虾 *Palaemon gravieri* (Yu, 1930)

Leander gravieri Yu, 1930: 564, figs. 3a-c.
Palaemon (Palaemon) gravieri: Holthuis, 1950: 82; Liu, 1955: 52, pl. 18, fig. 2.
Palaemon gravieri: Holthuis, 1980: 110; Liu *et al.*, 1990: 227-238, fig. 30, pls. 1 (1, 5); Wang, 1991:

190-191, fig. 148; Liu *et* Zhong, 1994: 554.

标本采集地： 胶州湾内外。

特征描述： 体型较短。额角长等于或稍大于头胸甲，上缘基部平直，无鸡冠状隆起，末端 1/3 极细，稍向上前方升起；上缘具 12～17 齿，末端具 1～2 个附加齿，下缘具 5～7 齿。头胸甲具触角刺和鳃甲刺，前侧角圆形；鳃甲沟基明显。腹部第 3 至第 5 节背面中央具不明显的纵脊。眼柄粗短，角膜与眼柄长相等。第 1 触角柄刺较小，伸至第 1 节中部；上鞭至内枝不到头胸甲长的 1/2，内枝基部 1/4 与外枝愈合。第 2 触角鳞片末端远超出第 1 触角柄。第 3 颚足短小，伸至第 1 触角柄第 3 节中部。第 1 对步足螯较小，掌部稍长于指，明显短于腕节。第 2 对步足较长，其螯完全超出第 2 触角鳞片，掌部约与指节等长，稍短于腕节。后 3 对步足形成相似，较纤细，其掌节后缘不具活动刺。第 5 对步足指节显著短于腕节，掌节为指节长的 2.3～2.5 倍，长节稍短于掌节。尾节长约为第 6 节的 1.5 倍，末端较宽，两侧刺较大。体淡黄色，具棕红色斑纹，第 1～第 3 腹节背甲与侧甲之间为浅色横斑。卵呈棕绿色。

生态习性： 生活于泥沙底的浅海，河口附近亦有。繁殖期 4～5 月。产量较大，为主要经济虾类。

地理分布： 中国（渤海，黄海，东海）；朝鲜半岛。

图 46a　葛氏长臂虾 *Palaemon gravieri*

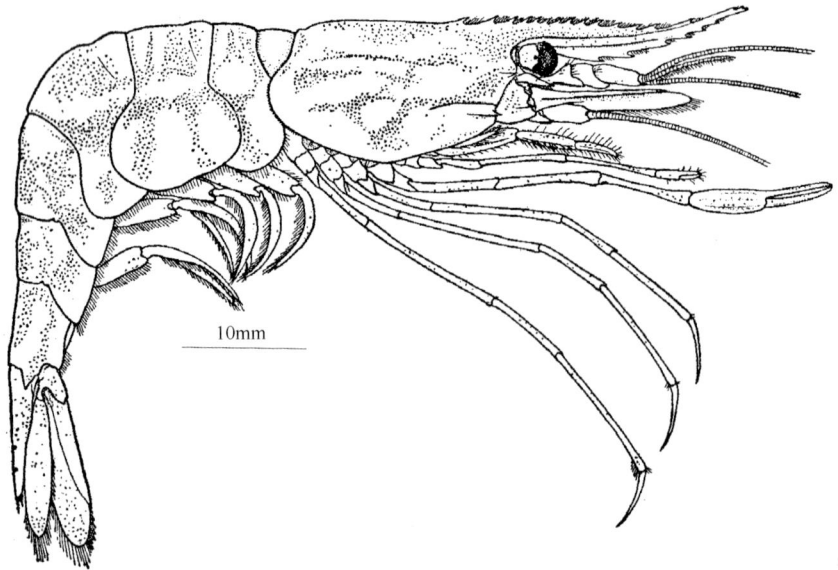

图 46b　　葛氏长臂虾 *Palaemon gravieri*（仿刘瑞玉，1955）

雄性整体侧面观

47. 巨指长臂虾 *Palaemon macrodactylus* Rathbun, 1902

Palaemon macrodactylus Rathbun, 1902: 52; Newman, 1963: 119; Holthuis, 1980: 111; Liu *et al.*, 1990b: 242, fig. 34.

Leander serrifer var. *longidactylus* Yu, 1930: 570.

Palaemon (Palaemon) macrodactylus: Holthuis, 1950: 7; Liu, 1955: 53, pl. 19, fig. 1; 1959: 36; Kim, 1977: 195, figs. 60, 67; Chan *et* Yu, 1985: 119, fig. 1.

标本采集地：胶州湾内外。

特征描述：额角短宽，长约与头胸甲等长，基部平直，末端向上弯曲，超出第 2 触角鳞片的末端，上缘具 10～13 齿，有 3 齿位于眼眶缘后方的头胸甲上，末端具 1～2 附加齿。触角刺与鳃甲刺等大，都伸出头胸甲的前缘。

第 1 对步足细小，指节超出第 2 触角鳞片的末端，掌部明显长于指节，腕节为掌部的 2.6～2.8 倍；腕节为掌长的 1.3～1.4 倍。第 2 对步足强大，其螯完全超出第 2 触角鳞片。末 3 对步足指节细长。第 3 对步足指节长约为宽的 5 倍，掌节为指节长的 2～2.5 倍。长节约为腕节长的 2 倍。第 5 对步足指节长约为宽的 6 倍，掌节为腕节的 2 倍。腹部各节圆滑无脊，仅在第 3 腹节后部稍有隆起，第 6 腹节长约高的 1.3 倍；尾节为第 6 腹节的 1.4～1.5 倍。体透明，稍等黄褐色及棕褐色斑纹，其背面条纹较模糊。卵呈棕绿色。

生态习性：生活于沿岸浅海和河口内半咸水。繁殖期 4～8 月。经济种，但数量不大。

  地理分布：中国（渤海，黄海，东海，南海北部）；日本；朝鲜半岛。

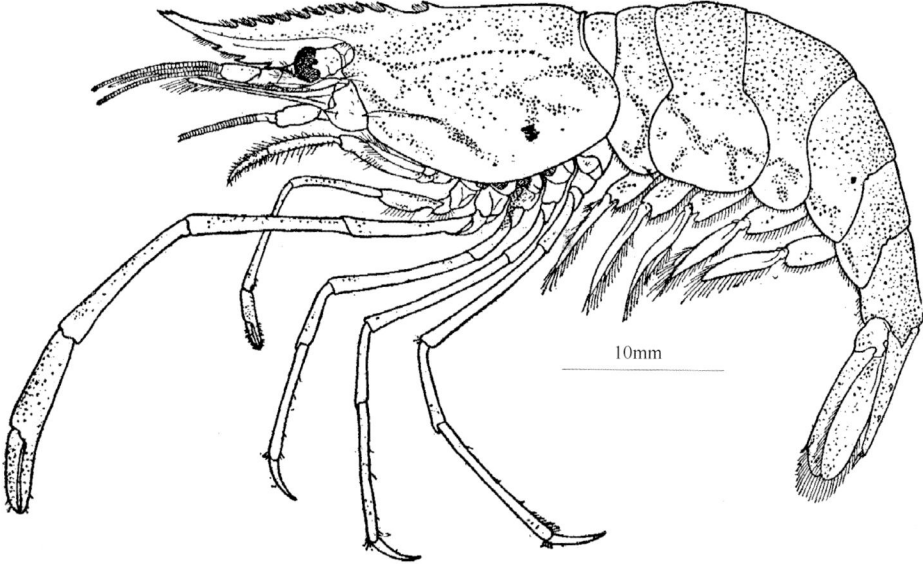

图 47 巨指长臂虾 *Palaemon macrodactylus* Rathbun（仿刘瑞玉，1955）

雌性整体侧面观

48. 敖氏长臂虾 *Palaemon ortmanni* Rathbun, 1902

Leander longirostris De Man, 1881: 141.

Palaemon ortmanni Rathbun, 1902: 52; Liu *et al.*, 1990b: 235, fig. 28.

Palaemon (Palaemon) ortmanni: Holthuis, 1950: 80; Liu, 1955: 54, pl. 20, fig. 1; Kim, 1977: 207, pl. 49 (31), figs. 62, 71, 72; Chan *et* Yu, 1985: 120, fig. 2, pl. 1 (8).

  标本采集地：青岛。

  特征描述：额角非常长，约为头胸甲长 1.5 倍，末端向上扬起很高；上缘基部具 7～9 齿，末端具 2～3 个附加小齿；下缘具 7～8 齿。头胸甲触角刺与鳃甲刺等大，都伸出头胸甲的前缘。第 2 对步足强大，腕节长 1/2 超出第 2 触角鳞片，掌部与指节几乎等长，但短于腕节。末 3 对步足较细。第 3 对步足指节长约为基部宽的 6 倍，掌节约为指节长的 3 倍，掌节后缘具 6～7 个刺。第 5 对步足掌节为腕节的 4 倍，末端附加有数列短刚毛列。腹部各节圆滑无脊，仅在第 3 腹节微有隆起，第 6 腹节长约高的 1.5 倍；尾节稍长于第 6 腹节。体透明，有明显的棕褐色条纹，腹部第 2、第 3 节有 3 条横条纹。

  生态习性：生活于潮间带或潮下带浅水岩石，沙底环境。

  地理分布：中国（黄海，东海，台湾）；日本；朝鲜半岛。

图 48a　敖氏长臂虾 *Palaemon ortmanni*

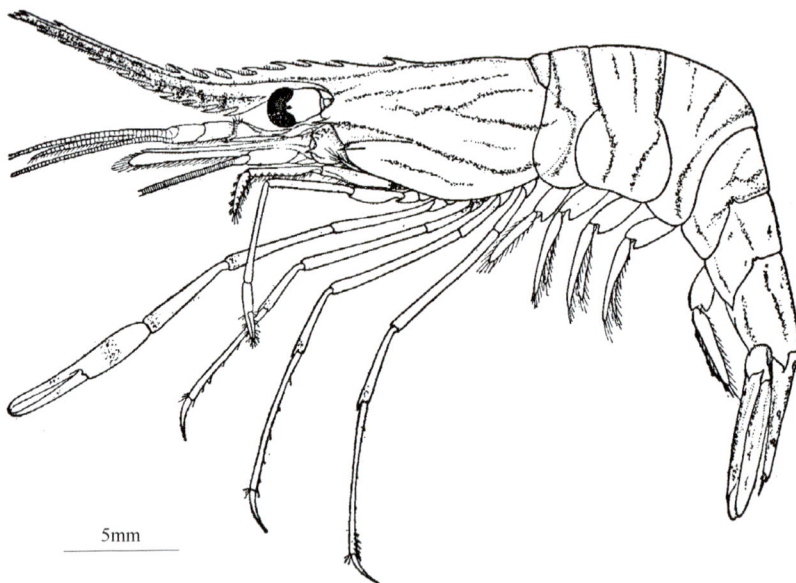

图 48b　敖氏长臂虾 *Palaemon ortmanni* Rathbun（仿刘瑞玉，1955）
雌性整体侧面观

49. 锯齿长臂虾 *Palaemon serrifer* (Stimpson, 1860)

Leander serrifer Stimpson, 1860: 41; Ortmann, 1891: 525, pl. 37, fig. 7; Yu, 1930: 567, figs. A-C.
Palaemon (Palaemon) serrifer: Holthuis, 1950: 83; Liu, 1955: 52, pl. 18, fig.2.
Palaemon serrifer: Rathbun, 1902: 52; Holthuis, 1980: 115; Liu *et al.*, 1990: 240-242, fig. 33; Wang, 1991: 191, fig. 149; Liu *et* Zhong, 1994: 554.

标本采集地：胶州湾内外。

图 49a　锯齿长臂虾 *Palaemon serrifer*

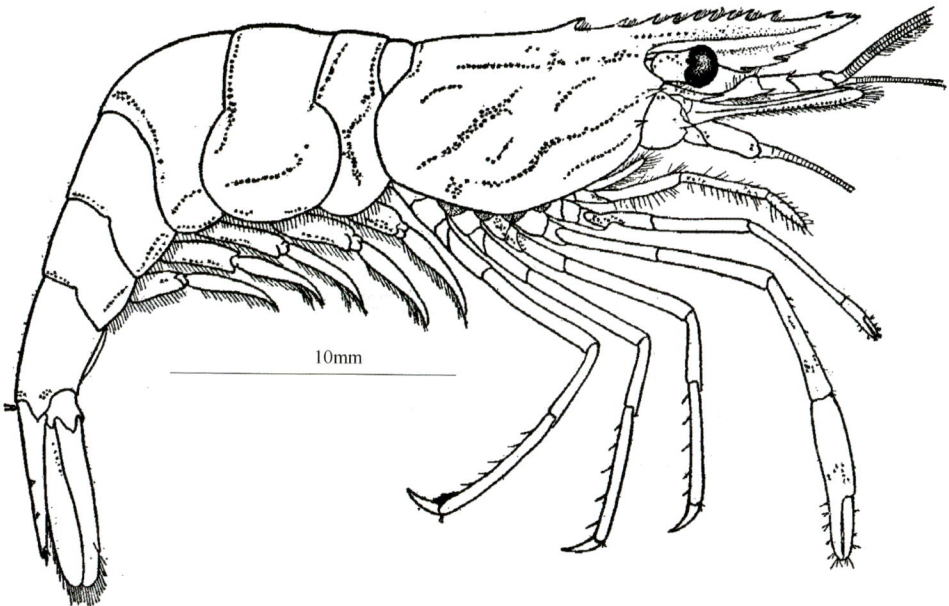

图 49b　锯齿长臂虾 *Palaemon serrifer*（仿刘瑞玉，1955）
雌性整体侧面观

　　特征描述：额角短宽，约等于头胸甲长，末部平直，不向上翘起；上缘具 9～11 齿，末端具 1～2 个附加小刺；下缘具 3～4 齿。头胸甲具触角刺和鳃甲刺；具鳃甲沟。第 1 触角柄柄刺伸至第 1 节中部，上鞭内枝长为头胸甲的 1.5～1.6 倍。第 2 触角鳞片明显超出第 1 触角末端。大颚触须 3 节。第 1 对步足细小，腕节较长，为掌节或指节的 3～3.5 倍，掌节和指节长短相近。第 2 对步足较长，螯部超出第 2 触角鳞片末端，掌部长于腕节，长约为指节的 1.5 倍。末 3 对步足较粗短，掌节后缘背具活动小刺 4～6 个，指节短而宽。第 5 对步足掌节后缘末端具短毛列，指节长约为宽的 4.5 倍。腹部各节背面光滑无脊，仅第 3 节末端中央稍隆起；第 5 腹节侧板顶短尖锐；尾节较短，长约为第 6 节的 1.2 倍，末端较宽，后侧缘刺较粗大。体无色透明，头胸甲有纵行棕褐色细纹，腹部各节有同样的横纹脊纵纹。卵棕绿色。

生态习性：生活于沙底或泥沙底的浅海，多在低潮线附近浅水塘石隙间。常见种，产量不大。繁殖期 4～9 月。

地理分布：中国海域广泛分布；印度；缅甸；泰国；朝鲜半岛；日本；西伯利亚；澳大利亚。

50. 细指长臂虾 *Palaemon tenuidactylus* Liu, Liang *et* Yan, 1990

Palaemon tenuidactylus Liu *et al.*, 1990b: 238-239, fig. 31, pls. 1 (2-4); Liu *et* Zhong, 1994: 554.

标本采集地：青岛。

特征描述：额角长，约为头胸甲长的 1.5 倍；上缘较平直，末端稍上扬，上缘具 13～20 齿，末端具 1～2 个附加小齿，下缘具 5～7 齿。头胸甲触角刺与鳃甲刺等大，均超出头胸甲前缘，鳃甲沟长。眼柄粗短，角膜与眼柄约等长。第 1 触角柄刺约伸至基节的中部或稍稍超出，第 3 节长于第 2 节，第 2 和第 3 节之和短于基节之长。上鞭内枝不到头胸甲长的一半，愈合部为 5～6 节，游离的短鞭为 20～24 节。第 2 触角鳞片超出第 1 触角柄的末端，叶片末端超出前侧刺。第 3 颚足约伸至第 1 触角柄第 3 节的中部至末端。第 1 对步足指节与掌部等长，腕节为指节长的 2.9～3.1 倍，长节稍短于腕节。第 2 对步足粗大，指节为掌部长的 1.1～

图 50a　细指长臂虾 *Palaemon tenuidactylus*

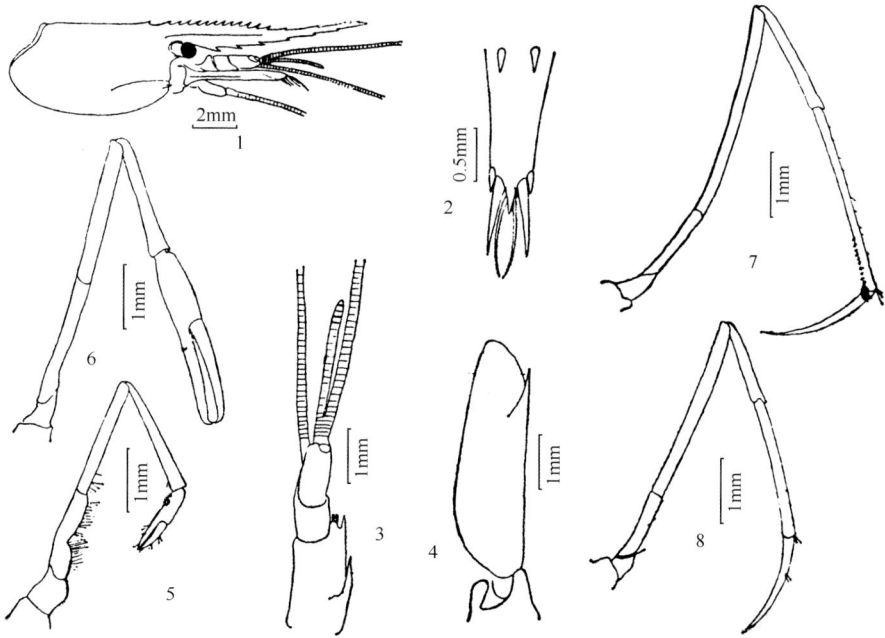

图 50b　细指长臂虾 *Palaemon tenuidactylus*（仿刘瑞玉等，1990）
1. 头胸甲侧面观；2. 尾节后边缘；3. 第 1 触角柄；4. 第 2 触角鳞片；5. 第 1 步足；
6. 第 2 步足；7. 第 3 步足；8. 第 5 步足

1.4 倍，可动指内缘基部具 2 齿突，不动指内缘既便于具 1 小齿突，腕节明显长于掌节，长节长于腕节。末 3 对步足均纤细，掌节稍超出鳞片的末缘，掌节后缘不具活动刺。第 5 对步足指节稍长于腕节，掌节为指节的 1.4～1.9 倍，长节稍长于掌节。第 3 腹节背面中央具 1 钝的纵脊；第 6 腹节长为第 5 腹节长的 1.5 倍；尾节长约为第 6 腹节长的 1.5 倍，背面具 2 对刺，末端尖锐，后侧角具 2 对刺，两内刺间具 1 对长羽状刚毛。体透明，但有较浓密的不规则红褐色虫状斑。

生态习性：生活于河口的半咸水中，数量不大。

地理分布：中国（渤海、黄海和东海各河口）；朝鲜半岛。

玻璃虾总科 Superfamily Pasiphaeoidea Dana, 1852

八、玻璃虾科 Family Pasiphaeidae Dana, 1852

额角较短。大颚无臼齿突，具或不具触须。第 2 颚足末节接于亚末节末端，外肢小或缺。所有步足均具外肢。头两对步足较为长大，具螯；指节细长，内缘梳状齿。第 2 对步足腕节不分节。

玻璃虾科世界已知 7 属 99 种，中国海域分布有 5 属 12 种，胶州湾及青岛邻近海域发现有 1 属 2 种。

（二十二）细螯虾属 Genus *Leptochela* Stimpson, 1860

额角短小，由头胸甲向前突出而成，呈刺状；背面无齿。头胸甲平滑无刺，少有隆脊。第 1 触角具 2 鞭。大颚宽扁，无臼齿部，具触须，由 1 节构成。第 4 对步足短于第 3 对，但长于第 5 对。第 3、第 4 对步足均短于第 1 对。5 对步足均具发达外肢。第 5 和第 6 腹节间常屈曲。腹肢的内、外肢较短，约等长。

细螯虾属世界已知 15 种，中国海域分布有 5 种，胶州湾及青岛邻近海域发现有 2 种。

分种检索表

1. 头胸甲背面无额角后脊⋯⋯⋯⋯⋯⋯⋯⋯⋯⋯⋯⋯⋯⋯⋯⋯⋯⋯⋯⋯⋯⋯⋯⋯细螯虾 *L. gracilis*
   额角后脊伸到头胸甲中部⋯⋯⋯⋯⋯⋯⋯⋯⋯⋯⋯⋯⋯⋯⋯⋯⋯⋯⋯海南细螯虾 *L. hainanensis*

51. 细螯虾 *Leptochela gracilis* Stimpson, 1860

Leptochela gracilis Stimpson, 1860; Liu, 1955: 23-25, pl. 8, figs. 6-14; Chace, 1976: 11, figs. 8-10; Holthuis, 1980: 77; 1993: 26, fig. 7; Wang, 1991: 177-178, figs. 136; Liu *et* Zhong, 1994: 551.

标本采集地：胶州湾内外，丁字湾。

特征描述：额角短小呈刺状，末端约抵眼末缘；上、下缘无齿。头胸甲光滑，无刺或脊。眼圆，眼窝缘不具锯齿。第 1 触角具 2 鞭；柄较短，仅伸至第 2 触角鳞片中部，柄刺较长，超出第 1 节末缘。第 2 触角不具触角刺，鳞片长约为宽的

5 倍。大颚宽而扁，无臼齿，触须仅 1 节。第 2 颚足末节短小，接于第 6 节的尖端。第 3 颚足前节约为末节的 1.4 倍。第 1、第 2 步足大于后 3 对，呈螯状；腕节短、不分节，螯细长，指端尖细、内弯，两指内缘具梳状刺列。后 3 对步足形状相同，指节纤细，末端圆钝，不呈爪状。5 对步足均具外肢。腹部仅第 4 和第 5 腹节背面中央具纵脊，其中第 5 节纵脊末端突出成长刺；第 6 节的前缘背面隆起，形成横脊，脊后方凹下，该节两侧腹缘后方各具 3 枚刺；第 5 和第 6 腹节间屈曲。尾节扁平，两侧具 2 对活动刺；末缘较宽，中央尖而突出，后侧角边缘具 5 对活动刺。尾肢略短于尾节，其内肢稍长于外肢，末端具 6～7 枚小刺；外肢外缘约具 10 枚活动刺，末端较尖，具 2 小刺。身体透明，散布有红色斑点色，腹节末端外缘深红色。

生态习性：生活于泥底或沙底的浅海。黄渤海常见种，具一定的经济价值。繁殖期在春季及初夏。

地理分布：中国（渤海，黄海，东海，南海）；朝鲜；日本；新加坡。

图 51a　细螯虾 *Leptochela gracilis*

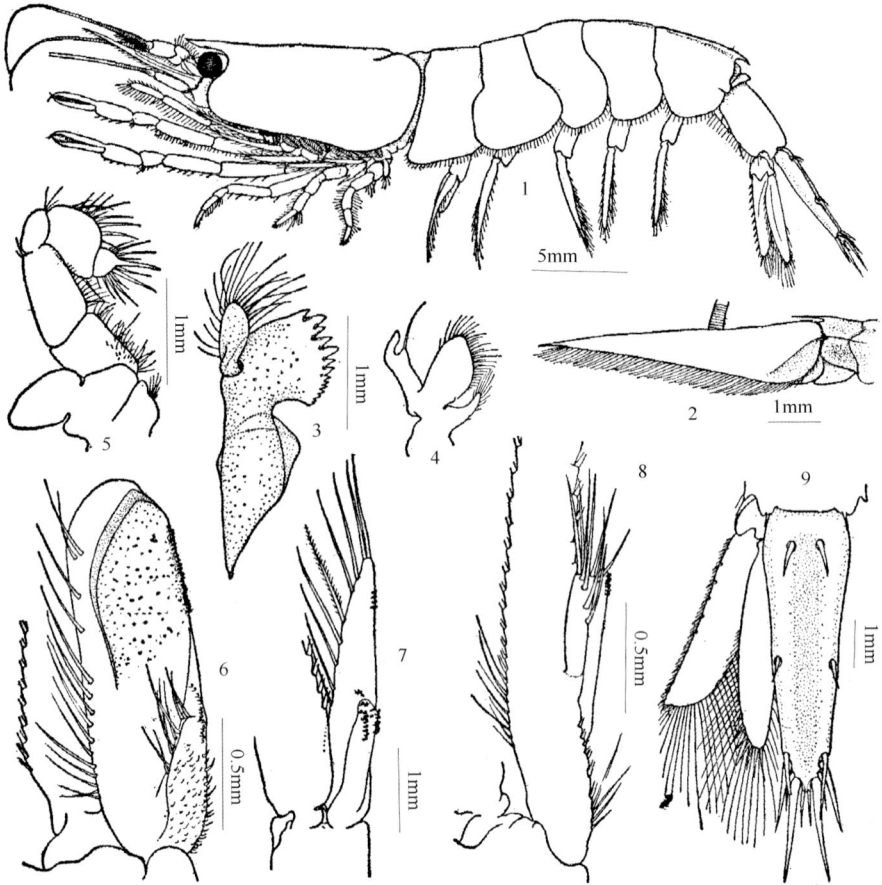

图 51b　细鳌虾 *Leptochela gracilis*（仿刘瑞玉等，1955）

雄性：1. 整体侧面观；2. 第 2 触角鳞片；3. 大颚；4. 第 1 小颚；5. 第 2 颚足；6. 第 1 腹肢之内肢腹面；7. 第 1 腹肢内肢基部；8. 第 2 腹肢雄性附肢及内附肢；9. 左尾肢及尾节

52. 海南细鳌虾 *Leptochela hainanensis* Yu, 1936

Leptochela hainanensis Yu, 1936b: 87-88, figs. 1-3; Liu *et* Zhong, 1994: 551.
Leptochela aculeocaudata: Wang, 1991: 178, fig. 137.

标本采集地： 沙子口。

特征描述： 额角短，刺状，延伸达眼角膜中部或末端；上、下缘均无齿。头胸甲背面有 1 与额角相连续的隆脊，向后延伸稍超过头胸甲中部外，不具任何刺和脊；眼窝侧角和前侧角圆钝。第 1 触角具 2 鞭；第 2 触角不具触角刺，鳞片的长为最大宽的 4 倍。大颚宽扁、无臼齿，触须 1 节。第 3 颚足前节为指节的 1.24～1.28 倍。前 2 对步足具鳌，比后 3 对步足长大得多。第 2 对步足掌部长为宽的 2.25～

海螯虾总科 Superfamily Nephropidae Dana, 1852

十、海螯虾科 Family Nephropidae Dana, 1852

体躯圆柱形，绒毛有或无；颈沟深。额角发达，具侧齿。有眼或退化，常色较浅。触角长，第 2 触角鳞片内缘有或无齿。第 1 步足对称或极不对称，螯状、粗壮。第 2、第 3 步足螯状；第 4、第 5 步足简单。腹甲侧缘尖或钝。尾节具固定刺或无，后缘宽圆。雄性第 2 腹肢具雄性腹肢。

海螯虾科世界已知 15 属 52 种，中国海域分布有 4 属 14 种，胶州湾及青岛邻近海域发现有 1 属 1 种。

（二十四）后海螯虾属 Genus *Metanephrops* Jenkins, 1972

额角长，具 1 对侧齿；侧脊延伸至头胸甲，具 3～5 齿。触角鳞片宽。眼具色素。大螯基本对称。

后海螯虾属世界已知 18 种，中国海域分布有 8 种，胶州湾及青岛邻近海域发现有 1 种。

54. 红斑后海螯虾 *Metanephrops thomsoni* (Bate, 1888)

Nephrops thomsoni Bate, 1888: 24, 185, pls. 25 (1), 26 (1-9).

标本采集地：青岛渔市。

特征描述：最大体长为 150mm，通常 90～120mm。体表呈粉红色，腹面为粉红或白色，眼缘为黑褐色。大螯足具显著红色环斑。尾扇末缘白色，卵呈浅蓝色。额后脊具 3 对头后齿，头胸甲具 2 枚眼后刺，侧头后脊平滑且心脊上的小刺模糊，眼大肾形。大螯有弱的棱脊和具小颗粒，掌部内缘具数枚大刺，可动指基部外缘无大刺。腹部无背脊，表面布满小陷点而刻文弱，无纵沟且横沟浅，并于中央断续且间隔宽大。

生态习性：生活于深海沙泥底，50～500m，多分布于 150～200m。青岛渔市常在南方来的渔货见到。

地理分布：中国（黄海南部，东海，台湾及南海北部深海）；日本；菲律宾。

图 54a　红斑后海螯虾 *Metanephrops thomsoni*

图 54b　红斑后海螯虾 *Metanephrops thomsoni*（仿刘文亮，2010）
雄性：1. 整体侧面观；2. 整体背面观；3. 头胸甲背面观；4. 大螯；5. 第 1～第 2 腹节；
6. 雄性第 1 腹肢；7. 第 6 腹节及尾肢

阿姑虾下目
Infraorder Axiidae de Saint Laurent, 1979

腹部背腹扁，甲壳柔软或坚硬。额角不显著或三角形，末端尖或钝。眼具或不具色素。第 1 步足对称或近似对称，螯状。第 2 步足螯状。雌性无交接器，第 2 至第 5 腹肢近似，双枝型。

阿蛄虾总科 Superfamily Axioidea Huxley, 1879

十一、阿蛄虾科 Family Axiidae Huxley, 1879

额角通常三角形，末端钝或尖。眼常具色素。第 1 腹甲突出；第 2 腹节短于第 1 腹节长的 2 倍。第 3、第 4 对步足掌节线形或宽；第 4 对步足底节略成圆柱体。雄性第 2 腹肢多型；第 2～第 5 腹肢无侧叶；尾肢内肢卵圆形；第 2～第 4 对步足无刚毛列，第 6 腹节具纵毛隆。

阿姑虾科世界已知 63 属 100 余种，中国海域分布有 10 属 17 种，青岛发现有 1 属 1 种。

(二十五) 巴尔虾属 Genus *Balssaxius* Sakai, 2011

额角三角形，末端尖，边缘具 4 齿，具眼上齿。头胸甲侧缘无齿，胃区隆起，中脊、亚中脊具齿，侧脊无齿。第 1 触角柄第 1 节宽，侧缘具三角形齿。第 2 触角鳞片发达。眼柄较短，略超过额角的一半，眼具色素。第 3 颚足腕节下缘具 1 小齿。第 1 对步足不对称，螯部多长刚毛。第 2～第 4 对步足具侧鳃。第 3～第 5 对步足多长刚毛。雄性第 1 腹肢单枝型，片状，末端二叉状；第 2 腹肢具雄性附肢及内附肢，雄性附肢棒状，多长刺毛。雌性第 1 腹肢单枝型，2 节，末节多具羽状刚毛。第 2～第 5 腹肢具内附肢。尾节长方形，末端平，无刺。尾肢外肢具横缝。

巴尔虾属世界已知 1 种，中国海域分布有 1 种，青岛发现有 1 种。

55. 哈氏巴尔虾 *Balssaxius habereri* (Balss, 1913)

Axius habereri Balss, 1913: 238; Balss, 1914: 85, text-figs. 46-47; Yokoya, 1933: 49.
Axiopsis (*Axiopsis*) *habereri*: Miyake, 1982: 89, pl. 30, fig. 3.
Calocarides habereri: Sakai *et* de Saint Laurent, 1989: 83.
Balssaxius habereri: Sakai, 2011: 74-76, figs. 13A, B.

标本采集地：青岛渔市，混于鹰爪虾中。

特征描述：体型较大，体长 38～61mm。额角三角形，末端尖，边缘具 4 齿，具眼上齿。头胸甲侧缘无齿，胃区隆起，中脊具 4～8 齿，亚中脊具 10 余个齿，侧脊无齿。第 1 触角柄显著短于第 2 触角柄，第 1 柄节宽，侧缘具 1 三角形齿。第 2 触角柄粗壮，鳞片发达，前端多长毛。眼柄较短，末端圆，略超过额角的一半，眼具色素。第 3 颚足长节下缘具 3 齿；腕节下缘具 1 小齿。

第 1 对步足不对称。大螯粗壮，座节下缘具 2 齿；长节上缘突起，近末端具 2 齿，下缘略鼓起，具 5 齿；腕节三角形，短，无齿；掌节近长方形，粗壮，下缘密具长毛，一直延伸到不动指末端，上缘近末端具 4 小齿；不动指短于掌部，末端尖，内缘中部具 1 大钝齿；指节略长且粗于不动指，内缘近基部具 1 大圆齿，由此向上多细锯齿，外缘具 5 锐齿，外面多长刚毛。小螯较细，座节下缘具 2 锐齿；长节下缘具 6 锐齿，上缘近基部具 2 齿；腕节三角形，无齿；掌节长方形，下缘密具长毛，一直延伸到不动指末端，上缘具 5 齿，末端者尖端分为二叉；不动指长于掌部，内缘多细锯齿；可动指稍长，内缘多细锯齿，外缘具 6 锐齿，

图 55a　哈氏巴尔虾 *Balssaxius habereri*

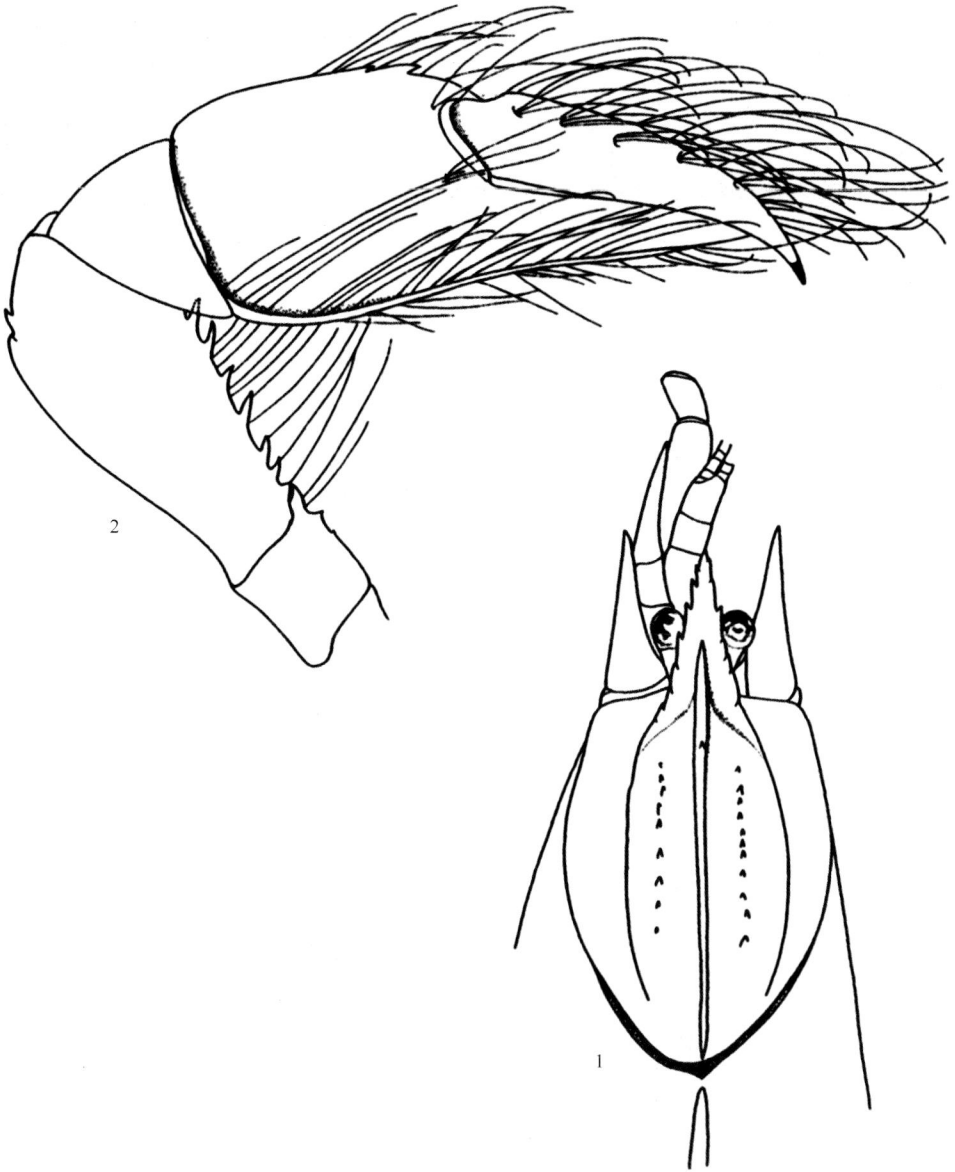

图 55b　哈氏巴尔虾 *Balssaxius habereri*（仿 Sakai, 2011）
雌性：1. 头胸甲背面观；2. 小螯

外面多长毛。第 2 对步足螯状，长节下缘具 3 齿；二指内缘具硬刺毛。第 3～
第 4 步足细，无齿，掌节及指节多刚毛。第 5 对步足略呈亚螯状。第 2～第 4
步足具侧鳃。

雄性第 1 腹肢单枝型，片状，末端二叉状；第 2 腹肢具雄性附肢及内附肢，雄性附肢棒状，多长刺毛。雌性第 1 腹肢单枝型，2 节，末节多羽状刚毛。第 2～第 5 腹肢具内附肢。

尾节长方形，长于第 6 腹节，长大于宽，末端平，无刺；侧缘具 4 齿，背面中部具 1 对齿，两侧各具 3 个齿。尾肢外肢短于尾节，前侧具 5 小齿，横缝上具 10 小齿；内肢接近与外肢等长，前侧缘具 2 齿，背面中部具 5 齿。

生态习性： 软泥和泥质砂，水深 45～63.1m。

地理分布： 中国（黄海，东海西部）；日本；朝鲜半岛。

美人虾总科 Superfamily Callianssoidea Dana, 1852

十二、美人虾科 Family Callianassidae Dana, 1852

额角尖突或不显著。鳃甲线存在，头胸甲心区少具突起。眼柄平扁，很少呈圆柱体。第 1 对步足不对称或近对称。第 2 对步足螯状。第 2 腹肢与第 3~第 5 腹肢不同，具雌雄差异。第 3~第 5 腹肢宽。尾肢外肢边缘多刚毛。

美人虾科世界已知 54 属 200 余种，中国海域分布有 5 属 15 种，胶州湾及青岛邻近海域发现有 1 属 1 种。

（二十六）和美虾属 Genus *Nihonotrypaea* Manning *et* Tamaki, 1998

额角钝，末端略突起。头胸甲具背弧。第 3 颚足盖状，座、长节极宽，加厚。雄性第 1 腹肢棒状，单枝型，1 节；第 2 腹肢无。雌性第 1 腹肢单枝型，2 节，末节宽短；第 2 腹肢双枝型，内肢 2 节，外肢 1 节。雌雄第 3 腹肢相似，双枝型，片状，内肢具 1 小内附肢，宽三角形。

和美虾属世界已知 5 种，中国海域分布有 4 种，胶州湾及青岛邻近海域发现有 1 种。

56. 日本和美虾 *Nihonotrypaea japonica* (Ortmann, 1891)

Callianassa subterranean var. *japonica* Ortmann, 1891: 56, pl. 1, fig. 10a; Kamita, 1957: 107-109, fig. 49.

Callianassa californiensis var. *japonica* Bouvier, 1901: 332.

Callianassa harmandi Bouvier, 1901: 332-334.

Callianassa (*Trypaea*) *harmandi*; Borradaile, 1903: 546; Parisi, 1917: 24, fig. 7; De Man, 1928a: 13-15, figs. 6-6j; 1928b: 27, 102-103; Yu, 1931: 92-93, fig. 3.

Callianassa (*Trypaea*) *japonica*: Borradaile, 1903: 546; De Man, 1928b: 27, 93, 106; Yu, 1931: 95-96, fig. 5; Makarov, 1938: 69-71, fig. 25.

Callianassa hermandi: Nakazawa, 1927: 1039, fig. 2000.

Callianassa japonica: Nakazawa *et* Kubo, 1947: 754, fig. 2174; Sakai, 1968b: 2-3, fig. 8; 1969: 232, pls. 9-12; 1987: 303; 1999: 46; 2001: 937-948, figs. 1-4, tab. 1; 2002, figs. 15D-F; 2006: 13-14, 17-18, 87-88, figs. 1c, e, f; Miyake, 1982: 92, pl. 31, fig. 4; Holthuis, 1991: 246, figs. 449, 450; Dworschak, 1992: 198; Liu *et* Zhong, 1994: 562 (list).

Callianassa harmandi: Nakazawa *et* Kubo, 1947: 754, fig. 2173; Liu, 1955: 63, pl. 23, figs. 1-5; Utinomi, 1956: 63, pl. 32, fig. 2; Miyake *et al.*, 1962: 124.

Callianassa petalura: Liu, 1955, pl. 23, figs. 6-9; Holthuis, 1991, fig. 453.
Nihonotrypaea harmandi: Tudge *et al.*, 2000: 143.
Nihonotrypaea japonica: Wardiatno *et* Tamaki, 2001:1042, fig. 1; Liu *et al.*, 2008: 742.
Trypaea japonica: Sakai, 2011: 399-401.

　　标本采集地：胶州湾，薛家岛，栈桥，沧口，李村河河口，沙子口，四方，汇泉湾。

　　特征描述：体无色透明，甲壳较厚处为白色，黄色的消化腺及生殖腺（雄性黄色，雌性橙红色）皆可自体外看到。体长 25～50mm。头胸部稍侧扁，腹部平扁。体躯前部甲壳甚薄，后部者较厚。第 1 对步足的甲壳坚厚。

　　额角不显著，仅在两眼之基部形成一宽三角形的突起，末端圆形，不呈刺状，抵眼柄中部。头胸甲光滑，无刺，侧叶不显著。背弧光滑。腮甲线完整。腹部各节光滑，第 1 节前端甚窄，后端较宽，第 2～第 6 节均宽于头胸甲，第 3～第 5 节背面后侧角各有细毛 1 撮。眼柄基部宽，顶端钝尖，与第 1 触角柄第 1 节平齐；角膜甚小位于眼柄中部前方。第 2 触角柄长与第 1 触角柄长相等，鳞片微小，略呈宽卵圆形，位于第 3 节基部背面。第 3 颚足座节及长节极宽，完全掩盖口器。座节腹面中部具 8～10 齿组成的齿列；长节短于座节，腕节、掌节及指节甚细小；腕节接于长节末端之外侧，向内侧曲折。

图 56a　日本和美虾 *Nihonotrypaea japonica*

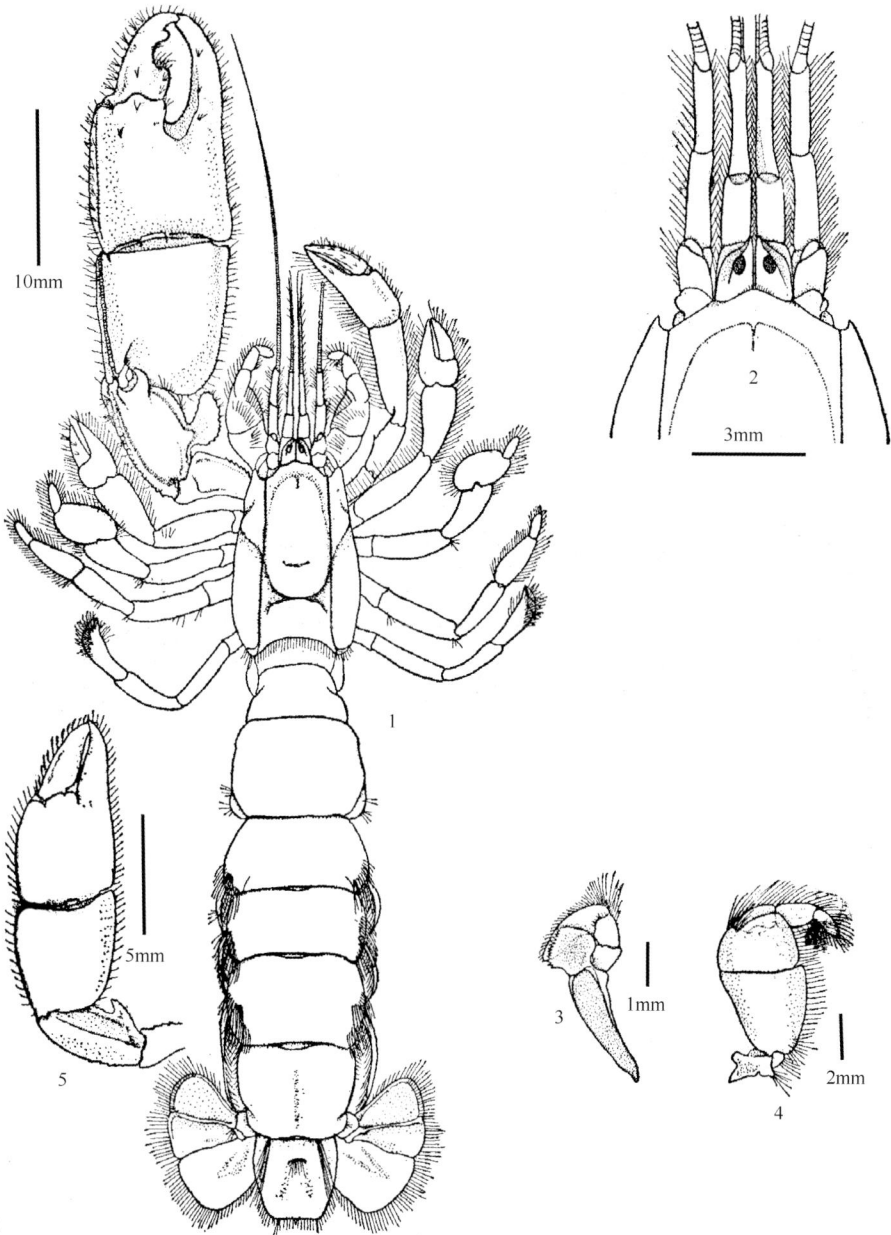

图 56b　日本和美虾 *Nihonotrypaea japonica*（仿刘文亮，2010）
1. 雄性整体背面观；2. 雄性头胸甲背面观；3. 大颚；4. 第 3 颚足；5 雌性大螯

　　第 1 对步足螯状，左右不对称，雌雄异形。雄性大螯宽大，长节基部有大的叶状突起；腕节宽；掌部与腕节等宽，其上缘长稍大于腕节；不动指弯曲，可动指内缘无齿或具突起。小螯较小，长节基部具 1 小刺状突起；指部稍长于掌。雌性大螯较细小，腕节与掌部等长，可动指内缘具细齿。小螯与雄性者相似。第 2 对步足螯状，腕节三角形，基部甚窄，末部较宽；螯之掌部极短，宽大于长，指节长于掌部。第 3 对步足腕节三角形，基部较窄，末部宽，掌节腹缘特殊宽大，卵圆形，指节细小，末端钝尖。第 4 对步足与第 3 对步足近似，但腕节细长，掌节为长方形。第 5 对步足细长，末部稍粗，指节短小，与掌节末端之刺形成斜形小螯，隐藏于掌节之密毛中，不易观察。雄性第 1 腹肢短小，单枝型，2 节；无第 2 腹肢。雌性第 1 腹肢较长，单枝型，基肢中部弯曲；第 2 腹肢双枝型，基肢弯曲，较粗大，内肢细长，外肢较短。第 3～第 5 腹肢皆为双枝型，基肢宽短，内外肢宽叶片状；内肢内缘具内附肢，三角形，宽短，不甚显著。尾节略短于第 6 腹节，梯形，长稍大于其基部宽，后缘中央具 1 小刺。尾肢宽，长与尾节相等。大螯指节内缘具系列性变异。无齿，2 大圆齿，或中间类型。

研究组对哈氏和美虾和日本和美虾做分子鉴定，结果表明哈氏和美虾应是日本和美虾的同物异名。

生态习性：栖息于海湾及河口潮间带泥滩。水深 0～65m。

地理分布：中国（黄渤海沿岸，长江口沙洲，分布区南界为长江口）；日本；朝鲜半岛沿岸；俄罗斯远东海。

蝲蛄虾下目
Infraorder Gebiidea de Saint Lurent, 1979

额角短，末端圆或锐尖。眼柄短，角膜不甚显著，色素较浅。鳃甲线显著。第 1 步足螯状或亚螯状或简单，第 2 步足亚螯状或简单。第 2 至第 5 腹肢双枝型。尾扇宽，适应爬行。

海蛄虾总科 Superfamily Thalassinoidea Latreille, 1831

十三、泥虾科 Family Laomediidae Borradaile, 1903

鳃甲线存在，颈沟明显。额角小，眼柄圆柱体。头胸甲后缘具侧叶。第 1 颚足内肢末端宽大，第 2 颚足颚叶后缘具数根长毛，第 3 颚足座节内面具纵行齿脊。第 1 对步足螯状或亚螯状，第 2 对步足简单，第 3、第 4 对步足掌节下缘具或无数根刺毛。第 1 腹节具前侧叶。雌性第 1 腹肢单枝型，雄性无第 1 腹肢，第 2～腹肢与第 3～第 5 腹肢相似，均无内附肢。尾肢外肢卵圆形。

泥虾科世界已知 4 属 21 种，中国海域分布有 2 属 2 种，胶州湾及青岛邻近海域发现有 1 属 1 种。

（二十七）泥虾属 Genus *Laomedia* De Haan, 1841

额角近三角形，末端具 1 或 2 齿。眼柄短，角膜深黑色。第 1 触角柄末节伸长。第 2 触角鳞片小，卵圆形。第 3 颚足座节内面具 1 纵行齿脊。第 1 对步足螯状，近对称。第 2 至第 5 对步足简单。尾肢均具横缝。

泥虾属世界已知 4 种（Ngoc-Ho, 1997），中国海域分布有 1 种，胶州湾及青岛邻近海域发现有 1 种。

57. 泥虾 *Laomedia astacina* De Haan, 1841

Laomedia astacina De Haan, 1841: 165, pl. 35, fig. 8, pl. N (mouth parts); Ortmann, 1891: 31; Borradaile, 1903: 540; Balss, 1914: 88; De Man, 1928: 16; Kamita, 1957: 105, fig. 47; Sakai, 1962: 27, pls. 5-7, figs. 1-25; Sakai *et* Miyake, 1964: 86, figs. 1-3; Yaldwyn *et* Wear, 1972: 137, figs. 13-20; Kim, 1973: 589, fig. 14; Le Loeuff *et* Intes, 1974: 23; Fukuda, 1982: 19, figs. 1-7; Ngoc-Ho, 1997: 732-734, fig. 1.

标本采集地：薛家岛，沧口。

特征描述：体为土黄或棕黄色，背面有时稍具蓝绿色。体长 43～52mm。额角略成三角形，边缘锯齿状，具密毛，末端钝，具 2 齿，眼后刺存在。头胸甲背面的颈沟很浅，两侧有平行的鳃甲线，自头胸甲前缘伸至末缘。眼柄短，角膜黑色位于眼柄前端中部。第 1 触角显著短且细于第 2 触角柄；第 2 触角柄粗壮，鳞片小，长卵形，位于第 3 节背面。

第 1 对步足左右近对称，螯状，一侧稍大，二指内缘齿的形态略有差异。座节下缘密具细齿，长节宽，上缘甚为鼓起，无齿，下缘略鼓，中部以下具细锯齿；腕节三角形，基部狭窄，上缘具细锯齿，下缘光滑；螯粗壮，掌部长为腕节的 2 倍，上缘具细锯齿，下缘无齿；不动指短于掌部，内缘具小齿；可动指长于不动指，末端弯，粗壮，稍大者内缘仅基部具 1 方形扁齿，较小者内缘皆具细齿，近基部者稍大。其他 4 对步足简单。腹部第 2～第 5 节侧甲板发达，多毛。雄性缺第 1 对腹肢，雌性第 1 腹肢细小，单枝型。第 2～第 5 腹肢内外肢皆狭长，无内附肢。尾节宽短，舌状。尾肢内外肢宽，皆具横缝。

生态习性：穴居于潮间软泥或泥沙中。

地理分布：中国（黄海，东海，台湾西岸，南海北部）；越南；朝鲜半岛；日本。

图 57a　泥虾 *Laomedia astacina*

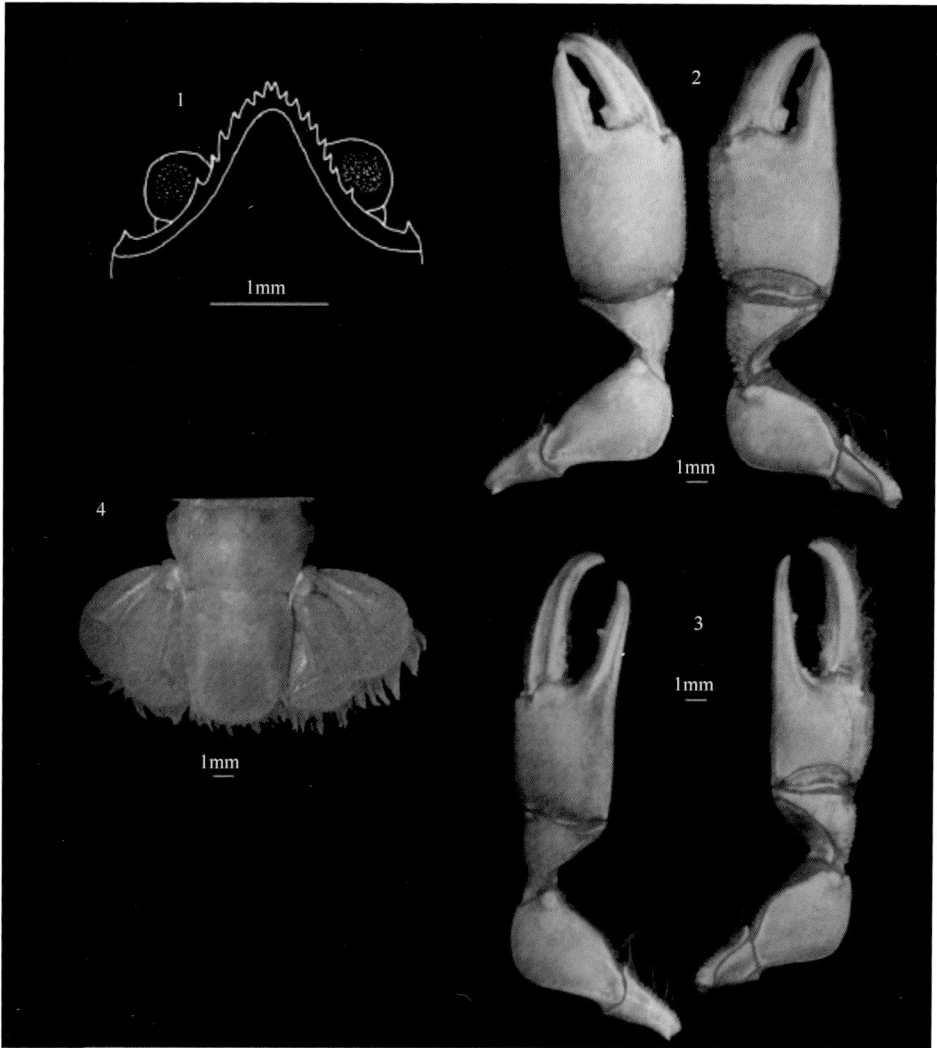

图 57b　泥虾 *Laomedia astacina*（仿刘文亮，2010）
1. 额角；2. 大螯内外面；3. 小螯内外面；4. 第 6 腹节及尾扇

十四、蝼蛄虾科 Family Upogebiidae Borradaile, 1903

额角常发达，侧叶有或无。鳃甲线明显。第 1 对步足螯状、亚螯状或简单；第 2～第 5 步足简单。雌性第 1 腹肢存在，雄性无第 1 腹肢；第 2～第 5 腹肢双枝型，无内附肢。尾肢宽或窄。

蝼蛄虾科世界已知 13 属 185 种，中国海域分布有 8 属 25 种，胶州湾及青岛邻近海域发现有 2 属 4 种。

分属检索表

1. 额角下缘无齿···蝼蛄虾属 *Upogebia*
   额角下缘具齿···奥蝼蛄虾属 *Austinogebia*

（二十八）奥蝼蛄虾属 Genus *Austinogebia* Ngoc-Ho, 2001

额角下缘具齿，侧叶发达前伸。尾肢内肢前侧缘具 1 瘤状突。

奥蝼蛄虾属世界已知 8 种，中国海域分布有 7 种，胶州湾及青岛邻近海域发现有 2 种。

分种检索表

1. 额角前半部无齿···单刺奥蝼蛄虾 *A. monospina*
   额角前半部具齿···伍氏奥蝼蛄虾 *A. wuhsienweni*

58. 单刺奥蝼蛄虾 *Austinogebia monospina* Liu *et* Liu, 2012

Austinogebia monospina Liu WL *et* Liu RY, 2012: 59-64, figs. 1-4.

标本采集地：胶州湾。

特征描述：体长 21.8～29.0mm。额角三角形，较长，长为宽的 1.8 倍，末端钝尖，背面下半部多瘤状突及刚毛，两侧无齿，下缘具 1 齿。侧叶较宽，前伸，不及额角中部，末端尖，无齿，与额角间具纵沟。头胸甲侧缘具 5 齿，肝区具 2 小齿。颈沟长而深，具 3 齿。眼柄粗短，无齿，角膜几乎全部具色素。第 1 触角柄显著短于第 2 触角柄，无齿。第 2 触角柄较粗，无齿，触角鳞片位于第 3 柄节背面，卵圆形。第 3 颚足具外肢。第 1 对步足亚螯状。雄性者粗壮，基节无齿；

图 58a　单刺奥蝼蛄虾 *Austinogebia monospina*

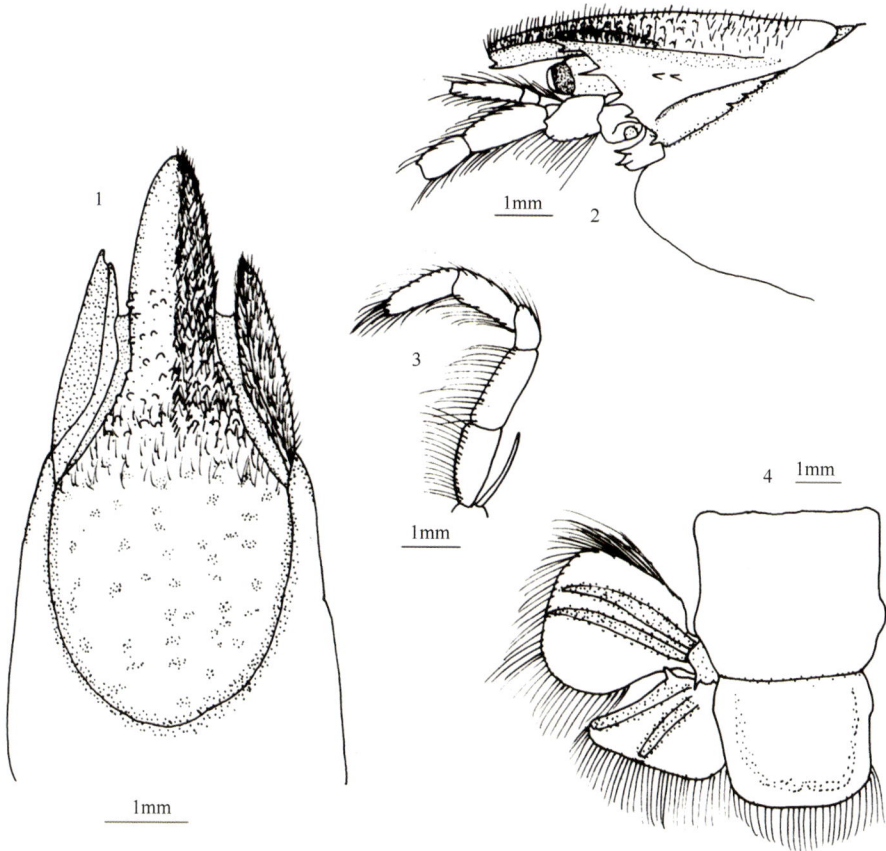

图 58b　单刺奥蝼蛄虾 *Austinogebia monospina*（仿 Liu WL and Liu RY，2012）
雄性：1. 头胸甲背面观；2. 头胸甲侧面观；3. 第 3 颚足；4. 第 6 腹节、尾节和尾肢背面观

座节下缘具 2 尖齿；长节下缘外侧具 1 排齿，上缘近末端具 1 齿；腕节三角形，下缘末端具 1 弯曲尖齿，上缘近基部 1/4 处及末端各具 1 齿，内面近末端具 2 弯齿；掌节粗壮，上缘具 6 齿，内面无隆脊；不动指基部宽，位于掌部下缘末端；指节粗壮，内缘近基部具 2 圆齿。雌性者稍细。第 2 对步足座节无齿；长节下缘具 1 排齿，其中近基部齿最大，弯曲，上缘近末端具 1 弯齿；腕节三角形，下缘无齿，上缘近末端具 1 齿；掌节长方形，无齿；指节细。第 3 对步足长节下缘具 3 齿，外面具刺排。第 4 对步足无齿，指节细长、片状，下缘末端具数个小刺。第 5 对步足亚螯状，无齿。雌性第 1 腹肢单肢型，2 节；第 2～第 5 腹肢双肢型，外肢大于内肢。尾节近长方形，宽大于长，末端平直，无中齿。原肢后侧缘具 1 小齿；外肢近三角形，末端平截；内肢短于外肢，前侧缘具 1 瘤状突起。

生态习性：生活于泥沙及中沙底。水深 20～22m。

地理分布：中国（渤海，黄海）。

59. 伍氏奥螻蛄虾 *Austinogebia wuhsienweni* (Yu, 1931)

Upogebia wuhsienweni Yu, 1931: 89, fig. 2.
Gebia major: Takahashi, 1934: 20.
Upogebia wuhsienweni: Liu, 1955: 68, pl. 24, figs. 7-12; Holthuis, 1991: 238, figs. 439-440; Ngoc-Ho *et* Chan, 1992: 38, fig. 4; Sakai, 1993: 92, figs. 1-2; Liu *et* Zhong, 1994: 562; Ngoc-Ho, 1994: 202, figs. 5E-H; Sakai, 2006: 143.
Upogebia (*Upogebia*) *wuhsienweni*: Sakai, 1982: 59, figs. 11d, 12f-g, 13g-h, pls. G1-2.
Austinogebia wuhsienweni: Ngoc-Ho, 2001b: 50, 53, fig. 4.

标本采集地：胶州湾，沧口，沙子口。

特征描述：体长 50～70mm。头胸甲前端向前伸出 3 叶突起，中叶较大，呈三角形，为额角，较宽短，下缘有小刺 2～4 个。侧叶上缘具小齿 6～9 个，下缘有小刺 2～3 个。头胸甲侧缘自眼基部向下具尖刺 4～5 个。第 1 对步足亚螯状。左右对称。雄性第 1 对步足粗大，掌节仅上缘有尖刺一排；不动指内缘有 1 圆形突起；可动指外面有纵脊两条，其间为沟，内面上缘有 1 宽脊，基部有许多吸盘状小突起，脊末端有一圆形突起；基节具 1 尖刺。雌性第 1 对步足较细，构造与雄性相似，但不动指内缘不具圆形突起；可动指内面上缘及基部和末端均无突起。雄性无第 1 腹肢，雌性第 1 腹肢细小，单枝型。第 2～第 5 腹肢内外肢均成宽叶片状。尾节近长方形，宽大于长，末端平直，无中齿。原肢后侧缘具 1 小齿；外肢近三角形，末端平截；内肢短于外肢，前侧缘具 1 瘤状突起。

生态习性：穴居于泥沙之内，沿岸浅水，内湾，潮间带下区及潮下带都可见。

地理分布： 中国（渤海，黄海，东海，台湾，南海及香港）；日本；韩国；越南。

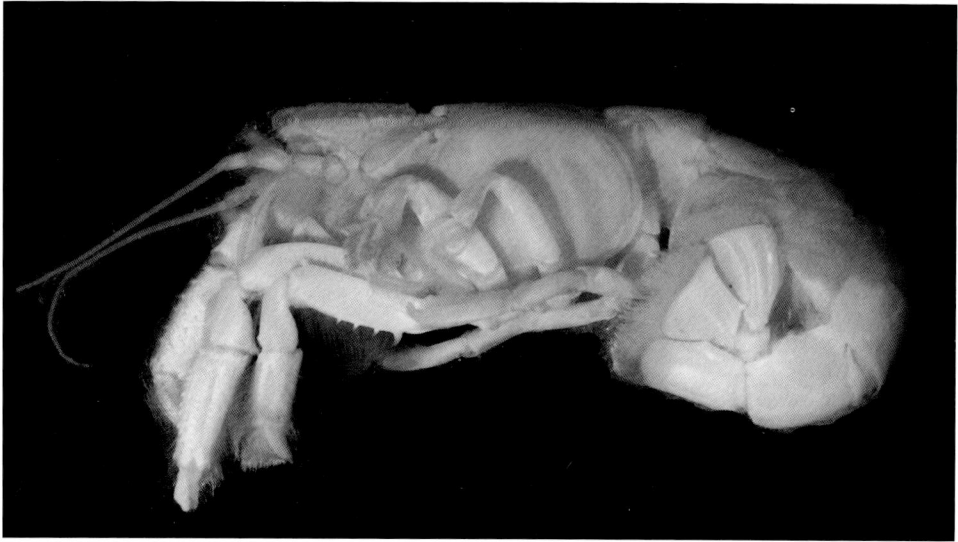

图 59a　伍氏奥蝼蛄虾 *Austinogebia wuhsienweni*

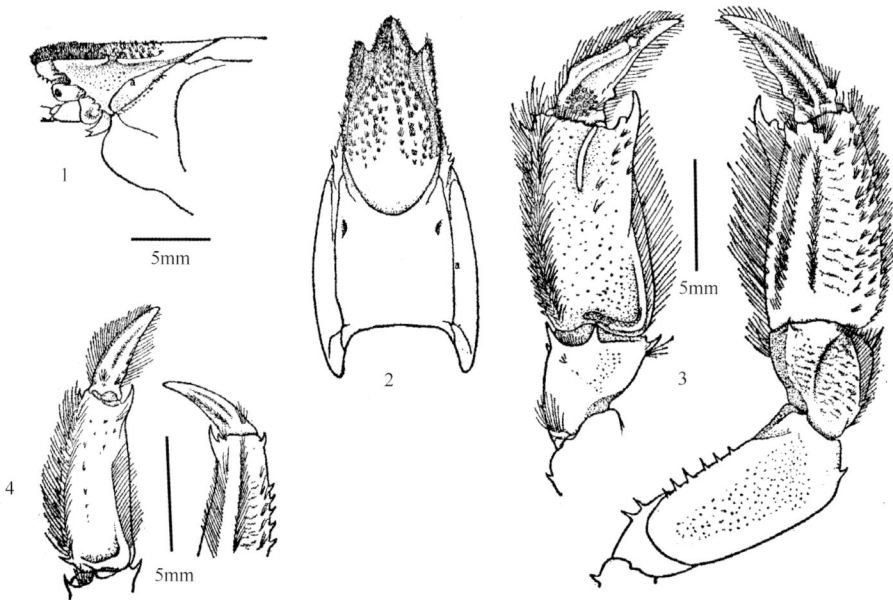

图 59b　伍氏奥蝼蛄虾 *Austinogebia wuhsienweni*（仿 Liu and Liu, 2012）

1. 雄性头胸甲侧面观；2. 雄性头胸甲背面观；3. 雄性第 1 步足内外面；
4. 雌性第 1 步足末端内外面

（二十九）蝼蛄虾属 Genus *Upogebia* Leach, 1814

额角具或不具下缘齿，侧叶有或无。第 1 对步足螯状或亚螯状。尾肢宽。

蝼蛄虾属世界已知 124 种，中国海域分布有 9 种，胶州湾及青岛邻近海域发现有 2 种。

1. 大螯不动指内缘无齿 ·· 大蝼蛄虾 *U. major*

大螯不动指内缘具 1 齿 ·· 沈氏蝼蛄虾 *U. shenchiajuii*

60. 大蝼蛄虾 *Upogebia major* (De Haan, 1841)

Gebia major De Haan, 1841, pl. 35, fig. 7; 1849; 165; Miers, 1879: 21, 52; Ortmann, 1891: 54, pl. 1, figs. 7a-b; Ortmann, 1893: 49; 1894: 21 (key); Doflein, 1902: 643; Balss, 1914: 90; Nakazawa, 1927: 1037, fig. 1997; Yokoya, 1930: 543, fig. 4; Sakai, 1935: 60.

Upogebia (*Upogebia*) *major*: Borradaile, 1903: 543; Parisi, 1917: 23; De Man, 1927: 47, pl. 6, fig. 18; 1928: 23 (list), 39, 45, 62; Makarov, 1938: 54, figs. 16-17; Miyake, 1961: 10; Sakai, 1968a: 45, figs. 1A-C; 1982: 67, figs. 15g-h, pls. B5, G3-4; 1987: 306 (list).

Upogebia major: Urita, 1942: 39; Kubo *et* Nakazawa, 1947: 755, fig. 2176; Liu, 1955: 66, pl. 24, figs. 1-6; Utinomi, 1956: 63, pl. 32, fig. 1; Kamita, 1958: 59, fig. 45; Miyake *et al.*, 1962: 124; Sakai, 1968b: 3; 2006: 124; Suzuki, 1979: 296; Holthuis, 1991: 234, fig. 433; Dworschak, 1992: 224; Komai *et al.*, 1992: 196 (fist); Liu *et* Zhong, 1994: 562; Asakura, 1995: 342, pl. 91, fig. 8; Komai, 1999: 64; Itani, 2004: 383-392, fig. 2, tabs. 1, 2.

Upogebia trispinosa Sakai *et* Mukai, 1991: 321, figs. 4, 5; Itani, 2004, tab. 2 (list).

标本采集地：沙子口，李村河，沙岭庄，沧口，王家滩，薛家岛，女姑口，红岛，汇泉湾。

特征描述：体长 70～100mm。身体背面浅棕蓝色，卵为黄色。头胸部侧扁，腹部平扁。头胸甲前端向前伸出 3 叶突起，中叶较大，呈三角形，为额角，其背面中央具纵沟，沟周围有丛毛和小突起。两侧叶较短，与额角间有深沟，向后延伸至颈沟附近，额角下缘无刺。头胸甲前侧缘具 1 尖刺。腹部第 1 节很窄，后部各节宽。第 1 对步足亚螯状，左右对称，雄较雌大，且粗壮；掌部略呈长方形，侧扁，上下缘均具成排小刺；不动指内面生有较小的刺 1 个；可动指长，雄性外面有 10 个上下斜行排列的长脊，内面有纵列长脊 3～4 个；雌体指节外面无小脊，只有 1 条纵沟，沟两侧各具 1 行念珠状排列的小突起，内面也有突起两行，中间为浅沟。第 2～第 4 步足都不呈螯状。第 5 对末端具很小的亚螯。雄性无第 1 腹肢，雌性第 1 腹肢细小，单枝型。第 2～第 5 腹肢内外肢均成宽叶片状。尾肢宽大。

生态习性：穴居于沿岸浅水和潮间带的泥沙之内。

地理分布：中国（渤海，黄海）；朝鲜；日本；俄国远东海。

图 60a   大蝼蛄虾 *Upogebia major*

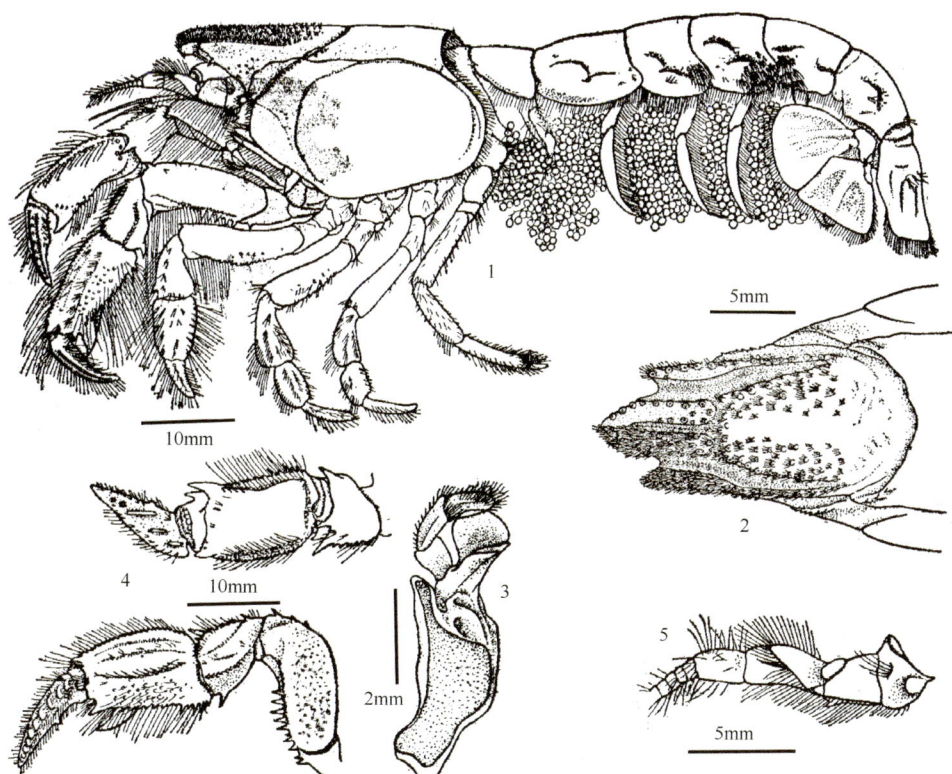

图 60b   大蝼蛄虾 *Upogebia major*（仿刘瑞玉，1955）

雌性：1. 整体侧面观，2. 头胸甲背面观，3. 大颚，4. 第 2 触角基部；

雄性：5. 第 1 步足内外面

61. 沈氏蝼蛄虾 *Upogebia shenchiajuii* Yu, 1931

Upogebia Shenchiajuii Yu, 1931: 86, fig. 1.
Upogebia (*Upogebia*) *shenchiajuii*: Sakai, 1982: 61.
Upogebia shenjiajuii: Liu *et* Zhong, 1994: 562; Sakai, 2006: 137.

标本采集地： 胶州湾（Yü, 1931）。

特征描述： 额角长大于宽，侧缘具 4 个瘤状突起，其背面中央具纵沟，沟周围有丛毛和小突起。两侧叶较短，与额角间有深沟，向后延伸至颈沟附近，额角下缘无刺。第 1 对步足亚螯状，座节下缘具 1 齿；长节下缘具 7 小齿，上缘无齿；腕节三角形，上下缘末端各具 1 齿；掌节粗壮，不动指三角形，内缘具 1 圆齿；可动指长，内缘中下部具 2 个三角形扁齿。本种由喻兆琦（1931）发现于胶州湾，而后一直未采到标本。

生态习性： 浅海泥滩。

地理分布： 中国（黄海）。

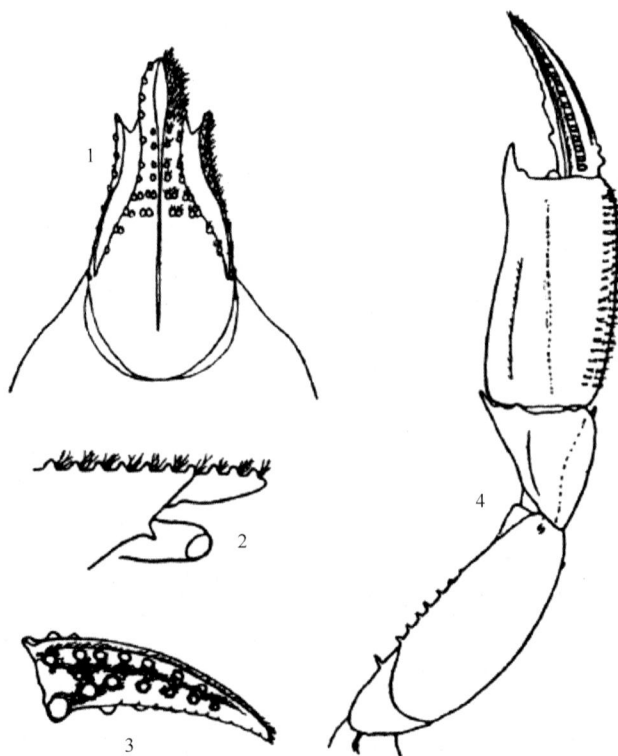

图 61　沈氏蝼蛄虾 *Upogebia shenchiajuii*（Yü, 1931）
1. 头胸甲背面观；2. 头胸甲侧面观；3. 大螯；4. 大螯指节

异尾下目 Infraorder Anomura MacLeay, 1838

体躯分头胸部与腹部。头胸甲形状多样，与口前板分离。复眼发达，具柄。第1触角柄具3节，触鞭成对。第2触角在眼外侧，触角柄5～6节，或更少，外肢通常退化成棘，触鞭发达。大颚具或不具触须，臼状突与门齿突通常不明显。第1小颚具内肢须。第3颚足通常较窄。第1对（偶见于第2对）步足具螯，第3对步足不具螯；第4、第5对步足通常呈螯状或亚螯状，两者或其中一对退化。腹部很少长直形，腹肢通常退化或仅一侧存在，有时两性均具交接器。尾节偶尔退化有时与尾肢一同形成尾扇。胸部末节腹甲与其他各节分离。雌性生殖孔位于第3步足底节，雄性位于第5对步足底节。第1、第2对腹肢通常变形成交接器。

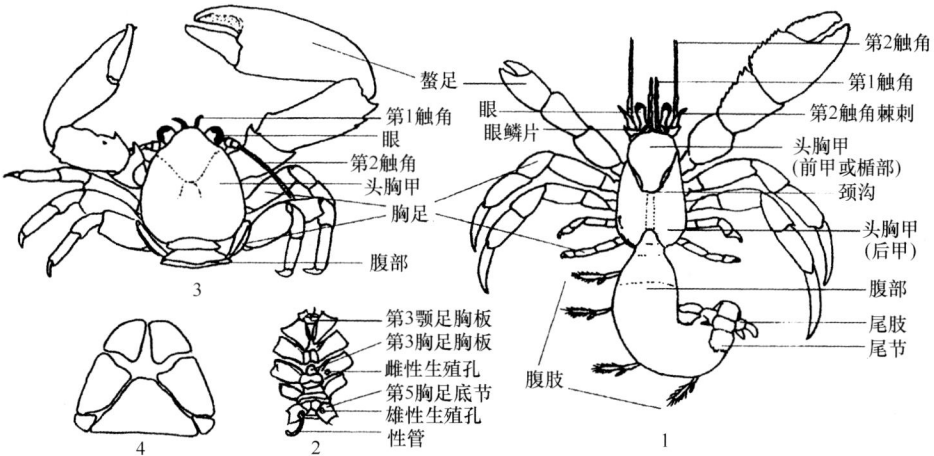

歪尾类外部形态及结构

1. 寄居蟹整体背面观；2. 寄居蟹腹甲腹面观；3. 瓷蟹整体背面观；4. 瓷蟹腹部尾节

铠甲虾总科 Superfamily Galatheoidea Samouelle, 1819

十五、瓷蟹科 Family Porcellanidae Haworth, 1825

身体蟹形。头胸甲扁平，宽卵圆形，高度钙化，背面分区不清。额角短，三角形，前伸不超过眼。第 1 触角短而折叠，基部数节较宽，前缘通常具刺或突起。第 2 触角位于眼的外侧，柄部 4 节，具鞭；柄部末 3 节可动。第 3 颚足很大，遮盖口腔，末节具羽状刚毛。螯足粗壮，通常宽而扁；第 2 至第 4 对胸足发达，第 5 对胸足细小，具螯，不能弯曲，置鳃室。腹部宽，对称，具 7 节，折向腹面，紧贴于头胸甲下，尾扇发达。雄性第 2 腹节通常具 1 对腹肢，某些属退化或缺。雌性第 3、第 4 和第 5 腹节具腹肢，部分种类第 3 腹肢退化。尾节分出 5 或 7 块板。

瓷蟹科世界已知 30 属 250 余种，中国海域分布有 11 属 58 种，胶州湾及青岛邻近海域发现有 4 属 4 种。

分属检索表

1. 步足指节末端单爪或刺状 ·· 2
   步足指节末端双爪或多爪状 ·· **多指瓷蟹属 Polyonyx**
2. 步足指节较粗壮，呈爪状，具附属小刺 ··· 3
   步足指节纤细，呈刺状，不具附属小刺 ······················ **细足蟹属 Raphidopus**
3. 头胸甲侧缘不具明显的齿或壮刺 ································· **瓷蟹属 Porcellana**
   头胸甲侧缘具明显的齿或壮刺 ·································· **豆瓷蟹属 Pisidia**

（三十）豆瓷蟹属 Genus *Pisidia* Leach, 1820

头胸甲通常较圆，侧缘具刺。额突出，明显三叶或三刺形。第 2 触角基节向前突出，与头胸甲前缘接触较宽，把可动节挤出眼窝外。两螯足大小与形状不相同。两螯足或一侧螯足指节扭曲，通常小螯指节扭曲更显著。螯足雌雄异形：雄性成体指节扭曲要比雌性及幼体更显著；幼体及雌性成体螯足上的刺通常比雄性成体明显。步足指节下缘具一列可动的小刺，末端一枚通常较粗大，末部单爪形。腹部尾节分为 7 块小板。

豆瓷蟹属世界已知 15 种，中国海域分布有 6 种，胶州湾及青岛邻近海域发现有 1 种。

62. 锯额豆瓷蟹 *Pisidia serratifrons* (Stimpson, 1858)

Porcellana serratifrons Stimpson, 1858: 242.
Porcellana spinulifrons Miers, 1879: 21.
Porcellana (Porcellana) serratifrons: De Man, 1888: 417; Haig, 1960: 209; 1992: 319, fig. 15;
　　Miyake, 1961a: 11; 1961b: 169; Kim, 1963: 291, fig. 6; 1964: 9; 1981: 227; McNeill, 1968: 34;
　　Wang, 1991: 277, fig. 240; 1994: 573; Yang *et* Sun, 1900: 3-4, fig. 4; Hsieh, Chan *et* Yu, 1997:
　　330, figs. 24H, 30; Song *et* Yang, 2009: 595, fig. 366; Osawa *et* Chan, 2010: 167, figs. 132, 133.

标本采集地：胶州湾（中港，红石崖），大岛子，青岛第四海水浴场，太平角，栈桥。

特征描述：头胸甲稍隆，前部收缩，后部宽圆，侧缘锋锐，前部稍内凹，形成一缺刻，中部具一刺状齿，在其前方有时另具一小齿。第 2 触角基节的上方具 1 刺，外眼窝角的后面另具一刺。额分三叶，三角形；中叶最大，但不如侧叶突出，前缘呈锯齿状。第 1 触角基节长大于宽，上板凹陷，具 3～4 齿，分别位于 4 个角上，腹面内角齿有时又分出 2～3 齿。第 2 触角基节宽，上表面扁平，末端具 3 齿，第 2 柄节短，在前末缘具一小锐齿，第 3 节前缘具 2 小齿。第 3 颚足长节板状突起圆，腕节向末部叉开。

雌雄螯足异形，长节的末角突出，有时具双齿；腕节前缘具 1 到多个齿；前缘末端突出，具一锐齿，后缘末部具 2～3 刺。掌节中央脊多少隆起，指节扭曲，内侧具绒毛。雌性及雄性小个体掌节外缘多毛，背面中央隆脊具结节及小刺。步足纤细具稀疏刚毛，长节后缘具 4 刺，指节后缘具 5 刺。腹部尾节具 7 块节板，雌性节板明显宽于雄性。

生态习性：多生活于潮间带海藻丛中，死贝壳或浅海区养殖场的吊笼中。水深 0～68m。

地理分布：中国（黄海，渤海，东海，台湾，南海北部）；印度洋-西太平洋。

图 62a　锯额豆瓷蟹 *Pisidia serratifrons*

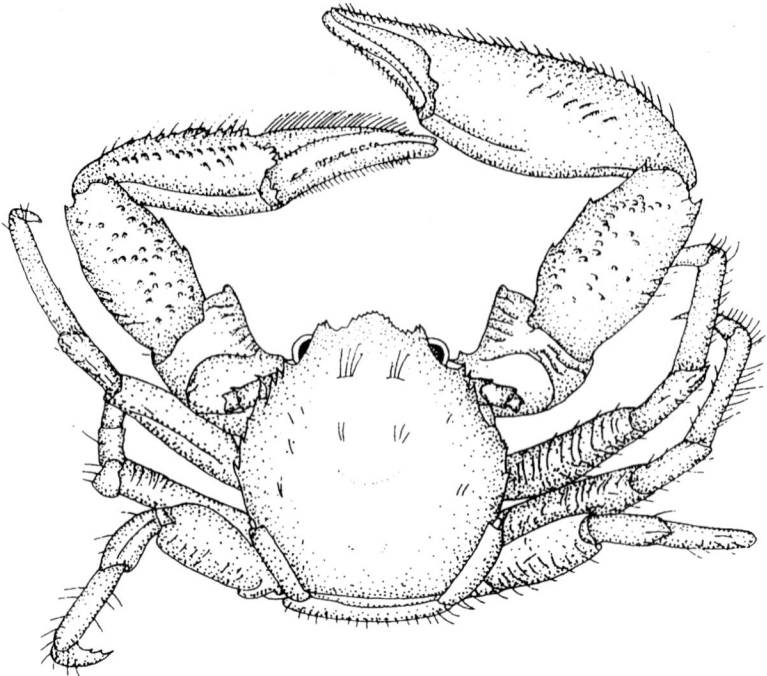

图 62b　锯额豆瓷蟹 *Pisidia serratifrons*（仿宋大祥和杨思谅，2009）
雄性整体背面观

（三十一）多指瓷蟹属 Genus *Polyonyx* Stimpson, 1858

头胸甲椭圆形，宽大于长，背面光滑，纵行隆凸；侧缘十分拱曲。额比较窄，分三叶，强烈弯向腹侧，背面观前缘横直。第 1 触角柄前缘平直，不具齿。第 2 触角基节向前突出，与头胸甲前缘相连，把第 2 触角其余部分挤出眼窝。螯足大，不对称；腕节很大，通常无齿，内缘具 1 锋锐的隆脊；掌节具或不具羽状毛。小螯指节有时显著扭曲，与掌面垂直。步足指节末端具 2 个或更多固定爪。腹部尾节分 7 块板。大多数雄性具第 1 腹肢。

多指瓷蟹属世界已知 29 种，中国海域分布有 7 种，胶州湾及青岛邻近海域发现有 1 种。

63. 中华多指瓷蟹 *Polyonyx sinensis* Stimpson, 1858

Polyonyx sinensis Stimpson, 1858: 244; 1907: 194, pl. 19, fig. 5; Wang, 1994: 573; Song *et* Yang, 2009: 597, fig. 367; Osawa *et* Chan, 2010: 173, figs. 136, 137.
Polyonyx asiaticus Shen, 1936: 279-283, figs. 1, 2; Miyake, 1943: 143; 1956: 745; Kim, 1963: 293-295, figs. 8-10; 1964: 8; 1970: 5; 1973: 191, pl. 67, fig. 15a, b, test-figs. 28, 30.
Polyonyx bella Hsueh *et* Huang, 1998: 332, figs. 1-3; Werding, 2001: 109.

标本采集地：胶州湾，青岛第三海水浴场，日照。

特征描述：头胸甲近四方形，四角钝圆，宽大于长，背面隆起，光滑，边缘附近具横行线。额宽，约占头胸甲宽的 1/3。中央叶向前下方突出稍过侧叶。眼可以缩入眼窝。第 1 触角柄光滑，宽远大于长，略呈倒梯形，内末叶突出超过末缘。第 3 颚足长节内侧叶小，末端圆形。

螯足不对称，表面光滑。大螯长节粗壮，背面隆起，内末角雌性呈角状，雄性呈瓣状；腕节长于掌节，掌很厚，外侧扁平，外缘末半部具刚毛并延伸至不动指末端；不动指内缘基部具 1 齿，可动指扭曲，其内缘基部也具 1 齿，指间缝大。小螯长节、腕节、掌节的形状与大螯相似，但腕节明显短，内缘隆凸；可动指内缘具小齿，指端尖，微向内弯曲；不动指腹缘末半具锯齿，末端数齿较大；无指间缝。步足光滑，长节、腕节无刺。前 3 对步足掌节沿其纵轴具 2 小刺，后缘末端亦有 2 小刺；指节末端爪状，其上具 2 附属爪，后缘具 2 小刺。尾节具 7 块板，中央板宽大于长。

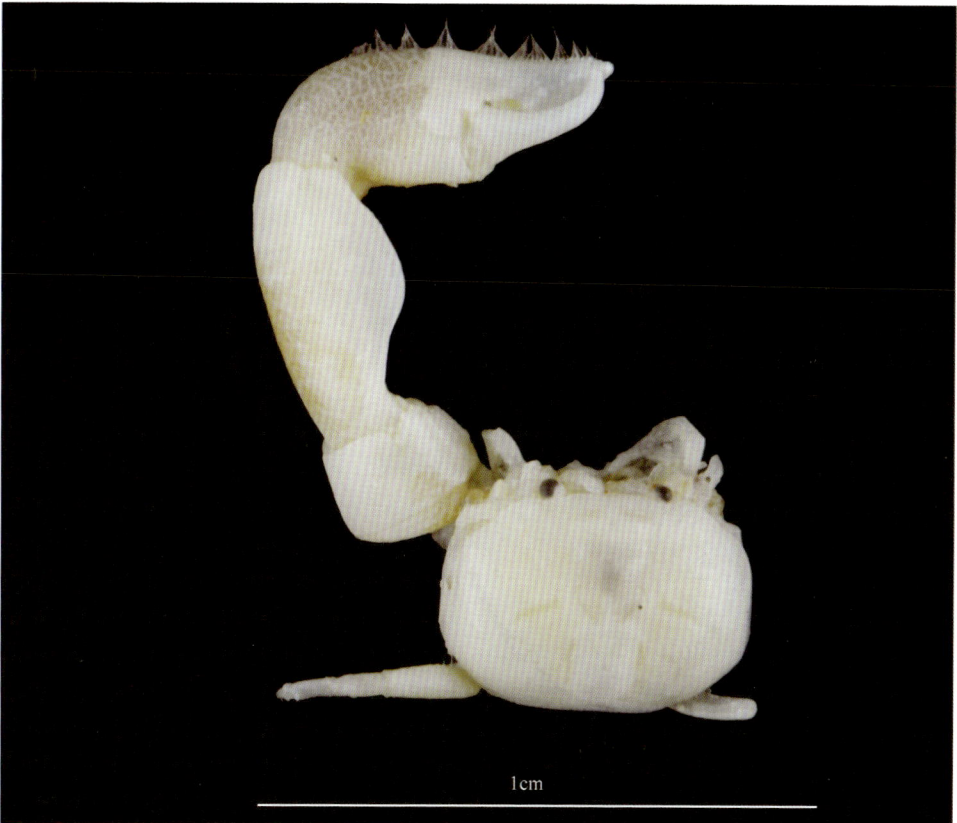

1cm

图 63a　中华多指瓷蟹 *Polyonyx sinensis*

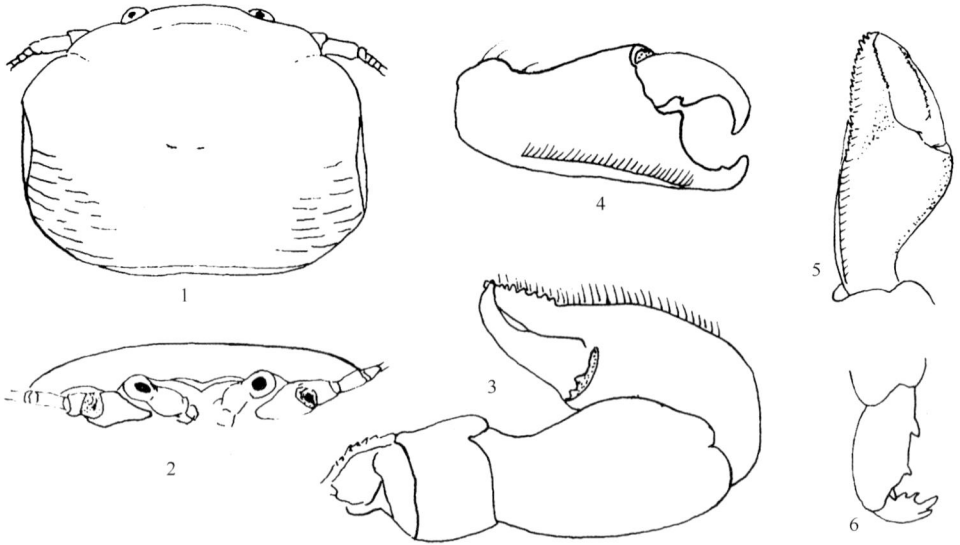

图 63b　中华多指瓷蟹 *Polyonyx sinensis*（仿宋大祥和杨思谅，2009）
雄性：1. 头胸甲背面观；2. 额部前面观；3. 大螯；4. 大螯指节和掌节外侧面；
5. 小螯指节和掌节外侧面；6. 步足末两节

生态习性：共栖于多毛类鳞虫（*Chaetopterus* sp.）管中，分布于泥沙滩的潮间带和潮下带。水深 0～48m。

地理分布：中国（渤海，黄海，台湾）；朝鲜半岛；日本。

（三十二）瓷蟹属 Genus *Porcellana* Lamarck, 1801

头胸甲通常长稍大于宽，背面光滑，稍隆起。额平伸，背面观三叶。头胸甲前鳃角后侧缘平滑或具小齿。第 2 触角基节与头胸甲前缘接触较宽，而把可动节挤出眼窝外。眼窝深，眼大。螯足近相等；螯大、侧扁，斜置，外缘通常具发达的刚毛穗。步足指节末端呈爪状，腹缘具数枚可动指。腹部尾节具 7 块小板。

瓷蟹属世界已知 17 种，中国海域分布有 3 种，胶州湾及青岛邻近海域发现有 1 种。

64. 美丽瓷蟹 *Porcellana pulchra* Stimpson, 1858

Porcellana pulchra Stimpson, 1858: 243; Wang, 1986: 52, fig. 1; 1991: 275-276, fig. 238; Yang *et* Song, 1990: 9-10; fig. 12; Sun *et* Yang, 2009: 598, fig. 368.

标本采集地：胶州湾，大公岛。

特征描述：头胸甲两侧较隆起，背面光滑，额向前突出，分三齿；中央齿最大，三角形，侧齿小而尖锐。眼窝外角尖，具细锯齿。第 1 触角基节长大于宽，前部具 3 个末端圆钝的板状齿，其中部一枚位于背侧，腹面具一横线，饰有羽状簇毛。第 2 触角基节十分外突，顶部圆钝，第 2～第 4 节长递减。第 3 颚足长节板状突不对称，前缘直，后缘稍隆曲，末端圆；腕节末端十分扩大。第 3 颚足的胸甲具三叶，中央叶宽圆，比侧叶稍突出。

螯足粗，长节内末节突出，钝圆形；腕节和掌节的背面具一中央纵脊，腕节前缘具一钝齿；掌节基部较细，腹缘直而锋锐，锯齿形，边缘被以纤毛列；背缘隆起呈脊状，与可动指的隆脊相连。步足长节背面具小锯齿，掌节后缘末端具 1 小刺；指节后缘具 3～4 小刺。尾节具 7 块节板，雌性比雄性宽。

生态习性： 生活于潮下带泥沙底浅海。

地理分布： 中国（渤海，黄海，东海，南海）；日本；朝鲜半岛。

图 64a　美丽瓷蟹 *Porcellana pulchra*

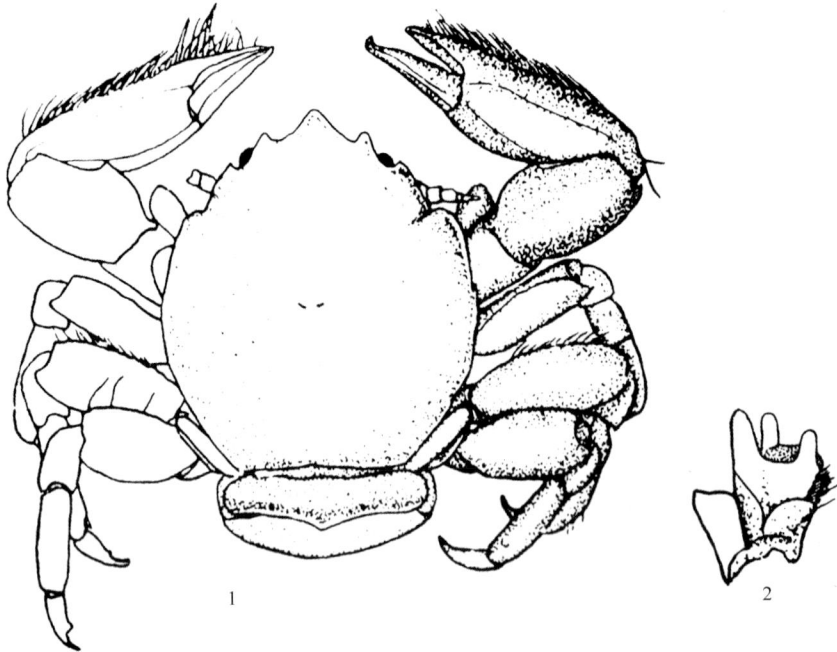

图 64b　美丽瓷蟹 *Porcellana pulchra* Stimpson（仿宋大祥和杨思谅，2009）
1. 雄性整体背面观；2. 左第 1 触角基节

（三十三）细足蟹属 Genus *Raphidopus* Stimpson, 1858

　　头胸甲略呈椭圆形，宽大于长；侧缘扩张。额横宽，不突出，具齿。眼小。第 2 触角基节与头胸甲上缘相联合。第 3 颚足形状正常，但座节很短，内侧扩展，弧状，外末角不呈圆弧状。螯足长，指节弯曲，窄长。步足较纤细，指节扁，平直，具纤毛，指端尖，但不呈爪状。

　　细足蟹属世界已知 4 种，中国海域分布有 1 种，胶州湾及青岛邻近海域发现有 1 种。

65. 绒毛细足蟹 *Raphidopus ciliatus* Stimpson, 1858

Raphidopus ciliatus Stimpson, 1858: 241; 1907: 185, pl. 22, fig. 5; Grant *et* Mc Culloch, 1906: 42; Balss, 1913: 526; Miyake, 1943: 146, figs. 61, 62; 1961a: 11; Miyake *et al.*, 1962: 125; Haig, 1965: 116; 1966: 63, fig. 7; 1992: 324, fig. 20; Yang *et* Sun, 1990: 12; 1992: 210, fig. 17; 2005: 26, fig. 22; Ng *et* Nakasone, 1994: 3, figs. 1, 2; Hsieh *et al.*, 1997: 351-352, figs. 32G, 41; Song *et* Yang, 2009: 599, fig. 369.

标本采集地：胶州湾，沧口。

特征描述：头胸甲近椭圆形，宽大于长，表面附有绒毛，具横皱褶。侧缘外凸，第 2 触角基部后方具一凹陷，侧缘中部具 2 小齿或刺，后侧缘短斜脊末端具 1 刺。额部不突出，具 3 小齿，中间一齿最宽。第 1 触角基节前区具结节状突起，前缘具纤毛。第 2 触角柱状，表面具纤毛，第 2 节上具 1 小疣突。第 3 颚足长节光滑，内末齿钝圆，腹面具坑点。

　　螯足不对称，覆以密绒毛；长节明显长于腕节，背面具一纵脊，内缘具 1 锐弯刺；腕节与掌节近等长，具 1 条中央纵脊，脊上具小刺，前缘稍内凹，锯齿状，后缘外凸，具 4 或 5 个小刺。可动指内缘基部具 1 壮齿，不动指内缘中部亦具一壮齿。小螯掌节近三角形，具 3 条纵脊，脊表面具锯齿或小刺；指节比掌节长，顶端弯曲，相互交叉，内缘具小刺，不具指间隙。步足长而纤细，生有绒毛，长节不膨胀，指节与掌节几乎等长。第 3 对步足稍短。尾节分 7 块板，后侧板宽大于长，雌性更明显。

图 65a　绒毛细足蟹 *Raphidopus ciliatus*

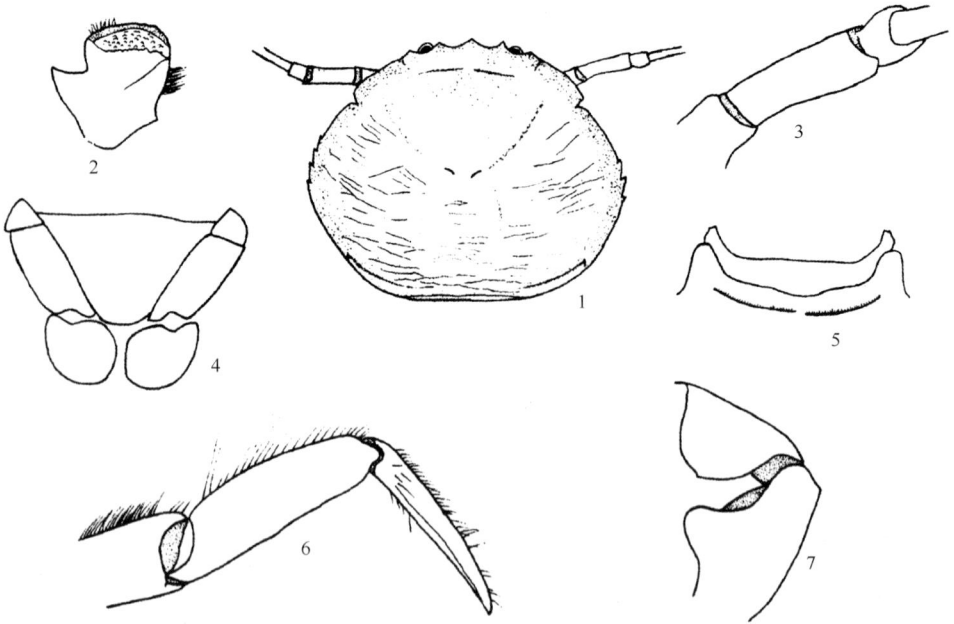

图 65b　绒毛细足蟹 *Raphidopus ciliatus*（仿宋大祥和杨思谅，2009）

1. 头胸甲背面观；2. 左第 1 触角基节；3. 左第 2 触角；4. 雄性尾节；5. 第 3 颚足所附胸板；
6. 右第 1 步足指节和掌节；7. 左第 3 颚足长节、腕节

生态习性：栖息于泥底浅海。体灰白色，纤毛浅黄色。潮下带至 27m。

地理分布：中国（渤海，黄海，东海，台湾，南海）；韩国；日本；新加坡；泰国湾；澳大利亚；阿拉伯海。

蝉蟹总科 Superfamily Hippoidea Latreille, 1825

十六、眉足蟹科 Family Blepharipodidae Boyko, 2002

头胸甲长大于宽，前端窄。外眼刺长，有小刺。具 1 或 2 个肝前侧刺（hepatic anterolateral spines）；鳃甲具少数小刺。额角三角形，具小刺。丝状鳃。第 1 触角第 1 节无刺，背鞭 18～85 节，腹鞭 6～21 节。第 2 触角第 1 节背面无刺，鳞片短，触鞭 8～44 节。小颚内肢基部与末节等宽。第 1 颚足具内肢；第 2 颚足外肢具节鞭；第 3 颚足腕节突出短；长节具刺；座节具强嵴齿（crista tooth）；外肢细长，具鞭。第 1 步足指节亚螯状；腕节背末端具刺。第 2～第 4 步足指节侧面扁平，背腹扩张；腕节背缘具小刺。第 5 步足小，螯状。腹部 2～5 节具侧板。雌性第 2～第 5 腹节具单枝成对腹肢。雄性无腹肢。具尾肢。尾节卵圆形，向侧面扩展，两性差别小或无。

眉足蟹科世界已知 2 属 10 种，中国海域分布有 2 属 2 种，胶州湾及青岛邻近海域发现有 2 属 2 种。

分属检索表

1. 前侧缘具 4 齿；眼柄中部分节 ·· 眉足蟹属 *Blepharipoda*
   前侧缘具 3 齿；眼柄中部不分节 ·· 冠鞭蟹属 *Lophomastix*

（三十四）眉足蟹属 Genus *Blepharipoda* Randall, 1839

头胸甲近距形，前侧缘具 4 齿。眼柄细长，圆柱形，假 2 节（实为 1 节）。第 1 触角略短于第 2 触角；第 2 触角鳞片缩小，半圆形。第 3 颚足基开，座节具发达的嵴齿，无附齿（accessory tooth）；腕节前侧角不扩大。第 1 步足掌节后缘具 1 刺，指节背缘具小刺。第 2～第 4 步足指节具圆的后跟（heels）。

眉足蟹属世界已知 4 种，中国海域分布有 1 种，胶州湾及青岛邻近海域发现有 1 种。

66. 解放眉足蟹 *Blepharipoda liberata* Shen, 1949

Blepharipoda liberata Shen, 1949: 156, pls. 14, 15; Kamita, 1958: 61; Miyake, 1960: 89, pl. 44, fig. 3; 1965: 652, fig. 1113; 1978: 155, fig. 61; 1982: 158; Kim, 1963: 295, fig. 11; 1964: 8; 1970: 11; 1973: 194, 594, pl. 3, fig. 16, text-fig. 32; Suzuki, 1971: pl. 34, fig. 8.

图 66a　解放眉足蟹 *Blepharipoda liberata*

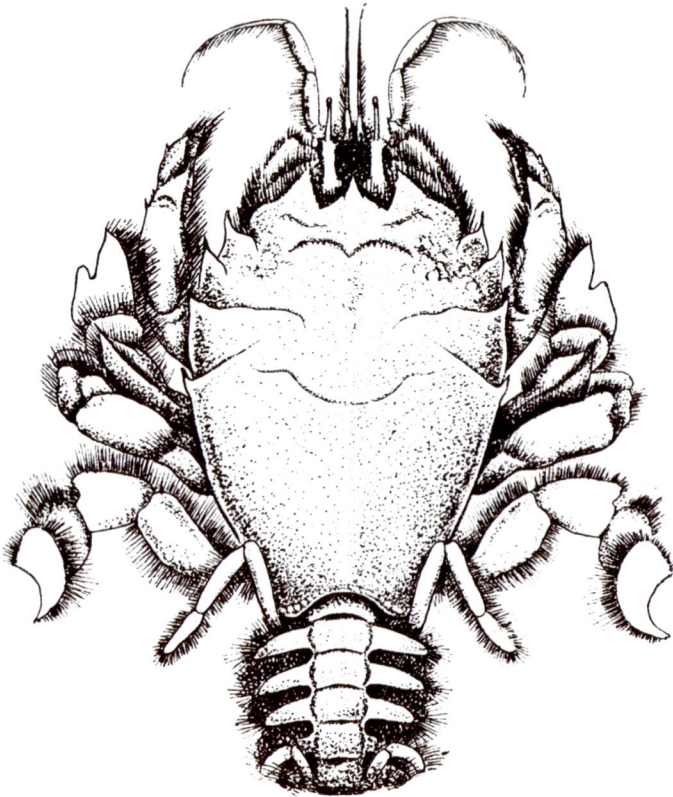

图 66b　解放眉足蟹 *Blepharipoda liberata*（仿 Miyake, 1978）
背面整体图

标本采集地：青岛渔市，即墨丰城，日照。

特征描述： 头胸甲前宽后窄近梯形，前部背面有颗粒区，后部光滑，前侧缘具 4 尖刺，其中第 1 刺最大。侧缘直。额角三角形，略短于左右两侧突，两侧缘各具 5～6 齿，最前面的齿最大。眼柄两节，其末节长于基节。第 1 触角柄 3 节，短于第 2 触角柄，基部一节最长；第 2 触角柄 4 节。第 3 颚足座节内缘具 9 刺；长节内缘近末端具 4～5 小齿。螯足腕节具大而尖的前背角，其后的背缘具 5 小刺，其中第 2 小刺最大；掌节背缘末端具 2 小刺，背缘近基部处具一刺，腹缘中部具一大刺，刺之后具颗粒。不动指咬合缘具 5 刺，其中第 1 个刺最大，基部 3 刺相互靠近。可动指背缘具 2 大的弯刺，第 2 刺的后方具 6 个粒突。步足腕节背缘具小齿，前背角为三角形；指节扁，镰刀形，便于浅沙。成体体色为白色或青色。

生态习性：俗名"海知了"，青岛当地有吃"海知了"的习俗。生活于低潮线至水深 90m，常潜入沙中。抱卵期在 5 月。

地理分布：中国（黄海）；朝鲜东岸；日本（日本海及太平洋沿岸）。

（三十五）冠鞭蟹属 Genus *Lophomastix* Bendict, 1904

头胸甲长方形，前侧缘具 3 齿。眼柄细长，圆柱形，不分节。第 1 触角长于第 2 触角。第 2 触角具小的半圆形鳞片；鞭有 8～12 节。第 3 颚足外肢末节具密生羽状长毛。第 1 步足指节背缘光滑；第 2～第 4 步足指节具圆的后跟。

冠鞭蟹属世界已知 2 种，中国海域分布有 1 种，胶州湾及青岛邻近海域发现有 1 种。

67. 日本冠鞭蟹 *Lophomastix japonica* (Durufle, 1889)

Blepharopa japonica Durufle, 1889: 93, fig. 1.
Blepharopoda fauriana Bouvier, 1898a: 566; 1898b: 339, text-figs. 1-5.
Lophomastix brevirostris Urita 1934: 149.
Lophomastix tchangsii Yu, 1935b: 51.
Lophomastix japonica: Shen, 1949: 162, pls. 16, 17; Miyake, 1960: 89, pl. 44, fig. 2; 1965: 652, fig. 1112; 1978: 157, text-fig. 62; 1982: 158, pl. 53, fig. 3; Igarashi, 1970: 3, pl. 7, fig. 23.

标本采集地：汇泉湾，湛山，后海。

特征描述：头胸甲近长方形，背面无毛，散布许多颗粒。前侧缘具 3 尖刺，后侧缘直，向内斜，无刺。额角短，约为前侧刺的 1/2，其顶端有时为双刺。眼柄细长，侧扁，基部膨大。第 1 触角远长于第 2 触角，其上鞭约与头胸甲等长，第 3 颚足座节内缘具 7 齿；长节与腕节等长，其内缘无刺。左右螯足同形同大，侧扁，背缘密生刚毛，长节背腹末端各具一刺，腹缘刺大；腕节具强的背前角，

图 67a　日本冠鞭蟹 *Lophomastix japonica*

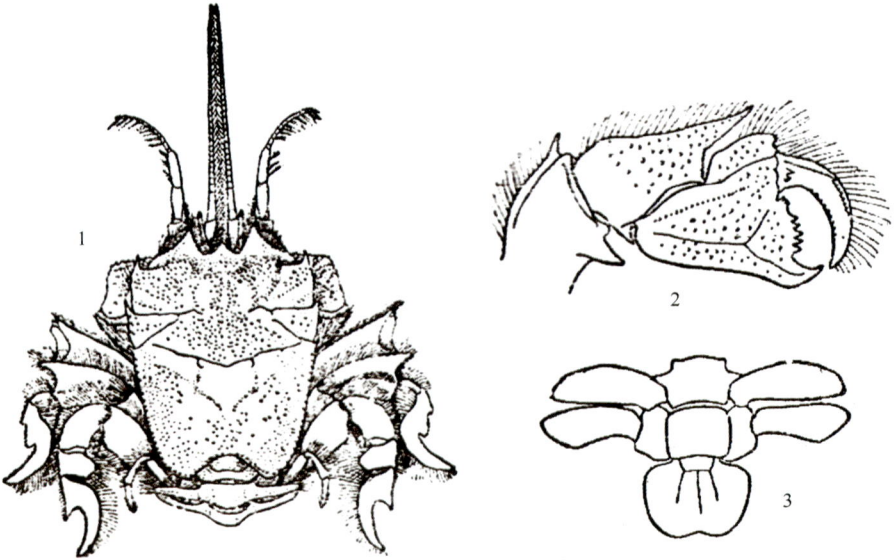

图 67b　日本冠鞭蟹 *Lophomastix japonica*（仿 Shen, 1949）

1. 整体背面观；2. 右螯；3. 尾节和尾肢

腹面末端具小刺；掌节侧扁，不动指咬合缘具 7 齿，最外侧齿最大；可动指弯，与不动指形成半钳。第 2～第 4 步足同形，指节镰刀形，便于潜沙。雄性不具腹肢，雌性具 4 对 2 节的腹肢。成体体色为白色或青色。成体体色为红色或红褐色。

生态习性：潮间带及浅海，常潜入沙中。水深 0～50m。

地理分布：中国（黄海）；朝鲜；日本（北海道）；萨哈林岛（库页岛）；阿尼瓦湾。

寄居蟹总科 Superfamily Paguroidea Latreille, 1802

十七、活额寄居蟹科 Family Diogenidae Ortmann, 1892

头胸甲狭窄，额角三角形或直形，短于或超过侧突；颈沟（cervical groove）前头胸甲钙化程度高称楯部（Shield），颈沟后的部分柔软，为角质或膜质。第 3 对颚足基部接近。腹部柔软，为典型的盘绕型，分节不明显，左右不对称；腹肢通常不成对，只具左侧；尾肢通常不对称。螯足相等，近似相等或左螯显著大于右螯。第 2 和第 3 对步足长，第 4 和第 5 对步足退化。尾节通常左大右小。具 13 或 14 对鳃。

活额寄居蟹科世界已知 21 属 430 种，中国海域分布有 8 属 84 种，胶州湾及青岛邻近海域发现有 2 属 6 种。

分属检索表

1. 螯足近似相等··· 细螯寄居蟹属 *Clibanarius*
   左螯显著大于右螯·· 活额寄居蟹属 *Diogenes*

（三十六）细螯寄居蟹属 Genus *Clibanarius* Dana, 1852

额角明显但较短。眼柄细长，眼鳞发育很好，基部很接近，前缘锯齿状。第 3 对颚足基部接近，座节和基节通常不完全融合，座节具发育完好的嵴齿（crista dentata），没有附齿（accessory tooth）。第 2 触角鳞片发育很好，具刺，第 2 触角鞭通常具短刚毛。螯肢相等或近似相等，指节水平开合；指尖为角质匙状。第 4 和第 5 步足外面末端具角质鳞片的掌锉（propodal rasp）。雄性和雌性在腹部的 2～5 节左侧具双肢型腹肢，生殖孔成对。尾节不对称，左后叶较大。鳃 13 对。

细螯寄居蟹属世界已知 59 种，中国海域分布有 16 种，胶州湾及青岛邻近海域发现有 1 种。

68. 下齿细螯寄居蟹 *Clibanarius infraspinatus* (Hilgendorf, 1869)

Pagurus (*Clibanarius*) *infraspinatus* Hilgendorf, 1869: 97.
Clibanarius infraspinatus Yap-Chiongco, 1938: 194, pl. 2, fig. 41; Fize *et* Serene, 1955: 77, fig. 10; Lee, 1969: 41, fig. 3; Tirmizi *et* Siddiqui, 1982: 66, figs. 34, 35; Wang, 1991: 234, fig. 194; Yu *et*

Foo, 1991: 46, unnumbered figs; Wang, 1992: 60 (list); Rahayu *et* Forest, 1993: 749; Wang, 1994: 569 (list); Rahayu *et* Komai, 2000: 27; Asakura, 2006: 26, figs. 5, 6; McLaughlin *et al*., 2007: 115, unnumbered figs; Sha *et al*., 2015: 75, figs. 2-29.

标本采集地：胶州湾，红岛。

特征描述：楯部长大于宽，背面点状，具微小的刚毛和小颗粒。额角为尖锐三角形，侧突小，短于额角。眼柄细长，等长于或略长于楯部，眼柄有时左右不等长；角膜略膨胀，很小；眼鳞基部接近，近三角形，前缘内凹，顶端具 2～4 个刺。第 1 触角柄与眼柄等长或长于眼柄；第 2 触角柄短，未达角膜基部，偶见与眼柄等长；第 2 触角鳞片大，超过第 2 触角柄第 5 节基部，顶端为单刺或二分裂刺，内侧缘多刺，具刚毛。左右螯肢相等或右螯略小，刺相似；两指闭拢时具缝隙；可动指背缘具 2 或 3 行突起，并具刚毛丛，偶尔具黑角质尖刺，背面具成行的突起；掌部背缘具成行的刺状突起，背面具刺状突起；腕节背中缘具

图 68a　下齿细螯寄居蟹 *Clibanarius infraspinatus*（采自海南英歌海）

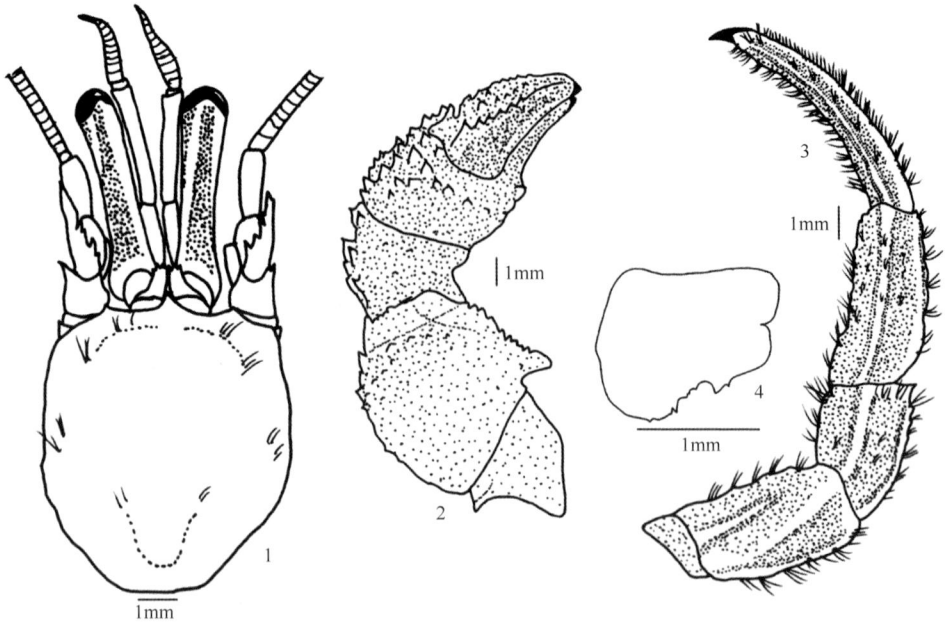

图 68b　下齿细螯寄居蟹 *Clibanarius infraspinatus*（仿沙忠利等，2015）
雄性：1. 楯部和头部附肢背面观；2. 左螯足腹面观；3. 左第 3 步足背面观；4. 尾节背面观

3 个大刺，背面散布小刺；长节背缘具小齿，腹内缘近基部侧具 1 个大突起。步足相对光滑，具成行的刚毛丛；指节长于掌节，指尖为黑色角质刺，背缘末端具刚毛丛，侧面具稍隆起的光滑纵向边缘，腹缘末端 1/2 具 7 或 8 个角质刺；掌节背缘具大圆齿，锯齿状，腹缘具小齿，背缘和腹缘覆盖刚毛；腕节背缘具成行的刺，锯齿状，第 2 步足腕节侧面具一排刺，第 3 步足具 1 个背末刺；长节腹缘锯齿状。尾节的中缝小，后叶不对称，左后叶大于右后叶，末缘均具角质尖刺。

生态习性：寄居于细沙底和牡蛎床上的螺壳内。潮间带及潮下带浅水。该种产于浙江以南海区，青岛市环保站送来胶州湾的标本中发现有该种。

地理分布：中国（黄海，东海，台湾，南海）；印度洋；红海；阿拉伯海北部；缅甸；孟加拉湾；泰国；马来西亚；新加坡；越南；菲律宾；日本；印度尼西亚；澳大利亚。

（三十七）活额寄居蟹属 Genus *Diogenes* Dana, 1851

楯部的额角退化，眼鳞之间具 1 可动的刺状突起（额突，rostriform process）。眼柄长适中；眼鳞大，近似三角形且分开，前缘锯齿状。第 3 对颚足基部接近，座节和基节通常不完全融合；座节具嵴齿，退化，偶尔无附齿。第 2 触角鳞片很大，发育很完善，其触角鞭具少量刚毛。螯肢不相等，左螯显著大于右螯；两指倾斜开闭；指尖均尖锐且为钙质。第 4 步足和第 5 步足外面末端均具角质磷片的掌锉。雄性的有成对的生殖孔，腹肢位于腹部的 2～5 节，不成对，为单肢型。雌性有时仅具单个生殖孔，腹肢不成对，前 3 个均为双肢型，最后 1 个为单肢型。不具育儿袋。尾节不对称。鳃 13 对。

活额寄居蟹属世界已知 64 种，中国海域分布有 16 种，胶州湾及青岛邻近海域发现有 5 种。

分种检索表

69. 弯螯活额寄居蟹 *Diogenes deflectomanus* Wang *et* Tung, 1980

Diogenes deflectomanus Wang *et* Tung, 1980: 35, fig. 1; Rahayu, 2000: 389; Sun *et* Yang, 2009: 601, fig. 370; Sha *et al.*, 2015: 157, figs. 2-55.

标本采集地：青岛。

特征描述：楯部长大于宽，背面具小刺或突起形成的横纹，上具刚毛。额角较小，侧突外侧的楯部前缘为齿状，具 5 或 6 个齿。眼柄短粗，短于楯部；角膜不膨胀，约为眼柄长的 1/4；眼鳞近三角形，前缘倾斜，具 6～8 齿。两眼鳞间的额突短于眼鳞，为尖头棒状。第 1 触角末节 1/2 超过眼柄，第 2 触角柄第 5 节基部至中间达角膜顶端，第 2 触角鳞片较短，未达第 2 触角柄第 5 节基部，顶端刺状，内侧缘具 3～5 个刺。左螯显著大于右螯，左螯不动指显著向下弯曲，两指闭拢时具缝隙，可动指背缘具 1 行突起，大小均匀，背面紧邻背缘具 1 行小突起，接着为小凹槽，散布小颗粒；掌部背侧缘具 1 行大突起，背面靠近腹缘和中间处具 2 行突起，其他部分密布小颗粒，背内缘具突起，延伸至不动指；腕节背侧缘具 1 行刺状突起，背面密布小颗粒，背内缘仅末端具刺；长节背内缘上半部分具多个较大的刺，其他部分密布颗粒。左第 3 步足指节显著长于掌节，指节背面具 1 细凹槽，背缘具稠密刚毛；掌节背缘靠近基部 1/2 具多个小刺，被长毛掩盖；腕节背缘具小刺，并具刚毛；长节无刺。尾节中缝很小，左后叶略大于右后叶，末缘均具刺，左后叶延伸至侧缘上端。

图 69a　弯螯活额寄居蟹 *Diogenes deflectomanus*（采自海南英歌海）

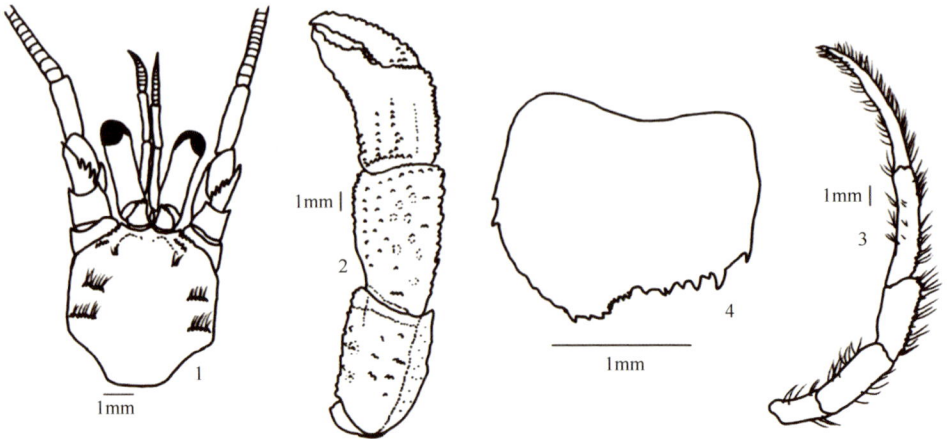

图 69b　弯螯活额寄居蟹 *Diogenes deflectomanus*（仿沙忠利等，2015）

雄性：1. 楯部和头部附肢背面观；2. 左螯足背面观；3. 左第 3 步足背面观；4. 尾节背面观

生态习性：寄居于泥质底上的螺壳内，常见的为玉螺壳。潮间带至潮下带浅水区 30m。

地理分布：中国（渤海，黄海，东海，南海）。

70. 艾氏活额寄居蟹 *Diogenes edwardsii* (De Haan, 1849)

Pagurus edwardsii De Haan, 1849: 211, pl. 50, fig. 1.

Diogenes edwardsii Terao, 1913: 362；Lee, 1969: 52, fig. 9；Miyake, 1982: 107, pl. 36, fig. 1；Baba, 1986: 189, fig. 137；Wang, 1991: 226, fig. 184；Yu *et* Foo, 1991: 47, unnumbered figs；Wang, 1992: 60 (list)；Asakura, 1995: 357, figs. 21-272C, pl. 93 (5)；Wang, 1995: 568 (list)；Asakura, 2006: 27, figs. 7, 8；McLaughlin *et al.*, 2007: 145, unnumbered figs；Sha *et al.*, 2015: 160, figs. 2-56a, b.

标本采集地：胶州湾，小港，沧口。

特征描述：楯部长大于宽，前侧缘呈锯齿状，背面具横向或倾斜的锯齿条纹，并具刚毛，散布刚毛丛。额角为宽的三角形，短于侧突，侧突为尖的三角形。两

图 70a　艾氏活额寄居蟹 *Diogenes edwardsii*（采自东海）

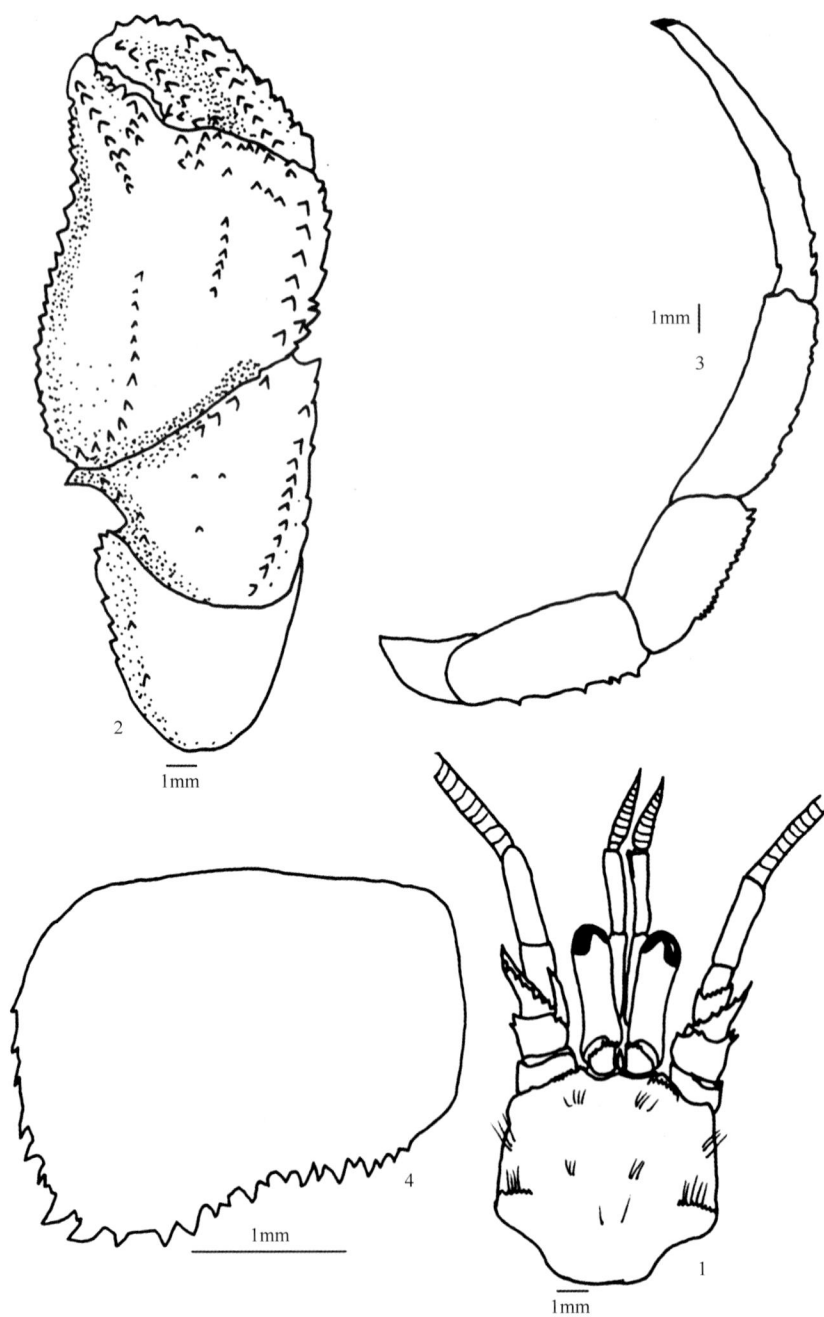

图 70b　艾氏活额寄居蟹 *Diogenes edwardsii*（仿沙忠利等，2015）

雄性：1. 楯部和头部附肢背面观；2. 左螯足背面观；3. 左第 3 步足背面观；4. 尾节背面观

眼鳞间的额突细长，末端尖锐，短于眼鳞。眼柄较短，短于楯部；角膜不膨胀，约为眼柄长的 1/5；眼鳞扇形，末缘锯齿状。第 1 触角柄末节超过眼柄；第 2 触角柄略短于或等长于第 1 触角柄；第 2 触角鳞片末端接近第 2 触角柄第 5 节基部，内侧缘锯齿状；第 2 触角鞭腹面具长刚毛。左螯显著大于右螯；可动指和不动指之间具显著缝隙；可动指背缘具 2～3 行尖锐的刺，背面具 2 行刺，靠近背缘的 1 行和背缘之间形成 1 纵向凹槽，2 行刺之间形成凹槽；不动指背面具 1 尖刺形成的脊，散布颗粒；掌部背面具 2～4 纵行大刺，背面凸圆，若整个掌部覆以海葵，则背面光滑，若海葵较小，则自腹缘基部向上成弧形并一直延伸至背面 1/2 或更长，具刺，靠近背内缘处具成行的小刺，螯的背侧缘呈大锯齿状，不动指和掌部相接处内凹；腕节背内缘具 2 行尖刺，末缘具显著的刺；长节背侧缘具刺。步足细长；左第 3 步足指节长于掌节，侧面中间具 1 纵向沟，背缘末端具刺；腕节和长节背缘多刺，侧面略凸圆，较光滑。尾节中缝有小有大，左后叶大于右后叶，左右后叶末缘均具多个刺，左后叶的刺更大，一直延伸至侧缘，具 6～12 个刺；末缘和侧缘具稀疏长刚毛。

生态习性：寄居于沙泥海底和沿海潮间带的扩口螺螺壳内，如红螺（*Rapana* spp.）、扁玉螺（*Glossaulax* spp.）等。左螯掌部背面常附着海葵（*Verrillactis paguri*）。水深 0～97m。

地理分布：中国［渤海，黄海，东海，台湾，南海（香港）］；日本；菲律宾；马来西亚；波斯湾；非洲东部。

71. 闪光活额寄居蟹 *Diogenes nitidimanus* Terao, 1913

Diogenes nitidimanus Terao, 1913: 363, text-fig. 1；Asakura, 2006: 28, figs. 9, 10；Sha *et al.*, 2015: 170, figs. 2-61.

Diogenes aff. *nitidimanus*: McLaughlin *et al.*, 2007: 149, unnumbered figs.

标本采集地：沙子口。

特征描述：楯部背腹扁平，长宽近似相等，背面具颗粒或角质小刺形成的横纹并具刚毛。额角短，退化，侧突为三角形，超过额角；每一个侧突外侧的楯部前缘具小刺。眼柄短粗，短于楯部；角膜不膨胀，约为眼柄长的 3/10；眼鳞大且宽，近扇形，末缘具 1～4 个刺。两眼鳞间的额突细长，顶端尖锐，短于眼鳞。第 1 触角柄末节 1/2 超过眼柄，第 2 触角柄等长于或略长于第 1 触角柄；第 2 触角鳞片未达第 2 触角柄第 4 节末缘，多刺并具刚毛，顶端具 1 个刺，内侧缘具 4～6 个刺；第 2 触角鞭腹面具羽状长刚毛。左螯大于右螯，形状多变，长约为宽的 2 倍，两指闭拢紧密，切缘具圆齿；可动指背缘呈锯齿状，背面中间具 1 宽浅沟，散布小刺或颗粒；掌部背侧缘具 1 或 2 行钝刺，呈锯齿状，背面靠近背内缘处具 1 纵行小刺，小刺和背内缘之间具 1 纵沟，其他部分散布颗粒，背侧缘具圆突一直延伸至不动指，刚毛少；腕节背内缘锯齿状，具 1 或 2 行刺，背面邻近背内缘具 1 浅沟，末缘具 1 或 2 横行小刺，其他部分散布颗粒和小刺；长节背内缘和背侧缘均具成行的刺，背内缘末端为 1 个大刺。步足多刚毛；指节长于掌节，侧面具纵向的沟；掌节和腕节的背缘具小刺；腕节背缘的刺不明显。尾节末缘内凹，中缝不显著；左后叶略大于右后叶，末缘均具 1 行非常小的刺，左侧缘具刺。

生态习性：寄居于沙质底上的螺壳内。潮间带和潮下带。

地理分布：中国（黄海，台湾，南海）；日本。

图 71a　闪光活额寄居蟹 *Diogenes nitidimanus*（采自台湾彰化）

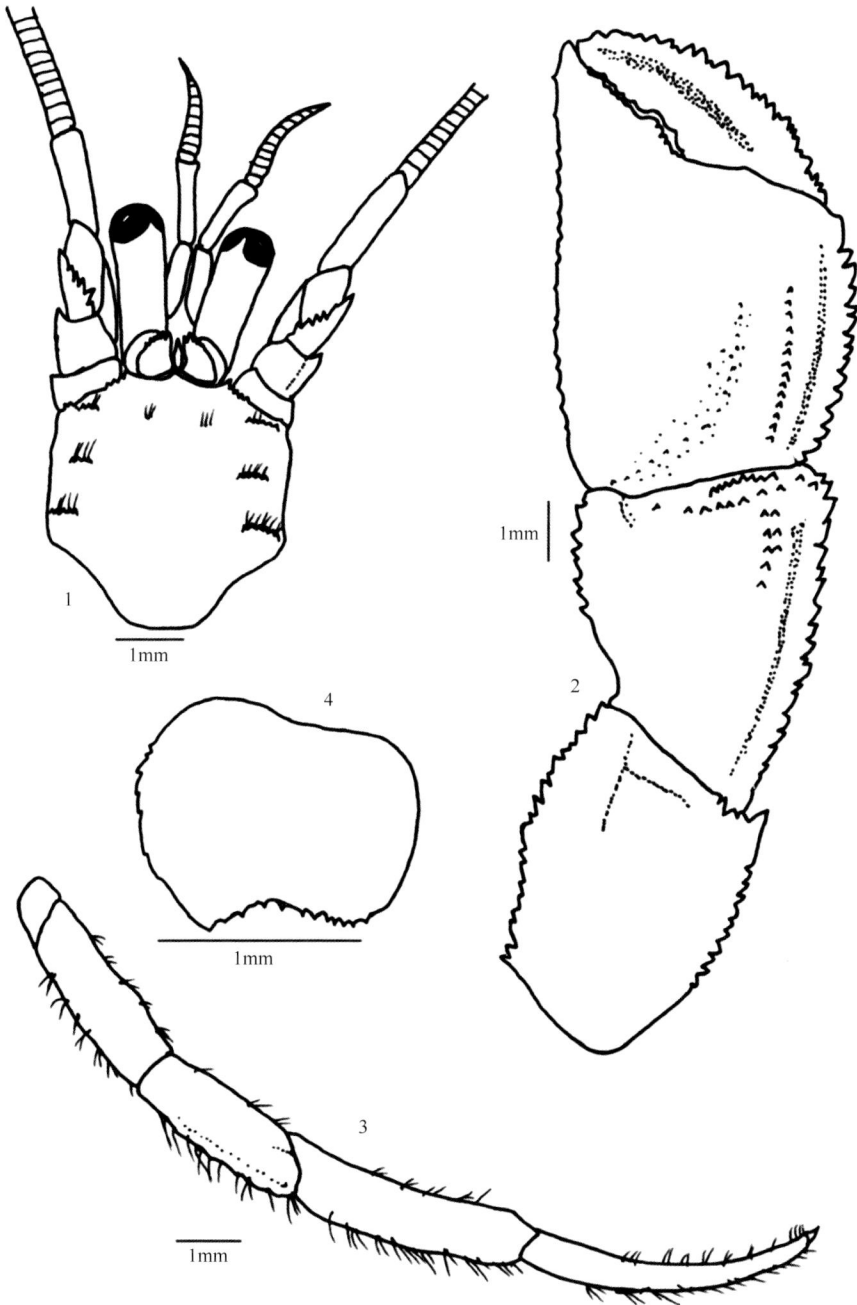

图 71b　闪光活额寄居蟹 *Diogenes nitidimanus*（仿沙忠利等，2015）
雄性：1. 楯部和头部附肢背面观；2. 左螯足背面观；3. 左第 3 步足背面观；4. 尾节背面观

72. 拟脊活额寄居蟹 *Diogenes paracristimanus* Wang *et* Dong, 1977

Diogenes paracristimanus Wang *et* Dong, 1977: 109, fig. 1; Wang, 1994: 568 (list); Liu, 2008: 755 (list); Song *et* Yang, 2009: 604, fig. 373; McLaughlin *et al.*, 2010: 21 (list); Sha *et al.*, 2015: 173, figs. 2-63.

标本采集地：胶州湾。

特征描述：楯部长大于宽。楯部前外侧缘倾斜，呈锯齿状。额角宽圆，退化，侧突顶端具 1 或 2 个小刺，额角和侧突之间的楯部前缘内凹，侧突具多个小刺。眼柄短粗，短于楯部；角膜微膨胀，约为眼柄长的 1/4；眼鳞较大，近似扇形，前缘呈锯齿状，具多个小齿。两眼鳞间的额突达眼鳞末端，基部较宽，顶端尖锐。第 1 触角柄末节的 1/2～3/5 超过角膜；第 2 触角柄末节几乎超过角膜，与第 1 触角柄约等长；第 2 触角鳞片较宽，达第 2 触角柄第 4 节末端，顶端单刺或二分裂刺，内侧缘具 6～8 个刺。左螯大于右螯；两指闭拢时具缝隙，两指切缘均

图 72a　拟脊活额寄居蟹 *Diogenes paracristimanus*（采自胶州湾）

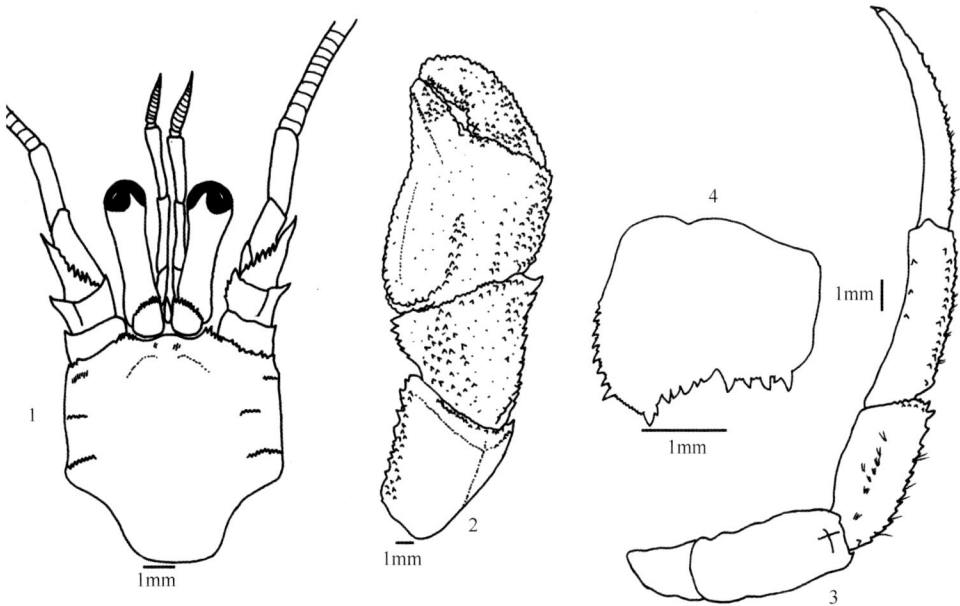

图 72b　拟脊活额寄居蟹 *Diogenes paracristimanus*（仿沙忠利等，2015）
雄性：1. 楯部和头部附肢背面观；2. 左螯足背面观；3. 左第 3 步足背面观；4. 尾节背面观

具不规则的突起；可动指背缘具 2 或 3 行不规则排列的刺状小突起，背面略凹，散布小突起或颗粒；不动指略向下弯曲，背面中线处纵向隆起，散布小颗粒，但无明显的突起或刺；掌部背面略凸圆，背内缘呈锯齿状，具 2 或 3 行不规则的刺状突起，背面具 2 行不规则的刺状小突起构成的纵脊，一列自背侧缘基部沿背面基部至中间向前弯伸，到背面 1/2 处消失，另一列接近末端，但未达可动指节相接处，其他部分密布小颗粒，背侧缘具 2 或 3 行小圆齿状突起，一直延伸至不动指侧缘；不动指和掌部连接处内凹；腕节背内缘具 1 行大刺，末端最大，背面略微隆起，散布小刺或刺状突起，背侧缘具 1 行小刺，背面末缘具 1 行小刺；长节背侧缘具 1 行刺，背面近背侧缘处具颗粒。右螯较短；可动指背面具 2 纵行不规则的小刺；掌部背面散布小刺和小突起；腕节背内缘具成行的刺和刺状突起。左第 3 步足指节长于掌节，背缘具 1 行微刺，伴以短刚毛，外侧面具 1 浅沟；掌节腹缘略弯曲，背缘锯齿状，具 1 行刺，外侧面靠近背缘处具 1 行小刺；腕节背缘具 1 行刺，末端刺较大，外侧面散布极小的颗粒。尾节中缝小，左后叶大于右后叶，末缘均具成行的刺，左后叶的刺延伸至侧缘。

生态习性：寄居于沙质底的螺壳内。潮间带至水深 30m。

地理分布：中国（渤海，黄海，东海）。

73. 直螯活额寄居蟹 *Diogenes rectimanus* Miers, 1884

Diogenes rectimanus Miers, 1884: 262, pl. 27, fig. c; Alcock, 1905: 71, pls. 6 (8, 8a), 7 (2, 2a); Wang, 1991: 226, fig. 185; McLaughlin *et* Clark，1997: 37, fig. 10b; McLaughlin, 2002: 414, figs. 2A-C; McLaughlin *et al.*, 2007: 151, unnumbered figs; Sha *et al.*, 2015: 178, figs. 2-65.

标本采集地： 青岛。

特征描述： 楯部长略长于宽，前外侧缘具 5 或 6 个发育较好的刺，背面具小刺或突起形成的横纹。额角宽圆形，侧突具 1 个刺，额角和侧突之间深凹。眼柄短粗，明显短于楯部；角膜不膨胀，约为眼柄长的 1/3；眼鳞内缘直，前外侧宽圆形，具 3 个显著的刺和多个小刺，未延伸到整个末缘。两眼鳞间的额突超过了眼鳞的 1/2，顶端尖锐。第 1 触角柄和第 2 触角柄均超过了角膜前缘，第 1 触角柄较长；第 2 触角鳞片未达第 2 触角柄第 4 节末端，末端具二分裂的刺，内侧缘具 3 或 4 个刺。左螯显著大于右螯；两指闭拢紧密。左螯从不动指到掌部背侧缘具 1 行刺，逐渐增大，伴随稀疏的刚毛；可动指背缘具锯齿状刺，背面邻近背

图 73a　直螯活额寄居蟹 *Diogenes rectimanus*（采自台湾）

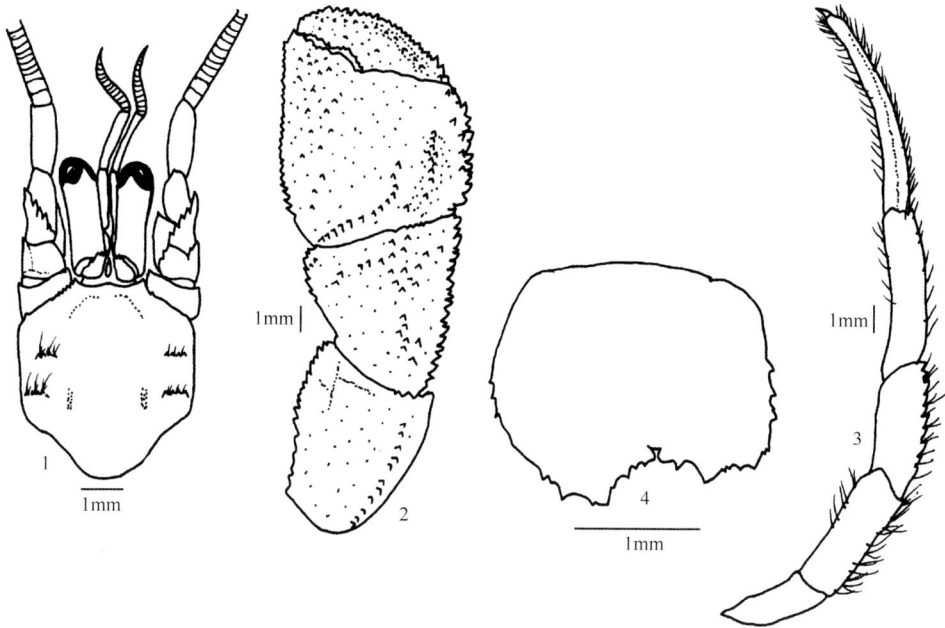

图 73b　直螯活额寄居蟹 *Diogenes rectimanus*（仿沙忠利等，2015）
雄性: 1. 楯部和头部附肢背面观；2. 左螯足背面观；3. 左第 3 步足背面观；4. 尾节背面观

内缘具 1 行小刺，其他部分散布小刺；掌部背内缘具 2~3 行大刺，背面邻近背内缘为略凹浅槽和散布的刺和突起，背面靠近中间处具纵向成行的刺，未延伸至和可动指的交界处，基部具成行的刺；腕节背内缘具较钝的刺，末端的 2 或 3 个较大，背面凸圆，具许多带有突起的刺，背侧缘末端具 1 个大刺。步足具长刚毛，指节长于掌节，掌节和腕节背缘具成行的刺，第 3 步足的最大，常被长刚毛掩盖。尾节中缝小；左后叶略大于右后叶，末缘平或倾斜，中间刺小，外侧刺大，延伸至左侧缘后半部分。

生态习性: 寄居于泥质底的螺壳内。潮间带至水深 36m。

地理分布: 中国（黄海，东海，南海，台湾）；亚丁湾；印度；斯里兰卡；泰国；澳大利亚（托雷斯海峡）。

十八、寄居蟹科 Family Paguridae Latreille, 1802

　　楯部钙化；侧突常发达。第 2 触角鳞片常仅具末缘刺。第 3 颚足基部分开，座节都具发达的嵴齿，有时退化，有或没有 1 或多个附齿。螯不等或近相等，右螯大于左螯。左右步足指节和掌节常相同，有时不同；指节腹缘常具 1 排角质刺；腕节常具 1 个背末缘刺。第 4 对和第 5 对步足退化，通常具假螯。雄性第 5 对步足的底节具成对的生殖孔，有时仅第 5 步足底节具单生殖孔。雌性偶尔具成对的第 1 附肢。雌性常具成对生殖孔。尾节常具横缺刻，后叶具中缝。具 8～13 对鳃双裂或四裂。

　　寄居蟹科世界已知 82 属 577 种，中国海域分布有 22 属 63 种，胶州湾及青岛邻近海域仅发现有 1 属 5 种。

（三十八）寄居蟹属 Genus *Pagurus* Fabricius, 1776

　　额角多样。眼鳞单裂、双裂或者多裂。第 3 颚足基部间隔很宽。右螯常大于左螯。第 4 对步足常亚螯化，第 5 对步足很小。腹部常螺旋状扭卷，第 2～第 5 腹节左侧各具 1 双枝型腹肢。雄性第 5 对步足的底节有或无交接管；无成对进化的腹肢。雌性常具成对的生殖孔，偶尔有左单生殖孔。尾肢不对称，偶尔对称。尾节末缘圆形，笔直或倾斜，常具中缝。11 对双列的鳃。

　　寄居蟹属世界已知 181 种，中国海域分布有 21 种，胶州湾及青岛邻近海域发现有 7 种。

分种检索表

6. 步足指节背面的 3 排纵向小刺被 2 排纵向的浅沟分开 ·················**大寄居蟹** *P. ochotensis*
　　步足指节背面的 3 排纵向小刺不被 2 排纵向的浅沟分开·············**海绵寄居蟹** *P. pectinatus*

74. 同形寄居蟹 *Pagurus conformis* De Haan, 1849

Pagurus conformis De Haan, 1849: 204; Yamaguchi *et* Baba, 1993: 280, fig. 79; Komai, 2004: 322,
　　figs. 1-4; McLaughlin *et al.*, 2007: 254, unnumbered figs.
Eupagurus megalops Stimpson, 1858: 248; Stimpson, 1907: 216.
Pagurus megalops: Miyake, 1978: 84, fig. 31; Miyake 1982: 128, pl. 43, fig. 4.

　　标本采集地：大岛子，即墨。

　　特征描述：楯部宽大于长。额角宽圆，不超过侧突。眼柄约为楯部长的 0.8
倍；角膜强烈膨胀；眼鳞近圆卵状。第 1 触角柄末节的一半超过角膜前缘；第 2
触角柄超过角膜前缘；第 2 触角鳞片细长。螯明显不等，右螯大于左螯，螯的内
中缘和侧缘都具长刚毛；可动指背面有成行的刺或结节邻近背中排的刺；掌部微突
起的背面有几排不规则排列的小刺或者刺结节，部分被短刚毛覆盖，掌节具成排

图 74a　同形寄居蟹 *Pagurus conformis*

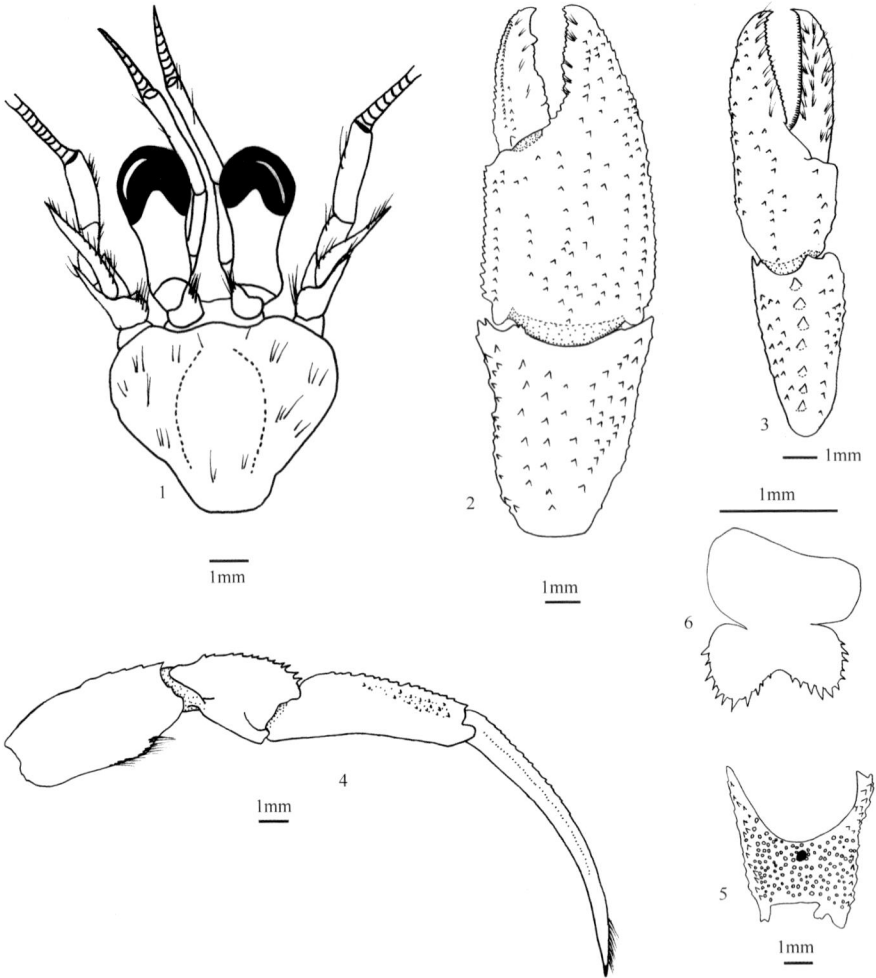

图 74b　同形寄居蟹 *Pagurus conformis*
雌性：1. 楯部背面观；2. 右螯螯部和腕节背面观；3. 左螯螯部和腕节背面观；
4. 右第 3 步足侧面观；5. 右螯腕节腹面；6. 尾节

小刺划定背内缘和背侧缘的界限；腕节的背面有分散的小刺或小刺结节，每个前
面具丛生短羽状刚毛，腹面中央具一个针孔。左螯的掌部轻微突起，但没有形成
脊，有不规则排列的小刺或者结节，背侧缘被成排的小刺所界定；腕节的背部有
几排刺，腹面中央具一个针孔。步足长，相似；指节为掌节的 1.6～1.8 倍，背缘
具小刺并且腹内缘具成行的细角质小刺；掌节和腕节背缘都具一排小刺。第 4 对
步足掌锉有 3 排或者 4 排角质鳞片组成。第 3 对步足胸节前叶三角形。尾节中缝
明显，左后叶稍大于右后叶，末缘均具排刺并延伸至侧缘。

生态习性： 居住于腹足类贝壳。水深 0～190m。

地理分布： 中国（黄海，东海，台湾，南海）；日本。

75. 长腕寄居蟹 *Pagurus filholi* (De Man, 1887)

Eupagurus filholi De Man, 1887.

Eupagurus samuelis Stimpson, 1858: 250; Ortmann, 1892: 301, pl. 12, fig. 12; Doflein, 1902: 646; Balss, 1913: 61; Terao, 1913: 371. [Not *Eupagurus samuelis* Stimpson, 1857].

Pagurus filholi: Sandberg *et* McLaughlin, 1993: 198, figs. 1, 3; Kim, 1973: 228, text-fig. 51, pl. 70, fig. 32.

Pagurus samuelis: Miyake *et al.*, 1962: 125; Kim, 1964: 4; Utinomi, 1956: 65, pl. 33, fig. 4. [Not *Eupagurus samuelis* Stimpson, 1857]

Pagurus geminus McLaughlin, 1976: 16, figs. 1-3; Miyake, 1978: 112, text-figs. 46, 47, pl. 1, fig. 3; Miyake *et* Imafuku, 1980: 60; Miyake, 1982: 126, pl. 42, fig. 6; Komai *et al.*, 1992: 197.

标本采集地： 大岛子，薛家岛。

图 75a　长腕寄居蟹 *Pagurus filholi*

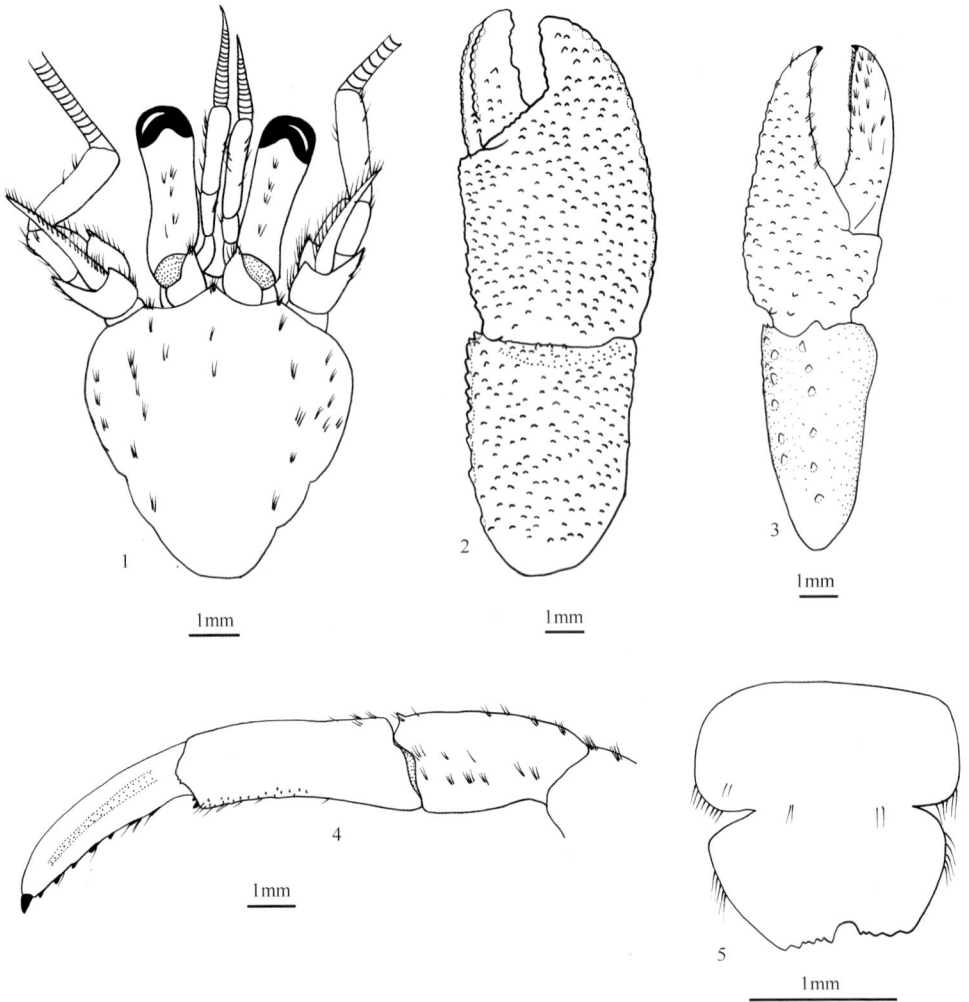

图 75b　长腕寄居蟹 *Pagurus filholi*
雄性：1. 楯部背面观；2. 右螯螯部和腕节背面观；3. 左螯螯部和腕节背面观；
4. 左第 3 步足侧面观；5. 尾节

特征描述： 楯部长稍大于宽。额角三角形，尖锐，超过侧突；侧突明显，宽三角，经常具小的末端刺。右螯可动指背内缘具单排或者双排的小刺，背面具分散的小刺，近中线具纵向的一排小刺；掌节的背内缘具单排或双排的小刺或结节，背面微突起，并具稀疏相间的小刺和少量分散的短刚毛，背侧缘具单排或者双排的大刺；腕节背内缘经常具单排或双排的小刺，背面轻微突起并具稀疏排列的小刺，末缘具一排小刺。左螯可动指背内缘具不规则的一排小刺和丛状刚毛，背面具刺状突起和分散的丛状硬刚毛；掌节背侧缘具一排小刺，背面具不规则的几排的小刺，背中线突起具两排明显的刺；腕节相对长，背面具 2 排大刺。步足相似，指节短于掌节，腹缘具 7～9 个角质刺；掌节腹缘具 1 排角质刺；左第 2 步足和第 3 步足腕节具 1 个背末缘刺；左第 3 步足指节和掌节的侧面的近腹缘具不规则的几排小刺；右第 2 步足腕节的背缘具 1 排刺，右第 3 步足腕节具 1～3 个小刺。尾节左右后叶对称，具浅中缝，近中缝都具 1 个大刺，侧缘上具 1～3 个大刺，大刺间具很多小刺。

生态习性：居住于潮间带螺壳中。

地理分布：中国（黄海，东海，台湾）；韩国；日本。

76. 日本寄居蟹 *Pagurus japonicus* (Stimpson, 1858)

Eupagurus japonicus Stimpson, 1858: 250; Stimpson, 1907: 226, pl. 25, fig. 2; Nakazawa 1927: 203, fig. 1045; Kamita, 1955: 34, fig. 13.

Eupagurus barbatus Ortmann, 1892: 311.

Pagurus japonicus: Miyake, 1960: 90, pl. 45, fig. 4; Kim 1963: 300, fig. 18; Miyake, 1965: 648, fig. 1096; Suzuki, 1971: 97, pl. 34, fig. 3; Kim, 1973: 239, fig. 58, pl. 71 (38); Miyake, 1975: 323, pl. 115, figs. 7, 10; 1978: 94 (part), fig. 35, pl. 2 (2); 1982: 125, pl. 42, fig. 1; Takeda, 1982: 68, fig. 202; 1986: 124; Yu *et* Foo, 1991: 64; Takeda, 1994: 228, fig. 3; Asakura, 1995: 362, pl. 97, fig. 3; Minemizu *et al.*, 2000: 149; Park *et* Choi, 2001: 138; Komai, 2003: 379, figs. 1-5; McLaughlin *et al.*, 2007: 264

Pagurus barbatus: Miyake, 1978: 105, fig. 41.

标本采集地：青岛。

图 76a 日本寄居蟹 *Pagurus japonicus*

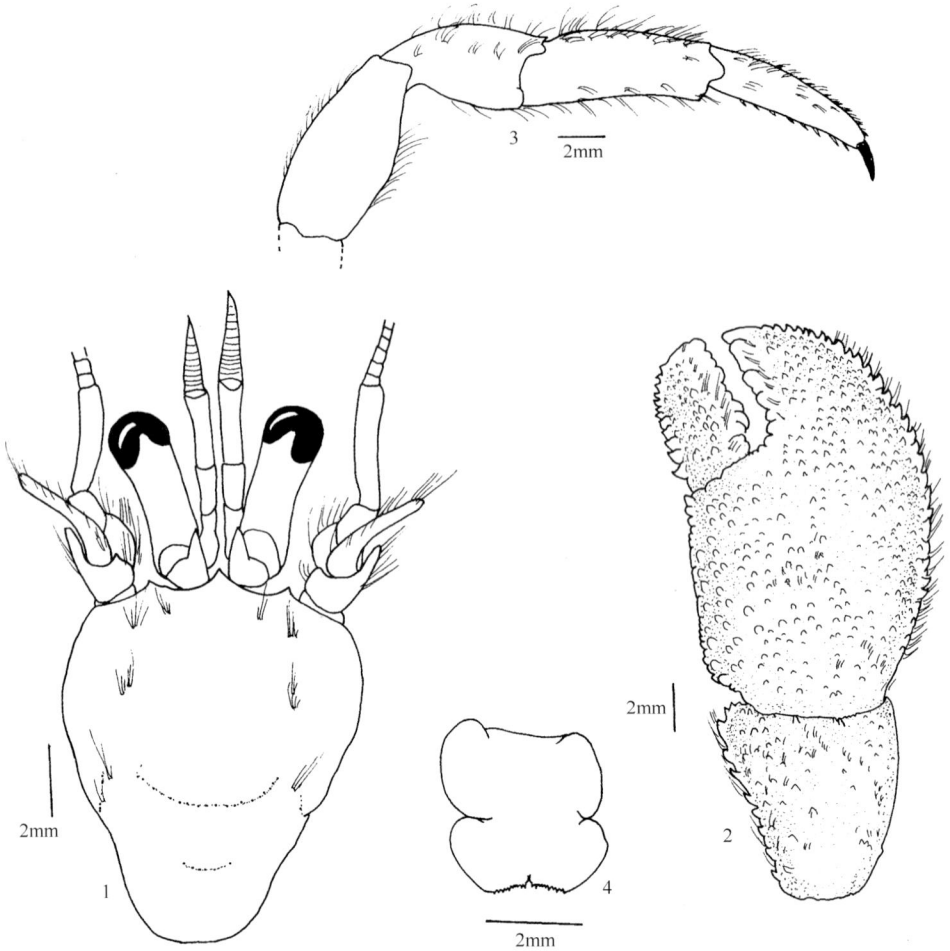

图 76b　日本寄居蟹 *Pagurus japonicus*

雄性: 1. 楯部背面观; 2. 右螯螯部和腕节背面观; 3. 右第 3 步足侧面观; 4. 尾节

特征描述: 楯部长大于宽。额角三角形。眼柄约为楯部长的一半，角膜微膨胀；眼鳞都具小的末端刺。第 1 触角柄和第 2 触角柄都超过角膜的前缘。螯明显不等，都长有大量的丛状短刚毛，经常掩盖螯上的刺，掌节和腕节的背面和侧面有许多膠囊状的刺。右螯掌节的背内缘和背侧缘具一排小刺，背面具分散的小刺，常是膠囊刺，中线具 1 个明显的刺；腕节的背内缘具一排突起的刺，背面具分散的胶囊结节和小刺。左螯中线高起但没有形成明显的脊，具 1 排较大的刺延伸至不动指的近半，背侧面具许多的胶囊状结节，背内面具分散的小刺；腕节的背内缘具 1 排大刺，背侧缘仅有少量的小刺。步足相似；指节约等于掌节或稍短，腹缘具 7～10 个明显的角质刺；掌节背面具横排的长刚毛；腕节背面具 1 个背末刺和丛状的长刚毛。尾节中缝小，末缘近直到微凹陷，都具 1 排小刺，小刺间有些微刺。

生态习性：生活于浅海潮间带螺壳中。

地理分布：中国（渤海，黄海，台湾）；朝鲜；日本。潮下带至水深 30m。

77. 柔毛寄居蟹 *Pagurus lanuginosus* Dc Haan, 1849

Pagurus lanuginosus De Haan, 1849: 204; 1850: pl. 49, fig. 2; Derjugin *et* Kobjakova, 1935: 142; Makarov, 1937: 61, fig. 12; 1938: 212 (part), pl. 5, fig. 2; Vinogradov, 1950: 229, fig. 125; Gordan, 1956: 331; Miyake, 1957: 88; 1960: 93, pl. 46, fig. 3; 1961: 169; Miyake *et al.*, 1962: 125; Makarov, 1962: 201 (part), pl. 5, fig. 2; Kim, 1963: 298, fig. 15; 1964: 9; Igarashi, 1970: 7, pl. 5, fig. 15; Kim, 1970: 7; Holthuis *et* Sakai, 1970: 96; Kim, 1973: 237, 602, pl. 71, figs. 37a, b; Miyake, 1975: 238 (part); 1978: 81 (part), text-figs. 29, 30; 1982: 131 (part, not pl. 42, fig. 2); Takeda, 1982: 69, fig. 206; Komai *et al.*, 1992: 197; Takeda, 1994: 227.

Eupagurus lanuginosus: Alcock, 1905: 177; Terao, 1913: 370.

标本采集地：胶州湾（黄岛油码头附近），汇泉湾，金沙滩，仰口。

特征描述：楯部长大于宽。额角三角形，尖锐；侧突发达，低于额角，额角和侧突之间的楯部前缘内凹。眼柄细长，约为楯部长的一半，基部膨胀，角膜

图 77a　柔毛寄居蟹 *Pagurus lanuginosus*

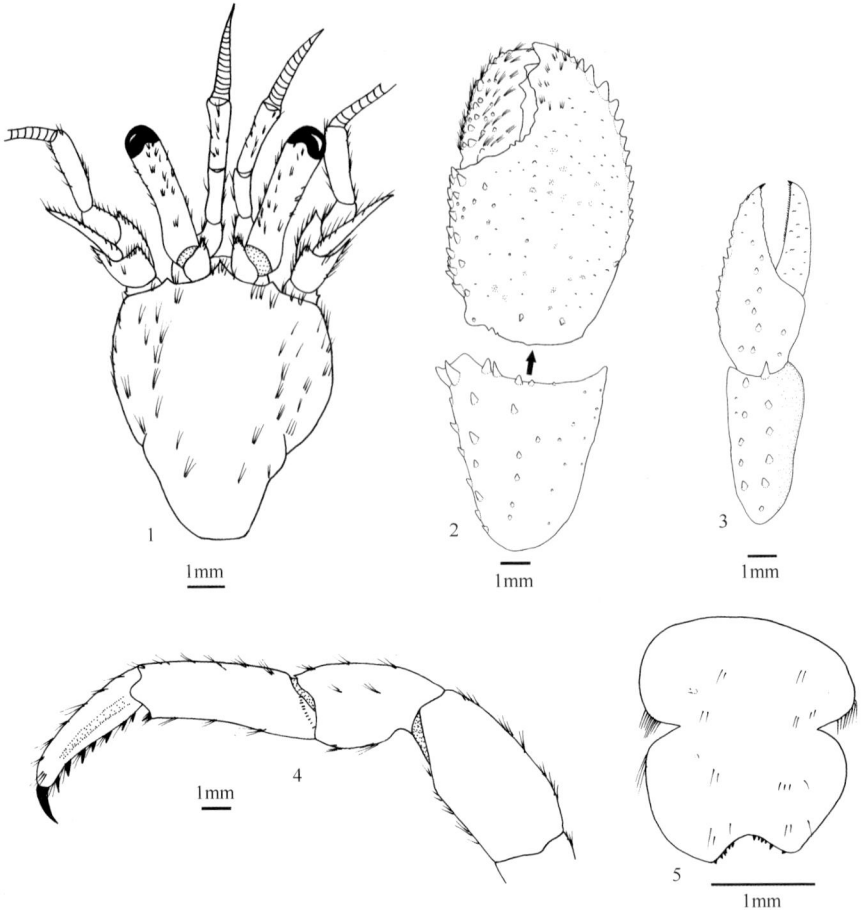

图 77b　柔毛寄居蟹 *Pagurus lanuginosus*

雄性：1. 楯部背面观；2. 右螯螯部和腕节背面观；3. 左螯螯部和腕节背面观；
4. 左第 3 步足侧面观；5. 尾节

微膨胀，背面有成排纵向的丛状刚毛；眼鳞细长，具末端刺。第 1 触角柄末节的三分之一处超过眼柄。右螯长于左螯，可动指的背内缘具 2～3 排大刺和丛状长刚毛；掌节的背面具分散的的刺和小刺状结节并被大量丛状长刚毛掩盖，背内缘具不规则的两排大刺和丛状长刚毛，背侧缘具 1 排大刺；腕节背内缘具 1 排刺和丛状长刚毛，背面具分散的大刺和丛状长刚毛，末缘具 1 排尖锐的刺。左螯可动指背面，内面和腹面具丛状的长刚毛；掌节背面近中线有 1 排大刺延伸至不动指，背中线轻微突起，背内缘没有清晰的轮廓分界，背侧缘具单排大刺；腕节背侧缘和背内缘都具 1 排大刺和丛状刚毛，背末缘具 1 个刺。步足指节约等长于掌节，腹缘具 6～11 个大角质刺；掌节腹面具 2 个末缘刺；右第 2 步足腕节背缘具 1 排大刺，左第 2 步足腕节背面具少量的近末端刺，第 3 对步足的腕节仅有 1 个背末刺。尾节中缝浅，左后叶略大于右后叶，侧缘圆形，末缘轻微倾斜，各具 1 排角质小刺。

生态习性：居住于岩石潮间带到潮下带。

地理分布：中国（黄海）；日本；韩国；太平洋西北部温带。

78. 小形寄居蟹 *Pagurus minutus* Hess, 1865

Pagurus minutus Hess, 1865: 180 (part); Sandberg *et* McLaughlin, 1993: 219, figs. 2, 4; Komai *et* Mishima, 2003: 16, figs. 1-6; McLaughlin *et al.*, 2007: 269, unnumbered figs.

Eupagurus minutus: De Man, 1887: 705, fig. 2.

Eupagurus dubius Ortmann, 1892: 309 (part), pl. 12, figs. 12, 14k.

Eupagurus similis: Doflein, 1902: 646 [not *Eupagurus similis* Ortmann, 1892].

Pagurus dubius: Kim, 1963: 300, fig. 17; 1973: 227, fig. 51, pl. 70 (1a, b); Miyake, 1975: 326, pl. 115, fig. 4; 1978: 99, fig. 38, pl. 1 (6); 1982: 127, pl. 43, fig. 2; Takeda, 1982: 67, fig. 200; Asakura, 1995: 363, pl. 97, fig. 10.

标本采集地：胶州湾（红石崖），沧口，薛家岛，青岛第一海水浴场，大岛子，团岛。

图 78a　小型寄居蟹 *Pagurus minutus*

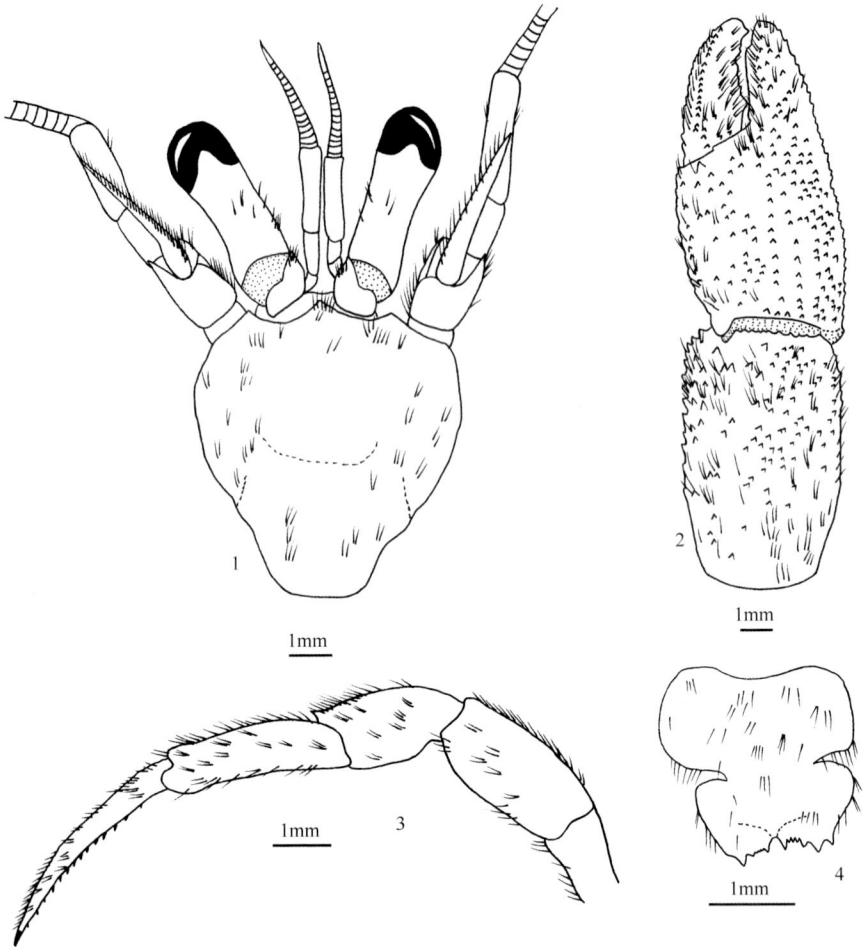

图 78b　小型寄居蟹 *Pagurus minutus*
雄性：1. 楯部背面观；2. 右螯螯部与腕节背面观；3. 左第 3 步足侧面观；4. 尾节

特征描述： 楯部长大于宽。额角三角形或者宽圆。眼柄微短于楯部，角膜微膨胀；眼鳞具小的末端刺。第 1 触角柄和第 2 触角柄都达到或超过角膜前缘。螯显著不等，右螯大于左螯；雄性右螯更长，雌性右螯掌部背内缘被成排刺界定，雄性则无。右螯掌部背面有许多分散的小刺和结节，背侧缘有成行的大刺；长节腹面具少量分散的结节和 1 个明显的结节。左螯掌部背面凸圆，中央具 2 或 3 短排的小刺，背侧缘也具成行的小刺；腕节的背内缘和背侧缘都具成排的刺，背面没有刺。步足指节长于掌节，侧面和内中面都有浅的长沟，腹缘具 8～20 个角质刺；掌节腹面具少量的角质微刺，至少第 2 对步足有；第 2 对步足腕节具成行的小刺，第 3 对步足腕节具背末刺，第 4 对步足的掌锉具

4 排或 5 排角质鳞片组成。尾节中缝宽，左后叶略大于右后叶，末缘水平或稍斜，均具 2 或 3 个大刺并被成行小刺分开。

生态习性：居住于泥沙潮间带，并延伸至河口区域。潮间带至 5m。

地理分布：中国（渤海，黄海，东海，台湾，海南）；西北太平洋。

79. 大寄居蟹 *Pagurus ochotensis* Brandt, 1851

Pagurus ochotensis Brandt, 1851: 108; Johnson *et* Snook, 1927: 333 (part); Makarov, 1962: 188. pl. 2, fig. 2; McLaughlin 1974: 57, figs. 15, 16 (extensive synonymy); Haig *et* Wicksten, 1975: 101; Hart, 1982: 128, fig. 46; McLaughlin *et al*., 1992: 507, figs. 1-12; Lemaitre *et* Castaňo, 2004: 78; Wicksten, 2011: 219.

标本采集地：青岛渔市。

特征描述：楯部长宽基本相等。额角宽圆；侧突发达，等长于额角。眼柄短粗，约为楯部长的 0.6 倍，眼柄上具纵排丛毛；角膜膨胀；眼鳞近圆卵形，

图 79a　大寄居蟹 *Pagurus ochotensis*

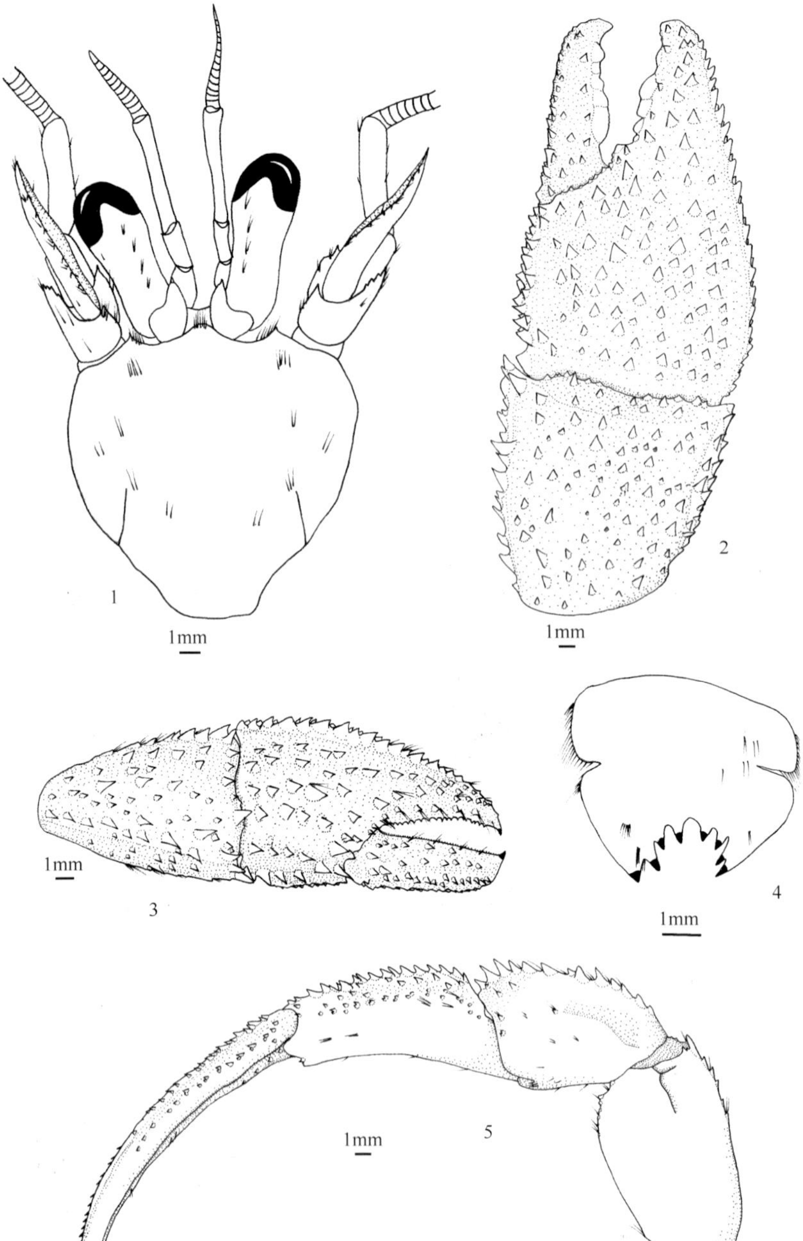

图 79b　大寄居蟹 *Pagurus ochotensis*
雌性：1. 楯部背面观；2. 右螯螯部和腕节背面观；3. 左螯螯部和腕节背面观；
4. 尾节；5. 左第 3 步足侧面观

顶端尖锐，具 1 个末缘刺。第 1 触角柄显著超过角膜的前缘；第 2 触角柄末节一半超过角膜前缘，第 2 触角鳞片顶端具 1 个刺，内侧缘具不明显的小刺。螯显著不相等，右螯明显大于左螯，两螯的刺相似；可动指的背缘具 2～3 行刺并延伸至背腹侧；掌节和腕节的背缘微凸起，有几排不规则的刺；背内缘和背侧缘都长有几排刺。第 3 对步足指节长于掌节；指节的腹缘 1 排紧密排列的角质刺，背缘有 2～3 排紧密排列的角质刺，背缘的后端长有一排钙质刺，外侧缘有一排钙质刺；腕节的背缘有一排钙质刺；长节的背缘前端有 5～7 个小刺，腹外侧缘具 3～5 个小刺。尾节基本对称，左后叶略长于右后叶，侧缘有横缺刻，末缘凹陷，具 8 个大刺。

生态习性：栖息于潮下带，水深 18～388 m 的软泥或沙质底。本种为冷水性种，黄海为其分布的南界。

地理分布：中国（黄海）；日本海；白令海；美国（阿拉斯加湾，加利福尼亚）；加拿大。

80. *海绵寄居蟹 Pagurus pectinatus* (Stimpson, 1858)

Eupagurus pectinatus Stimpson, 1858: 249; Alcock, 1905: 177; Stimpson, 1907: 220; Balss, 1913: 60 (part), text-fig. 35, pl. 1, fig. 8; Terao, 1913: 371; Yokoya, 1939: 280.

Eupagurus seriespinosus Thallwitz, 1891: 34; Terao, 1913: 372.

Clibanarius japonicus Rathbun, 1902: 35, figs. 2-5; Terao, 1913: 361; Kobjakova, 1955: 241; Makarov, 1962: 154, fig. 65; Miyake, 1978: 49 (key); 1982: 216 (key); Komai *et al.*, 1992: 196 (list).

Pagurus pectinatus: Makarov, 1937: 57, fig. 4; 1938a: 411, fig. 2; 1938b: 214, pl. 4 , fig. 3; Derjugin *et* Kobjakova, 1935: 142; Vinogradov, 1950: 231, fig. 23; Gordan, 1956: 333 (bibliography); Miyake, 1957: 89; Kobjakova, 1958: 232; Makarov, 1962: 203, pl. 4, fig. 3; Igarashi, 1970: 7, pl. 5, fig. 17; Miyake, 1982: 131; Komai *et al.*, 1992: 197; Wang, 1994: 570; Komai, 1997: 121, fig. 5C; 2000: figs. 1-5; Asakura, 2006: 41; McLaughlin *et al.*, 2010: 30.

Pagurus brachiomastus: Miyake, 1982: pl. 43, fig. 6; Takeda, 1994: 228, fig. 4. [Not *Pagurus brachiomastus* (Thallwitz, 1891)].

标本采集地：青岛。

特征描述：楯部长大于宽。额角宽三角形；侧突等长于额角。眼柄细长，约为楯部长的一半，基部膨胀，角膜微膨胀，背面有纵向排列的硬刚毛；眼鳞近三角形，具末端刺。第 1 触角柄最后一节 0.3～0.4 部分超过眼柄；第 2 触角柄当完全伸展时超过眼柄；第 2 触角鳞片长，末端达第 2 触角柄第 5 节中间至末缘，具末缘刺。右螯明显大于左螯；可动指末端扁平，等长于掌节，背面有一排大刺靠近腹面，背内缘有一排或两排大刺；掌节基部膨胀，背面微突起，有 5～6 排大刺，背内缘和背侧缘有一排大刺，腹面和侧面没有刺；腕节的背内缘具一排大刺。左螯的可动指背面有一排小刺，背中面有小刺；掌节的背侧缘有一排大刺，背面有4～5排大刺，中间微突起；腕节的背内面和背侧面各具一排大刺。左第3步足指节微长于掌节，具中央沟，腹缘具7～12个角质刺；掌节的腹缘末端具1或2个末缘刺；腕节的背面具1个背末刺。尾节中缝大，左右后叶基本相等，或左后叶微大于右后叶，后缘均具小角质刺。

生态习性：居住于海绵中，或居住于被海绵包被的腹足类螺壳。水深46～60m。

地理分布：中国（黄海，东海）；俄罗斯东部；日本；韩国。

图80a　海绵寄居蟹 *Pagurus pectinatus*

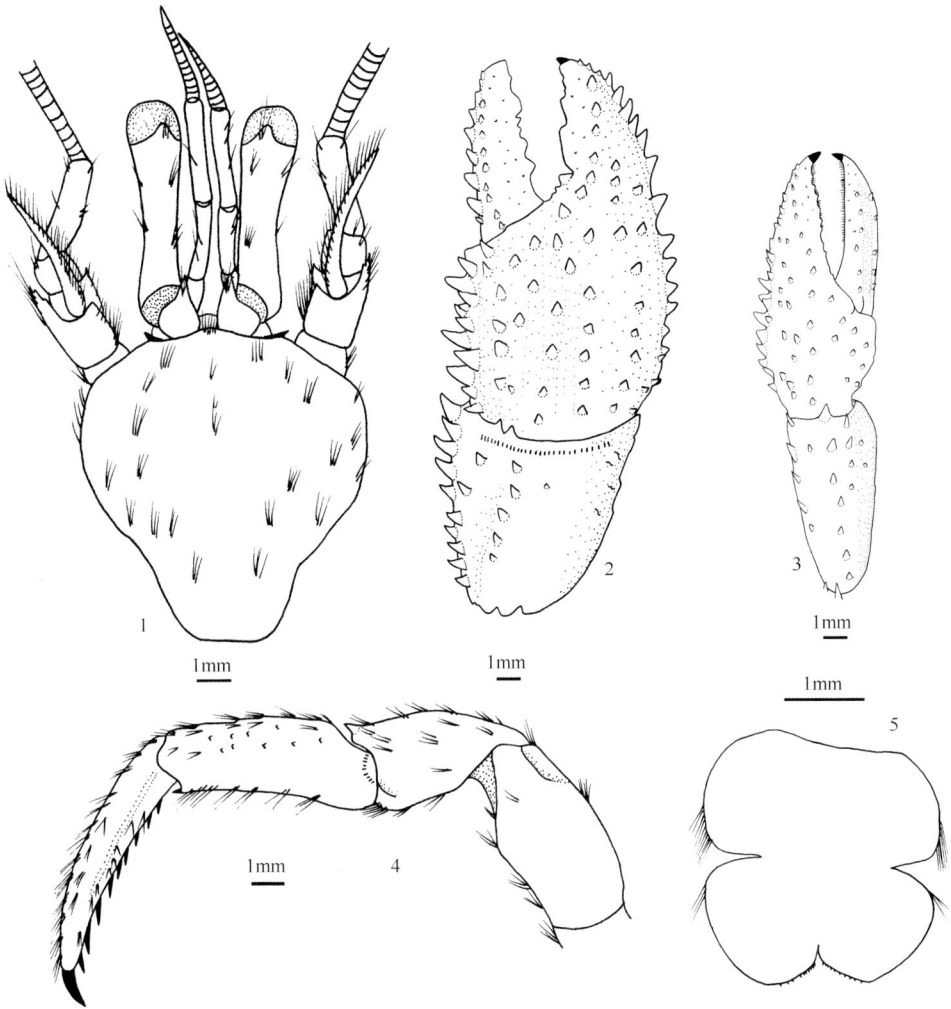

图 80b　海绵寄居蟹 *Pagurus pectinatus*

雄性: 1. 楯部背面观; 2. 右螯螯部和腕节背面观; 3. 左螯螯部和腕节背面观;
4. 左第 3 步足侧面观; 5. 尾节

短尾下目 Infraorder Brachyura Latreille, 1803

短尾下目包括所有真正的蟹类，是甲壳动物系统发育上最晚出现的类群，由适于游泳活动的虾形体型演化为腹部缩短适于爬行活动的蟹形体型，身体由 21 体节构成：头部 6 节，胸部 8 节，腹部 7 节。头部与胸部各节已经愈合，形成非常发达的头胸部。头部各节完全愈合，从体节上已无法分辨，仅能从具附肢加以区分。胸部 8 节，除所具 8 对附肢外，在胸部腹甲上仍清晰可辨。与发达的头胸部相反，它们的腹部十分退化，卷折，贴附在头胸部的腹面。雌、雄性的尾肢已缺失，或在个别类群具退化的尾肢。

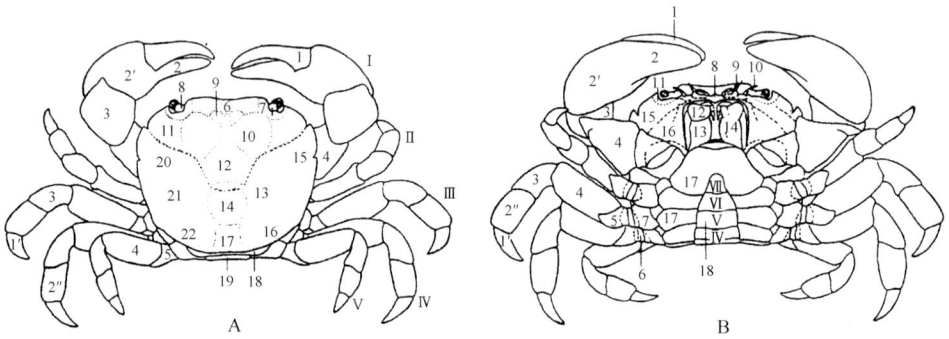

蟹类外部形态结构（仿 Dai *et al.*，1986）

A. 背面图解：1. 可动指（指节），1'. 指节，2. 不动指（掌节指部），2'. 掌节，3. 腕节，4. 长节，5. 座节，6. 额区，7. 眼区，8. 眼柄，9. 前胃区，10. 侧胃区，11. 肝区，12. 中胃区，13. 后胃区，14. 心区，15. 前侧缘，16. 后侧缘，17. 肠区，18. 后缘，19. 腹节，20. 前鳃区，21. 中鳃区，22. 后鳃区（Ⅰ. 螯足 Ⅱ. 第 1 步足 Ⅲ. 第 2 步足 Ⅳ. 第 3 步足 Ⅴ. 第 4 步足）；B. 腹面图解：1. 可动指（指节），1'. 指节，2. 不动指（掌节部分），2'. 掌节，3. 腕节，4. 长节，5. 座节，6. 基节，7. 底节，8. 口前部，9. 第 1 触角，10. 第 2 触角，11. 下眼区，12. 长节，13. 座节，14. 第 3 颚足，15. 下肝区，16. 颊区，17. 胸部腹甲，18. 腹部（雄）（Ⅳ. 第 4 腹节 Ⅴ. 第 5 腹节 Ⅵ. 第 6 腹节 Ⅶ. 第 7 腹节）

蟹类头胸部背面与左右两侧覆有一发达而坚韧的甲壳，即头胸甲。蟹类头胸甲明显缩短、加宽，并与口前板愈合；其形状随类群、种别而异。头胸甲的表面常由沟痕分成若干区域。这些区域一般和内脏位置相对应，被相应称作额区、眼区、胃区（又分为前胃区、中胃区、后胃区及侧胃区）、心区、肠区、肝区和鳃区（又分为前鳃区、中鳃区及后鳃区）。在不同类群蟹类中，头胸甲各区的形态存在不少差异，上述区域可能被浅沟进一步划分成小区。头胸甲的边缘按其位置可分为额缘、眼缘、前侧缘、后侧缘及后缘。头胸甲的腹面前部可分为下眼区、下肝区、颊区、口前板和口腔；后部为胸部腹甲，共分 8 节，第 1 至第 4 节通常愈合，第 5 至第 8 节分节清楚。第五胸甲上通常具有一个突起，称作锁突，与第 6 腹节上的凹窝，称锁窝，配合用以扣住腹部，以免其妨碍运动。

蟹类头部附肢形态上有了很大的变化。头部第 1 节没有真正的附肢；仅有一对具有柄的复眼，位于额的两侧，平时横卧在眼窝内，生活时竖起。额腹面有 1 对粗壮的第 1 触角，位于第 1 触角窝内。第 1 触角柄 3 节，触角鞭退化。两眼内侧有第 2 触角，其触角柄 1 或 2 节，通常无外肢，触角鞭短，有时缺，通常无外肢。第 4 至第 6 节转成位于口腔内的口器：从内至外分别为大颚、第 1 小颚、第 2 小颚。

胸部头 3 对附肢转化为颚足；颚足鞭通常退化或缺失；第 3 颚足座节、长节平扁，遮盖住口腔。

胸部后 5 对附肢为胸足，其中第 1 对为螯足，后 4 对为步足，第 5 对或第 4、第五对可呈亚螯状、桨状。胸足由 7 节构成。腹部短，十分平扁，通常卷折，贴附在头胸甲的腹面，一般分 7 节，有时中部数节愈合，尾肢退化或缺失。雄性腹部只有头 2 对腹肢形，成交接器。雌性第 2 至第 5 节上的腹肢均存在，各有内、外肢，均具刚毛，可以用以携带卵粒。

蟹类分布于全球，栖息于海洋、淡水与半陆生环境。短尾下目是十足目中最大的一个类群，约 7000 种，超过十足目全部种数的一半。胶州湾及邻近海域有 25 科。

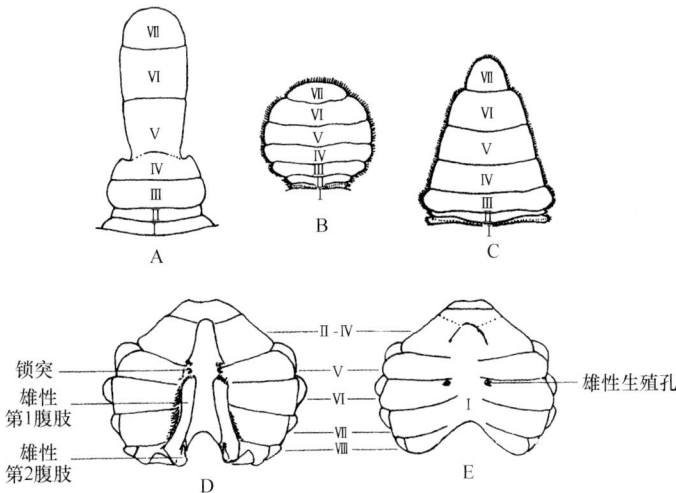

蟹类腹部与腹甲外部结构（仿 Song and Yang，2009）

A, C. 雄性腹部: (A. 长趾股窗蟹 *Scopimera longidactyla*; B. 隐秘螳臂相手蟹 *Chiromantes neglectum*); B. 雌性腹部 (肉球近方蟹 *Hemigrapsus sanguineus*); D, E. 胸部腹甲 (D. 中华绒螯蟹 *Eriocheir sinensis* 雄性腹甲; E. 中华绒螯蟹雌性腹甲)

绵蟹总科 Superfamily Dromiidea De Haan, 1833

十九、绵蟹科 Family Dromiidae De Haan, 1833

头胸甲近球形或卵圆形，有时呈五角形，长宽相等或不等。背面甚隆，有时扁平。额分 3 齿，中齿小且低位。第 2 触角鞭短于头胸甲。第 3 颚足呈盖状，完全封闭口腔。螯足对称，有肢鳃（上肢）。未两对步足短小，位于近背面。第 6 腹节有退化的腹肢，雌性腹部有腹甲沟。

绵蟹科世界已知 42 属 133 种，中国海域分布有 14 属 31 种，胶州湾及青岛邻近海域发现有 1 属 1 种。

（三十九）拟绵蟹属 Genus *Paradromia* Balss, 1921

头胸甲宽大于长，具稀少颗粒，分区明显。额沟、鳃沟特别明显，额具 3 齿，每齿成宽圆形。上眼窝缘几乎不突出于眼，下眼窝缘钝，背面可见，前侧缘具一宽短而钝的齿。第 2 触角外肢发育好。第 3 颚足底节之间靠近。雌性腹甲沟末端分离。

拟绵蟹属世界已知 2 种，中国海域分布有 1 种，胶州湾及青岛邻近海域发现有 1 种。

81. 沈氏拟绵蟹 *Paradromia sheni* (Dai *et al.*, 1981)

Petalomera granulata Shen, 1932: 3, figs. 1-3, pls. 1 (9-10); Shen *et* Dai, 1964: 5. [Not *Petalomera granulata* Stimpson, 1858]

Petalomera sheni Dai *et al.*, 1981: 136, figs. 21-26, pl. 1 (8); 1986: 22-23, figs. 7 (4-6), pl. 2 (4); Dai *et* Yang, 1991: 26, figs. 7 (4-6), pl. 2 (4).

Paradromia sheni: McLay, 1993: 164 (key); Chen *et* Sun, 2002: 89-91, fig. 35; Yang *et al.*, 2008: 762.

标本采集地：太平角，胶州湾南部、薛家岛及竹岔岛。

特征描述：除各足的指节外，全身密具细颗粒，短软毛及稀疏的刚毛。头胸甲略呈五角形，宽稍大于长。分区可辨，背面中部甚隆。额弯向腹面，前缘分 3 齿：中齿小而突出，低位；两侧齿钝。肝区具一钝齿，下肝区具 3 齿；一个在腹眼窝齿的基部，另两个在肝区与颊区的接缝线上，口腔外角另有一齿。头胸甲背面有一条纵沟，其基部分叉并延伸至胃区。眼小，腹眼窝齿大，呈锥形，由背面

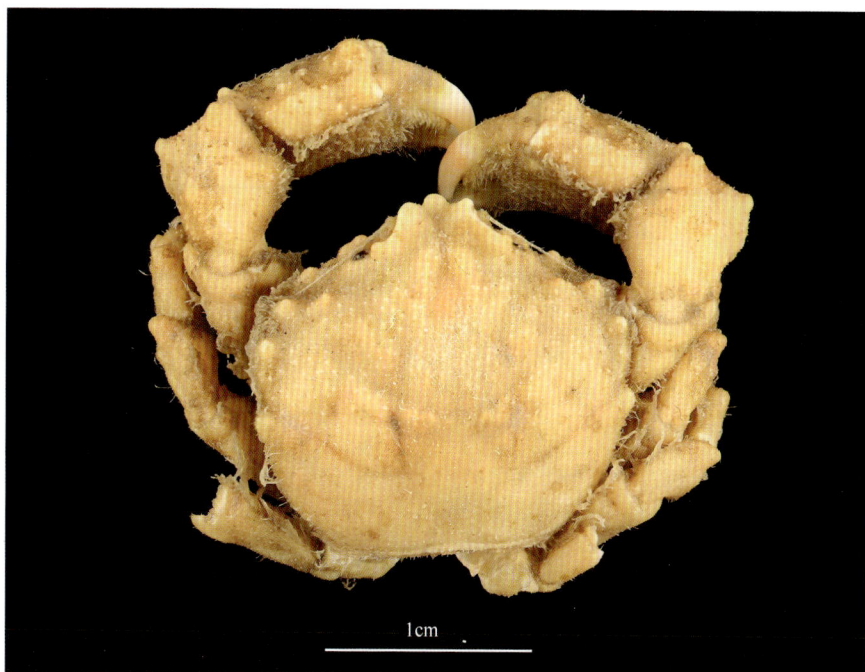

图 81a　沈氏拟绵蟹 *Paradromia sheni*

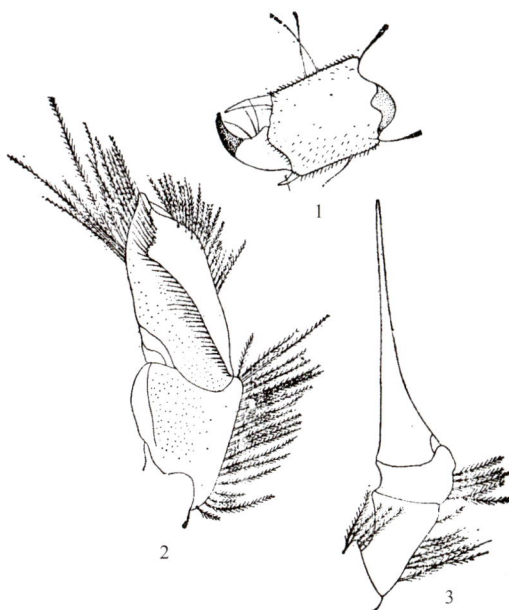

图 81b　沈氏拟绵蟹 *Paradromia sheni*（♂）（仿 Dai *et al*., 1986）
1. 第 4 步足末 2 节；2. 第 1 腹肢；3. 第 2 腹肢

可见。前侧缘具 3 枚钝齿，末齿最小。第 3 颚足外肢表面光滑，内肢有颗粒，尤以侧缘的颗粒最粗。座节短于长节，末端宽于基部，而长节的末端较基部窄，外末角向内收敛。螯足长节呈三棱形，内侧面低凹，外侧面稍隆起。腕节有 4 枚颗粒突起。掌节表面有较尖而粗的颗粒，背面有 3 枚颗粒突起。两指有沟，末半部光裸无毛。两指内缘各有 4～6 齿。两性腹部均分为 7 节，第 6 腹节有退化的腹肢。头胸甲长 8.0mm，宽 8.2mm。

　　生态习性： 栖息于几十米浅水的软泥、泥沙或沙质碎壳底。

　　地理分布： 仅见于中国黄海、渤海。

馒头蟹总科 Superfamily Calappoidea De Haan, 1833

二十、黎明蟹科 Family Matutidae De Haan, 1833

头胸甲略呈卵圆形。前侧缘和后侧缘相接处具 1 壮刺。额与眼窝等宽。第 1 触角斜褶，第 2 触角小。第 3 颚足完全遮盖口腔；长节锐三角形；当静止时，颚须被长节掩盖。入鳃孔位于螯足基部。口腔侧壁无沟槽。螯足对称。步足掌节、指节桨状。雄性腹部第 3 至第 5 节完全愈合。雄性生殖孔位于第 4 步足的基节。

黎明蟹科世界已知 4 属 17 种，中国海域分布有 3 属 6 种，胶州湾及青岛邻近海域发现有 1 属 1 种。

（四十）黎明蟹属 Genus *Matuta* Weber, 1795

头胸甲呈圆形，背面稍扁平，具 6 枚突起。额宽于眼窝，分 3 叶。第 2 触角与眼窝相通。前侧缘呈拱形，具小齿和突起，后侧缘向后收敛，前后侧缘交汇处具长刺。螯足稍不对称，可动指外侧面具响脊，掌外侧面具一斜行脊，脊上有突起，第 3 步足腕节没有脊。

黎明蟹属世界已知 24 种，中国海域分布有 2 种，胶州湾及青岛邻近海域发现有 1 种。

82. 红线黎明蟹 *Matuta planipes* Fabricius, 1798

Matuta planipes Fabricius, 1798: 369; Shen, 1932: 35, figs. 20-21, pl. 3 (2); Shen *et* Dai, 1964: 13; Dai *et al.*, 1986: 98, fig. 55 (1), pl. 12 (4); Dai *et* Yang, 1991: 109, fig. 55 (1), pl. 12 (4); Chen *et* Sun, 2002: 513-516, fig. 235; Yang *et al.*, 2008: 766.
Matuta flagra Shen, 1936: 64-66, fig. 1.

标本采集地： 胶州湾（南部、东北部、湾口），麦岛，崂山港，竹岔岛及大公岛。

特征描述： 头胸甲近圆形，背面中部有 6 枚小突起，表面有细颗粒，尤以鳃区的颗粒较密，表面有红色斑点连成的红线，前半部的红线形成不完整的圆环，后半部呈狭长的纵形圆套。额稍宽于眼窝，中部突出，前缘由一"V"形缺刻分成二小齿。前侧缘有不等大的小齿，侧刺壮，末端尖。螯足粗壮，掌节内缘有一列小齿及短毛；外缘有 3 齿，外侧面有 3 列小突起，近基部有一枚锐齿，锐齿前面具一条光滑隆脊，延伸至不动指末端；其内侧面近基部有一不明显的小突起，外缘有 2 枚不等大而有刻纹的发声隆脊。两指内缘有钝齿，可动指外侧面具一条发声隆脊。末对步足呈桨状，前 3 对步足长节后缘有锯齿，而末对长节的后缘则无齿，但边缘有密毛。头胸甲长 35.0mm，宽 36.0mm（不包括侧刺）。

生态习性：生活于细沙、中沙或碎壳泥沙底，退潮时可采到。水深 16～40m。扁平的步足不仅可助游泳，受惊时可用末对步足在沙中掘沙，由体后部先入穴。

地理分布：中国沿海；日本（东京湾至九州）；澳大利亚西北部；印度尼西亚；泰国；新加坡；印度；非洲南部。

图 82a　红线黎明蟹 *Matuta planipes*

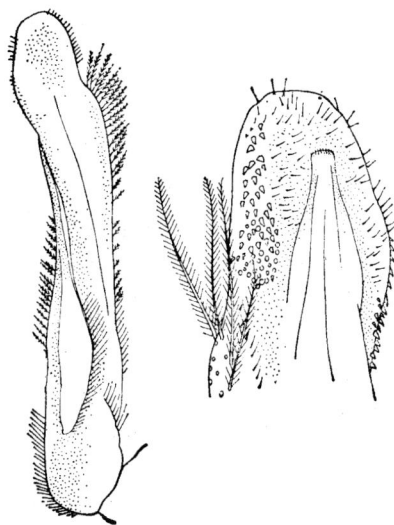

图 82b　红线黎明蟹 *Matuta planipes* Fabricius（♂）（仿 Dai *et al.*, 1986）
第 1 腹肢及末端放大

黄道蟹总科 Superfamily Cancroidea Gill, 1894

二十一、黄道蟹科 Family Cancridae Latreille, 1802

头胸甲宽卵圆形。额通常分 3 齿，中齿窄小。第 1 触角纵折；第 2 触角鞭短。第 3 颚足封闭口腔。

黄道蟹科世界已知 6 属 38 种，中国海域分布有 3 属 4 种，胶州湾及青岛邻近海域发现有 1 属 1 种。

（四十一）土块蟹属 Genus *Glebocarcinus* Nations, 1975

土块蟹属世界已知 2 种，中国海域分布有 1 种，胶州湾及青岛邻近海域发现有 1 种。

83. 两栖土块蟹 *Glebocarcinus amphioetus* (Rathbun, 1898)

Cancer amphioetus Rathbun, 1898: 582; 1904: 175, pl. 6, fig. 3; Sakai, 1939: 438, pl. 86, fig. 2; Kim, 1973: 332, 619, fig. 116, pl. 79 (82); Sakai, 1976: 319, pl. 109, figs. 1-8;
Cancer pygmaeus Ortmann, 1893: 426, pl. 17, fig. 4 (preoccupied by *Cancer pygmeus* Fabricius, 1787); Gordon, 1931: 527; Shen, 1932: 93, figs. 54-55, pl. 2, (4); Shen *et* Dai, 1964: 65.
Glebocarcinus amphioetus: Nations, 1975: 30, fig. 30 (7); Yang *et al.*, 2008: 767.

标本采集地：青岛。

特征描述：头胸甲呈宽卵圆形，背面凹凸，十分不平，光裸无毛，但密覆细颗粒；分区显著，胃区、心区、肠区及鳃区隆起甚高，肝区较低平。额不突出，分 3 钝齿，中齿窄小，侧齿粗大，各齿边缘有细颗粒。背眼窝缘有 2 条缝，背内眼窝齿呈钝三角形；腹眼窝缘具粗颗粒，内眼窝齿突出背面。第 1 触角纵折，第 2 触角基节长而大，内角低，外角突出呈钝圆形，密布细颗粒。眼柄粗短，末端有一小突起。前侧缘具 9 钝齿（包括外眼窝齿），大小相间，1~3 齿，4~5 齿，6~7 齿相连合，末 2 齿小而分开，后侧缘具粗颗粒稍向内凹，具一个钝齿（幼体更为明显）。后缘平直，具粗颗粒。螯足对称，长节短小，内侧面低洼，有短毛，外侧面稍平，背缘及背、腹内缘均有锐脊，且有细颗粒，前者近末端有小齿，而腹内缘末端有一钝圆形光滑突起。腕节背面密集颗粒，末端有一圆锥形突起。掌具短毛，背部有 2~3 个突起，外侧面有 5 列纵行颗粒脊。两指内缘有钝齿及短毛，可动指背面有两列颗粒脊，基半部背面具长短不一的刚毛。雄性头胸甲长 12mm，宽 15.3mm。

　　生态习性： 栖息于潮间带低潮线或潮下浅海的泥沙、碎壳或水草丛中。

　　地理分布： 中国（辽东半岛，山东半岛）；　日本；朝鲜；美国（加利福尼亚）；墨西哥。

图 83a　两栖土块蟹 *Glebocarcinus amphioetus*

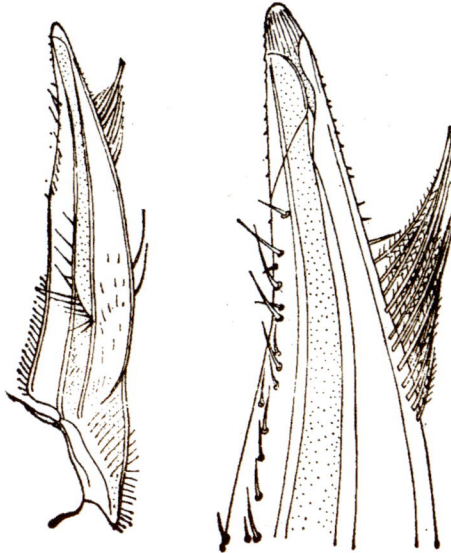

图 83b　两栖土块蟹 *Glebocarcinus amphioetus*（♂）（仿 Dai *et al.*, 1986）
第 1 腹肢及末端放大

关公蟹总科 Superfamily Dorippoidea MacLeay, 1838

二十二、关公蟹科 Family Dorippidae MacLeay, 1838

头胸甲略呈方形或圆形而短，背面可见 3 腹节，口腔向前延长。前 2 对步足长而粗壮，末 2 对显著短小，位于背面，呈亚螯状。第 2 触角大。雄性生殖孔位于末对步足底节上，雌性生殖孔位于腹甲上。鳃不超过 9 对。

关公蟹科世界已知 9 属 23 种，中国海域分布有 7 属 11 种，胶州湾及青岛邻近海域发现有 2 属 3 种。

（四十二）平家蟹属 Genus *Heikeopsis* Ng *et al.*, 2008

头胸甲宽大于长，侧缘及背面无颗粒，颈沟及鳃沟深，胃区突起少于 5 枚，鳃区不具侧齿突，但具背脊，鳃心沟深。外眼窝齿宽三角形，眼窝缘无齿。额缘末端稍超过外眼窝齿，由中央一 "V" 形缺刻分为 2 宽三角形齿。背面观察不到或仅见到部分内口沟隆脊。成年雄性螯足通常很不对称，雌性及幼蟹螯足对称；掌节背缘及指节基部具长毛。前 2 对步足指节边缘具毛。雄性第 1 腹肢纤长，弯曲，呈弓形，末端具几枚长几丁质突起。

平家蟹属世界已知 2 种，中国海域分布有 2 种，胶州湾及青岛邻近海域发现有 1 种。

84. 日本平家蟹 *Heikeopsis japonica* (Von Siebold, 1824)

Dorippe japonica Von Siebold, 1824: 14; Rathbun, 1931: 99; Shen, 1931: 101, pl. 6, figs. 1-2; 1932: 11, figs. 6-7; Shen *et* Dai, 1964: 8; Dai *et al.*, 1986: 48-49, fig. 24 (1), pl. 5 (6).
Nobilum japonicum Chen, 1986: 123, 139, figs. 5 (23-27).
Heikea japonica Holthuis *et* Manning, 1990: 75, figs. 29-35; Chen *et* Sun, 2002: 222-224, fig. 94.
Dorippe (Neodorippe) japonica Dai *et* Yang, 1991: 54, fig. 24 (1), pl. 5 (6).
Heikeopsis japonica Ng *et al.*, 2008: 59.

标本采集地：胶州湾沿岸，麦岛。

特征描述：头胸甲略呈梯形，前窄后宽，宽稍大于长，背面有沟痕和隆起。额窄，具 2 齿，内口沟隆脊不突出（背面见不到）。内眼窝齿钝、外眼窝齿呈三角形，腹（下）内眼窝齿短，齿端指向外方。雌性螯足较小，对称。雄性螯足

图 84a　日本平家蟹 *Heikeopsis japonica*（周克供图）

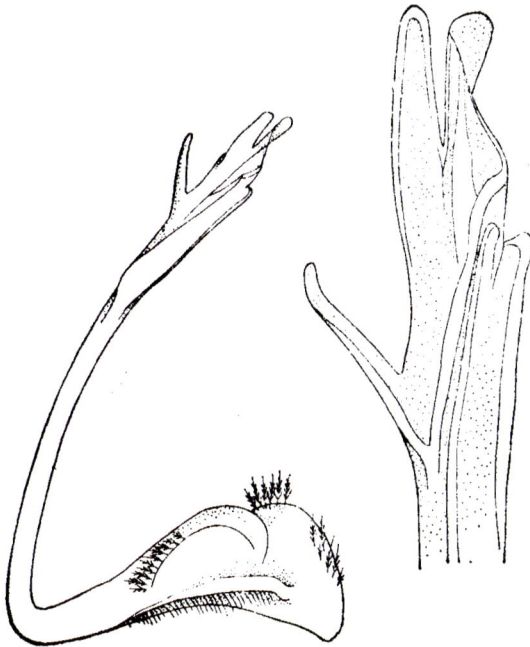

图 84b　日本平家蟹 *Heikeopsis japonica*（♂）（仿 Dai *et al.*, 1986）

第 1 腹肢及末端放大

较大，对称或不对称。长节三棱形，稍弯曲。腕节短小。两螯对称者，掌不膨肿，宽长的 2 倍（沿掌部内缘测量），指约为掌部长的 2.5 倍；不对称者较大螯足掌十分膨肿，其长约为宽的 2 倍，指为掌长的 2 倍，较小螯掌甚小，指较长，大于掌长的 2.5 倍。前两对步足瘦长，其长约为头胸甲长的 3.2 倍，末 3 节有短毛。末 2 对步足短小，具短绒毛，位于背面，掌节后缘基部突出，具一撮短毛，指呈钩状。头胸甲长 27.0mm，宽 28.5mm。

生态习性：栖息于潮间带至潮下带水深 130m 的泥沙海底。

地理分布：中国沿海；日本；朝鲜。

（四十三）拟关公蟹属 Genus *Paradorippe* Serène *et* Romimohtarto, 1969

头胸甲宽大于长，表面密具颗粒或光滑。颈沟浅而明显，中胃区具两枚斜形凹陷，鳃沟及鳃心沟明显。头胸甲侧缘不具鳃刺。额具两枚三角形齿，其末端延伸至外眼窝齿，背面可见内口沟隆脊，内眼窝齿呈 1 个三角形齿或圆叶。所有的步足均无毛，第 2 对步足的长约为头胸甲长的 2.5 倍，长节的长为宽的 2.5 倍。雄性第 1 腹肢粗壮，基部不具圆叶或耳叶，近中部强收缩，末端具几枚几丁质突起。

拟关公蟹属世界已知 4 种，中国海域分布有 2 种，胶州湾及青岛邻近海域发现有 2 种。

85. 颗粒拟关公蟹 *Paradorippe granulata* De Haan, 1841

Dorippe granulata De Haan, 1841: 122, pl. 3, fig. 2; Shen, 1931: 102, pl. 6, figs. 3-4; 1932: 15, figs. 8-9, pl. 1 (12); Sakai, 1934: 283; Dai *et al.*, 1986: 47-48, fig. 23 (1), pl. 5 (5).

Paradorippe granulata Serène *et* Romimohtarto, 1969: 3, 6 (key), 15, figs. 23-25, 29, pls. 2C, 6C; Kim, 1973: 291, 610, figs. 85, 88, pl. 11 (58); Chen *et* Sun, 2002: 229-232, fig. 97; Yang *et al.*, 2008: 768.

Dorippe (*Paradorippe*) *granulata* Dai *et* Yang, 1991: 53, fig. 23 (1), pl. 5 (5).

标本采集地：胶州湾（南部、湾口）及薛家岛。

特征描述：全身除指节外均有密集粗颗粒。头胸甲长大于宽，前半部较后半部窄，分区明显，背面以鳃区的颗粒较为稠密。额分两个齿，且有绒毛。内眼窝齿短，外眼窝齿突出，稍长于额齿。内口沟隆脊突出于额齿间，由背面可见。雌性螯足对称。雄性常不对称：较大螯足掌部膨肿，其最大宽为长的 2 倍，不动指短，约为可动指的 1/2，两指内缘均有钝齿；较小螯足的掌部不膨肿，宽不到长的 2 倍，不动指仅小于可动指，两指内缘有钝齿。前两对步足甚长，第 2 对长于第 1 对，长节前缘有短刚毛。后 2 对足短小，有短软毛，末 2 节呈钳状。两性腹部均分为 7 节。雄性第 1 腹肢分 2 节：基节较长，基半部宽于末半部，后者逐渐趋窄，至末端强烈收缩，末节粗短，腹外侧呈钝圆形膨肿，末部有几枚几丁质突起。

图 85a　颗粒拟关公蟹 *Paradorippe granulata*

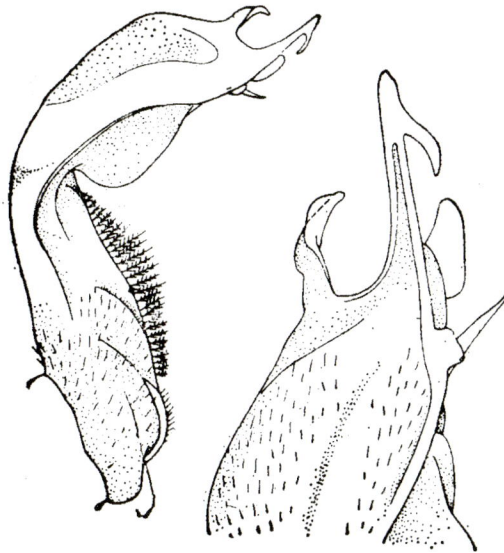

图 85b　颗粒拟关公蟹 *Paradorippe granulata*（♂）（仿 Dai *et al.*, 1986）
第 1 腹肢及末端放大

头胸甲长 19.8mm，宽 21.5mm。

生态习性： 栖息于泥沙、软泥或沙质碎壳海底。水深 8～154m。

地理分布： 中国沿海；朝鲜；日本；俄罗斯（海参崴）。

86. 中国拟关公蟹 *Paradorippe cathayana* Manning *et* Holthuis, 1986

Dorippe polita Rathbun, 1931: 99; Shen, 1932: 8, 289 (list), figs. 4-5, pl. 1 (11); Shen *et* Dai, 1964: 9;
　　Dai *et al.*, 1986: 47, fig. 23 (2), pl. 5 (4). [Not *Dorippe polita* Alcock *et* Anderson, 1894]
Paradorippe cathayana Manning *et* Holthuis, 1986: 365, fig. 1e; Chen *et* Sun, 2002: 232-234, fig. 98;
　　Yang *et al.*, 2008: 768.
Dorippe (*Paradoripe*) *polita* Dai *et* Yang, 1991: 53, fig. 23 (2), pl. 5 (4).

标本采集地： 胶州湾（西北部、东北部、湾口）及麦岛。

特征描述： 头胸甲较光滑，分区明显。额短，有 2 枚三角形齿及短毛。内口沟隆脊甚突，自背面可见。内眼窝齿宽而钝，外眼窝齿宽三角形，下（腹）内眼窝齿粗壮，有短毛。多数中等大小雄性的螯足对称；少数发育好的个体，左右螯大小悬殊；个体较大者，其螯足稍不对称。各节边缘有长毛。掌光滑，宽大于长（沿内缘测量），内缘末端有时有一枚圆形突起，位于不动指外缘的基部。两指内缘有小齿。前 2 对步足光滑无毛，以第 2 对为最长，腕、掌两节扁平，中央各有一条纵沟，指节边缘薄锐。后 2 对短小，指节呈钩状。两性腹部均分为 7 节。雄性第 1 腹肢膨大，末半部较基半部为宽，有几枚几丁质突起，其构造较为特殊。头胸甲长 13.0mm，宽 15.0mm。

图 86a　中国拟关公蟹 *Paradorippe cathayana*

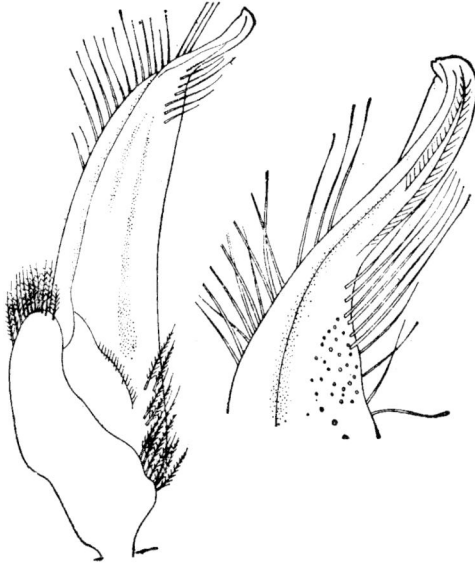

图 86b 中国拟关公蟹 *Paradorippe cathayana*（♂）（仿 Dai *et al.*, 1986）
第 1 腹肢及末端放大

生态习性：栖息于泥沙或软泥，从潮间带至潮下带水深 80m 处均可采获。这类小动物常用后 2 对步足钩住一片贝壳，盖在背上，以掩护自己，遇敌时藏入壳下不动或弃壳逃命。

地理分布：中国沿海；印度。

酋蟹总科 Superfamily Eriphioidea MacLeay, 1838

二十三、哲扇蟹科 Family Menippidae Ortmann, 1893

头胸甲呈扁形或卵圆形，表面光滑。额宽大于或小于头胸甲最大宽的 1/4。第 2 触角基节几乎不与额相触及。绝大多数前侧缘有叶、齿或刺。雄性腹部分 7 节，雄性第 2 腹肢细长，末部弯曲。

哲扇蟹科世界已知 5 属 15 种，中国海域分布有 3 属 3 种，胶州湾及青岛邻近海域发现有 1 属 1 种。

（四十四）圆扇蟹属 Genus *Sphaerozius* Stimpson, 1858

头胸甲前方宽而呈扇形，甲面平滑而隆起，分区不明显。额中央具缺刻，向前突起。触角基节宽短。前侧缘包括外眼窝齿在内共 5 齿。螯足腕节、掌节粗壮，步足细长。

圆扇蟹属世界已知 4 种，中国海域分布有 1 种，胶州湾及青岛邻近海域发现有 1 种。

87. 光辉圆扇蟹 *Sphaerozius nitidus* Stimpson, 1858

Sphaerozius nitidus Stimpson, 1858a: 35; Balss, 1934: 517; Kim, 1973: 388, 632, fig. 151, pl. 28 (114); Sakai, 1976: 471, pl. 171, fig. 1; Dai *et al.*, 1986: 325, fig. 172A (1), pl. 46 (7); Yang *et al.*, 2008: 769.

Menippe convexa Rathbun, 1894: 239; 1906: 861, pl. 11, fig. 4; Balss, 1922: 115; Shen, 1936: 62, fig. 1.

标本采集地：浮山湾，胶州湾南部及大公岛。

特征描述：体中等大小，近圆形，背面隆起，光滑而有光泽，分区不明显，中部各区有浅沟痕。额缘中央由一"V"形缺刻分成 2 叶，各叶外侧有颗粒，并斜向内眼窝角。额缘与背眼窝内角相连，额后有一中央纵沟向后分叉至胃区。前侧缘具 4 齿（外眼窝齿除外）：前 2 齿小而钝；第 3、第 4 齿突出；第 4 齿内侧有一隆脊斜向后方。后侧缘向后内侧收敛，后缘窄。第 3 颚足长节末端截形，末外角不突出，座节长约为长节的 2 倍。两性螯足粗壮，均不对称，长节短，内侧面凹陷，边缘有短毛，外侧面光滑。腕节厚，背面隆起而光滑，内角具一钝齿，个体大的则不明显。掌长小于宽，内侧面中部稍隆起而光滑，背面及外侧面均密集细

图 87a　光辉圆扇蟹　*Sphaerozius nitidus*

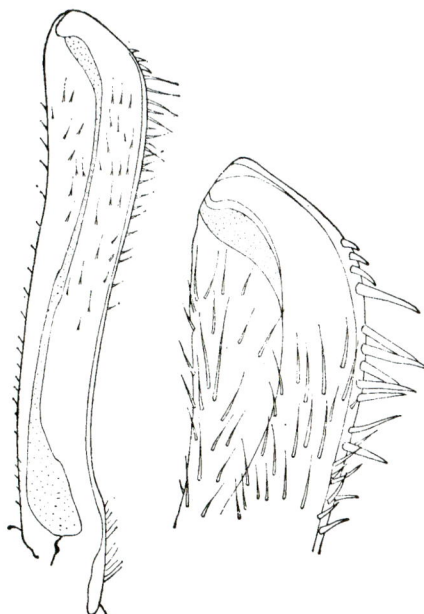

图 87b　光辉圆扇蟹　*Sphaerozius nitidus*（♂）（仿 Dai *et al.*, 1986）
第 1 腹肢及末端放大

颗粒，背缘基半部有一隆脊。两指基部 1/5 处有细颗粒。较大螯足两指合拢时有空隙，不动指中部有一枚大钝齿，其余为小钝齿，可动指内缘有小钝齿。步足各节均有短毛。两性腹部均分为 7 节，形状相似，但雌者较宽，表面光滑而有光泽，尾节呈半圆形。雄性第 1 腹肢粗短，腹面有纵沟，两侧卷曲。头胸甲长 13.6mm，宽 17.8mm。

生态习性： 栖息于潮间带低潮线的岩石缝内。

地理分布： 中国沿海；日本；朝鲜；美国（夏威夷）；泰国；马达加斯加岛；非洲南部；红海。

长脚蟹总科 Superfamily Eriphioidea MacLeay, 1838

二十四、宽背蟹科 Family Euryplacidae Stimpson, 1871

头胸甲近六边形，最宽处通常位于前、后侧缘相接处之间。额较宽，近方形。眼柄长。第 1 触角横向折叠。第 2 触角鞭中等长，触须被置于腹内眼窝缝外。口前板界限清楚。口框方形，完全被第 3 颚足掩盖，第 3 颚足长节方形。

宽背蟹科世界已知 14 属 36 种，中国海域分布有 6 属 6 种，胶州湾及青岛邻近海域发现有 1 属 1 种。

（四十五）强蟹属 Genus *Eucrate* De Haan, 1835

头胸甲略呈四边形，长稍大于宽。表面光滑，分区不明显，纵向拱曲。额横直，与上眼窝角明显间隔，额缘中央具缺刻、具中央沟，额宽约为头胸甲宽的 1/3。额-眼窝缘稍小于头胸甲最大宽度。前侧缘短，稍弯曲，具齿。上眼窝缘具 2 明显裂缝，腹眼窝缝为第 2 触角基节填满，第 2 触角鞭位于眼窝缝外。第 3 颚足充满口框，触鞭接于长节内角。螯足近等称，十分粗短。步足纤细。雌、雄性腹部分 7 节，雄性腹部第 3 节覆盖末对步足基部之间的整个胸部腹甲。雄性第 1 腹肢末部具众多小刺。

强蟹属世界已知 11 种，中国海域分布有 5 种，胶州湾及青岛邻近海域发现有 1 种。

88. 隆线强蟹 *Eucrate crenata* (De Haan, 1835)

Cancer (Eucrate) crenatus De Haan, 1835: 51, pl. 15, fig. 1.
Eucrate crenata Ortmann, 1894: 688, pl. 23, fig. 4; Alcock, 1900: 300; Rathbun, 1902: 23; Balss, 1922: 137; Shen, 1932: 114, figs. 66-67, pl. 5 (2); Sakai, 1934: 314; Dai *et* Yang, 1991: 401, fig. 195, pl. 54 (2); Yang *et al.*, 2008: 770.

标本采集地：胶州湾北部，石老人。

特征描述：头胸甲略呈圆方形，宽大于长（约为长的 1.2 倍），分区不明显，背面较光滑，有细颗粒。额缘中央有一浅缺刻分成两叶，从腹面观每叶的内角突出，额-眼窝后面至第 2 前侧齿处有一个浅沟。额-眼窝的宽约为额宽的 1.87 倍，腹内眼窝缘内角突出（背面可见），后有 2 个小齿，接 1 较大的齿。前侧缘短而弯，共具 4 齿（包括外眼窝齿），前 3 齿近等，末齿最小，具一短脊，后侧缘斜直，内侧有一不明显的纵脊。第 2 触角基节末外角甚突，恰填塞眼窝，触角鞭在眼窝外。螯足稍不对称，表面光滑，长节表面光滑，末部宽于基部，外缘近中部有一小齿；近末端一枚较大。腹内末缘具一枚光滑突起。腕节内角具二枚突起，前后排列，前者大，后者小。腕节末缘及外侧面末部有短绒毛。掌光滑而有光泽，内侧面中部略为隆起；外侧面中部向外凸，指长于掌，两指合拢时空隙较大，内缘有大、小齿。步足表面光滑，末 3 节边缘有短毛，以第 1 对为最长，依次渐短，长节前缘有细颗粒。雄性腹部分为 7 节，前 3 节较宽，覆盖末对步足底节之间的腹甲，第 3、第 4 节迅速向第 5 节基部变窄，第 6 节呈长方形，尾节呈长三角形。雄性第 1 腹肢中部向外弯曲，末部有许多小刺，有时小刺末端分叉。头胸甲长 27.5mm，宽 34mm。

　　酒精标本体呈肉色或旧象牙色，较新鲜标本的头胸甲背面及螯足有红色微细斑点，前侧缘末齿内侧有一个红色小斑。

图 88a　隆线强蟹 *Eucrate crenata*（周克供图）

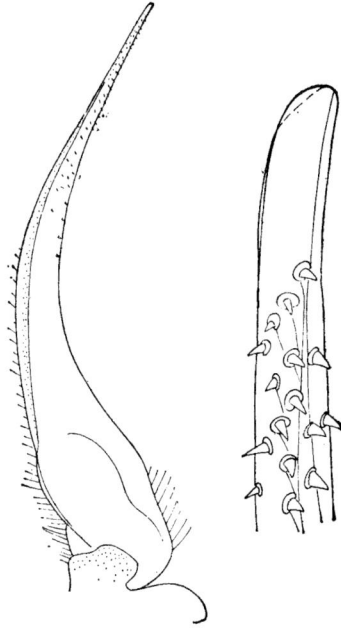

图 88b　隆线强蟹 *Eucrate crenata*（♂）（仿 Dai *et al.*, 1986）
第 1 腹肢及末端放大

生态习性:栖息于水深 8～100m 的软泥、沙泥及碎壳底，有时在潮间带石块下可采获。

地理分布:中国沿海；朝鲜；日本；泰国；印度；红海。

二十五、长脚蟹科 Family Goneplacidae MacLeay, 1838

头胸甲近方形。眼窝完整。第 3 颚足腕节位于或靠近长节的内末角。第 1 触角斜折或横折，雄性生殖孔位于腹甲上。

长脚蟹科世界已知 20 属 91 种，中国海域分布有 13 属 28 种，胶州湾及青岛邻近海域发现有 1 属 1 种。

（四十六）毛隆背蟹属 Genus *Entricoplax* Castro, 2007

头胸甲呈横宽四边形，表面及步足覆盖一层致密绒毛。额向下弯曲，中部凹陷。背眼窝缘分 2 叶，腹眼窝缘具粗糙颗粒，内眼窝齿圆钝不突出。第 2 触角鞭位于眼窝缝内。前侧缘具 3 齿。螯足不对称。

毛隆背蟹属世界已知 1 种，中国海域分布有 1 种，胶州湾及青岛邻近海域发现有 1 种。

89. 泥脚毛隆背蟹 *Entricoplax vestita* (De Haan, 1835)

Cancer (*Curtonotus*) *vestitus* De Haan, 1833-1849 (1835): 51.
Pilumnoplax vestita Ortmann, 1894: 687; Balss, 1922: 136; Sakai, 1934: 312; 1936: 182, fig. 93.
Carcinoplax vestita Rathbun, 1902: 24; Shen, 1932: 110, figs. 63-65, pl. 5 (1); 1937a: 169; Sakai, 1976: 525, pl. 190, fig. 3; Miyake, 1983: 145, pl. 49, fig. 1; Dai *et* Yang, 1991: 398, fig. 192 (2), pl. 53 (8); Takeda *et al.*, 2000: 137; Yang *et al.*, 2008: 771.
Pilumnoplax vestitus Balss, 1922: 136.
Entricoplax vestita Castro, 2007: 656, fig. 11.

标本采集地：胶州湾南部。

特征描述：体表密覆短软毛，去毛后表面光滑。头胸甲呈圆方形，宽大于长。额宽，弯向下（腹）方，前缘中部稍凹。背眼窝缘具细颗粒，外眼窝角钝；腹眼窝缘的颗粒较粗，腹内眼窝齿不突出。前侧缘具 3 齿（包括外眼窝齿）：第 1 齿钝；第 2 齿小而尖；第 3 齿最大，末端尖，向前指。螯足不对称，长节背缘近末端具一刺。腕节内角具一长而弯的刺，外角有一小刺。掌非常扁平，内侧面光裸无毛，外侧面仅上部有短软毛及细颗粒。雌性个体整个外侧面均有细颗粒，而雄性的颗粒仅在背缘及近腹缘。步足瘦长，以第 3 对为最长，第 1 对最小，各节均有短软毛，长节基部宽于末端。腕节末端具一小刺。末对步足的末 2 节扁平。雄性腹部呈三角形，分 7 节；雌性腹部呈卵圆形，分 7 节。雄性第 1 腹肢基半部粗壮，

图 89a　泥脚毛隆背蟹 *Entricoplax vestita*

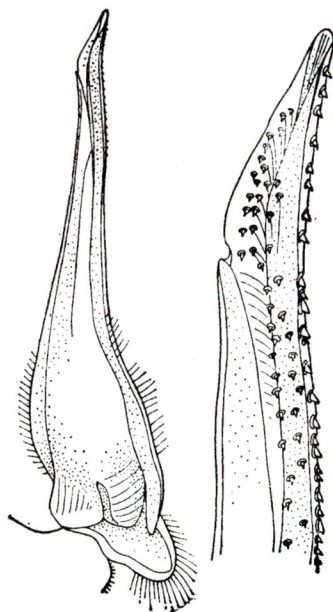

图 89b　泥脚毛隆背蟹 *Entricoplax vestita*（♂）（仿 Dai *et al.*, 1986）
第 1 腹肢及末端放大

末半部向末端逐渐尖细，第 2 腹肢纤细，长于第 1 腹肢。雄性头胸甲长 21mm，宽 30mm。雌性头胸甲长 14.5mm，宽 20mm。

生态习性：栖息于褐色软泥或泥沙海底。水深 10～100m。

地理分布：中国（辽宁和山东沿岸，一直到东海北部）；朝鲜；日本；澳大利亚；非洲南部。

玉蟹总科 Superfamily Leucosioidea Samouelle, 1819

二十六、玉蟹科 Family Leucosiidae Samouelle, 1819

头胸甲圆形、卵圆形或五角形。眼窝及眼皆很小。额窄。第 1 触角斜折；第 2 触角小，有时退化。第 3 颚足完全封闭口腔。入鳃水孔位于第 3 颚足基部。螯足对称。腹部第 3～第 6 节一般愈合，有时第 6 节分开。雄性生殖孔位于腹甲上。雄性第 2 腹肢短。

玉蟹科世界已知 73 属 503 种，中国海域分布有 3 属 101 种，胶州湾及青岛邻近海域发现有 3 属 6 种。

（四十七）栗壳蟹属 Genus *Arcania* Leach, 1817

头胸甲凸，近球形或菱形，背面有突起、颗粒或刺，边缘几乎有刺。额突出。下眼窝叶突出，且尖。颊区末端具 3 齿。螯足瘦长，长节圆柱形，掌瘦长，基部臃肿，可动指垂直张开。

栗壳蟹属世界已知 23 种，中国海域分布有 9 种，胶州湾及青岛邻近海域发现有 3 种。

90. 球形栗壳蟹 *Arcania globata* Stimpson, 1858

Arcania globata Stimpson, 1858c: 160; Miers, 1879: 44; Ihle, 1918: 313 (list); Balss, 1922: 132; Shen, 1937b: 282, figs. 3a-b; Sakai, 1965: 41, pl. 16, fig. 4; Kim, 1973: 297, 611, fig. 92, pl. 76 (61); Sakai, 1976: 92, fig. 48; Takeda *et al.*, 2000: 135; Galil, 2001: 182-184, figs. 2B, 5C; Yang *et al.*, 2008: 772.

标本采集地：胶州湾湾口。

特征描述：体小型。头胸甲呈球形，长稍大于宽，背面具几乎等长的锐刺及颗粒。额突出，分成两齿，前缘微凹；头胸甲的腹面密具细颗粒，但无刺，边缘共具 11 枚（包括肠区刺 1 枚）。前侧缘的刺较后侧缘的为小。第 3 颚足腹面有粗颗粒，外肢瘦长，长节呈三角形，座节长，约为长节的 2 倍。颊区具粗颗粒，末半部特别隆起，末端分 2 锐齿，内齿薄，外齿粗而厚。腹眼窝刺恰位于颊区末端齿之中。螯足长约近头胸甲长的 2 倍，表面有粗颗粒，长节后缘有 3～4 枚刺。腕节和掌部有细颗粒。指长于掌，两指内缘有细齿。步足瘦长，以第 1 对为最长，

图 90a　球形栗壳蟹 *Arcania globata*

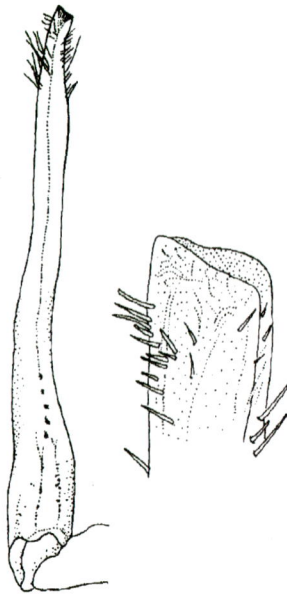

图 90b　球形栗壳蟹 *Arcania globata*（♂）（仿 Chen and Sun, 2002）
第 1 腹肢及末端放大

末对最短，各节表面均有细小颗粒；前 2 对的长节前缘有 4 枚小刺，后 2 对的前缘无刺有颗粒。第 1 对的掌部与指节等长，第 2 对掌稍长于指，第 3、第 4 对指长于掌，指节有沟及短刚毛。雄性腹部呈长三角形，第 3～第 5 节愈合，第 1 腹肢呈棒状；雌性腹部长卵圆形，分 5 节（第 4～第 6 节愈合）。头胸甲长 10.5mm，宽 9.5mm。

生态习性：栖息于潮下带水深 30～150m 的泥沙或细沙碎壳海底。

地理分布：中国沿海；朝鲜；日本。

91. 十一刺栗壳蟹 *Arcania undecimspinosa* De Haan, 1841

Arcania 11. *spinosa* De Haan, 1841: 135, pl. 33, fig. 8.

Arcania undecimspinosa Bell, 1855: 309; Alcock, 1896: 266; Ihle, 1918. 265; Balss, 1922: 132; Shen, 1931: 107, pl. 10, fig. 1; Sakai, 1934: 288; Shen *et* Dai, 1964: 19; Chen, 1989: 204, fig. 8, pl. II (4); Davie *et* Short, 1989: 173; Chen, 1996: 279, fig. 8; Chen *et* Sun, 2002: 324, fig. 143, pl. 11 (8); Yang *et al.*, 2008: 772.

Arcania granulosa Miers, 1877: 24, pl. 240, pl. 38, fig. 29.

标本采集地：青岛第三海水浴场，胶州湾北部，麦岛，崂山港及大公岛。

特征描述：头胸甲呈圆形，长稍大于宽，背面隆起，密具锐颗粒，分区可辨，肝区隆起，与鳃之间有一纵沟，向后延伸到肠区两侧，前胃区与肝区、心区与肠区之间有沟隔开，肠区隆起，具两刺：前、后排列，前面的很小，后面的

图 91a　十一刺栗壳蟹 *Arcania undecimspinosa*

图 91b　十一刺栗壳蟹 *Arcania undecimspinosa*（♂）（仿 Dai *et al.*, 1986）
第 1 腹肢及末端放大

大，位于后缘的中央。额缘中央有一"V"形缺刻分成两枚锐三角形齿，每个齿的表面密具细小泡状颗粒。眼大，呈圆形，角膜近内侧具一小齿。侧缘与后缘（包括肠区刺在内）各具 11 刺，其中以第 2 枚为最小，第 1、第 3 刺次之，后部 5 刺较大，每个刺的表面及边缘有小齿或颗粒。颊区末缘由一宽"V"形缺刻分成两锐齿，锐齿之间的上方具一枚下眼窝刺，第 3 颚足密具锐颗粒，外肢长，但末端不抵达内肢长节的末端，长节呈三角形，其长约为座节的 1/2。螯足瘦长，长节呈圆柱形，微弯，表面密布颗粒，边缘的颗粒较尖锐，腕节掌节也具同样的颗粒，掌节基部膨肿，向末端逐渐趋细。指节纤细，垂直张开，两指内缘具细锯齿。步足细长，各节均具细颗粒，指节边缘具短刚毛。两性腹部及胸部腹甲均密具锐颗粒。雄性腹部长为三角形，分为 5 节（第 3 至第 5 节愈合）；雌性腹部呈圆形也分为 5 节（第 4 至第 6 节愈合）。雄性第 1 腹肢长而细，微弯，基部宽，逐渐向末端趋窄，末部具一些细颗粒和长刚毛。

生态习性：栖息于细沙或泥沙海底。水深 28～120m。

地理分布：中国（渤海，黄海，东海，南海）；日本；朝鲜半岛；澳大利亚；泰国；印度；塞舌尔群岛。

（四十八）五角蟹属 Genus *Nursia* Leach, 1817

头胸甲五角形，边缘薄而扩展，其上具自中心向外放射的横脊。口腔末端超出颊区末端。额部突出于口前板。螯足形状正常。

五角蟹属世界已知 20 种，中国海域分布有 6 种，胶州湾及青岛邻近海域发现有 1 种。

92. 斜方五角蟹　*Nursia rhomboidalis* (Miers, 1879)

Ebalia rhomboidalis Miers, 1879: 42; Ihle, 1918: 310 (list).
Nursia sinica Shen, 1937: 279, figs. 1-2; 1937a: 168; Shen *et* Dai, 1964: 17.
Nursia rhomboidalis Sakai, 1965: 39, figs. 5a-b; 1976: 87, figs. 44a-b; Dai *et* Yang, 1991: 67, fig. 30
　　(1), pl. 7 (3); Yang *et al.*, 2008: 773.

标本采集地：青岛。

特征描述：头胸甲呈斜方形，宽大于长，有细颗粒，背面有 4 条隆脊：一条由中线向前至额的中央；一条沿中线向后至后缘中部；另两条向两侧横过鳃区至后侧缘的中部。额窄，向前突，略呈钝圆形。前侧缘几乎平直，后侧缘略有变化，雄性在前 1/3 处有微凹或深缺刻，分成两叶，有的较平直；雌性均较平直。雄性

图 92a　斜方五角蟹 *Nursia rhomboidalis*

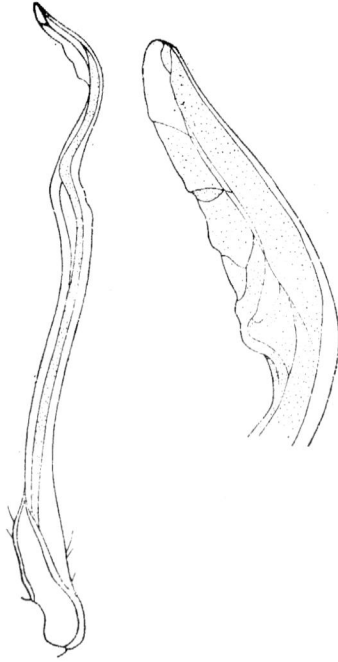

图 92b　斜方五角蟹 *Nursia rhomboidalis*（♂）（仿 Dai *et al.*, 1986）
第 1 腹肢及末端放大

后侧缘的后 2/3 处有深凹、浅凹或微凹；雌性均微凹。后缘有一横脊，在较低位上有两个半圆形突起，雄性较雌性突出。螯足的长相当于头胸甲长的 1.5 倍，有细颗粒。长节有 3 条隆脊，分别在前、后缘及腹面上。腕节内缘及掌节边缘均薄锐。指约为掌长的 2/3，内缘有不明显的小齿。雄性腹部呈长三角形，末 2 节的末端具一枚突起；雌性腹部呈长卵圆形，有粗颗粒。雄性第 1 腹肢瘦长，末部弯曲呈"S"形。头胸甲长 14.9mm，宽 23.0mm。

生态习性：栖息于泥沙或软泥的海底。水深 20～52m。

地理分布：中国（黄海，渤海，东海近岸）；日本。

（四十九）拳蟹属 Genus *Philyra* Leach, 1817

头胸甲略呈扁圆形，边缘通常有珠粒，肝、鳃区可辨。肝区具一斜面。额宽，截形。口腔宽，口前板及颊区末端全部或大部超出于额缘。第 3 颚足外肢宽，呈叶片状，其外缘甚弯。

拳蟹属世界已知 32 种，中国海域分布有 16 种，胶州湾及青岛邻近海域发现有 2 种。

93. 隆线拳蟹 *Philyra carinata* Bell, 1855

Philyra carinata Bell, 1855: 302, pl. 33, fig. 3; Ihle, 1918: 314 (list); Shen, 1937a: 168; Shen *et* Dai, 1964: 33; Sakai, 1976: 113; Dai *et* Yang, 1991: 85, fig. 39 (1), pl. 9 (6); Yang *et al.*, 2008: 774.

标本采集地：胶州湾沿岸及麦岛。

特征描述：头胸甲呈圆形，自额后至肠区的中线具一条颗粒脊，胃区、心区及鳃区都有成群的粗颗粒，肝区低洼，斜面明显，边缘有粗颗粒。额的前缘微凹，两端稍隆起。前侧缘短于后侧缘，近基部处微凹，后侧缘呈弧形，两者均有颗粒，后缘横直，有颗粒。第 3 颚足外肢中线上具一纵列粗颗粒，内肢座节外缘的内侧具一纵列粗颗粒。螯足粗壮，长节前缘近中部向外扩大，基半部稍隆起，表面有细颗粒。掌节稍短于指节，外侧低洼，内侧隆起，具粗颗粒，内缘上下各具一列颗粒短脊，指扁而薄，两指内缘均有小齿。雄性腹部分为 4 节（第 3～第 6 节愈合），愈合节表面微凹，两侧隆起，且有扁圆形颗粒，其余光滑，末端近节线处具一枚尖齿。尾节呈窄三角形。头胸甲长 12.0mm，宽 12.1mm。

生态习性：栖息于沙泥或软泥的海底。水深 7～47m。

地理分布：中国（黄海，渤海，东海近岸）。

图 93a 隆线拳蟹 *Philyra carinata*

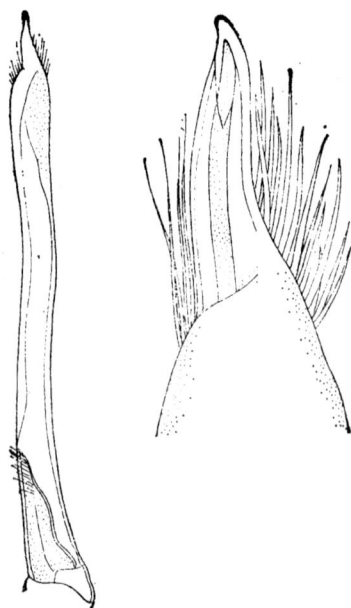

图 93b　隆线拳蟹 *Philyra carinata*（♂）（仿 Dai *et al.*, 1986）
第 1 腹肢及末端放大

94. 豆形拳蟹 *Philyra pisum* De Haan, 1841

Philyra pisum De Haan, 1841: 131, pl. 33, fig. 7; Bell, 1855: 300; Ihle, 1918: 315 (list); Balss, 1922: 129; Shen, 1932b: 22, figs. 13-14, pls. 1 (5-8); Sakai, 1934: 285; Shen, 1937a: 169; Shen *et* Dai, 1964: 32; Sakai, 1965: 49, pl. 19, fig. 6; Kim, 1973: 308, 614, fig. 101, pl. 14 (69); Sakai, 1976: 113, fig. 63d, pl. 32 (1); Dai *et* Yang, 1991: 88, fig. 41 (2), pl. 10 (1); Yang *et al.*, 2008: 774.

标本采集地：胶州湾沿岸，崂山港及竹岔岛。

特征描述：头胸甲呈圆形，背面有浅沟，分区明显，中部隆起，胃区、心区及鳃区均有颗粒群，有时颗粒较大，有时却很不明显，基部 1/3 较光滑。额短（自背面可见到口前板及口腔末端），前缘中部稍凹，两侧角稍突出。肝区斜面显著，侧缘有细颗粒。雄性的后缘较平直；雌性则稍突出。螯足粗壮，长节呈圆柱形，背面在基半部近中线有颗粒脊，近边缘密具细颗粒。腕节的边缘有细颗粒。掌稍短于指，中部隆起，具一颗粒脊，脊的两侧稍低洼，而内侧较外侧隆起，颗粒较密，近内缘及内缘各有一条颗粒脊并延伸至不动指的基半部。两指的内缘均有小齿，不动指内缘中部稍隆起。两性腹部均分为 3 节（第 4～第 6 节愈合），雄性呈锐三角形，雌性呈长卵圆形。头胸甲长 25.0mm，宽 24.0mm。

生态习性：栖息于潮间带至潮下带水深几十米的泥沙海底。

地理分布：中国沿海；日本；朝鲜；新加坡；菲律宾；美国（普吉特海峡）。

图 94a　豆形拳蟹　*Philyra pisum*

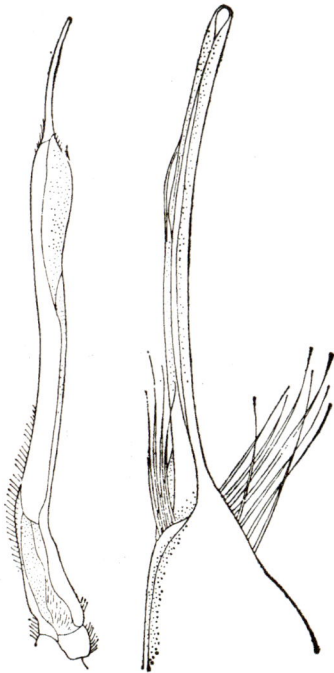

图 94b　豆形拳蟹　*Philyra pisum*（♂）（仿 Dai *et al.*, 1986）
第 1 腹肢及末端放大

蜘蛛蟹总科 Superfamily Majoidea Samouelle, 1819

二十七、膜壳蟹科 Family Hymenosomatidae MacLeay, 1938

体软，头胸甲扁平，薄如膜，呈三角形或近圆形，很少钙化，无钩状毛，胃-心沟明显。第 1 触角窝很浅，界线不明；第 2 触角与口前板愈合，基节瘦长。无眼窝或有不完整的眼窝。口腔方形。第 3 颚足座节大，触须接于长节的外末角。两性生殖孔均在胸部腹甲上。

膜壳蟹科世界已知 21 属 124 种，中国海域分布有 5 属 13 种，胶州湾及青岛邻近海域发现有 1 属 1 种。

（五十）滨蟹属 Genus *Halicarcinus* White, 1846

头胸甲近圆形或近椭圆形，背面有明显的沟槽。额分 3 叶，有时合并为 1 叶或侧叶缩小。口前板短，宽约为长 2 倍。第 3 颚足宽，几乎覆盖口框，座节外侧缘略短于长节。螯足较步足粗壮，较大雄性个体尤为明显。雄性第 1 腹肢末端有短毛且极度弯向腹部，或者末端有长毛且略弯向腹部。

滨蟹属世界已知 22 种，中国海域分布有 6 种，胶州湾及青岛邻近海域发现有 1 种。

95. 毛额滨蟹 *Halicarcinus setirostris* Stimpson, 1858

Rhynchoplax setirostris Stimpson, 1858b: 109; Sakai, 1934: 290, figs. 5c, 7; 1938: 198, fig. 2; Shen *et* Dai, 1964: 35; Sakai, 1965: 63, pl. 25, fig. 3; Kim, 1973: 510, 660, fig. 233, pls. 99 (181a-b); Sakai, 1976: 148, figs. 76b, 77, pl. 46 (3).
Halicarcinus yangi Shen, 1932: 279, figs. 169-171; 1936: 60; 1937a: 168.
Halicarcinus setirostris Lucas, 1980: 163 (key), 177 (list); Dai *et* Yang, 1991: 115, fig. 58; Takeda *et al.*, 2000: 138; Yang *et al.*, 2008: 778.

标本采集地：胶州湾湾口。

特征描述：头胸甲呈卵圆形，表面平滑，具稀疏刚毛，沿边缘隆起，胃区、心区之间有明显横沟。额分 3 叶，中叶窄长而锐突，略向上翘，边缘具刚毛，侧叶短小，呈锐齿状。眼窝后齿小而锐，颊区角突显著。前侧缘具 2 齿，前齿低而钝，后齿较突而锐。第 3 对颚足掩盖口框的全部。雌性螯足瘦长，长节与腕节的背缘具

图 98a　慈母互敬蟹　*Hyastenus pleione*

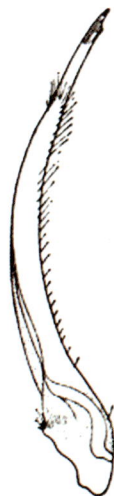

图 98b　慈母互敬蟹　*Hyastenus pleione*（♂）（仿 Dai *et al.*, 1986）
第 1 腹肢

（五十四）剪额蟹属 Genus *Scyra* Dana, 1851

头胸甲后部宽，近梨形。背面凹凸不平，有瘤状突起但无刺。额刺十分宽扁，末端极剧收窄成为尖锐的刺，相互分离。眼窝小，眼窝和肝区布满褶皱。背眼窝缘与眼窝间无棘。背眼窝缘上可见一刺，被一条窄缝与从眼窝分割出来。第 2 触角基节较宽，近似长方形。螯足粗壮；长节和腕节具有突起，指尖锐。步足较长，近似圆柱形，具有突起。雌雄的腹部均为 7 节。

剪额蟹属世界已知 3 种，中国海域分布有 1 种，胶州湾及青岛邻近海域发现有 1 种。

99. 扁足剪额蟹 *Scyra compressipes* Stimpson, 1857

Scyra compressipes Stimpson, 1857: 218; Miers, 1886: 63, pl. 7, fig. 4; Yokoya, 1928: 770; Sakai, 1938: 287, fig. 38; 1965: 82, pl. 37, fig. 2; Kim, 1973: 538, 666, fig. 252, pl. 53 (200); Sakai, 1976: 229, pl. 78, fig. 1; Dai *et* Yang, 1991: 144, pl. 17 (2), fig. 73; Yang *et al.*, 2008: 777.

标本采集地：青岛。

特征描述：头胸甲呈三角形，背面隆起，分区甚明显；胃区大而圆，表面

图 99a　扁足剪额蟹 *Scyra compressipes*

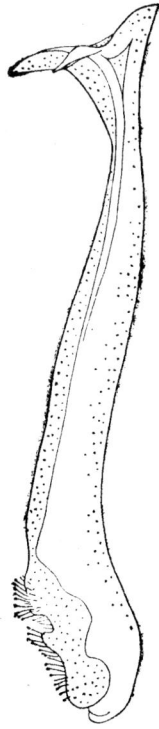

图 99b　扁足剪额蟹 *Scyra compressipes*（♂）（仿 Dai *et al.*, 1986）
第 1 腹肢

几乎光滑，共具 5 枚小突起，中线 3 枚（其中间一枚不明显）、两侧各一枚。肝区与眼窝缘相连，具一枚锐刺。心区及肠区中等隆起，各具一枚突起。鳃区具 3 枚突起，排成一斜列。前、后侧缘之间具一大刺。额分 2 齿，形如剪刀，扁而薄。眼前刺尖锐，但很短。颊区有 3 枚小而锐的叶状齿。第 3 颚足长节短，基部窄，末部宽，外末角突出，座节长大于宽，内末角呈圆形突出。螯足比步足粗壮，长节呈棱柱形，具 4 条隆脊，各脊薄锐，并有几枚突起，而腹外缘脊的突起不清楚。腕节小，内缘脊突出，外侧面有 2～3 条不规则的脊。掌侧扁，光滑，边缘薄，内、外侧面中部隆起，指光滑，合拢时无缝隙，内缘有 8～11 枚齿。步足各节边缘均有不规则的毛（短毛、长毛、棒状毛），指尖而弯，后缘毛下有 2 列小齿。两性腹部均分为 7 节。雄性第 1 腹肢瘦长，末端宽，分 2～3 叉。头胸甲长 25.0mm，宽18.0mm。

生态习性：栖息于泥沙、软泥或沙碎壳。水深 10～160m。

地理分布：中国（黄海，渤海，东海近岸）；朝鲜；日本。

二十九、尖头蟹科 Family Inachidae MacLeay, 1838

不具眼窝，眼柄长，或者不能收缩，或收缩靠近头胸甲两侧或靠近尖锐的后眼窝刺，但不能隐藏。第 2 触角基节细长。

尖头蟹科世界已知 35 属 192 种，中国海域分布有 13 属 35 种，胶州湾及青岛邻近海域发现有 1 属 1 种。

（五十五）英雄蟹属 Genus *Achaeus* Leach, 1817

头胸甲呈三角形，胃区及心区隆起，顶上有颗粒状突起。额分为 2 短齿。雄性腹部第 6、第 7 节愈合。螯足长节、腕节、掌节粗壮。步足各节细管形。

英雄蟹属世界已知 39 种，中国海域分布有 9 种，胶州湾及青岛邻近海域发现有 1 种。

100. 有疣英雄蟹 *Achaeus tuberculatus* Miers, 1879

Achaeus tuberculatus Miers, 1879: 25; Sakai, 1934: 293; Shen, 1937b: 285, fig. 4; Sakai, 1938: 214, figs. 7a-c, pl. 22 (3); Shen *et* Dai, 1964: 37; Sakai, 1965: 67, pl. 27, fig. 4; Kim, 1973: 520, 662, fig. 240, pl. 51 (187); Sakai, 1976: 160, figs. 83a-b, pl. 49 (2); Dai *et* Yang, 1991: 122, pl. 13 (3); Yang *et al.*, 2008: 778.

标本采集地：青岛。

特征描述：头胸甲呈圆三角形，前 1/3 窄小，后 1/3 宽呈圆形。分区明显，各区均隆起，它们之间均有浅沟相隔；胃区隆起，中央具一枚突起；心区具一枚圆锥形突起，这枚突起常分成 2 枚，左右排列，在后面斜坡上有一枚小突起；肝区呈钝状突起，其外缘常分为 2 小叶，肝叶后有一缺刻。额缘由中央缺刻分成 2～3 小细叶，其末端向内弯。眼柄瘦长，眼窝后面强收缩。鳃区侧面有几枚小突起。颊区具一列 3～4 枚突起，呈弧形排列，以后面 2 枚较大。螯足粗壮，长节微弯曲，内缘有齿状突起，外缘，有短卷毛，背缘有几枚颗粒。腕内缘具一齿状突起，背缘有 2～3 个颗粒，掌长大于宽，背缘有小刺。指短于掌，两指内缘均有细齿。步足非常纤细，以第 1 对为最长，末对最短，前两对的指节较直，其末端稍向内弯，末 2 对指节呈镰刀状，内缘有齿。雄性腹部分 6 节；第 1 节粗短，第 2 节较第 1 节宽短，第 3 节最宽，第 4、第 5 节逐渐窄，第 6、第 7 节愈合呈宽三角形，各节中线均有一枚小突起。雌性腹部分为 6 节（第 6、第 7 节愈合），中线有 5 枚突起，前 3 个明显，后 2 个不明显。螯足基部的胸部腹甲每边有一钝突起，突起上有刚毛。头胸甲长 11.0mm，宽 8.1mm。

生态习性：栖息于褐色泥沙、细沙、软泥及砾石碎壳。水深 16～200m。

地理分布：中国（黄海，渤海，东海）；朝鲜；日本。

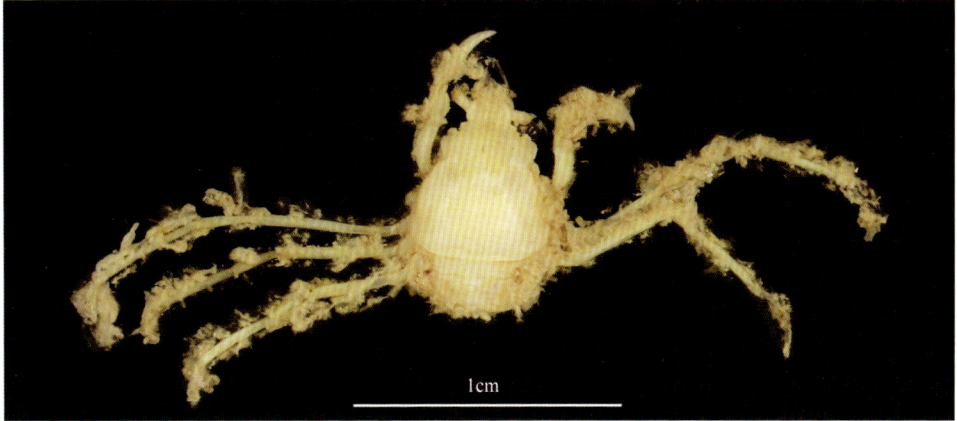

图 100a　有疣英雄蟹 *Achaeus tuberculatus*

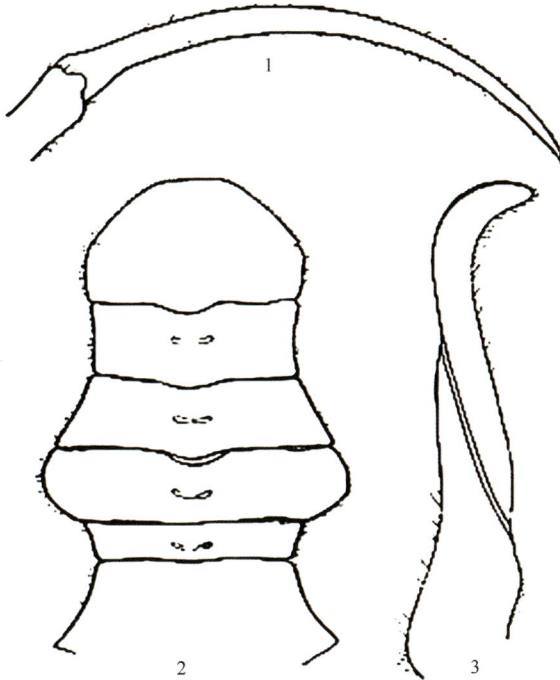

图 100b　有疣英雄蟹 *Achaeus tuberculatus*（♂）
1. 第 4 步足指节；2. 腹部；3. 第 1 腹肢

虎头蟹总科 Superfamilv Orithyoidea Dana, 1852

三十、虎头蟹科 Family Orithyiidae Dana, 1852

头胸甲近卵圆形，长大于宽，侧缘具壮齿。额约与眼窝等宽。第 1 触角斜折；第 2 触角小。第 3 颚足长节窄三角形，外肢不具鞭。外眼窝齿尖锐。螯足不等称。前 3 对步足适于爬行；末对步足指节桨状，适于游泳。成年雌性腹部仍不能遮盖生殖孔。

虎头蟹科世界仅有 1 属 1 种。

（五十六）虎头蟹属 Genus *Orithyia* Fabricius, 1798

头胸甲呈长卵圆形，长大于宽；背面隆起，前部密布粗颗粒，后部为细颗粒，分区显著，各区有疣状突起 14 枚。额具 3 枚锐齿，中齿大而突起。眼窝大而深凹，外眼窝齿尖锐。两性螯足不对称，前 3 对步足适于爬行，末对适于游泳。

虎头蟹属世界仅有 1 种。

101. 中华虎头蟹 *Orithyia sinica* (Linnaeus, 1771)

Cancer sinicus Linnaeus, 1771: 2995

Orithyia mammilaris Fabricius, 1793: 363; Balss, 1922: 152; Shen, 1931: 106, pl. 9, figs. 1-3; 1932b: 30, figs. 18-19, pl. 3 (1); 1937a: 169; Shen *et* Dai, 1964: 13.

Orithyia sinica Urita, 1926b: 436; Kim, 1973: 325, 617, fig. 112, pl. 17 (79); Sakai, 1976: 143, fig. 75; Dai *et* Yang, 1991: 113, fig. 57, pl. 12 (8); Yang *et al.*, 2008: 781.

标本采集地：胶州湾（南部、东北部）。

特征描述：头胸甲呈卵圆形，长大于宽；背面隆起，密布粗颗粒，但后部颗粒较细，分区显著，各区都有对称的疣状突起，约 14 枚。额具 3 枚锐齿，中齿大而突出。眼窝大，凹深，上眼窝缘有 2 钝齿和颗粒，外眼窝齿较大，下内眼窝齿粗壮。前侧缘有 2 枚疣状突起；后侧缘具 3 刺，末刺最小。两性螯足均不对称，长节内缘末端具一刺，背缘、外缘近末端各具一刺，以外缘一枚为锐长。腕节内缘有 3 刺，中齿锐长。掌节背面中央末端有一刺，背缘有 2 刺。较大螯足的可动指短于不动指. 两指内缘有钝齿，基半部的齿粗大；较小的螯足其两指内缘的齿较细。第 4 步足呈桨状，末 2 节宽扁，指节卵圆形。两性腹部均分为 7 节，第 1 节

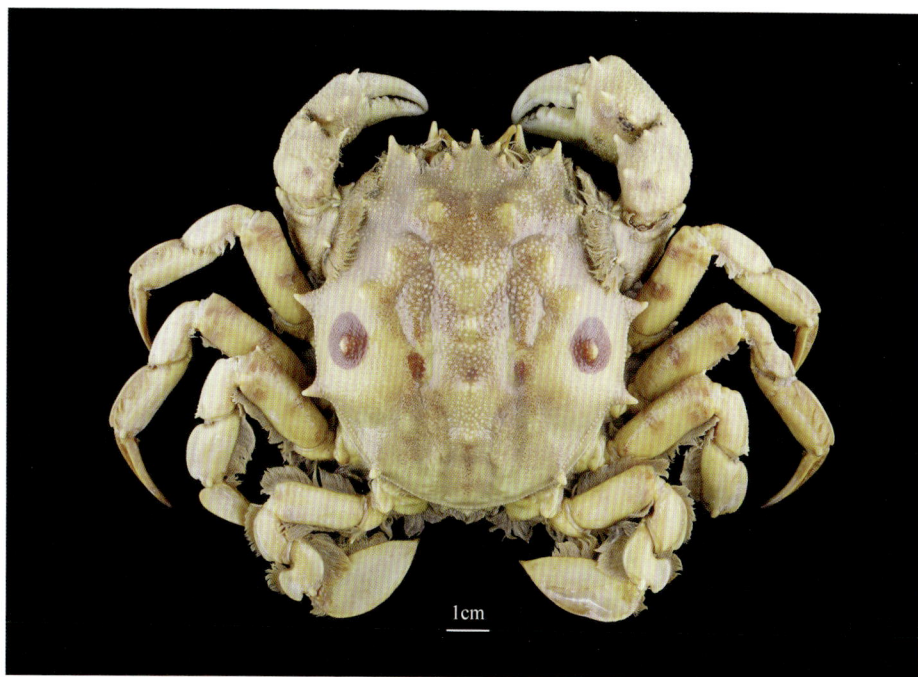

图 101a　中华虎头蟹 *Orithyia sinica*

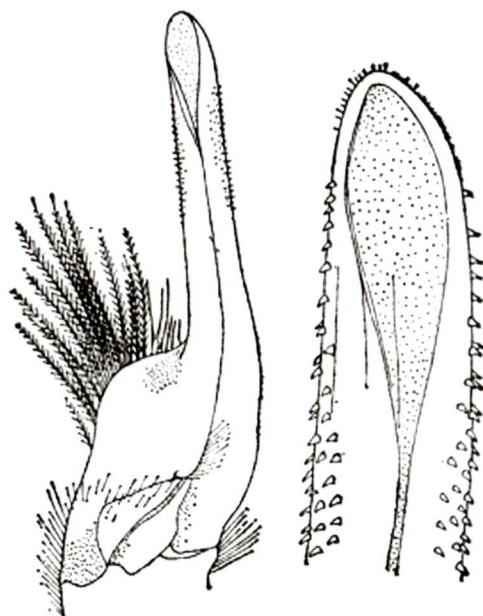

图 101b　中华虎头蟹 *Orithyia sinica*（♂）（仿 Dai *et al.*, 1986）
第 1 腹肢及末端放大

中部具一突起；第 2～第 3 节具 3 枚突起，以中央一枚为锐长，突起之间有粗颗粒。雄性第 1 腹肢粗壮，末端具小齿。生活时全身为褐黄色。鳃区各具一枚紫红色乳斑。头胸甲长为 81.0mm，宽 73.0mm。

生态习性：生活于浅海泥沙底。

地理分布：中国沿海；朝鲜。

菱蟹总科 Superfamily Parthenopoidea MacLeay, 1838

三十一、菱蟹科 Family Parthenopidae MacLeay, 1838

体躯甲壳十分坚硬，不具钩状毛，头胸甲一般呈三角形或五角形。眼窝完整，眼小而能收缩。第 2 触角基节一般很小，不与口前板或额部愈合。螯足不甚活动，一般较步足大。雄性生殖孔位于步足底节。

菱蟹科世界已知 40 属 160 种，中国海域分布有 11 属 29 种，胶州湾及青岛邻近海域发现有 1 属 1 种。

（五十七）武装紧握蟹属 Genus *Enoplolambrus* A. Milne-Edwards, 1878

头胸甲近三角形或菱形，宽大于长；各分区明显且隆起，背面布满颗粒。第 2 触角基节很短，不抵达眼窝内角。前鳃区扩张，遮盖部分步足。外眼角锐。肝区、鳃区边缘之间有 1 缺刻，前鳃区最后一齿通常较大并指向后方。螯足长大，长节内、外边缘平行。

武装紧握蟹属世界已知 7 种，中国海域分布有 3 种，胶州湾及青岛邻近海域发现有 1 种。

102. 强壮武装紧握蟹 *Enoplolambrus validus* (De Haan, 1837)

Parthenope (*Lambrus*) *valida* De Haan, 1833-1849 (1837): pl. 21 (1), 22, (1), F; 1833-1849 (1839): 90.

Lambrus validus Adams *et* White, 1848: 29; Balss, 1922: 134; Shen, 1931: 109, pl. 10, fig. 3; 1932b: 41 (part); Sakai, 1934: 299; Shen, 1937a: 169; Shen *et* Dai, 1964: 43; Sakai, 1965: 93 (part), pl. 43, fig. 1.

Lambrus (*Platylambrus*) *validus* Sakai, 1938: 330, pl. 39, fig. 1 (not pl. 33, fig. 4).

Parthenope (*Platylambrus*) *validus* Kim, 1973: 555, 670, figs. 262-263, pl. 55 (211); Dai *et* Yang, 1991: 163, fig. 81B (3), pl. 20 (3).

Enoplolambrus validus Ng *et al.*, 2008: 130; Yang *et al.*, 2008: 782.

标本采集地：青岛。

特征描述：头胸甲宽卵圆形；分区明显，中部各区（胃区、心区和肠区）及鳃区均隆起，并有深沟隔开，背面有颗粒及疣状突起，胃区、心区共有 3 枚较大突起。额呈三角形突出，背面中线有宽而浅的沟，此沟延至胃区。鳃区具 2 斜列颗粒隆

图 102a　强壮武装紧握蟹 *Enoplolambrus validus*

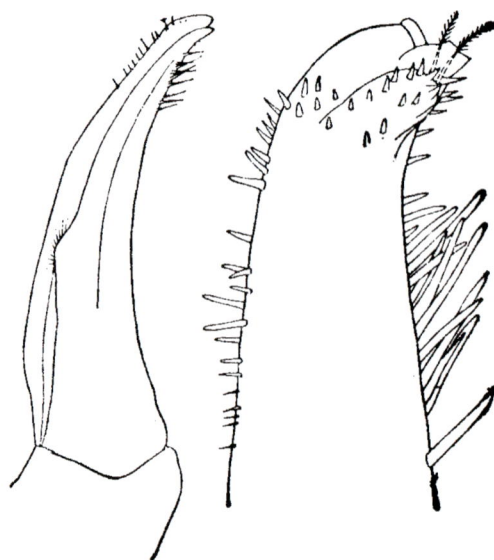

图 102b　强壮武装紧握蟹 *Enoplolambrus validus*（♂）（仿 Dai *et al.*, 1986）

第 1 腹肢及末端放大

脊，隆起部表面有颗粒及突起，而在低洼处或沟处均较光滑，但鳃区及胃区、心区、肠区之间的沟常有几枚颗粒。前侧缘在前 1/3 处有一缺刻，成体有一小齿，幼体标本无齿；后 2/3 处是 7 枚齿，自前至后逐渐增大，末齿大而锐。后侧缘有 2 齿，前后排列，前者大，后者小。后缘有 3 枚突起（齿），边缘均有小齿。螯足粗壮，长短不一，雄性螯足长为头胸甲长的 3 或 4 倍，雌性小于 4 倍，年幼个体相对较短。长节前、后缘各有一列齿；其数量及大小有个体差异，背面中线具一列齿。掌瘦长，末端较基部为宽，内外缘及背缘各有一列钝齿。两螯的可动指基半部有锐齿，较大螯足两指内缘有较大钝齿，而较小的螯足内缘无大钝齿，仅有小齿。步足短小，各节边缘有齿，指节密具短绒毛末端除外。头胸甲长 29mm，宽 36mm。

生态习性：栖息于水深 30～200m 的浅海海底，有时潮间带可采到，但不常见。

地理分布：中国沿海；日本；朝鲜；新加坡；澳大利亚；萨摩亚群岛。

毛刺蟹总科 Superfamily Pilumnoidea Samouelle, 1819

三十二、静蟹科 Family Galenidae Alcock, 1898

头胸甲轮廓近似四边形，前部和后部强烈隆起，两侧之间微微隆起；分区不明显，表面光滑或在部分区域稍有颗粒。前侧缘较弯曲，分为四叶。额宽小于头胸甲最宽处的 1/2。额向下倾斜弯曲，分为 2 或 4 叶。第 1 触角近乎横向折叠；第 2 触角基节宽，极短，几乎不及额部。口前板无脊。成体雄性的螯大而不对称，指尖锐。腹部均为 7 节。

静蟹科世界已知 4 属 12 种，中国海域分布有 3 属 5 种，胶州湾及青岛邻近海域发现有 1 属 1 种。

（五十八）精武蟹属 Genus *Parapanope* De Man, 1895

头胸甲宽显著大于长，近五角形；表面分区明显。前侧缘较薄，分 4 宽叶。额窄，约为头胸甲宽的 1/5，分 2 叶，每叶前缘凹陷。第 2 触角基节与前额接触。螯足十分粗壮。雄性腹部 7 节，3～5 节不相愈合。雄性第 1 腹肢纤细，略呈"S"形。

精武蟹属世界已知 6 种，中国海域分布有 1 种，胶州湾及青岛邻近海域发现有 1 种。

103. 贪精武蟹 *Parapanope euagora* De Man, 1895

Parapanope euagora De Man, 1895: 514; Shen, 1937b: 293, fig. 8; 1937a: 170; Sakai, 1976: 434, pl. 156, fig. 3; Dai *et* Yang, 1991: 302, fig. 158 (1), pl. 39 (1); Yang *et al.*, 2008: 783.

Hoploxanthus hextii Alcock, 1898: 126; 1899d: pl. 37, figs. 1, 1a.

标本采集地：胶州湾（南部、东北部、湾口）及竹岔岛。

特征描述：头胸甲宽大于长，略呈六角形，边缘均有细颗粒；分区较明显，各区有密集颗粒，且较隆起。额部突出，中央有一浅缺刻分成两叶，每叶前缘中部内凹，侧叶与外眼窝齿之间有缺刻。腹内、外眼窝齿自背面可见。前侧缘具 4 个三角形齿（不包括外眼窝齿），第 1 齿小而低，第 2～第 4 齿较宽而突出，齿距近等；后侧缘斜直，近后侧缘背面有一条斜行颗粒脊，与后侧缘相平行；后缘甚宽，且平直。螯足不等大，长节背缘有粗颗粒。腕节内末角有一钝齿。掌外侧面光滑，背面有 3 条纵行颗粒脊，近内侧一条颗粒粗大，有时颗粒呈齿状。两指内缘有钝齿，末半部呈黑标色。步足各节较瘦长，长节边缘有软毛。末两节边缘均有长刚毛，指节侧扁，末端为角质。雄性腹部呈长三角形。雄性第 1 腹肢弯曲。头胸甲长 15.6mm，宽 21.1mm。

生态习性： 栖息于潮间带至水深 35m 的沙、碎壳的浅海海底或浅水珊瑚礁。

地理分布： 中国沿海；日本；朝鲜；印度尼西亚；印度。

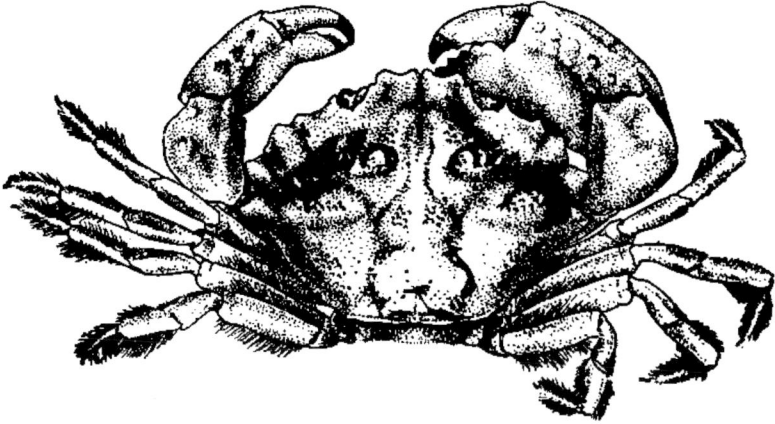

图 103a 贪精武蟹 *Parapanope euagora*

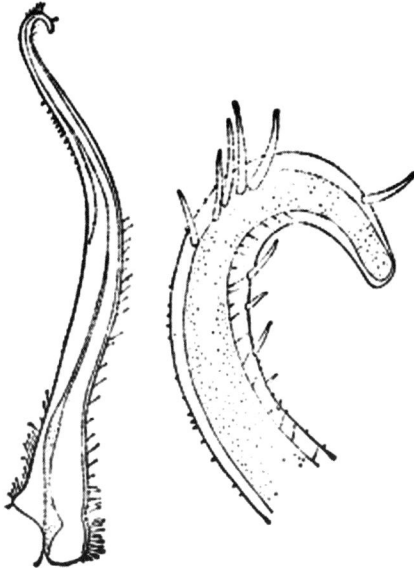

图 103b 贪精武蟹 *Parapanope euagora*（♂）（仿 Dai *et al.*, 1986）
第 1 腹肢及末端放大

三十三、毛刺蟹科 Family Pilumnidae Samouelle, 1819

头胸甲中等宽。前侧缘短于后侧缘。雄性第 2 腹肢很短，不到第 1 腹肢的 1/2，有时超出第 1 腹肢的 1/2。雄性腹部长而窄，雄性生殖孔在步足底节或底节一腹甲上。

毛刺蟹科世界已知 69 属 396 种，中国海域分布有 31 属 76 种，胶州湾及青岛邻近海域发现有 4 属 6 种。

（五十九）毛刺蟹属 Genus *Pilumnus* Leach, 1816

头胸甲六角形，横四边形或横卵圆形，背面隆凸，光滑或具刺。前侧缘通常具 1～4 齿或叶。额缘完整或分叶。口板两侧出鳃水道内缘全长具隆脊，此隆脊延伸至口腔前缘。雄性腹部 7 节，可动。雄性第 1 腹肢纤细，"S" 形，末部简单，第 2 腹肢很短，"S" 形。

毛刺蟹属世界已知 140 种，中国海域分布有 20 种，胶州湾及青岛邻近海域发现有 3 种。

104. 小型毛刺蟹 *Pilumnus spinulus* Shen, 1932

Pilumnus spinulus Shen, 1932b: 107, fig. 62; 1937b: 289, figs. 6a-c, 6e-f; Dai *et* Yang, 1991: 365, fig. 177 (1), pl. 49 (3); Yang *et al.*, 2008: 785.

标本采集地：胶州湾（南部、湾口），麦岛，崂山港，薛家岛，竹岔岛，大公岛及小公岛。

特征描述：头胸甲宽大于长，背面隆起，密具短毛及几撮较长刚毛，去毛后，分区较明显。额较宽，分两叶，各叶前缘稍倾斜，边缘有锯齿。背眼窝缘有细颗粒，外眼窝齿小而锐，腹眼窝有锯齿，内齿尖锐，自背面可见。前侧缘短于后侧缘，共具 5 刺（2 小 3 大），末端向前弯，后面 3 个刺大小略等，其基部均有几枚小刺；后侧缘斜直；后缘宽，向后突出。螯足不对称，长节外侧面及腹面均有细颗粒，背缘有 6 枚细锯齿，末端及近末端各具一刺。腕节背面有小刺，内末角有小齿，其中一枚较突出。掌长大于宽，密具小刺。两指内缘均有钝齿。可动指基半部有小刺。较小螯足的刺比较大螯足锐长。步足以第 3 对为最长，各节边缘有短毛。雄性腹部呈锐三角形；雌性呈长卵圆形。雄性第 1 腹肢瘦长，末端呈钩状。

头胸甲长 8mm，宽 11.8mm。

　　生态习性：栖息于潮间带低潮线的海底，在有泥及水草的石块下采获。

　　地理分布：中国（山东半岛沿岸）。

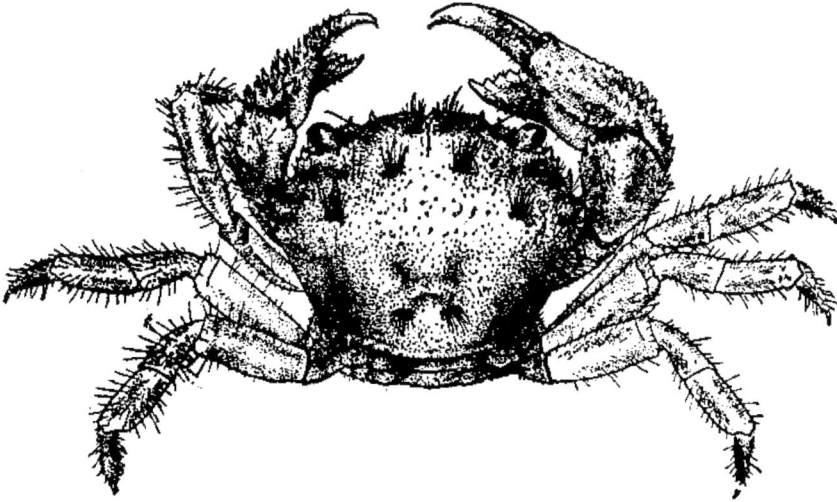

图 104a　小型毛刺蟹 *Pilumnus spinulus*

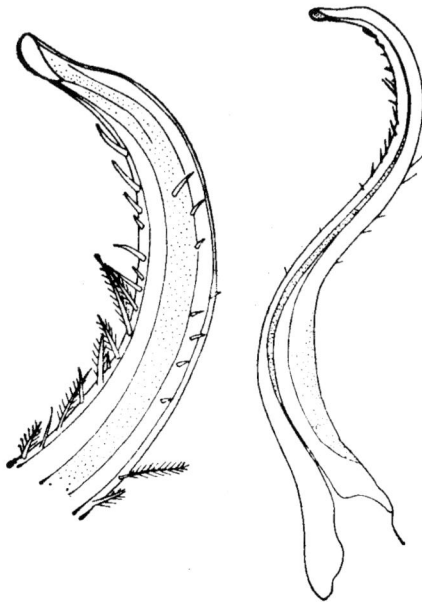

图 104b　小型毛刺蟹 *Pilumnus spinulus*（♂）（仿 Dai *et al.*, 1986）
第 1 腹肢及末端放大

105. 团岛毛刺蟹 *Pilumnus tuantaoensis* Shen, 1948

Pilumnus tuantaoensis Shen, 1948: 107, figs. 1-2; Dai *et* Yang, 1991: 368, pl. 49 (6); Yang *et al.*, 2008: 785.

标本采集地： 青岛。

特征描述： 体小，密覆绒毛、硬刚毛及刷状短毛。头胸甲宽大于长，分区很不明显。额较宽，稍大于头胸甲宽的 1/3，其前缘中线有一"V"形缺刻，分成 2 叶，各叶均有刺状颗粒，最外侧的颗粒最大。背眼窝缘具锯齿。前侧缘有 4 齿（包括外眼窝齿），第 1 齿小，与第 2 齿之间有几枚小齿（或小颗粒），第 2、第 3 齿呈锐三角形，末齿小但比第 1 齿大。螯足不对称，较大螯足长节背缘有细锯齿。腕节背面有小齿，近外侧有锐齿。掌背面有 2 列小刺，而外侧面则有 4～5 行小齿，各列齿间又有小齿，这些齿均属无规则。可动指背面基部有 2 列颗粒，各列具几枚颗粒，内缘有 5～6 个不明显钝齿。较小螯足形状与较大螯足相似，但末 3 节表面的齿更为尖锐。步足瘦长，以第 3 对为最长，各节均有短毛；第 1 步足长节前

图 105a　团岛毛刺蟹 *Pilumnus tuantaoensis*

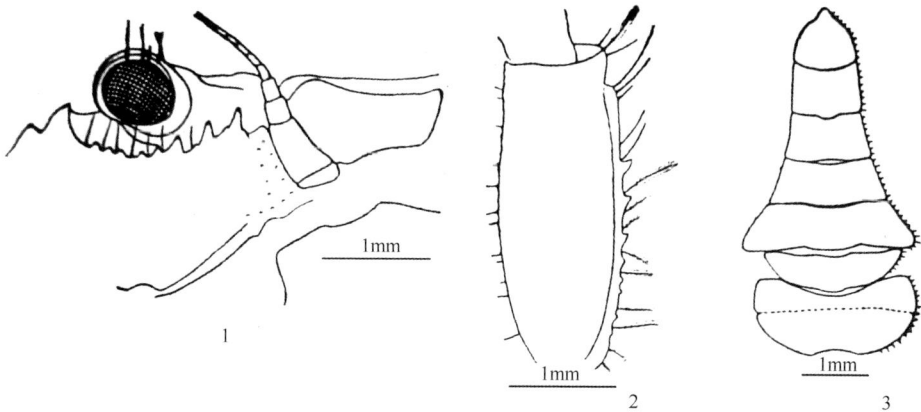

图 105b　团岛毛刺蟹 *Pilumnus tuantaoensis*（♂）（仿 Shen, 1948）
1. 下眼窝缘；2. 左侧第 2 步足长节；3. 腹部

缘有小锯齿，其他几对这些齿少而不明显，末 3 对表面有许多硬毛、雄性腹部呈钝三角形，有绒毛。雄性第 1 腹肢向内弯曲，末半部具 2 纵列小刺，但末端无刺。头胸甲长 7.3mm，宽 9.1mm。

生态习性：栖息于潮下带水深 19～53m 的泥沙及石砾海底。

地理分布：中国（山东半岛）。

106. 小巧毛刺蟹 *Pilumnus minutus* De Haan, 1835

Cancer (*Pilumnus*) *minutus* De Haan, 1833-1849 (1833): pls. 3 (2), B; 1833-1849 (1835): 50.

Pilumnus hirsutus Stimpson, 1858a: 37; Miers, 1879: 31; Ortmann, 1893: 437; Alcock, 1898: 197; Balss, 1922: 117; Yokoya, 1928: 773.

Pilumnus minutus A. Milne-Edwards, 1872: 250; Sakai, 1934: 307; 1939: 535, fig. 53, pls. 64 (2), 100 (9); Kim, 1973: 395, 633, fig. 155, pl. 83 (117a-d); Sakai, 1976: 487, fig. 260, pl. 174 (2); Dai *et* Yang, 1991: 367, fig. 178, pl. 49 (5); Takeda *et al.*, 2000: 137, 138; Yang *et al.*, 2008: 785.

Pilumnus minutus (?) var. *hirsutus* Miers, 1886: 154.

采集地点：青岛。

特征描述：头胸甲背部隆起，分区不明显，表面覆以短绒毛，有时具成簇的羽状刚毛。额缘中央具一浅的缺刻，分成 2 叶，各叶的边缘斜直，具有细锯齿。背内眼窝齿钝，外眼窝齿分成 2 个锐齿，但基部相连腹内眼窝突出。前侧缘短于后侧缘，共具 3 齿（不包括外眼窝齿），齿间有小齿；后侧缘稍凹。第 3 颚足长节外角突出，口腔外侧表面有一粗颗粒。螯足很不对称，长节背缘有锯状齿，近末端及末端各具一锐刺，外侧面有颗粒。腕节背面具粗颗粒，内、外角各具一锐刺。较大螯足掌节内、外侧面的上半部具齿状突起，下半部较光滑。两指内缘具大钝齿。较小螯足的腕及掌节锐利。两指内缘具钝齿。步足、腕节前缘近末端处具一

图 106a　小巧毛刺蟹 *Pilumnus minutus*

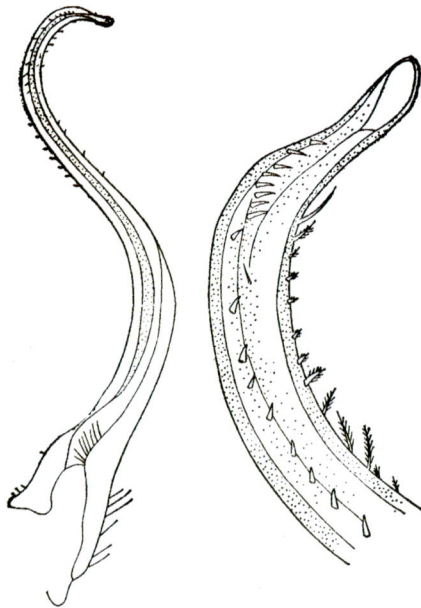

图 106b　小巧毛刺蟹 *Pilumnus minutus*（♂）（仿 Dai *et al.*, 1986）
第 1 腹肢及末端放大

锐刺。雄性腹部呈长三角形。第 1 腹肢末 1/3 非常弯，末端有长刚毛。头胸甲长 9.3mm，宽 12.3mm。

生态习性：栖息于潮间带的低潮线至潮下带水深 10～50m 的泥沙或泥质海底的岩石缝或海绵中。

地理分布：中国（山东半岛，广东沿岸）；朝鲜；日本；马来群岛。

（六十）毛粒蟹属 Genus *Pilumnopeus* A. Milne-Edwards, 1863

头胸甲中等宽，背面光滑，稍隆起，分区不清，具数列具毛的横隆脊。额宽约为头胸甲宽的 1/3，分两叶，每叶的内侧隆起，外侧具小叶。第 2 触角基节不触及，或刚触及额部。前侧缘通常短于后侧缘，分成数齿，无刺。螯足比步足粗大。

毛粒蟹属世界已知 10 种，中国海域分布有 2 种，胶州湾及青岛邻近海域发现有 1 种。

107. 马氏毛粒蟹 *Pilumnopeus makiana* (Rathbun, 1931)

Heteropanope makiana Rathbun, 1931: 80, pl. 11, figs. 31-32; Shen, 1932b: 103, figs. 59-61, pl. 2 (6); Sakai, 1934: 306, fig. 18; Shen, 1937a: 170.

Pilumnopeus makiana Balss, 1933: 33; Sakai, 1939: 543, fig. 57; 1976: 501, pl. 178, fig. 3; Dai *et* Yang, 1991: 375, fig. 182 (2), pl. 50 (5); Yang *et al.*, 2008: 785.

Heteropanope (*Pilumnopeus*) *makiana* Kim, 1973: 402, 635, fig. 159, pl. 30 (121).

标本采集地：胶州湾（东北部、湾口）。

特征描述：头胸甲呈横卵圆形，宽稍大于长，背面隆起，有横斜行颗粒隆脊。背面有毛，后半部较光滑。额缘中央有一"V"形缺刻，分成两叶，每叶前缘向侧面倾斜，边缘均有小齿。眼窝深，背眼窝缘有颗粒，腹眼窝缘有小刺，外眼窝齿小而不明显。前侧缘短于后侧缘，共具 4 个大小不等的三角形齿，各齿边缘有细颗粒。螯足很不对称。长节粗短，腕节背面十分隆起，有粗颗粒，内末角末端具一小刺。掌长大于宽，密集粗颗粒（除内、外侧面的末下部外）较大螯足不动指的齿大，背面有粗颗粒。步足瘦长，各节边缘均有短毛。两性腹部均分 7 节，雄性窄长，雌性呈长卵圆形。雄性第 1 腹肢弯向外上方，末端呈钩状。头胸甲长 9.8mm，宽 13.7mm。

生态习性：栖息于潮间带低潮线至潮下带水深 30～40m 的石块下或有水草的泥底。

地理分布：中国（辽东半岛，山东半岛，福建，台湾等沿岸）；日本；朝鲜。

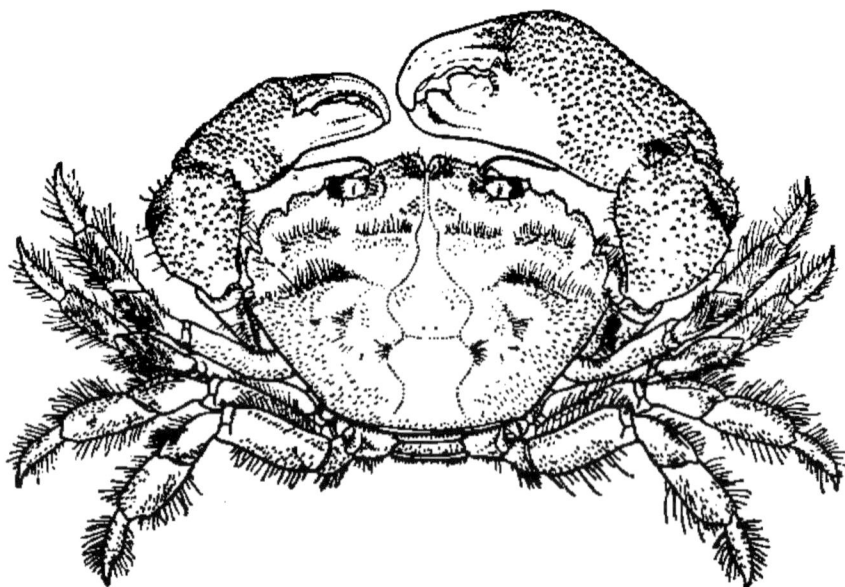

图 107a　马氏毛粒蟹 *Pilumnopeus makiana*

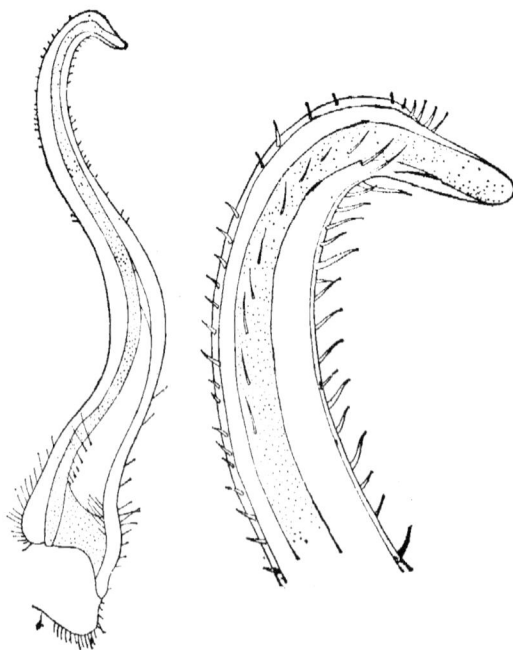

图 107b　马氏毛粒蟹 *Pilumnopeus makiana*（♂）（仿 Dai *et al.*, 1986）
第 1 腹肢及末端放大

（六十一）异毛蟹属 Genus *Heteropilumnus* De Man, 1895

头胸甲近方形。背部略凹，分区可辨，表面覆盖软毛。螯足和步足有刚毛。前侧缘有截形或浑圆的齿。额被一刻痕分为两叶。第 1 触角近乎横向折叠。螯足不对称，掌外侧有粗糙、突起的颗粒。步足较为瘦长。雄性腹部较窄。

异毛蟹属世界已知 19 种，中国海域分布有 2 种，胶州湾及青岛邻近海域发现有 1 种。

108. 披发异毛蟹 *Heteropilumnus ciliatus* (Stimpson, 1858)

Pilumnoplax ciliata Stimpson, 1858b: 94.

Heteropilumnus ciliatus Balss, 1933: 42; Sakai, 1939: 539, pl. 66, fig. 3; 1965: 160, pl. 79, fig. 3; Kim, 1973: 396, 634, fig. 156, pl. 30 (118); Sakai, 1976: 492, pl. 176, fig. 3; Dai *et* Yang, 1991: 373, pl. 50 (2); Yang *et al.*, 2008: 785.

Heteropilumnus cristadentatus Shen, 1936: 65, fig. 2; 1937a: 168.

标本采集地： 胶州湾（南部、湾口）。

特征描述： 体密覆长刚毛和绒毛。头胸甲扁平，前 2/3 较后 1/3 稍隆起，背面除浅沟外，分区不明显，去毛后分区可辨。胃区及心区两侧有小凹点。额附近及前侧缘有分散而不明显的突起。额窄，前缘中央有一浅缺刻，分成两叶，侧角不突出与内眼窝角没有明显界线。前侧缘具 4 齿：第 1 齿宽而斜切，边缘有几

图 108a　披发异毛蟹 *Heteropilumnus ciliatus*

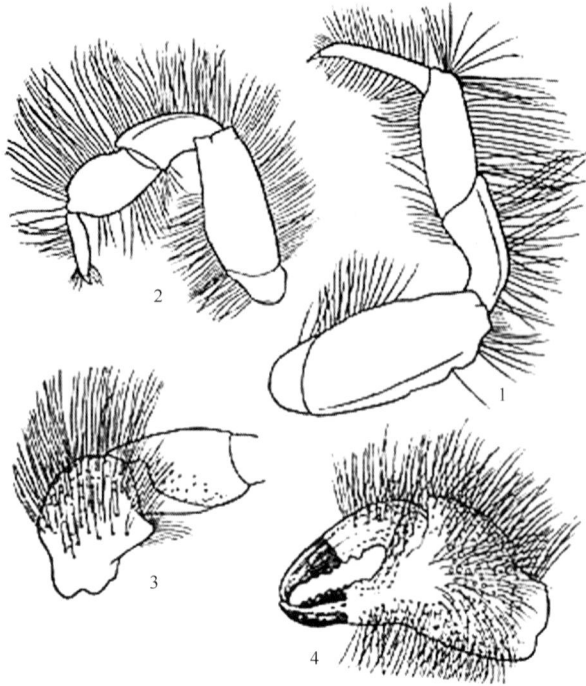

图 108b　披发异毛蟹 *Heteropilumnus ciliatus*（仿 Shen, 1936）
1. 第 3 步足；2. 第 4 步足；3. 螯足腕节与长节；4. 大螯

枚颗粒；第 2、第 3 齿钝，末齿小而钝。螯足长节粗短，边缘有颗粒。腕节背面有颗粒，内角具一钝齿。掌的外侧面的基半部具粗颗粒，末半部中间及两指基部均光裸无毛，无颗粒。两指末半部呈咖啡色，内缘有钝齿，可动指背面有颗粒。步足侧扁，以第 3 对为最长，长节前缘有脊，各节均密具长毛。雄性腹部分为 7 节，尾节呈钝三角形。雌性腹部分 7 节，形状与雄性相似，仅稍宽。雄性第 1 腹肢弯向侧方，末部边缘有小刺。头胸甲长 5.7mm，宽 9mm。

生态习性：栖息于沿岸的泥底石块下。

地理分布：中国沿海；日本；朝鲜。

（六十二）拟盲蟹属 Genus *Typhlocarcinops* Rathbun, 1909

头胸甲近横长方形，侧缘圆拱。额强烈弯向腹面。眼窝圆形，眼柄短小，充满眼窝。第 3 颚足长节外末缘圆钝不突出。雄性腹部窄三角形，第 1 腹节很宽，能够覆盖末对步足底节之间的空隙，第 3 腹节的宽小于末对步足底节之间距。

拟盲蟹属世界已知 16 种，中国海域分布有 6 种，胶州湾及青岛邻近海域发现有 1 种。

109. 沟纹拟盲蟹　*Typhlocarcinops canaliculata* Rathbun, 1909

Typhlocarcinops canaliculata Rathbun, 1909: 112; Sakai, 1939: 571, fig. 67, pl. 68(2); 1976: 545, figs. 292a-b, pl. 195 (1); Yamaguchi *et al.*, 1976: 39, fig. 2 (5); Dai *et* Yang, 1991: 413, fig. 202 (1), pl. 55 (6); Takeda *et al.*, 2000: 138; Yang *et al.*, 2008: 786.

标本采集地：胶州湾湾口。

特征描述：头胸甲宽约为长的 1.3 倍，分区不明显，胃区-心区具不明显的"H"形沟。额缘中央有一小缺刻，分成 2 个圆叶，边缘具长刚毛。眼窝呈扁圆形，角膜稍有色素，自腹面可见。前侧缘很短而向前倾斜，不分齿但具粗颗粒；后侧缘几乎平行，具细颗粒；后缘宽。第 3 颚足长节的末外角不突出。螯足较粗壮，稍不对称，各节边缘具长软毛，长节呈三角形，内侧面有毛，外侧面边缘有颗粒，腹面具细颗粒，腹末外角有一钝状大突起。腕节外侧面光滑，内角突出，其上及附近有细颗粒。掌宽而扁，边缘薄脊状，背面附近有细颗粒，外侧面光滑。两指外侧面有一纵行隆脊，可动指基半部有 3 个齿突，它们之间又有小齿，末半部有 2～3 个不明显小齿，不动指有 3 个较大齿突，齿突之间及前、后均有小齿。步足瘦长各节边缘有长软毛，第 2、第 3 对几乎等长。第 1、第 4 对较短，长近等，指节呈尖爪状。雄性腹部分 7 节，第 1 节特别宽，完全覆盖末对步足之间的腹甲。雄性第 1 腹肢呈"S"形弯曲，末部有刺。头胸甲长 10mm，宽 13.1mm。

图 109a　沟纹拟盲蟹 *Typhlocarcinops canaliculata*

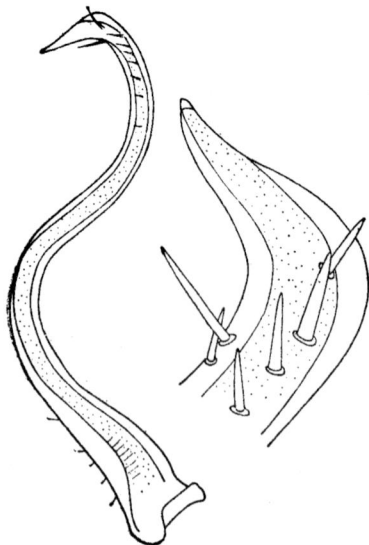

图 109b　沟纹拟盲蟹 *Typhlocarcinops canaliculata*（♂）（仿 Dai *et al.*, 1986）
第 1 腹肢及末端放大

生态习性：多数栖息于软泥，少数生活在泥沙和细沙底。水深 8～43m。
地理分布：中国（黄海，渤海）。

梭子蟹总科 Superfamily Portinoidea Rafinesque, 1815

三十四、梭子蟹科 Family Portunidae Rafinesque, 1815

头胸甲扁平或稍隆起，宽大于长，前侧缘末齿之间最宽。额宽，一般分齿或叶。第4对步足除少数种外，都能适于游泳。第1颚足内肢的内角有一小叶。第1触角斜折或横折；雄性生殖孔位于步足底节上。该科是经济上最重要的一科，全为海产，底栖生活于浅海或潮间带，种类很多。

梭子蟹科世界已知33属358种，中国海域分布有16属120种，胶州湾及青岛邻近海域发现有2属3种。

（六十三）梭子蟹属 Genus *Portunus* Weber, 1795

头胸甲略呈椭圆形或梭形，宽明显大于长，背面纵向稍隆曲，背面分区清楚，具隆脊或成群颗粒。额较窄，分2~6齿，通常4齿。眼柄长正常，前侧缘斜而弯曲，长于后侧缘。前侧齿通常9个，不呈大小交叉排列，最后1齿明显大于其余各齿，有2种前侧缘仅4齿。第2触角基节短，前外末角突出形成叶或刺，触角鞭在眼窝缝中。第3颚足外末角突出或不突出。螯足等称或近等称，长节前缘具刺，长于所有步足；腕节内外侧均具刺，掌节不十分肿胀，通常具隆脊，背缘及掌、腕交接处具刺。步足长而侧扁，末对步足桨状，掌节后缘无刺。雄性腹部三角形，第3至第5节愈合，雄性第1腹肢管状。

梭子蟹属世界已知70种，中国海域分布有21种，胶州湾及青岛邻近海域发现有1种。

110. 三疣梭子蟹 *Portunus trituberculatus* (Miers, 1876)

Portunus (*Neptunus*) *pelagicus* De Haan, 1833-1849 (1833): pl. A; 1833-1849 (1835): 37, pls. 9-10.
　　[Not *Portunus* (*Neptunus*) *pelagicus* Linnaeus, 1758]
Neptunus trituberculatus Miers, 1876: 221, 222; 1886: 172; Yokoya, 1928: 772.
Portunus trituberculatus Rathbun, 1902: 26; Shen *et* Dai, 1964: 48; Sakai, 1965: 116, pl. 54; Dai *et* Yang, 1991: 214, fig. 113 (2), pl. 26 (1); Yang *et al*., 2008: 788.
Portunus (*Portunus*) *trituberculatus* Shen, 1932b: 64, figs. 37-38, pl. 4 (1); Kim, 1973: 353, 623, fig. 126, pl. 21 (93); Sakai, 1976: 339, pl. 116.

标本采集地：胶州湾沿岸，麦岛，崂山港，竹岔岛及大公岛。

特征描述：头胸甲梭子形，背面中部较两侧稍微隆起，具分散的细颗粒，尤以额后至胃区、中鳃区及心区的颗粒粗壮，共具 3 枚突起，呈三角形排列，心区 2 枚并列，前面中央即胃区 1 枚。额分 2 刺。口前板向前突出呈一长刺，位于两额刺之间。背眼窝缘具 2 缝，内、外眼窝尖锐。腹内眼窝刺锐长。前缘侧共具 9 刺（包括外眼窝刺）：第 2～第 8 刺的形状大小相近，末刺锐长，伸向两侧，后侧缘向后收敛，后缘平直，与后侧缘交角钝圆。螯足长而粗壮，长节较长而扁平，前缘具 4 锐刺，进缘末端有一刺。腕节内、外缘末端各具一刺，近外缘有 3 条颗粒脊。掌节长，背面有 2 条颗粒脊，其末端各具一刺，外侧面有 3 条颗粒脊，最外一条在掌的近中部，延伸至不动指末端，它与腕节交接处有一刺，可动指背面有 2 条不明显的颗粒脊及浅沟，不动指的内外侧面中部有一沟，两指内缘均具钝齿。头胸甲长 71mm，宽 150.5mm。

生态习性：生活于水深 8～100m 的泥沙、碎壳或软泥底的浅海，在春夏繁殖期洄游，成群游到沿海各港湾或通海的河口附近产卵，冬季迁居至较深的海区过冬。是一种重要食用蟹，潮间带可采到小个体。

地理分布：中国沿海；日本；朝鲜；越南；马来群岛；红海。

图 110a　三疣梭子蟹 *Portunus trituberculatus*

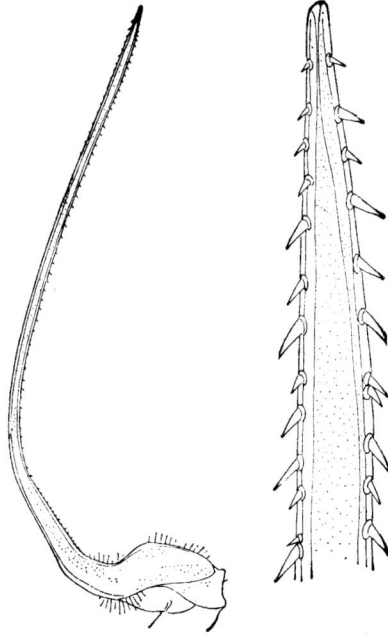

图 110b　三疣梭子蟹 *Portunus trituberculatus*（♂）（仿 Dai *et al.*, 1986）
第 1 腹肢及末端放大

（六十四）蟳属 Genus *Charybdis* De Haan, 1833

头胸甲略呈六边形，宽大于长，背面具明显隆脊。额分 6 叶。上眼窝缘具 2 裂缝，下眼窝缘具缺刻。前侧缘通常分 6 齿，极少数具 7~8 齿；后侧缘呈弧状，或与后缘相交呈角状突起。第 2 触角基节短，节上的隆脊光滑或颗粒状；触角鞭位于眼窝缝外。第 3 颚足长节外末角侧向突出。螯足不等称；长节背面具刺，腕节内角具 1 大刺，外侧角具 3 刺；掌节背缘具刺，与腕关节处另有 1 刺，外侧面具脊；指节具沟。步足侧扁。末对步足为游泳足，其长节后缘具壮刺；指节与掌节呈桨状，掌节后缘具小刺。雄性腹部末节三角形，第 3 至第 5 节愈合。雄性第 1 腹肢细长，末端两侧均具刚毛。

蟳属世界已知 65 种，中国海域分布有 27 种，胶州湾及青岛邻近海域发现有 2 种。

111. 日本蟳 *Charybdis* (*Charybdis*) *japonica* (A. Milne-Edwards, 1861)

Charybdis japonica Rathbun, 1902: 27; Balss, 1922: 104; Yokoya, 1928: 772; Sakai, 1934: 302; 1939: 400, pl. 45, fig. 5; Shen *et* Dai, 1964: 51; Sakai, 1965: 121, pl. 59, fig. 1;
Charybdis sowerbyi Rathbun, 1931: 75, pl. 5.

Charybdis (*Goniosoma*) *japonica* Shen, 1932b: 72, figs. 41-43, pl. 3 (5); 1937a: 169.

Charybdis (*Gonioneptunus*) *peichihliensis* Shen, 1932b: 78, figs. 44-45, pl. 4 (4); 1937a: 168.

Charybdis (*Charybdis*) *japonica* Leene, 1938: 30, figs. 5-7; Kim, 1973: 362, 626, fig. 132, pls. 22 (98a-b); Sakai, 1976: 355, pl. 123, fig. 1; Dai *et al.*, 1986: 208, fig. 122 (1), pl. 27 (7); Yang *et al.*, 2008: 789.

标本采集地：青岛。

特征描述：体密具短绒毛。头胸甲横卵圆形，背面隆起。前胃区具一条短的横行颗粒脊；中胃区一条长脊，有时中间断开分成 2 条，在前胃区、中胃区之间的侧面有一条短而斜行的脊，后胃区有 2 条短脊，前鳃区具一长弧形脊。额分 6 齿，齿尖或钝随个体发育不同阶段而变化，年幼个体，这 6 齿较钝，成体齿则较锐，齿间的缺刻较深。前侧缘呈弧状突出，共具 6 齿（包括外眼窝齿）：前 3 齿较突出，后 3 齿较锐；后侧缘近中部一深凹，后缘钝圆形。螯足细壮，不对称，长节前缘有 3 个壮齿及几枚小齿。腕节内角有一锐齿，外侧面有 3 条纵行粗颗粒隆脊，内侧面有 2 条同样的脊。两指长于掌，表面有纵沟及隆脊，较大螯足两指内缘有钝齿，但可动指基部一枚特别粗大；较小螯足两指内缘具小钝齿，齿间又有小齿。头胸甲长 52mm，宽 76.5mm。

生态习性：栖息于潮间带低潮线常有水草或石头下，潮下带水深 9～45m 均可采获，底质多数为软泥、细沙碎壳。

地理分布：中国（黄海，渤海，东海，南海）；日本；朝鲜；马来西亚；红海。

图 111a　日本蟳 *Charybdis* (*Charybdis*) *japonica*

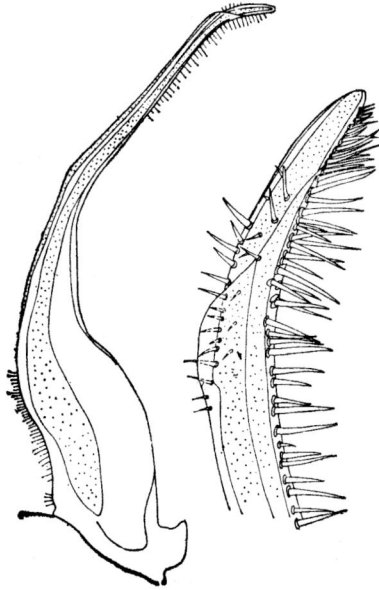

图 111b　日本蟳 *Charybdis* (*Charybdis*) *japonica*（♂）（仿 Dai *et al.*, 1986）
第 1 腹肢及末端放大

112. 双斑蟳 *Charybdis* (*Gonioneptunus*) *bimaculata* (Miers, 1886)

Goniosoms variegatum var. *bimaculatum* Miers, 1886: 191, pl. 15, figs. 3, 3a-c.

Charybdis (*Gonioneptunus*) *bimaculata* Alcock, 1899: 69; Shen, 1932b: 81, figs. 46-47, pl. 4 (3); Shen, 1937a: 169; Leene, 1938: 126, figs. 70-71; Shen *et* Dai, 1964: 57; Kim, 1973: 360, 625, fig. 131, pl. 21 (97); Sakai, 1976: 364, pl. 128, fig. 1; Davie *et* Short, 1989: 183; Dai *et* Yang, 1991: 244, fig. 132 (2), pl. 30 (1); Yang *et al.*, 2008: 790.

Charybdis (*Gonioneptunus*) *subornata* Balss, 1922: 103; Sakai, 1934: 302.

标本采集地：胶州湾（南部、北部）及麦岛。

特征描述：体中等大小，密覆短绒毛。头胸甲具分散的颗粒。前胃区、中胃区及后胃区各具一条横行短的颗粒脊，额区具 2 条横脊，前鳃区一条为最长而弯，其他鳃区及心区无脊。额分 4 齿，呈钝圆形，中央一对较侧齿突出，低位，侧齿与背（上）内眼窝齿由一缺刻明显分开。眼窝缘具细锯齿及 2 条缝，腹（下）内眼窝齿突出，眼窝缘有细锯齿及 1 个缺刻。第 2 触角基节填塞于眼窝间隙。前侧缘包括外眼窝齿共有 6 齿：第 1 齿大，第 2 齿小，末齿斜向外上方。螯足稍不对称，长节前缘有 3 齿，后缘具一齿，背面末半部具鳞片颗粒。腕节背面及外侧面有鳃片状颗粒，内末角具一长锐刺，外侧面有 3 小刺。掌背面近末部有并立 2 小刺。基部一枚，背面颗粒明显，内、外侧面中部各有一纵行细颗粒脊。指节内缘各有大小不等的齿。第 4 步足长节后缘外末角具一锐刺。头胸甲长 17mm，宽 24.5mm。

生态习性：生活于水深 9～439m 的底质沙泥或碎壳的海底。

地理分布：中国沿海；朝鲜；日本；菲律宾；澳大利亚；印度；马尔代夫群岛；非洲东、南岸。

图 112a　双斑蟳 *Charybdis* (*Gonioneptunus*) *bimaculata*

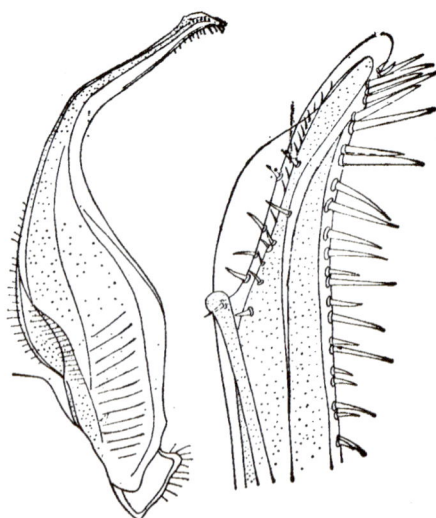

图 112b　双斑蟳 *Charybdis* (*Gonioneptunus*) *bimaculata* (♂)（仿 Dai *et al.*, 1986）
第 1 腹肢及末端放大

扇蟹总科 Xanthoidea MacLeay, 1838

三十五、扇蟹科 Family Xanthidae MacLeay, 1838

头胸甲一般呈横卵圆形或近方形，有时呈六角形，多数宽大于长。额宽而短。第 1 触角斜折或横折，第 2 触角鞭短而细。雄性生殖孔位于步足底节上。

扇蟹科世界已知 132 属 647 种，中国海域分布有 50 属 161 种，胶州湾及青岛邻近海域发现有 3 属 3 种。

（六十五）盖氏蟹属 Genus *Gaillardiellus* Guinot, 1976

头胸甲较宽，碎叶状，各区被浅沟分隔开来，多有皱褶；外表面有大的颗粒，相互之间几乎完全分离，基部有短而硬的刚毛。前侧缘清晰地分成 4 叶或仅 3 叶。第 2 触角基节很短，只有第 4 节在眼窝缝内。雄性螯足对称或几乎对称。步足不为扁平状，具有和头胸甲类似的颗粒，从不结节。胸部腹甲宽，第 3 和第 4 腹甲之间的缝隙具有横向的颗粒隆线，从一个侧缘连接到另一个。第 4 腹节有一纵沟隐藏在尾节下；中央沟在第 6、第 7、第 8 腹节上。雄性第 1 腹肢近末端有长羽状刚毛，末端延展。

盖氏蟹属世界已知 6 种，中国海域分布有 3 种，胶州湾及青岛邻近海域发现有 1 种。

113. 东方盖氏蟹 *Gaillardiellus orientalis* (Odhner, 1925)

Actaea ruppelli var. *orientalis* Odhner, 1925: 46, pl. 3, fig. 7.
Actaea rüppelli orientalis Sakai, 1935: 70; Shen, 1937b: 291, fig. 7.
Actaea rueppelli orientalis Kim, 1973: 385, 631, fig. 148, pl. 27(112).
Gaillardiellus orientalis Guinot, 1976: 255, figs. 43B, b, pl. 16 (2); Miyake, 1983: 116, pl. 39, fig. 6;
　　　Yang *et al.*, 2008: 793.
Paractaea orientalis Dai *et al.*, 1986: 293, pl. 40 (7).

标本采集地：青岛第二海水浴场。

特征描述：头胸甲呈横卵圆形，背面前 2/3 隆起甚高，后 1/3 低平，背面由许多光滑沟分成若干小区，各小区均有粗颗粒和成束的刚毛。前胃区有一条纵沟，内侧一个小区由 2 条横沟分开，中胃区较大。鳃区分成几个小区，心区略呈菱形，

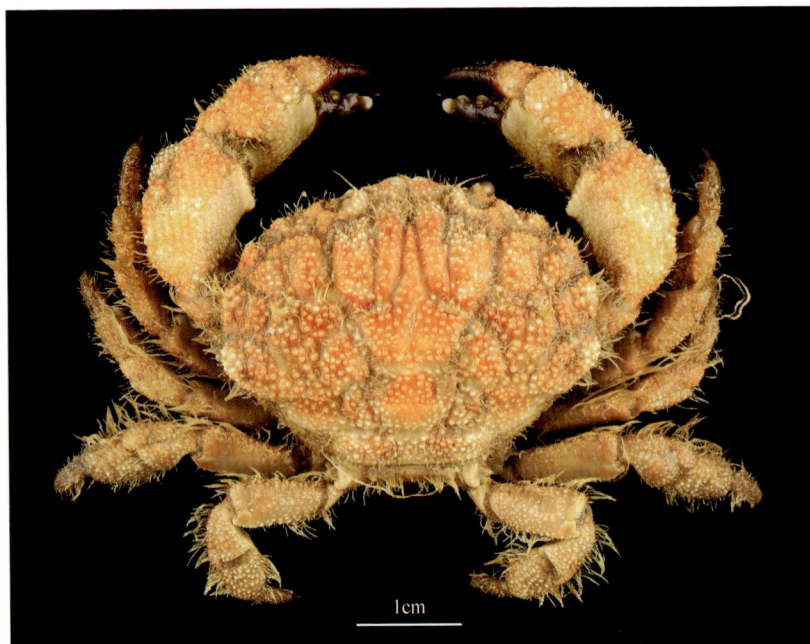

图 113a　东方盖氏蟹 *Gaillardiellus orientalis*

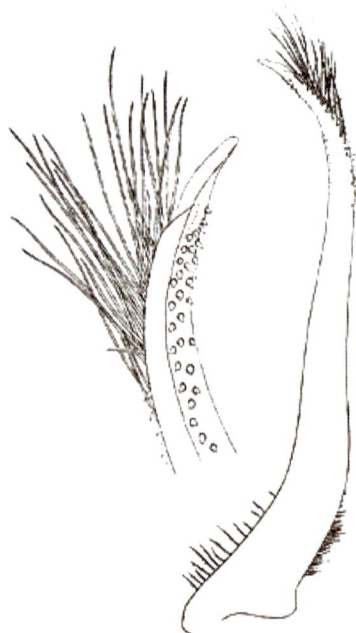

图 113b　东方盖氏蟹 *Gaillardiellus orientalis* (♂)（仿 Guinot, 1976）
第 1 腹肢及末端放大

肠区扁平。额弯向腹面。前缘由中央小缺刻分成 2 个圆叶，每叶外侧向后侧方倾斜。背眼窝缘较腹眼窝缘隆起，边缘有粗颗粒及 2 条缝，腹内眼窝齿稍突出。前侧缘分为 4 叶：前 2 叶小于后 2 叶，各叶之间的沟延伸至背面，后侧缘向内收敛。螯足粗壮，长节短，内侧面凹，光滑，外侧面具颗粒。腕大，末缘宽于基部，背面及外侧面密具粗颗粒及 2 条斜沟，内侧光滑。掌宽约为长的 2 倍，除内侧面光滑外，均有粗颗粒。两指呈咖啡色，末端呈匙状，内缘均有钝齿。步足粗短，各节具细颗粒，边缘有毛。雄性腹部瘦长，分为 5 节：第 3～第 5 节愈合，但节线可辨。尾节呈三角形。雄性第 1 腹肢弯向侧方，末端有小刺。头胸甲长 22mm，宽 29.5mm。

生态习性： 栖息于潮间带至潮下带水深 29m 处，有水草的岩石间或沙砾。

地理分布： 中国沿海；日本；马来西亚（苏禄岛）。

（六十六）大权蟹属 Genus *Macromedaeus* Ward, 1942

头胸甲较宽，六边形，分区很清晰。前侧缘隆起，约分为 4 大齿，从眼窝下延伸至口框外末角。额-眼窝缘小于头胸甲宽的一半，额水平伸出。具中央缺刻，侧缘以 1 缺刻与上眼窝缘相隔。螯足不对称或近对称；腕节、掌节覆有大的疣突；指端尖。步足不具刺。雄性腹部第 3～第 5 节愈合。

大权蟹属世界已知 6 种，中国海域分布有 3 种，胶州湾及青岛邻近海域发现有 1 种。

114. 特异大权蟹 *Macromedaeus distinguendus* (De Haan, 1835)

Cancer (Xantho) distinguendus De Haan, 1833-1849 (1835): 48, pl. 13, fig. 7.

Chlorodius distinguendus Stimpson, 1858a: 34.

Xantho distinguendus Alcock, 1898: 113 (part); Gordon, 1931: 543, figs. 21, 22c; Shen, 1932b: 97, figs. 56, 58a-b, pl. 2 (5); Sakai, 1934: 304.

Xanthodius distinguendus Balss, 1922: 127; Shen, 1937a: 169.

Leptodius distinguendus Rathbun, 1931: 100; Sakai, 1965: 141, pl. 70, fig. 3.

Macromedaeus distinguendus Guinot, 1968: 708; Kim, 1973: 379, 630, fig. 143, pl. 27 (108); Sakai, 1976: 419, fig. 221, pl. 153 (2); Dai *et* Yang, 1991: 286, fig. 151 (1), pl. 36 (5); Yang *et al.*, 2008: 797.

标本采集地： 胶州湾沿岸，麦岛，薛家岛，竹岔岛及大公岛。

特征描述： 头胸甲呈横卵圆形，背面隆起，分区显著，前 2/3 表面有细颗粒及皱襞，后 1/3 较平而较光滑，但侧后部有细皱襞。额缘中线有一小缺刻，分成 2 宽叶，每叶中部微凹，两端突出，与内眼窝角之间有一小缺刻。眼柄末端近角膜处有 2 个颗粒状突起。前侧缘有 4 个三角形钝齿（不包括外眼窝齿），各齿背面有细颗粒；后侧缘斜直。两指螯足均不对称，除指节外，各节密布颗粒，长节短而

图 114a　特异大权蟹 *Macromedaeus distinguendus*

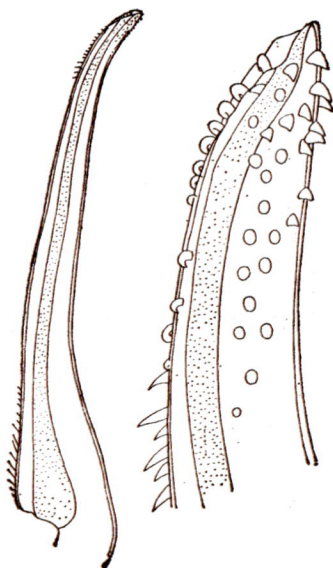

图 114b　特异大权蟹 *Macromedaeus distinguendus* (♂)（仿 Dai *et al*., 1986）
第 1 腹肢及末端放大

粗，背缘锐利，有颗粒及短毛。腕节内末角有一小钝齿，背面有皱襞，内侧面有短毛。掌长大于宽，背缘有 2 条疣状隆线，内侧面近末下部光滑。两指内缘有大小不等的钝齿，末端呈匙状。步足细短，有细颗粒，长节背缘有细锯齿和刚毛。腕节有 1 条颗粒隆线，背缘有几枚小齿。掌节宽扁，有 2 条不明显的颗粒隆线，指密具短毛，但角质的末端光裸无毛。头胸甲长 15mm，宽 23mm。

　　生态习性：栖息于潮间带低潮线的石块下或岩石缝中或在碎壳下。

　　地理分布：中国沿海；日本；朝鲜；印度；波斯湾；红海。

方蟹总科 Superfamily Grapsoidea MacLeay, 1838

三十六、相手蟹科 Family Sesarmidae Dana, 1851

头胸甲呈方形，两侧缘、头胸甲前缘及后缘互相平行。额宽，前缘下垂。眼窝腹缘前方与口框外角相连。第 3 颚足窄，间有菱形空隙，从座节外末角至长节内末角有 1 斜行短毛隆脊，外肢细。

相手蟹科世界已知 32 属 284 种，中国海域分布有 14 属 37 种，胶州湾及青岛邻近海域发现有 2 属 3 种。

（六十七）螳臂相手蟹属 Genus *Chiromantes* Gistel, 1848

头胸甲侧壁和颊区被交叉的短毛列分成细小的网格状。前侧缘外眼窝角后有锐齿或钝齿。第 2 触角基节在眼窝内。螯足掌节的外侧有 2～3 个横行的梳状栉；指节背面有一纵列的横向颗粒。

螳臂相手蟹属世界已知 11 种，中国海域分布有 1 种，胶州湾及青岛邻近海域发现有 1 种。

115. 红螯螳臂相手蟹 *Chiromantes haematocheir* (De Haan, 1835)

Grapsus (*Pachysoma*) *haematocheir* De Haan, 1833-1849 (1833): pl. 7, fig. 4; 1833-1849 (1835): 62.
Sesarma (*Holometopus*) *haematocheir* Tesch, 1917: 156; Balss, 1922: 155; Shen, 1932b: 199, figs. 124-125, pl. 9 (2); 1937a: 170; Sakai, 1939: 680, pl. 77, fig. 3; Shen *et* Dai, 1964: 134; Sakai, 1965: 202, pl. 97, fig. 1; Kim, 1973: 486, 654, fig. 216, pl. 45 (166); Sakai, 1976: 655, pl. 224, fig. 1; Dai *et* Yang, 1991: 534, fig. 274 (1), pl. 68 (6).
Sesarma (*Chiromantes*) *haematocheir* Manning *et* Holthuis, 1981: 242.
Chiromantes haematocheir Miyake, 1983: 179, pl. 60, fig. 1; Yang *et al.*, 2008: 801.

标本采集地：青岛。

特征描述：头胸甲呈方形，宽稍大于长，背面光滑，有光泽（除外眼窝齿附近有细颗粒及近侧缘有细颗粒斜线外），分区不很明显，胃区、心区有横沟，两侧具凹点，心区低平，鳃区近螯足基部上方隆起。额弯向腹面，前缘平直，其宽大于头胸甲宽的 1/2，额后低洼，有 4 个不甚明显的后额脊，脊间有浅沟隔开，背面观前缘呈一横脊。外眼窝齿不很突出，呈三角形。侧缘完整无齿，近于平行。后缘宽较额缘窄。第 3 颚足座节基部宽于末部。螯足粗壮，雄性大于雌性，长节呈三角形，内侧面低洼，除 2 条带毛隆脊外，表面光滑，外侧面有细颗粒，背腹内缘及背缘均有锯状齿，以背内缘的齿为最大。腕节背面有鳞片状横斜行短脊，内末缘具一列颗粒突起，宽大于长，外侧面光滑，背缘具大小不等的颗粒突起，末端一枚最大，内侧面中部甚隆，有几枚颗粒。两指合拢时空隙很大；雌性空隙小。内缘末端有锯齿，可动指背部呈拱形。头胸甲长 27mm，宽 31.5mm。

生态习性：栖息于近海的河流泥岸或离海不远的沼泽中。洞穴深，能爬上树干。

地理分布：中国沿海；日本；朝鲜；新加坡。

图 115a　红螯螳臂相手蟹 *Chiromantes haematocheir*（石功鹏阳供图）

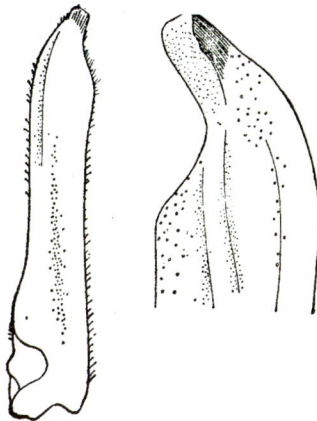

图 115b　红螯螳臂相手蟹 *Chiromantes haematocheir* (♂)（仿 Dai *et al.*, 1986）

第 1 腹肢及末端放大

（六十八）拟相手蟹属 Genus *Parasesarma* De Man, 1895

头胸甲侧壁和颊区被交叉的短毛列分成细小的网格状。前侧缘外眼窝角后无齿。第 2 触角基节在眼窝内。螯足掌节的外侧有 2～3 个横行的梳状栉，指节背面有纵列的颗粒，第 3 和第 4 对步足的后缘没有小齿或锯齿。

拟相手蟹属世界已知 38 种，中国海域分布有 4 种，胶州湾及青岛邻近海域发现有 2 种。

116. 斑点拟相手蟹 *Parasesarma pictum* (De Haan, 1835)

Grapsus (Pachysoma) pictus De Haan, 1833-1849 (1835): 61; 1833-1849 (1837): pl. 16, fig. 6.
Sesarma rupicola Stimpson, 1858b: 106.
Sesarma (Parasesarma) picta De Man, 1895b: 183; Balss, 1922: 156; Takeuchi, 1929; Shen, 1932b: 186, figs. 117-118, pl. 7 (7); 1937a: 170; Sakai, 1939: 682, pl. 78, fig. 2; Shen *et* Dai, 1964: 135; Sakai, 1965: 201, pl. 96, fig. 5.
Sesarma pictum Alcock, 1900b: 414.
Sesarma (Parasesarma) pictum Hashiguchi *et* Miyake, 1967: 82, fig. 3; Kim, 1973: 482, 653, fig. 214, pl. 44 (164); Sakai, 1976: 656, pl. 226, fig. 2; Dai *et* Yang, 1991: 536, figs. 275 (1, 3), pl. 69 (1).
Parasesarma pictum Yamaguchi *et al.*, 1976: 41; Yang *et al.*, 2008: 802.

标本采集地： 胶州湾湾口。

特征描述： 头胸甲呈方形，后半部较前半部低平，分区明显，各区间被纵斜沟或横沟隔开。额宽，弯向腹面，前缘中线内凹，两端微突，额后脊甚隆，中央脊之间有较宽而深的沟，侧脊之间有浅细沟，脊的背面有横而短的颗粒脊，近侧缘有斜行颗粒隆线，整个头胸甲边缘均为光滑脊。下眼窝缘有细锯齿，外眼窝角呈钝三角形，侧缘完整，不分齿，几乎平行，后缘甚短。螯足粗壮，长节边缘有锐脊，背缘拱形，背内缘有细锯齿，其末端突出为薄脊状，内侧面低洼，有两条斜行毛脊，外侧面粗糙，有横行颗粒脊。腕节背面具颗粒隆脊。掌部短而宽，外侧面隆起，密布细颗粒，背缘有两条梳状横行隆脊，前后排列，前者宽，后者窄，内侧面中部隆起，有一凹行颗粒短脊。雄性可动指背面有一列 15～18 个横行颗粒突起，突起的两侧各有一列细颗粒。内缘基半部有 3 大齿，末半部具细齿，近末的一枚较大。不动指基半部有钝齿，末半部有小齿，近末端的一枚较大，呈三角形。头胸甲长 19mm，宽 23.1mm。

生态习性： 栖息于潮间带的石块下。

地理分布： 中国沿海；日本；朝鲜；印度尼西亚。

图 116a　斑点拟相手蟹 *Parasesarma pictum*

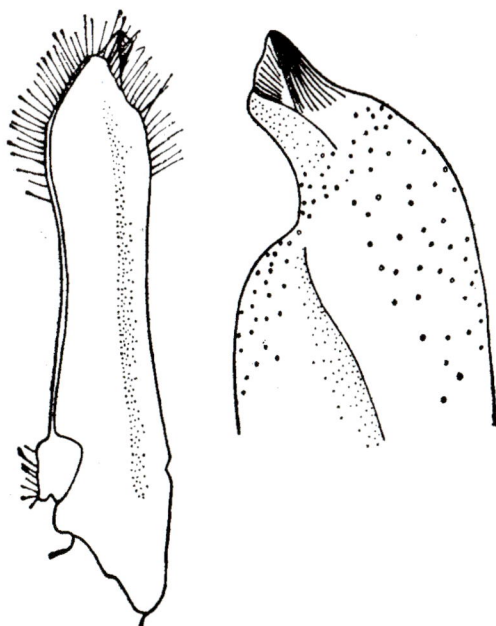

图 116b　斑点拟相手蟹 *Parasesarma pictum* (♂)（仿 Dai *et al.*, 1986）
第 1 腹肢及末端放大

117. 近亲拟相手蟹 *Parasesarma affine* (De Haan, 1837)

Grapsus (*Pachysoma*) *affinis* De Haan, 1833-1849 (1837): 66, pl. 18, fig. 5.

Sesarma (*Parasesarma*) *plicata* Tesch, 1917: 187; Balss, 1922: 155; Shen, 1932: 191, figs. 119-120, pl. 7 (8); Sakai, 1939: 683, pl. 110, fig. 2; Shen *et* Dai, 1964: 135; Dai *et* Yang, 1991: 537, figs. 275 (2, 4), pl. 69 (2).

Parasesarma affinis Yang *et al.*, 2008: 802.

Parasesarma affine Ng *et al.*, 2008: 222.

标本采集地：青岛。

特征描述：头胸甲呈方形，宽大于长，分区明显，胃区、心区有浅沟，背面有些短的横沟，鳃区近侧缘有斜行细颗粒脊。额缘中部内凹，额后隆脊明显，背面无颗粒脊，但有短的横沟。眼窝宽，眼柄粗短，外眼窝齿尖锐。侧缘近中部内凹，外眼窝齿后有一不明显的小齿。螯足长节背缘及腹内缘近末端各有一齿，背内缘末端突出呈三角形齿。掌节背面有两条横行梳状脊，几乎等长，可动指在背面有 8～9 个圆形突起，内缘中部有一大而圆的齿，近末端有一较小的齿，末端分为两个小齿。不动指基部宽，内缘齿的大小、数目均与可动指相似。步足指节呈尖爪状，末端有黑色硬毛。头胸甲长 14.4mm，宽 19.4mm。

生态习性：栖息于潮间带泥滩石块下。

地理分布：中国沿海；日本；朝鲜；马来群岛；印度；非洲东岸。

图 117a　近亲拟相手蟹 *Parasesarma affine*

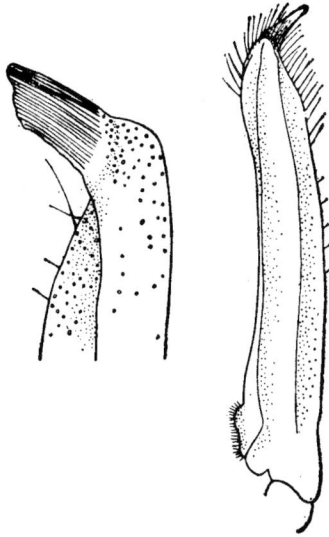

图 117b　近亲拟相手蟹 *Parasesarma affine* (♂)（仿 Dai *et al*., 1986）
第 1 腹肢及末端放大

三十七、弓蟹科 Family Varunidae H. Milne-Edwards, 1853

头胸甲近方形，或圆方形。额宽，向前平伸或弯向腹面。腹眼窝缘或腹眼窝下脊延伸至口框。第 2 触角鞭通常长。颊区及头胸甲侧壁不具细网纹及交叉的毛列。第 3 颚足颚须位于长节前缘或外末角附近，外肢通常较宽。雄性腹部很少能覆盖末对步足的基节。

弓蟹科世界已知 39 属 163 种，中国海域分布有 19 属 44 种，胶州湾及青岛邻近海域发现有 8 属 11 种。

（六十九）倒颚蟹属 Genus *Asthenognathus* Stimpson, 1858

头胸甲横圆方形，后部很宽，前部收缩，前侧缘圆钝，边缘完整；表面平滑，解剖镜下可见细微颗粒，后侧部具斜面。额弯曲向腹面。眼小，眼柄长，可动。第 1 触角横置于触角窝内。第 2 触角长，纤细，位于眼窝缝中。口框中等大，口前板中等长。第 3 颚足纤细，颚足间具极大间隙；座节长于长节，指节小，圆柱形，位于掌节末端。外肢外露。螯足小，长节背缘中部具 1 长有刚毛的突起；掌节侧扁，上缘锋锐，腹缘脊状，指节稍长于掌节。第 2、第 3 对步足很粗壮。第 4 对细小。

倒颚蟹属世界已知 3 种，中国海域分布有 3 种，胶州湾及青岛邻近海域发现有 1 种。

118. 异足倒颚蟹 *Asthenognathus inaequipes* Stimpson, 1858

Asthenognathus inaequipes Stimpson, 1858b: 107; Balss, 1922: 141; Yokoya, 1928: 778 (part); Sakai, 1939: 601, fig. 86; 1965: 182, pl. 88, fig. 4; 1976: 588, fig. 324a, pl. 203 (5); Jiang *et al.*, 2007: 80, 82-83; fig. 3; Yang *et al.*, 2008: 802.

标本采集地：胶州湾北部。

特征描述：头胸甲呈梯形，分区不明显，前侧缘明显向前收敛，后侧缘与内侧呈一小平面，背面中部具"H"形沟。额与眼窝等宽，前缘平直，中线具一不明显的纵沟。眼柄中等长。第 3 颚足座节稍长于长节，基部甚宽，指节呈圆筒状，接于掌节末端。雄性螯足粗壮掌厚，可动指中部具一齿，不动指无齿。雌性螯足瘦长，两指合拢时稍有空隙。步足以第 2 对为最长，第 4 对最短，但第 2、第 3 对的长节宽扁，密覆绒毛，第 1、第 4 对的长节瘦长，毛少。雄性腹部第 3 至第 5 节愈合，第 2 节最短，呈条状，尾节钝圆形，第 6 节两侧基部 1/2 近

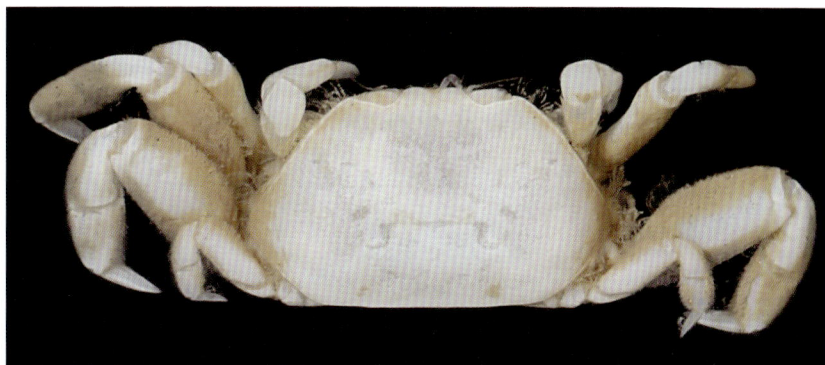

图 118a　异足倒颚蟹 *Asthenognathus inaequipes*

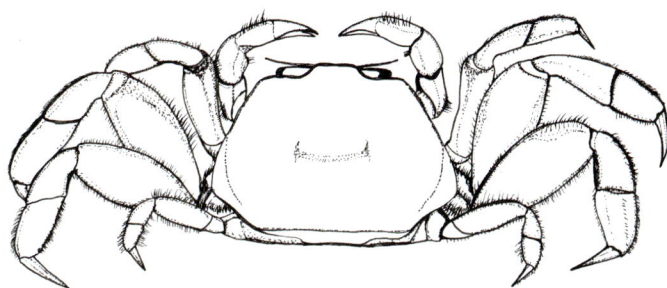

1

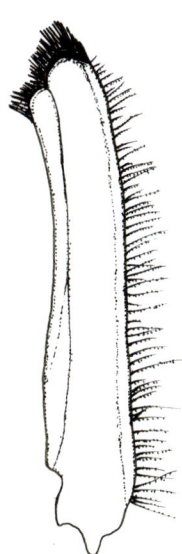

2

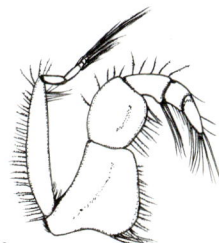

3

图 118b　异足倒颚蟹 *Asthenognathus inaequipes* (♂)（仿 Jiang, *et al.*, 2007）
1. 背面观；2. 第 1 腹肢及末端放大；3. 第 3 颚足

平行，前 1/2 钝圆；雌性宽圆形。雄性第 1 腹肢呈棒状，末端钝圆，并具短毛。头胸甲长 8.3mm，宽 12.1mm。

生态习性：栖息于水深 10～65m 的泥沙层。

地理分布：中国沿海；日本。

（七十）绒螯蟹属 Genus *Eriocheir* De Haan, 1835

头胸甲呈圆方形，表面隆起，前侧缘具 3～4 齿，末齿通常退化。额宽不到头胸甲宽的 1/3，不弯向腹面。颊区具 1 条与腹眼窝缘相平行的隆脊，其内侧与口框相连。第 2 触角须长。第 3 颚足长节长宽相近或长稍大于宽，外末角不突出；颚须着生于长节前缘中部；外肢宽小于座节宽。螯足掌节具致密绒毛。

绒螯蟹属世界已知 4 种，中国海域分布有 2 种，胶州湾及青岛邻近海域发现有 1 种。

119. 中华绒螯蟹 *Eriocheir sinensis* H. Milne-Edwards, 1853

Eriochirus sinensis H. Milne-Edwards, 1853: 177.
Eriocheir sinensis Kingsley, 1880: 210; Parisi, 1918: 102; Balss, 1922: 152; Shen, 1932b: 172, figs. 108-110, pl. 7 (5); 1937a: 170; Sakai, 1939: 667, pl. 109, fig. 1; Shen *et* Dai, 1964: 127; Kim, 1973: 465, 648, fig. 202, pl. 40 (154); Sakai, 1976: 647, fig. 354; Dai *et* Yang, 1991: 523, fig. 268 (2), pl. 67 (3); Yang *et al.*, 2008: 803.

标本采集地：麦岛。

特征描述：体较大。头胸甲呈圆方形，边缘有细颗粒，前半部窄于后半部，背面较隆起，前面有 6 枚突起，前后排列，前排 2 枚较大，后排 4 枚小，后排居中 2 枚较小而不明显，各个突起均有细颗粒。额分为 4 齿，齿缘有锐颗粒。眼窝缘近中部的颗粒较锐。前侧缘具 4 齿，（包括外眼窝齿）：第 1 齿最大；末齿最小，由此向内后侧方引入 1 条斜行颗粒隆线，后侧缘附近具同样隆线。后缘宽而平直。螯足粗壮。长节背缘近末端有 1 齿突，内、外缘均有小齿。腕节内缘末半部具 1 颗粒隆线向后伸至背面基部，内末角具 1 锐刺，刺后又有颗粒。雄性掌节、指节基半部的内、外面均密具绒毛；雌性的绒毛仅着生于外侧，内侧无毛。头胸甲长 47.5mm，宽 53mm。

生态习性：中华绒螯蟹又名河蟹，虽在淡水中生长，但却要在河口附近的浅海中繁殖后代，幼蟹从沿海的河口向内陆水系群集再溯江河而上，喜栖于江河、湖泊的泥岸洞穴里和匿藏于石砾下或水草丛中。

地理分布：中国沿海；北欧沿海诸国。

图 119a　中华绒螯蟹 *Eriocheir sinensis*

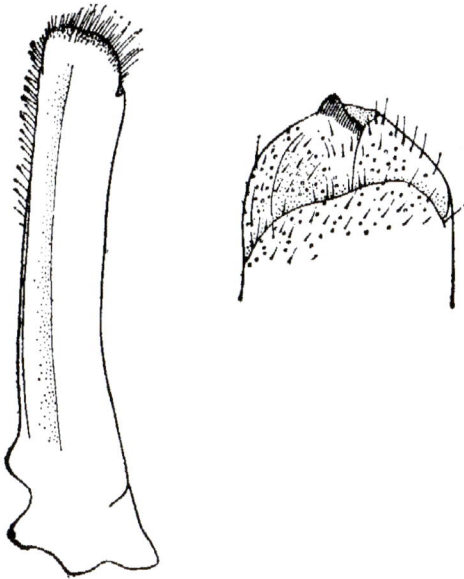

图 119b　中华绒螯蟹 *Eriocheir sinensis* (♂)（仿 Dai *et al.*, 1986）
第 1 腹肢及末端放大

（七十一）新绒螯蟹属 Genus *Neoeriocheir* Sakai, 1983

头胸甲近方形；前胃与侧胃脊很低或模糊不清。额缘很低，分叶模糊，外观几乎直。前侧缘具 3 齿。口前部后缘完整，侧部不具瓣叶或裂缝。第 3 颚足长节纤细，指节长约当掌节的 2 倍；外肢未抵长节的中部。螯足外表面光滑，内表面覆有致密的长软毛。第 2～第 3 胸甲间缝明显向腹部隆突；第 3 与第 4 胸甲的侧缘几乎完整，不具任何缺刻；第 5～第 6 胸甲之间的中央沟很窄。雄性第 1 腹肢粗短。雌性生殖孔的突起呈小扇形，边缘具刚毛。

新绒螯蟹属世界已知 1 种，中国海域分布有 1 种，胶州湾及青岛邻近海域发现有 1 种。

120. 狭颚新绒螯蟹 *Neoeriocheir leptognathus* (Rathbun, 1913)

Eriocheir leptognathus Rathbun, 1913: 353, pl. 33, figs. 2-3; Balss, 1922: 152; Urita, 1926b: 433; Sakai, 1939: 671, pl. 109, fig. 2; Shen *et* Dai, 1964: 128; Kim, 1973: 470, 649, fig. 204, pl. 41 (157a-b); Sakai, 1976: 649, fig. 356; Dai *et* Yang, 1991: 521, fig. 267 (1), pl. 66 (8).
Eriocheir rectus Shen, 1932b: 178, figs. 111-113, pl. 7 (6); Shen, 1937a: 170; 1940b: 98. [Not *Eriocheir rectus* Stimpson, 1858]
Neoeriocheir leptognathus Sakai, 1983: 20, pl. 3 (3), pl. 8F; Yang et al., 2008: 804.

标本采集地：青岛。

图 120a　狭颚新绒螯蟹 *Neoeriocheir leptognathus*

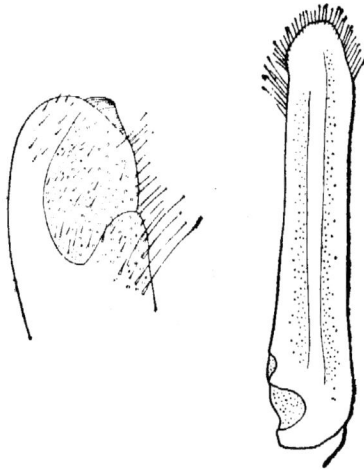

图 120b　狭颚新绒螯蟹 *Neoeriocheir leptognathus* (♂)（仿 Dai *et al.*, 1986）
第 1 腹肢及末端放大

特征描述：体较小。头胸甲圆方形，背面中部隆起，具细麻点，无疣状突起，胃区、心区、鳃区之间有不明显的"H"形浅沟。额缘较平直，分不明显的 4 齿：第 1 齿（外眼窝齿）最大，末齿最小，由它引入鳃区的颗粒隆线与后侧缘形成一斜面，后缘宽，平直。第 3 颚足瘦长，长节长大于宽，两颚足之间空隙较大，末 3 节中以指节为最长。螯足长节内侧面有稀疏软毛。腕节内角呈齿状，内侧面有一丛绒毛。掌节内侧面大部分及指节基半部密具绒毛。雌性腕内侧无绒毛，而指节、掌节的绒毛不如雄性浓密。头胸甲长 15mm，宽 16.4mm。

生态习性：栖息于河口泥沙底上。

地理分布：中国沿海；朝鲜西岸。

（七十二）近方蟹属 Genus *Hemigrapsus* Dana, 1851

头胸甲呈方形或圆方形。额不向腹面弯曲，宽约为头胸甲宽的 1/2，前侧缘具 3 齿。第 3 颚足之间具斜菱形空隙，长节外末角不突出，额须位于长节前缘中部。腹眼窝缘具疣状突起。螯足长节内侧面具发声隆脊。

近方蟹属世界已知 14 种，中国海域分布有 5 种，胶州湾及青岛邻近海域发现有 4 种。

121. 肉球近方蟹 *Hemigrapsus sanguineus* (De Haan, 1835)

Grapsus (Grapsus) sanguineus De Haan, 1833-1849 (1835): 58; 1833-1849 (1837): pl. 16, fig. 3.
Heterograpsus sanguineus Ortmann, 1894: 714; Parisi, 1918: 101.

Hemigrapsus sanguineus Rathbun, 1902: 24; Shen, 1932b: 159, figs. 102-103, pl. 7, fig. 1; 1937a: 170; Sakai, 1939: 672, pl. 74, fig. 1; Shen *et* Dai, 1964: 126; Sakai, 1965: 198, pl. 94, fig. 1; Kim, 1973: 472, 649, fig. 206, pl. 42 (158); Sakai, 1976: 650, pl. 222, fig. 1; Dai *et* Yang, 1991: 524, fig. 269 (1), pl. 67 (4); Yang *et al.*, 2008: 803.

标本采集地： 胶州湾（南部、东北部、湾口）及竹岔岛。

特征描述： 头胸甲近方形，宽稍大于长，前半部稍隆起，略宽于后半部，背面有分散的细颗粒，但光滑无毛，肝区及后侧部较低平，前胃区隆起，胃区-心区之间有一横行浅沟。额缘宽不到头胸甲宽之半，前缘完整不分齿。前侧缘共具 3 齿（包括外眼窝齿），前两齿近等，末齿最小，齿后向内侧引伸一条斜脊终止于末对步足基部上方。下眼窝脊由细颗粒组成一条完整的隆脊，内侧的颗粒较外侧大。螯足长节呈短三角形，背缘隆起，内侧近内缘有一斜行毛脊，腕节内末角呈刺状。掌部膨肿，光裸无毛。两性指节稍有不同，雄性在两指基部之间有一膜质圆球，雌性及未发育好的雄体均缺。头胸甲长 27.3mm，宽 32mm。

生态习性： 栖息于潮间带中、上部岩岸的碎石下。

地理分布： 中国沿海；日本；朝鲜；澳大利亚；新西兰。

图 121a　肉球近方蟹 *Hemigrapsus sanguineus*

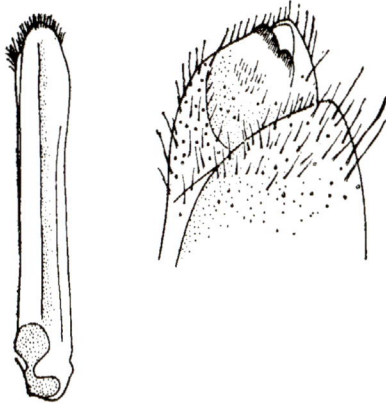

图 121b　肉球近方蟹 *Hemigrapsus sanguineus* (♂)（仿 Dai *et al.*, 1986）
第 1 腹肢及末端放大

122. 绒螯近方蟹 *Hemigrapsus penicillatus* (De Haan, l835)

Grapsus (*Eriocher*) *penicillatus* De Haan, 1833-1849 (1835): 60, pls. 11 (5), D.

Hemigrapsus penicillatus De Man, 1879: 71; Shen, 1932b: 163, figs. 104-105, pl. 7 (2); 1937a: 170;
　　Sakai, 1939: 673, pl. 75, fig. 1; Shen *et* Dai, 1964: 125; Sakai, 1965: 198, pl. 94, fig. 3; Kim,
　　1973: 473, 650, fig. 207, pls. 42 (159a-b); Sakai, 1976: 650, pl. 222, fig. 2; Dai *et* Yang, 1991:
　　525, figs. 269 (2-3), pl. 67 (5); Yang *et al.*, 2008: 803.

Brachynotus penicillatus Miers, 1886: 264.

Brachynotus brevidigitatus Yokoya, 1928: 780, fig. 8.

标本采集地：胶州湾沿岸，麦岛，崂山港及竹岔岛。

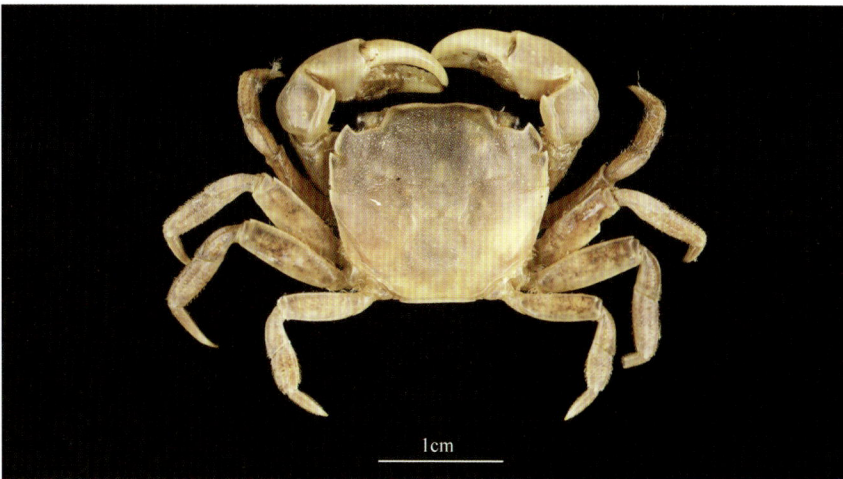

图 122a　绒螯近方蟹 *Hemigrapsus penicillatus*

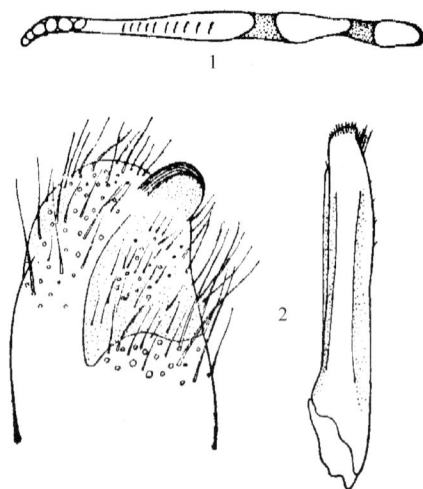

图 122b　绒螯近方蟹 *Hemigrapsus penicillatus* (♂)（仿 Dai *et al*., 1986）
1. 腹眼窝隆脊；2. 第 1 腹肢及末端放大

特征描述：体形与肉球近方蟹十分相似。但头胸甲背面更隆起，肝区、心区、肠区及后鳃区均较低凹。额缘宽为头胸甲宽之半，前缘中部微凹。下眼窝脊由 6～8 枚颗粒突起组成。前侧缘具 3 齿（包括外眼窝齿）：第 1 齿大；第 2 齿较小，尖锐；末齿最小。螯足掌部内侧及两指内缘基部有一撮绒毛，内侧面的绒毛较外侧多。雌性螯足内侧及两指内缘基部无绒毛。头胸甲长 29mm，宽 33.1mm。

生态习性：栖息于潮间带中区、上区，一般生活在岩岸泥沙滩的碎石下或石缝中，有时河口泥沙滩可采到。

地理分布：中国沿海；朝鲜；日本。

123. 长指近方蟹 *Hemigrapsus longitarsis* (Miers, 1879)

Heterograpsus longitarsis Miers, 1879: 37, pl. 2, fig. 3.
Brachynotus longitarsis Balss, 1922: 151; Yokoya, 1928: 779.
Hemigrapsus longitarsis Shen, 1932b: 168, figs. 106-107, pl. 7 (3); Shen, 1937a: 169; Sakai, 1939: 674, pl. 75, fig. 2; Shen *et* Dai, 1964: 127; Sakai, 1965: 199, pl. 94, fig. 2; Kim, 1973: 475, 651, fig. 208, pl. 94 (160); Sakai, 1976: 651, fig. 357; Dai *et* Yang, 1991: 526, figs. 270 (1-2), pl. 67 (7); Yang *et al*., 2008: 803.

标本采集地：胶州湾西北部。

特征描述：体较小。头胸甲长宽相等，呈方形。分区较明显，背面有些短而横行颗粒隆脊，密覆短毛及细颗粒。额较该属前两种突出而较宽，大于头胸甲宽 1/2，前缘平直。眼窝较大，眼柄粗壮，内眼窝齿呈三角形，且有颗粒；雄性下眼窝脊有 5 枚齿突，其内末端有细颗粒；雌性具一列约 16 枚小突起，内侧的突起

图 123a　长指近方蟹 *Hemigrapsus longitarsis*

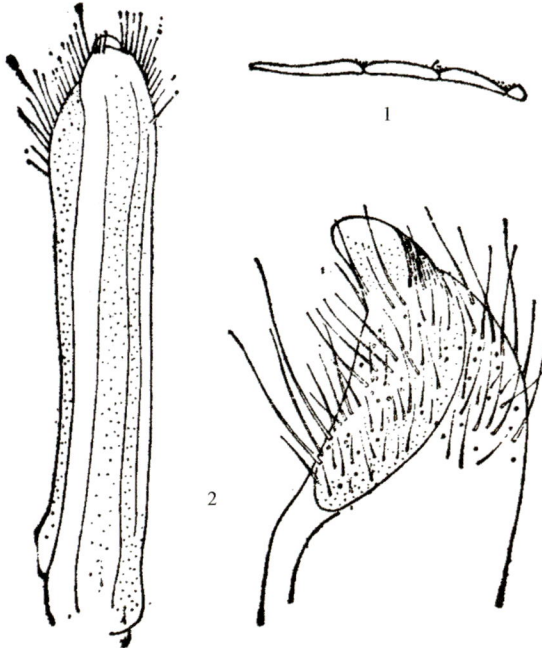

图 123b　长指近方蟹 *Hemigrapsus longitarsis* (♂)（仿 Dai *et al.*, 1986）
1. 腹眼窝隆脊；2. 第 1 腹肢及末端放大

较外侧更小。前侧缘直而平行，3 枚几乎壮大的小齿。第 3 颚足长大于宽，座节宽大于长，但长小于长节。螯足不粗壮，较前两种小，仅稍长于头胸甲，有软毛，长节呈三角形，有细颗粒，外侧面有几条粗糙细隆线，内侧面光滑，腹面内末缘有一发声隆脊。腕节内末角有一齿。掌短于指，外侧面有一条隆脊，从基部延伸至不动指末端，雌性脊比雄性明显，内、外侧面有一撮绒毛，雌性无毛。头胸甲长 8mm，宽 8mm。

生态习性：栖息于潮间带泥沙质海底的石头下。

地理分布：中国（山东半岛）；朝鲜；日本。

124. 中华近方蟹 *Hemigrapsus sinensis* Rathbun, 1931

Hemigrapsus sinensis Rathbun, 1931: 88, pl. 14, figs. 46-47; Shen, 1937a: 170; Shen *et* Dai, 1964: 126; Kim, 1973: 476, 652, fig. 209, pl. 43 (161); Sakai, 1976: 651, pl. 222, fig. 3; Dai *et* Yang, 1991: 526, fig. 269 (4), pl. 67 (6); Yang *et al.*, 2008: 804.

标本采集地：胶州湾（东北部、湾口）及大公岛。

特征描述：小型种，比长趾近方蟹还小。头胸甲凹凸不平，胃区-心区有一"H"形沟，胃区有分散的颗粒，中胃区明显，两侧有一条斜行颗粒隆起延伸至第 3 前侧齿基部，前胃区隆起，有颗粒隆线，另有一斜行隆线位于后侧缘后部内侧，

图 124a　中华近方蟹 *Hemigrapsus sinensis*

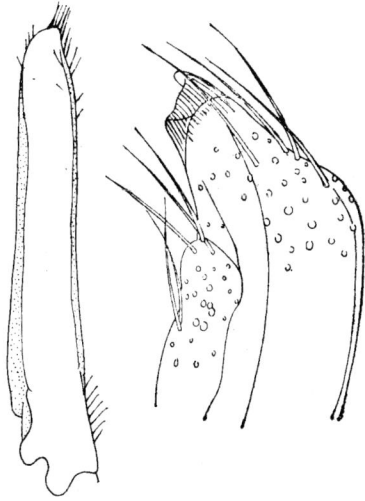

图 124b　中华近方蟹 *Hemigrapsus sinensis* (♂)（仿 Dai *et al.*, 1986）
第 1 腹肢及末端放大

终止于末对步足基部上方。额弯向腹面，两侧稍凹，前缘分不明显的两叶。眼窝稍向后倾斜；下眼窝脊具一列颗粒，外侧较内侧的颗粒细而不明显，但近外眼窝角处，此隆脊变粗，颗粒较大。前侧缘具 3 齿（包括外眼窝齿）：第 1 齿大，第 2 齿次之，第 3 齿最小。螯足对称，粗壮。腕节内末角有一齿。掌部背缘及外侧面具几条颗粒隆线，外侧面的基半部有一撮绒毛，两性均有毛，与其他近似种显然不同。头胸甲长 4.1mm，宽 4.9mm。

生态习性：栖息于近河口的潮间带泥沙滩石块下。

地理分布：中国（辽东半岛，山东半岛，福建沿岸）。

（七十三）蝗属 Genus *Gaetice* Gistel, 1848

头胸甲扁平，两侧缘向前方张开。额前缘中央凹陷较宽，前侧缘包括外眼窝齿在内共 3 齿，第 1、第 2 齿间有深缺刻。第 3 颚足长节与座节间的节缝斜行，外肢、座节及长节较细。

蝗属世界已知 14 种，中国海域分布有 2 种，胶州湾及青岛邻近海域发现有 1 种。

125. 平背蝗 *Gaetice depressus* (De Haan, 1833)

Grapsus (Platynotus) depressus De Haan, 1833-1849 (1833): pl. 8, fig. 2; 1833-1849 (1835): 63, pl. D.
Platygrapsus convexiusculus Stimpson, 1858b: 104.
Platygrapsus depressus Miers, 1886: 263; Parisi, 1918: 102; Yokoya, 1928: 782.
Gaetice depressus Balss, 1922: 150; Gordon, 1931: 528; Shen, 1932b: 180, figs. 114-116, pl. 7 (4);

Shen, 1937a: 170; Sakai, 1939: 676, pl. 74, fig. 3; Shen *et* Dai, 1964: 129; Sakai, 1965: 200, pl. 96, figs. 1-3; Kim, 1973: 477, 652, figs. 210-211, pl. 43(162); Sakai, 1976: 653, pl. 223, figs. 2, 4; Dai *et* Yang, 1991: 528, figs. 270 (3-4), pl. 68 (1); Yang *et al.*, 2008: 803.

标本采集地：胶州湾湾口及竹岔岛。

特征描述：头胸甲十分扁平，光滑而有光泽，前半部较后半部宽，前胃区与侧胃区略隆起，具 4 条短弧形隆脊，胃区-心区有一凹形沟。额宽，不到头胸甲宽的 1/2，前缘中部凹陷，分成两圆叶，近外眼窝角处有浅凹。前侧缘有 3 齿（包括外眼窝齿）：第 1 齿大而宽，与第 2 齿之间有一深缺刻，第 3 齿小，与第 2 齿之间缺刻很浅。第 3 颚足长节前宽后窄，内末角钝圆，外末角呈圆形突出，表面凹凸不平，长和宽大于座节，两节之间的节缝很斜，指节很长，达到座节中部。螯足对称，长节短，外侧面有细颗粒，内侧面具软毛，腹面光滑，背缘有颗粒脊，腹缘末部突出，有一发声隆脊。腕节内末角钝圆，雌性腕节内末角具一尖齿或短刺。掌光滑，外侧面具一条光滑脊，从基部延伸至不动指基部。两指合拢时，雄性的空隙较雌性大，可动指内缘近基部具一齿突。头胸甲长 20mm，宽 24.8mm。体色多样，有深咖啡色、黑绿橄榄色和褐色等，指端呈黄色。

生态习性：栖息于潮间带石块下。

地理分布：中国沿海；日本；朝鲜。

图 125a　平背蟳 *Gaetice depressus*

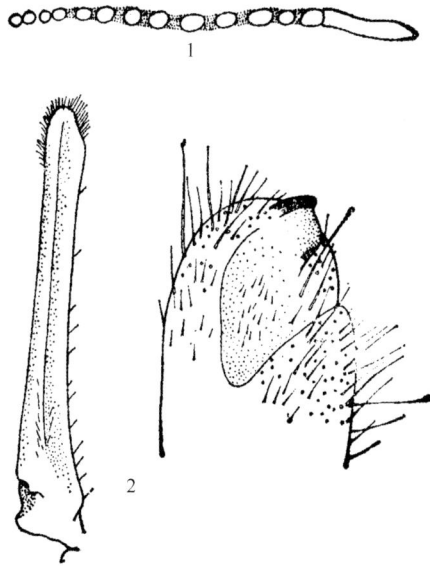

图 125b　平背蜞 *Gaetice depressus* (♂)（仿 Dai *et al.*, 1986）
1. 腹眼窝隆脊；2. 第 1 腹肢及末端放大

（七十四）厚蟹属 Genus *Helice* De Haan, 1833

　　头胸甲厚，近方形，宽稍大于长。表面粗糙。侧缘平直，前半部具齿，在第 3 前侧齿后具 1 不明显的缺刻。额宽。雄性腹眼窝缘具不同形态的突起，雌性具同一形态的颗粒突起。颊区及头胸甲侧壁不具细网纹及交叉的短毛列。第 3 颚足有 1 条具短毛的斜行隆脊，从座节的外末角延向长节的内末角；颚足间具明显的斜方形空隙；长节长宽相近。两性螯足等称；长节具发声隆脊。螯足指节基部不具毛簇。头两对步足腕节、掌节具厚的毛层。雄性第 3 腹节侧向突出。

　　厚蟹属世界已知 4 种，中国海域分布有 3 种，胶州湾及青岛邻近海域发现有 1 种。

126. 天津厚蟹 *Helice tientsinensis* Rathbun, 1931

Helice tridens tientsinensis Rathbun, 1931: 92, pls. 7 (9), 8 (19), 9 (27-28); Shen, 1932b: 210, figs. 130-131, pl. 8 (5-6); 1937a: 170; Sakai, 1939: 696, fig. 125; Shen *et* Dai, 1964: 131; Kim, 1973: 501, 658, fig. 227, pl. 48 (176); Sakai, 1976: 671, figs. 369a-b.
Helice tientsinensis Fan, 1976: 398; Dai *et al.*, 1986: 504, figs. 285 (3-4), pl. 71 (4); Yang *et al.*, 2008: 803.

　　标本采集地：沧口。
　　特征描述：头胸甲矩形，宽大于长，背面凹凸不平，有细麻点及颗粒隆线，分区明显，胃-心区有一"H"形沟。额向下弯，额缘中央凹，两端钝圆形，背面

图 126a　天津厚蟹 *Helice tientsinensis*

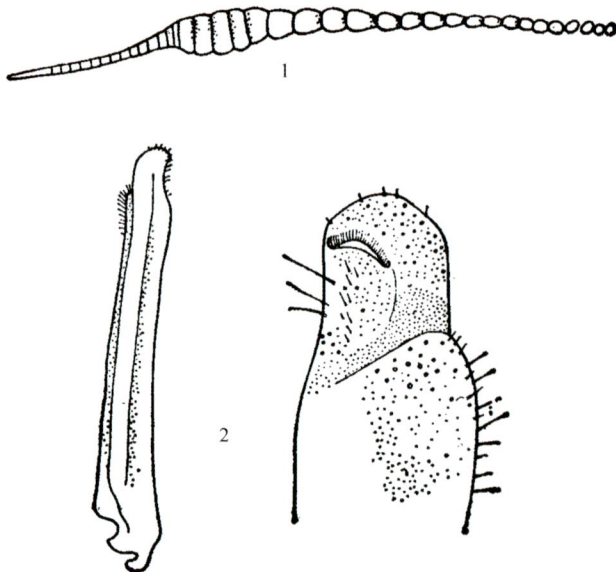

图 126b　天津厚蟹 *Helice tientsinensis* (♂)（仿 Dai *et al.*, 1986）

1. 腹眼窝隆脊；2. 第 1 腹肢及末端放大

中线有一宽沟。前侧缘有 3 齿（不包括外眼窝齿）：第 1 齿最大；末齿最小，几乎难以辨认；第 2、第 3 齿基部各有一条颗粒隆线引向内侧方。下眼窝脊具一发声隆脊，约有 50 枚颗粒脊组成，中部有 5～6 枚较大突起，雌性中部无较大突起，均由细颗粒组成。第 3 颚足之间有菱形空隙，长节比座节长且宽，外缘薄脊状，内侧有一细沟，表面中部有宽而光滑的沟贯穿整个长节，并延伸至座节末部，沟外侧有一毛脊延伸至座节基部，座节中部有一浅的窄沟。螯足内缘有粗颗粒，背缘甚隆，具短的发声隆脊。腕节内末角有两尖齿，掌粗短。两指合拢时空隙较大，内缘有钝齿或小齿。头胸甲长 28mm，宽 35mm。

生态习性：栖息于潮间带上区或潮上带的泥滩或泥沙滩，尤其在湾叉或河口附近很多，常穴居在距海岸相当远的泥沼或芦苇丛间的泥滩上。

地理分布：中国沿海；朝鲜。

（七十五）拟厚蟹属 Genus *Helicana* Sakai *et* Yatsuzuka, 1980

头胸甲后侧缘在第三前侧齿之后有一小缺刻。眼下缘隆脊的突起在雄性异形，在雌性同形。螯足对称，长节的发声隆脊明显，靠近前缘，较长，有时约与前缘等长，雌性无发声隆脊，指节基部无绒毛。前三对步足腕节及掌节具浓密的绒毛，末对步足光滑。雄性腹部第 3 节侧缘拱。第 1 腹肢纤细，管状，末部弯输精管开始于腹面中部至内叶处转向背面，角质突起不明显，输精孔近于末端，朝向腹面，内叶小。雌性生殖孔不突出超过胸甲表面，在同一高度或略低。

拟厚蟹属世界已知 3 种，中国海域分布有 3 种，胶州湾及青岛邻近海域分布有 1 种。

127. 伍氏拟厚蟹 *Helicana wuana* (Rathbun, 1931)

Helice tridens tridens Shen, 1932b: 203, figs. 126-127, pls. 8, (1-2); 1937a: 170. [Not *Helice tridens tridens* De Haan, 1835]

Helice tridens wuana Rathbun, 1931: 92, pls. 7 (8), 8 (17), 9 (25-26).

Helice tridens sheni Sakai, 1939: 694, figs. 123a-c; Kim, 1973: 498, 657, fig. 225, pl. 47 (174); Sakai, 1976: 670, figs. 367a-c.

Helice (*Helicana*) *wuana* Sakai *et* Yatsuzuka, 1980: 405, figs. 7, 16, 18; Dai *et* Yang, 1991: 554 (part), figs. 285 (1-2), pl. 71, fig. 3.

Helicana wuana Yang *et al.*, 2008: 803.

标本采集地：双埠，薛家岛，沙子口。

特征描述：头胸甲矩形，表面隆起，有细颗粒，分区明显，胃区具"H"形沟。额弯，向下突出。前缘中部内陷，侧缘向前收敛，前侧缘具 3 齿（不包括外眼窝齿）：第 1 齿大，第 2 齿小而尖，第 3 齿疣形。眼窝大，背缘斜，中部突出，

图 127a　伍氏拟厚蟹 *Helicana wuana*

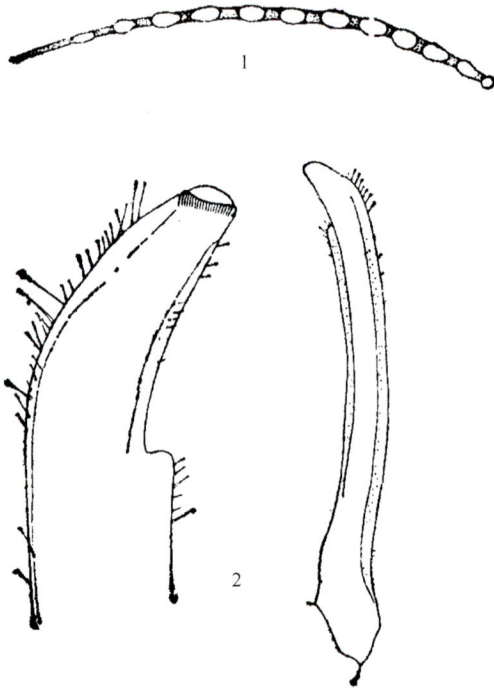

图 127b　伍氏拟厚蟹 *Helicana wuana*（♂）（仿 Dai *et al.*, 1986）
1. 腹眼窝隆脊；2. 第 1 腹肢及末端放大

腹缘有颗粒及软毛；雄性下眼窝脊有 15～18 个粗颗粒脊，雌性有一列较小的颗粒。第 3 颚足具菱形空隙。螯足对称，雄性大于雌性，长节呈三角形，内侧面凹，表面有分散短毛，较光滑，有一条斜行毛脊，近内缘末半部有一条发声隆脊，背缘拱起。腕节背面较光滑，内末角有两枚齿。掌粗短而膨肿，内侧面两侧内陷，仅中部隆起，外侧面有细颗粒，两指合拢时内缘基部空隙较大，且有钝齿，末端呈匙状。雄性头胸甲长 19mm，宽 23.9mm。

生态习性：栖息于潮间带内海或河口的泥滩或芦苇泥岸，也能在潮上带穴居，洞穴深而直。

地理分布：中国沿海；朝鲜；日本。

沙蟹总科 Superfamily Ocypodoidea Rafinesque, 1815

三十八、猴面蟹科 Family Camptandriidae Stimpson, 1858

头胸甲宽大于长或长稍大于宽，胃-心沟明显。前侧缘完整，具不显著的隆起或显著的齿；后侧缘直，隆曲或后岔开；后缘直或稍弯曲。额大于眼窝宽的一半，弯向腹面，前观侧角明显。第 2 触角基节大。第 3 颚足多少分离，但不具大的菱形缝隙；长节有时与座节相愈合；长节等于、稍长于或稍短于座节；末 2 节较纤细。螯足等称；如果存在性二型，雄性可动指上一定存在一大齿，雌性螯足较纤弱，指尖匙状，通常具刚毛。雄性腹部第 2 与第 3 节不能活动，不同程度愈合，通常在第 5 节处强烈收缩。雄性第 1 腹肢反曲，末部常具突起。

猴面蟹科世界已知 24 属 42 种，中国海域分布有 7 属 10 种，胶州湾及青岛邻近海域发现有 3 属 3 种。

（七十六）猴面蟹属 Genus *Camptandrium* Stimpson, 1858

头胸甲近六边形，扁平，宽明显大于长；表面具细微颗粒，具一些突起和间断的横隆脊。额小于额一眼窝宽的 1/3，稍呈双叶状，额后具 1 明显的隆脊。下眼窝缘直，内下眼窝齿大，三角形。前侧缘具 3 钝齿。第 3 颚足座节、长节愈合，节间沟模糊或完全不可辨认；长节宽于座节，外末角圆；座节、长节内缘加厚，呈脊状。雄性螯足粗壮，可动指具 1 大三角形齿；雌性螯足较纤细，指节内缘具小齿。雄性腹部第 2～第 5 节愈合，第 5 节收缩；雌性腹部具 7 节。雄性第 1 腹肢粗大，反曲；邻近反曲点之近体端具一群刚毛；末端具 2 突起；一突起呈双叉状，另一突起呈抹刀状。

猴面蟹属世界已知 1 种，中国海域分布有 1 种，胶州湾及青岛邻近海域发现有 1 种。

128. 六齿猴面蟹 *Camptandrium sexdentatum* Stimpson, 1858

Camptandrium sexdentatum Stimpson, 1858b: 107; Balss, 1922: 146; Shen, 1932b: 225, figs. 138-

140, pl. 9 (7); 1937a: 170; Sakai, 1939: 632, fig. 102; Shen *et* Dai, 1964: 116; Kim, 1973: 456, 646, fig. 195, pls. 91 (150a-c); Sakai, 1976: 618, pl. 211, fig. 4; Manning *et* Holthuis, 1981: 199, fig. 47; Dai *et* Yang, 1991: 483, fig. 246 (2), pl. 61 (4); Yang *et al.*, 2008: 804.

标本采集地：胶州湾东北部及竹岔岛。

特征描述：体覆短毛。头胸甲六角形，宽大于长，背面凹凸不平，有绒毛及颗粒，肝区大而扁平，具一或两个粗颗粒，前胃区具一条短纵脊，中胃区小，呈

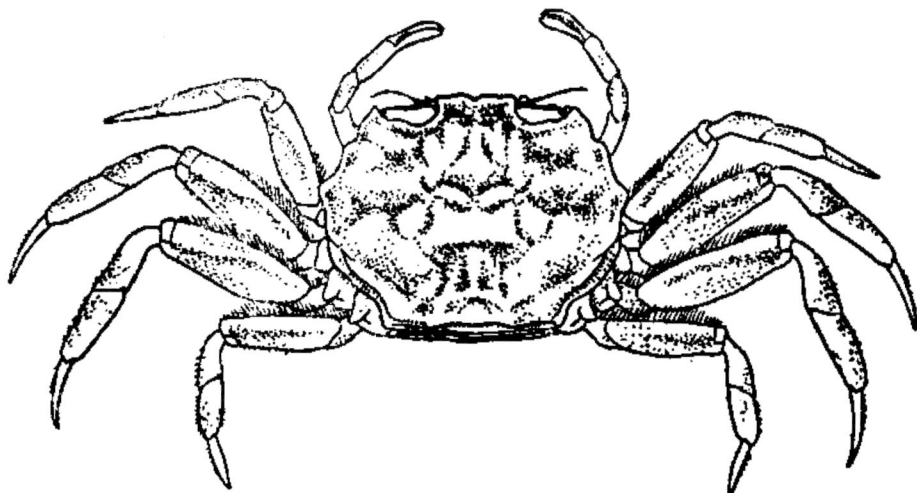

图 128a　六齿猴面蟹 *Camptandrium sexdentatum*

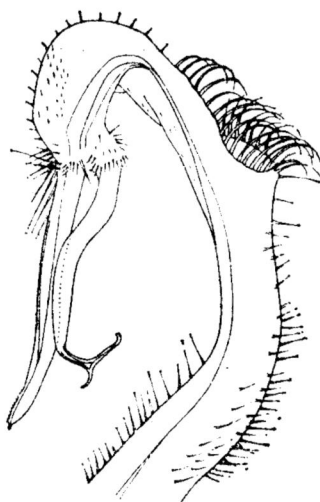

图 128b　六齿猴面蟹 *Camptandrium sexdentatum* (♂)
第 1 腹肢

三角形隆起，后胃区具两个斜椭圆形隆脊，心区宽，两侧及肠区有一横脊，前鳃区有两个突起。额窄；背面观分为 2 叶；腹面观分为 3 叶，中叶钝圆，弯向腹面。眼窝宽而深；外眼窝齿呈三角形，下内眼窝齿大而宽，下眼窝脊甚隆，光滑，眼柄粗壮，稍短于额的宽，侧缘呈弧状突出。前侧缘（包括外眼窝齿）具 3 枚齿，第 3 齿最大；后侧缘向内收敛；后缘宽，平直。雌性螯足对称；雄性不对称，长节有 3 条边缘隆脊形成 3 个面：内、外侧面及腹面，均低洼并有细颗粒和绒毛。腕节短小，呈圆形，内缘有细颗粒脊，背面隆起，近外缘有一条短而纵行的颗粒脊。掌粗短，外侧面较膨肿，光滑。两指稍短于掌，内缘基半部各其一壮齿，其他为细锯齿，末端呈匙状。头胸甲长 8.2mm，宽 10.3mm。

生态习性：栖息于潮间带中潮区泥滩。

地理分布：中国沿海；日本；印度尼西亚；泰国；印度。

（七十七）闭口蟹属 Genus *Cleistostoma* De Haan, 1835

头胸甲近四方形，宽大于长。表面中等隆凸，不具隆脊；前胃区隆凸由一宽的纵沟所分隔。胃-心沟明显，但不深。额宽约当头胸甲宽的 1/3，前缘背面观直，完整。眼窝横宽上眼窝缘稍隆突，与额基部之间具 1 不明显的缺刻；下眼窝缘后撤，位于眼窝内；内下眼窝齿三角形；下眼窝下脊发育良好，突出超过下眼窝缘，背面可见。颊区具显著的"Y"形沟。第 3 颚足长节宽于座节；座节内末角突出，近末缘具一列刚毛；掌节外表面内凹。头胸甲前侧缘不具齿或瓣，后侧缘隆凸，后缘直。螯足等称；雄性螯足比雌性明显粗壮；可动指内缘具 1 大的臼状齿；指端匙状。步足宽，长节可能具尖锐颗粒。雄性第 1 腹肢逐渐反曲，端指状，近末端内侧具成群粗壮棘刺。雄性腹部第 1 节明显宽于第 2 节，侧缘抵达末对步足基部，第 2 至第 5 节不能活动，第 6 节不能或能有限活动，尾节可自由活动。

闭口蟹属世界已知 3 种，中国海域分布有 1 种，胶州湾及青岛邻近海域发现有 1 种。

129. 宽身闭口蟹 *Cleistostoma dilatatum* (De Haan, 1835)

Ocypode (Cleistostoma) dilatata De Haan, 1833-1849 (1833), pls. 7 (3), B; 1833-1849 (1835): 55.
Cleistostoma dilatatum Ortmann, 1894: 743; De Man, 1895: 595; Shen, 1932b: 236, figs. 145-148, pl. 10 (4); 1937a: 169; Sakai, 1939: 631, fig. 101, pl. 73 (4); Shen *et* Dai, 1964: 117; Kim, 1973: 452, 645, fig. 193, pl. 39 (148); Sakai, 1976: 617, pl. 211, fig. 2; Manning *et* Holthuis, 1981: 200, fig. 48; Dai *et* Yang, 1991: 485, fig. 247 (4), pl. 61 (5); Yang *et al.*, 2008: 804.

标本采集地：青岛。

特征描述：体覆绒毛及短刚毛。头胸甲宽约为长的 1.5 倍，分区不很明显，背面中部隆起，肝区附近较低平，中胃区小，心区大，肠区后部较宽，侧缘呈弧状突出，有细颗粒，不分齿，额缘中部微凹。眼窝宽而深，下眼窝脊有细齿，自背面可见，近外眼窝齿后稍凹，外眼窝齿呈三角形。第 3 颚足呈方形，长节大于座节，有一纵沟与外缘相平行，另外有一条横沟靠近末缘。螯足长节呈三角形，边缘锐，有细锯齿。腕节长大于宽，背面光滑，稍隆起。掌节侧面光滑，背腹缘有细颗粒，指略等于掌，雄性螯足可动指近基部具一臼状齿，两指内缘有细锯齿，雌性螯足不具臼状齿。头胸甲长 15.5mm，宽 23mm。

生态习性：栖息于近河口的海岸潮间带泥滩。

地理分布：中国（辽宁，山东及福建沿岸）。朝鲜；日本。

图 129a　宽身闭口蟹 *Cleistostoma dilatatum*

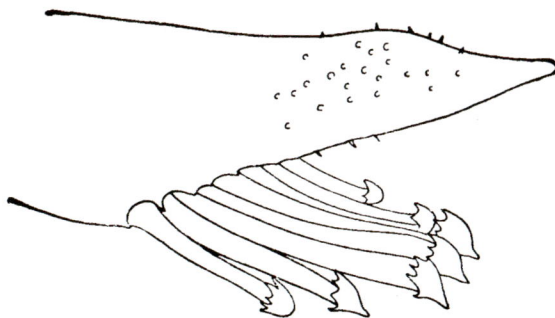

图 129b　宽身闭口蟹 *Cleistostoma dilatatum* (♂)（仿 Dai *et al.*, 1986）

第 1 腹肢末端放大

（七十八）背脊蟹属 Genus *Deiratonotus* Manning *et* Holthuis, 1981

头胸甲四方形，宽明显大于长，侧缘隆凸；背面扁平，中鳃区及心区各有一隆突形成一横贯中部偏后的隆脊，前胃脊明显，隆脊上具黑棕色短毛。头胸甲侧缘完整，背侧隆脊状。额中部稍凹，前侧角圆。上眼窝缘弯曲，下眼窝缘脊状，眼窝下脊发达，位于下眼窝缘的下方，背面不可见。下眼窝缘与眼窝下脊之间不具沟。两性螯足形态不同；雄性螯足粗壮，可动指内缘具 1 大的臼状齿，末部及不动指内缘具细齿；雌性螯足纤细，指端匙状，可动指内缘不具大齿。步足长节无齿或叶瓣。雄性腹部第 1 节宽于其他各节，但不抵达末对步足基部；第 2 至第 5 节愈合，节间缝模糊可辨；第 5 节侧缘强烈内缩，使雄性第 1 腹肢外露。雄性第 1 腹肢强烈反折，末端尖，不膨大，不具附加的装饰物。

背脊蟹属世界已知 2 种，中国海域分布有 1 种，胶州湾及青岛邻近海域发现有 1 种。

130. 隆线背脊蟹 *Deiratonotus cristatum* (De Man, l895)

Cleistostoma dilatatum (not De Haan, 1835) Ortmann, 1894: 743.
Paracleistostoma cristatum De Man, 1895: 590; Balss, 1922: 146; Gordon, 1931: 551, figs. 28-29; Shen, 1932b: 231, figs. 141-144, pl. 9 (8); 1937a: 170; Sakai, 1939: 633, fig. 103; Shen *et* Dai, 1964: 117; Kim, 1973: 454, 646, fig. 194, pl. 39 (149); Sakai, 1976: 619, pl. 211, fig. 3.
Deiratonotus cristatum Manning *et* Holthuis, 1981: 201, fig. 49; Dai *et* Yang, 1991: 485, fig. 248 (1), pl. 61 (6); Yang *et al.*, 2008: 805.

标本采集地：青岛。

特征描述：头胸甲呈矩形，背面密具短绒毛和细颗粒。额较宽，其宽不到头胸甲的 1/2，额后脊很明显。眼窝较宽而深，眼柄粗短，背、腹内眼窝齿均呈钝三角形。前鳃区及中胃区的中部略隆起，中鳃及心区各具一横脊，侧缘完整，有颗粒及短毛。前侧缘几乎是直的；后侧缘向后内侧斜伸一条弯形隆线。第 3 颚足座节宽大于长，近内缘有一条纵脊，末端有一横斜脊及短毛，长节宽大于长，与座节等大。螯足长节三角形，表面有细颗粒。腕节略呈圆形，背面凸，两侧有颗粒。掌部粗壮，长大于宽，边缘有细颗粒。两指合拢时基部有空隙，可动指中部具一臼状齿，末部及不动指内缘有细锯齿。头胸甲长 11.8mm，宽 17.8mm。

生态习性：栖息于潮间带泥滩，穴居生活，常与宽身闭口蟹、六齿猴面蟹及狭颚新绒螯蟹生活在一起。

地理分布：中国（山东半岛，渤海湾及福建沿岸）；朝鲜半岛；日本。

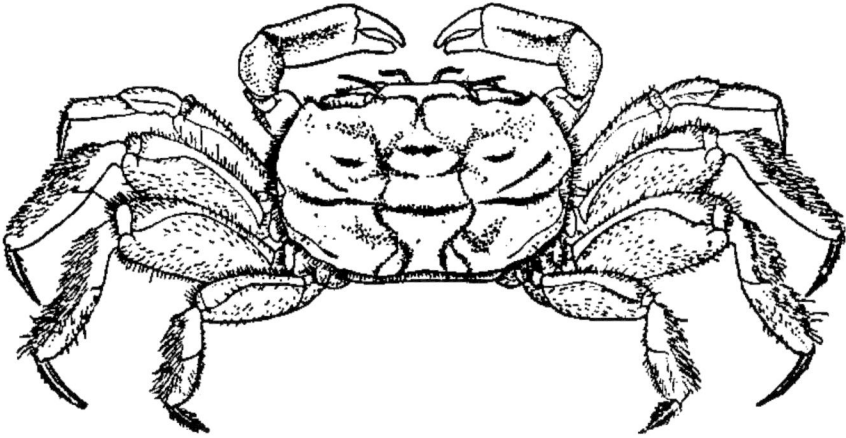

图 130a　隆线背脊蟹 *Deiratonotus cristatum*

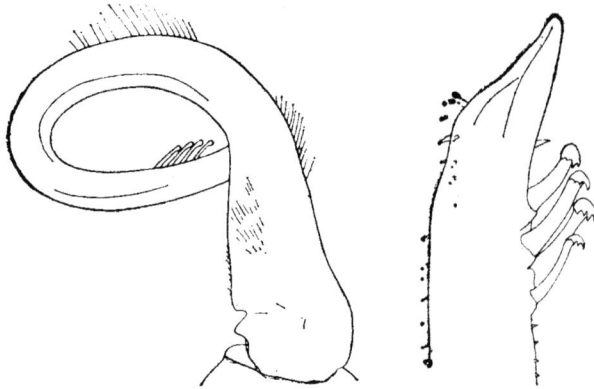

图 130b　隆线背脊蟹 *Deiratonotus cristatum* (♂)（仿 Dai *et al.*, 1986）
第 1 腹肢及末端放大

三十九、毛带蟹科 Family Dotillidae Stimpson, 1858

头胸甲近球形或方形,侧缘有齿或外眼窝角后有齿痕。第 1 触角鞭小,退化,斜向或几乎纵折叠,隔板很宽。口框大。第 3 颚足大,几乎完全覆盖口腔。两螯足近于对称。步足长节具椭圆形的膜状结构。第 1、第 2 步足之间有或无短毛脊。

毛带蟹科世界已知 10 属 64 种,中国海域分布有 5 属 16 种,胶州湾及青岛邻近海域发现有 2 属 6 种。

(七十九) 股窗蟹属 Genus *Scopimera* De Haan, 1833

头胸甲近球形,侧缘眼窝角后具齿痕。额窄,向下弯曲。眼窝横长,占据额以外整个前缘。第 1 触角小,纵褶。隔板宽。第 3 颚足肿胀,几乎完全覆盖口腔,颚须粗壮,位于长节外末角。螯足对称。步足细长,第 1、第 2 步足基部之间具短毛列。雄性腹部窄长,末 3 节明显窄于前 4 节。

股窗蟹属世界已知 16 种,中国海域分布有 3 种,胶州湾及青岛邻近海域发现有 3 种。

131. 圆球股窗蟹 *Scopimera globosa* (De Haan, 1835)

Ocypode (*Scopimera*) *globosa* De Haan, 1833-1849 (1835): 53, pls. 11(3), C.

Scopimera tuberculata Stimpson, 1858b: 98; Shen, 1937a: 169; Dai *et al.*, 1986: 454, fig. 254 (2), pl. 63 (8); Dai *et* Yang, 1991: 497, fig. 254 (1), pl. 63 (7).

Scopimera globosa Ortmann, 1894: 747; Parisi, 1918: 97, fig. 2; Yokoya, 1928: 779; Shen, 1932b: 253, figs. 155-157, pl. 10(5); Sakai, 1939: 636, fig. 106, pl. 72(4); Shen *et* Dai, 1964: 122; Kim, 1973: 436, 641, fig. 181, pl. 35(138); Sakai, 1976: 621, pl. 212(2); Dai *et al.*, 1986: 452, fig. 253 (2); Yang *et al.*, 2008: 805.

标本采集地:胶州湾(东北部、湾口)及崂山港。

特征描述:头胸甲球形,甚凸,宽约为长的 1.5 倍,背面有浅沟,具分散的细颗粒,侧面低洼处较光滑,雄性心区有细颗粒。额窄长,向下弯曲,中央具二纵沟,眼柄很长,外眼窝齿呈三角形向侧面突出。第 3 颚足宽而大,中部十分隆起,表面有细颗粒,座节长明显大于长节,末端宽于基部,外侧有两条斜行短毛。长节宽大于长,内缘末 2/3 处有光滑脊,脊内侧低洼,外缘有一深沟。螯足对称,长节内侧面低洼,外侧面较隆起,两者各具一长卵圆形鼓膜,以外侧的鼓膜为小。腕节、掌节均有细颗粒。各对步足长节的内、外侧面均具一个卵圆形鼓膜,其中以第 3 对的鼓膜为最长而粗。头胸甲长 9mm，宽 14mm。

生态习性：栖息于较平静海湾的潮间带。一般在上区及中区之沙滩或泥沙滩上穴居，洞口外常有许多粒状沙球，故又名捣米蟹。

地理分布：中国（山东半岛，广东，福建等地）；朝鲜；日本；斯里兰卡。

图 131a　圆球股窗蟹 *Scopimera globosa*

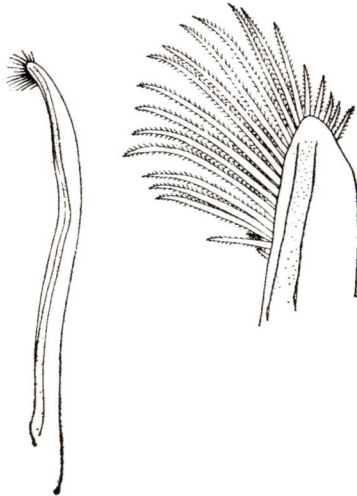

图 131b　圆球股窗蟹 *Scopimera globosa*（♂）（仿 Dai *et al.*, 1986）

第 1 腹肢及末端放大

132. 长趾股窗蟹 *Scopimera longidactyla* Shen, 1932

Scopimera longidactyla Shen, 1932a: 259, figs. 158-160, pl. 10(6); 1937: 168; Sakai, 1976: 621; Dai *et al.*, 1986: 453; Dai *et* Yang, 1991: 497, fig. 253 (3), pl. 63 (6); Huang *et al.*, 1992: 153, fig. 15, pl. 2C; Yang *et al.*, 2008: 805.

Scopimera globosa longidactyla Sakai, 1939: 638; Kim, 1973: 438, 642, fig. 182, pl. 35(139).

标本采集地：胶州湾南部及竹岔岛。

特征描述：头胸甲背面隆起，密布较大的颗粒。有浅沟及颗粒隆脊。额向前下方突出，外眼窝齿三角形，齿后有一个缺刻，侧缘密具短毛。第 3 颚足不及圆球股窗蟹宽大，表面有细颗粒，座节长于长节，螯足与圆球股窗蟹相似，但腕节较宽而短，指节长于掌节，可动指内缘基半部具 7～8 颗小齿，不动指内缘具细锯齿。雄性第 1 腹肢末部具粗壮刺毛。头胸甲长 7.5mm，宽 11.8mm。

生态习性：栖息于潮间带泥沙滩。洞口常覆盖许多细沙。

地理分布：中国（渤海湾，山东半岛，台湾）；朝鲜半岛。

图 132a　长趾股窗蟹 *Scopimera longidactyla*

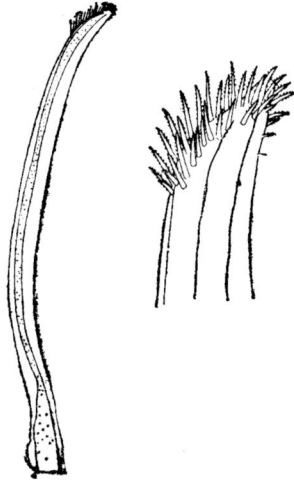

图 132b　长趾股窗蟹 Scopimera longidactyla (♂)（仿 Dai et al., 1986）
第 1 腹肢及末端放大

133. 双扇鼓窗蟹 *Scopimera bitympana* Shen, 1930

Scopimera bitympana Shen, 1930: 227, figs. 1-2; 1932b: 262, figs. 161-163, pl. 10 (7); Shen, 1937a: 168; Sakai, 1939: 639, figs. 107a-b; Kim, 1973: 439, 642, fig. 183, pls. 88 (140a-b); Sakai, 1976: 621, figs. 340a-b; Dai et al., 1986: 455; Dai et Yang, 1991: 499, fig. 254 (3), pl. 64 (1); Huang et al., 1992: 152, fig. 14, pl. 2B; Yang et al., 2008: 805.

标本采集地：沙子口。

特征描述：头胸甲厚，背面隆起，光滑而有光泽。前胃区隆起，前缘具一斜行颗粒脊；中胃区稍低平，后胃区隆起，两者之间有弧形沟，向后与鳃沟相连。肠区低平。额窄，向下弯，两侧向后收敛，中央稍突，背面中央凹下，两侧隆起。眼窝大而浅，斜向后下方；下眼窝缘波浪形，具颗粒；外眼窝齿三角形，齿后有一小缺刻。第 3 颚足宽大而隆起，长节特别大，表面有细颗粒，前缘有一横斜沟，外缘有一纵沟。座节小，末端宽于基部，表面有细颗粒。螯足左右对称，雄性大于雌性，各节具粗颗粒，长节三角形，边缘薄而锐，内侧面十分凹陷，中线有一纵列长毛，毛的两侧各具一个长卵圆形鼓膜，外侧面基半部具 2 个较小的鼓膜。掌甚宽，内、外侧近边缘及腹缘末端共有 3 条颗粒脊延伸至不动指的末端。两指合拢时，基部空隙较大（雌性较小）；可动指基部具一壮齿，其他均为细锯齿；不动指的基部凹陷，具细锯齿。雄性头胸甲长 9.1mm，宽 11mm。

生态习性：栖息于潮间带沙泥底小洞穴。

地理分布：中国（渤海，黄海，东海，南海）；朝鲜半岛西岸。

图 133a　双扇鼓窗蟹 *Scopimera bitympana*

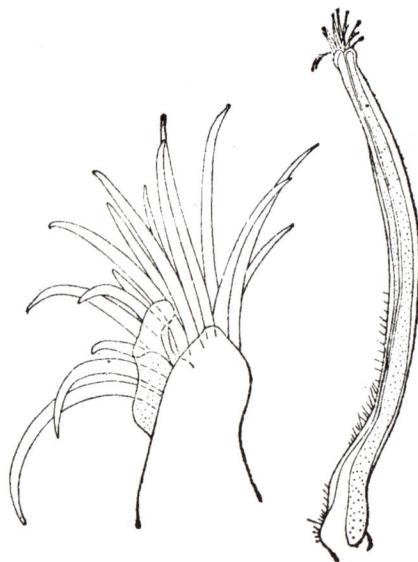

图 133b　双扇鼓窗蟹 *Scopimera bitympana* (♂)（仿 Dai *et al.*, 1986）
第 1 腹肢及末端放大

（八十）泥蟹属 Genus *Ilyoplax* Stimpson, 1858

身体四方形，较厚。头胸甲较软，额、第 1、第 2 触角及眼窝均与大眼蟹属相似，但额比大眼蟹属宽。眼柄长。第 3 颚足宽，颚足间不具空隙；外肢被遮盖，具颚须；内肢长节大，长大于宽，长于座节，座节靠近长节处具 1 条斜行的毛列。螯足粗壮，对称。步足粗壮，第二对最长；长节内侧面具卵圆形鼓膜；指节小而纤细。第 1、第 2 对步足间具短毛脊。

泥蟹属世界已知 27 种，中国海域分布有 9 种，胶州湾及青岛邻近海域发现有 3 种。

134. 锯脚泥蟹 *Ilyoplax dentimerosa* Shen, 1932

Ilyoplax dentimerosa Shen, 1932b: 250, figs. 153-154, pl. 10 (3); 1937a: 168; Shen *et* Dai, 1964: 110; Kim, 1973: 443, 643, fig. 186, pl. 36(142); Dai *et* Yang, 1991: 492, fig. 252 (1), pl. 63 (1); Yang *et al.*, 2008: 805.

标本采集地：胶州湾西北部。

特征描述：头胸甲宽度不到其长度的 1.5 倍。分区不明显，但胃区、心区可分辨。背面密具带毛的颗粒。鳃区的颗粒较中部各区密而明显。额较宽，大于头胸甲宽的 1/3，边缘有光滑脊，背面中部有浅沟并延伸至胃区。背、腹眼窝缘均有细颗粒，外眼窝齿小而锐，齿后微凹。螯足长节背腹缘有分散颗粒，内侧面具一长卵圆形的鼓膜。腕节长稍大于宽，背面光滑，内缘有细颗粒。掌节外侧面光滑，

图 134a　锯脚泥蟹 *Ilyoplax dentimerosa*

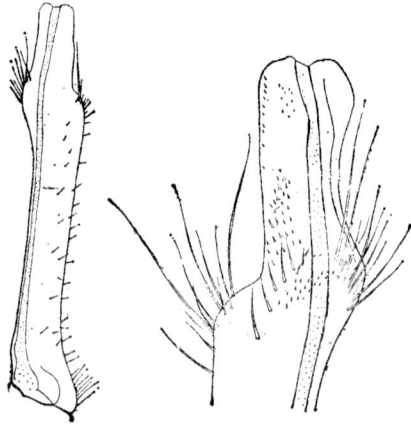

图 134b　锯脚泥蟹 *Ilyoplax dentimerosa* (♂)（仿 Dai *et al*., 1986）
第 1 腹肢及末端放大

背、腹缘各具一列颗粒脊，腹面及内侧面仅在基部处有细颗粒。可动指在内外面均有一条光滑脊，在内缘基半部有一个大齿突；不动指外缘有一明显的颗粒脊，内缘有两条脊，这些脊在末部光滑。步足光裸无毛，第 2 对最长，末对最短；前 2 对步足的长节具明显的鼓膜，后 2 对步足的鼓膜不明显；第 3 对步足腕节末缘有细锯齿。指短而尖。头胸甲长 5.7mm，宽 8.4mm。

生态习性：栖息于潮间带低潮线的泥滩洞穴里。

地理分布：中国（山东半岛南岸）。

135. 谭氏泥蟹 *Ilyoplax deschampsi* (Rathbun, 1913)

Tympanomerus deschampsi Rathbun, 1913b: 356, pls. 32(1-3), 33 (1).
Ilyoplax deschampsi Shen, 1932b: 241, figs. 149-150, pl. 10 (2);1936: 71; 1937a: 170; Shen *et* Dai, 1964: 118; Kim, 1973: 445, 643, fig. 188; Sakai, 1976: 624, fig. 343; Dai *et* Yang, 1991: 490, fig. 250 (1), pl. 62 (5); Yang *et al*., 2008: 805.
Ilyoplax pusilla Kim, 1973: pl. 89, figs. 141a-b. [Not *Ilyoplax pusilla* De Haan, 1835]

标本采集地：胶州湾西北部。

特征描述：头胸甲呈矩形，宽约为长的 1.5 倍，分区不明显。背面有短刚毛和横行皱襞。额较宽，稍大于头胸甲宽的 1/4，背面有一宽的纵沟。眼窝宽而深，眼窝背、腹缘呈波浪形，有细颗粒及短毛。外眼窝齿呈三角形，后面有一个小缺刻与侧缘分开。前侧缘具一齿，后侧缘长于前侧缘，后缘平截，整个边缘有颗粒及刚毛。第 3 颚足座节宽大于长，末缘具一条斜行毛脊，内末角向前突出。长节末端窄于基部。腕节末端变宽，指节、掌节很小。雄性螯足比雌性大，长节粗短，边缘锐利，有细锯齿，内侧面具卵圆形鼓膜，外侧面则不明显。掌宽于长，背缘有颗粒脊，外腹缘有一条颗粒脊，从基部延伸到不动指的末端，内侧面凹凸不平，有颗粒脊。指节长于掌节，两指内缘具不明显的小齿。前 3 对步足有带毛的囊通入鳃腔，各对步足长节背、腹面均有一个卵圆形鼓膜。头胸甲长 7.0mm，宽 11.2mm。

生态习性： 栖息于潮间带近河口泥质海岸。

地理分布： 中国（渤海湾，辽东半岛，上海崇明岛）；日本；朝鲜。

图 135a　谭氏泥蟹 *Ilyoplax deschampsi*

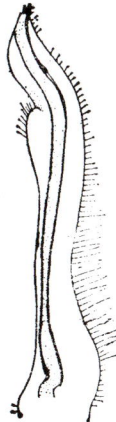

图 135b　谭氏泥蟹 *Ilyoplax deschampsi* (♂)（仿 Dai *et al.*, 1986）
第 1 腹肢

136. 秉氏泥蟹 *Ilyoplax pingi* Shen, 1932

Ilyoplax pingi Shen, 1932b: 246, figs. 151-152, pl. 10 (1); 1937a: 168, 183; Shen *et* Dai, 1964: 118; Kim, 1973: 444, 643, fig. 187, pl. 36, (143); Dai *et* Yang, 1991: 491, fig. 250 (2), pl. 62 (6); Yang *et al.*, 2008: 805.

标本采集地：双埠，大沽河。

特征描述：头胸甲呈矩形，壳很厚，背面粗糙，具颗粒短刚毛隆脊。分区不明显。近后侧绿的侧面有一斜列短毛隆脊。额宽约为头胸甲宽的 1/5，前缘向下（腹）弯，背面中央有一宽纵沟延伸至胃区。心区、胃区与鳃区有不明显的沟隔开。眼窝深，背、腹缘有细颗粒及刚毛，中部略隆起，外眼窝齿呈三角形，并指向前侧方，齿后微凹。雄性螯足大于雌性，长节有尖颗粒，表面具分散的刚毛，内侧面具不明显的鼓膜，外侧面不平。腕节短，内末角呈圆形，有颗粒及一列毛。掌节宽大于长，短于指，背缘有颗粒脊，内侧面有分散的细颗粒，但以腹面的颗粒最为密集。两指合拢时基部有缝隙，可动指在背缘有两条颗粒脊，内缘有两列细锯齿，近中部、有两枚较大的臼齿，末端的齿小于基部的齿。雌性螯足指节内缘具更细的锯齿，可动指近基部仅有一枚小齿。前 3 对步足的长节在毛下有较大的鼓膜。头胸甲长 7.8mm，宽 12.6mm。

生态习性：栖息于近河口的海岸泥滩的洞穴里。

地理分布：中国（山东半岛，渤海湾，辽东半岛）。

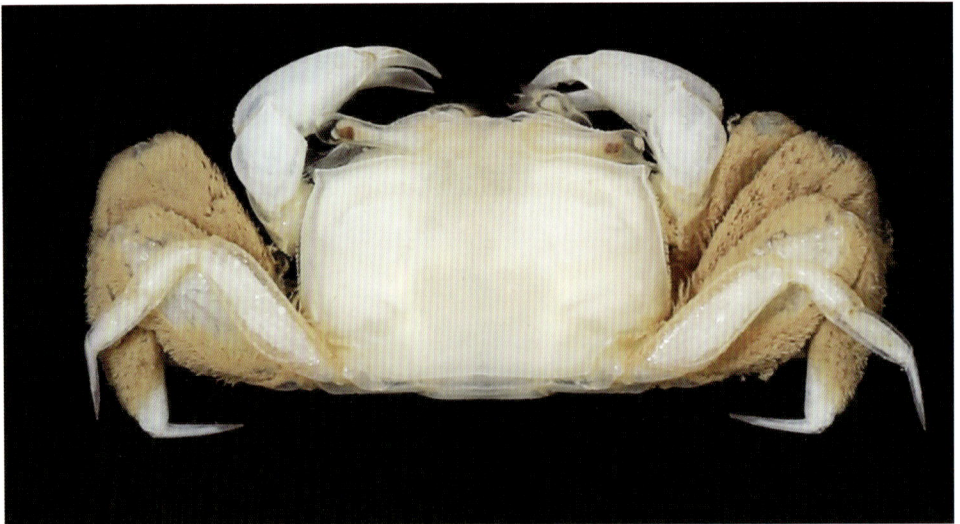

图 136a　秉氏泥蟹 *Ilyoplax pingi*

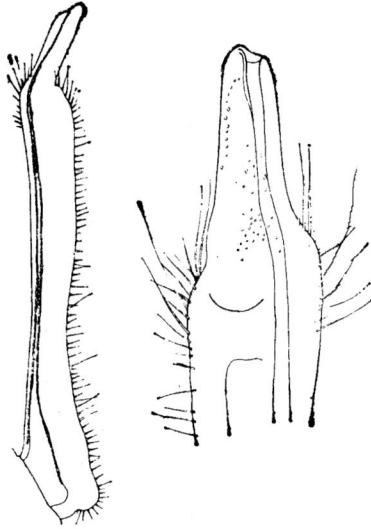

图 136b　秉氏泥蟹 *Ilyoplax pingi* (♂)（仿 Dai *et al.*, 1986）
第 1 腹肢及末端放大

四十、大眼蟹科 Family Macrophthalmidae Dana, 1851

头胸甲扁平，横四边形。眼窝横长，通常占据额部以外的整个前缘。眼柄很长，第1触角横折，鞭发达，隔板很窄。第3颚足中间通常有宽间隙。第2、第3步足之间无短毛脊。雄性腹部窄。雌雄生殖孔均位于腹胸甲。穴居，营群集生活。

大眼蟹科世界已知12属84种，中国海域分布有2属27种，胶州湾及青岛邻近海域发现有2属4种。

（八十一）大眼蟹属 Genus *Macrophthalmus* Desmarest, 1823

头胸甲扁平，四方形或梯形，宽大于长，侧缘平行或向后江拢，外眼角后具齿；表面分区清晰，通常具颗粒或刚毛。额窄，基部收缩，前缘双叶，背面通常具中央沟。眼窝长而窄，呈沟状，占据额与外眼窝角之间头胸甲的整个前缘；上眼窝缘通常弯曲，横或向后倾斜，通常饰有小圆颗粒；下眼窝缘突出，具大的颗粒或疣状突；眼柄长，角膜抵达或超过外眼窝角。第1触角横折，触鞭发达，隔板窄；第2触角中等大，基节短，位于内眼窝角中。口前板横长而窄。第3颚足长节短于或等于座节，颚须发达，连接于长节的外末角；颚足间具小缝隙。螯足等称或近等称。第2、第3步足粗大，第1、第4步足小；长节上缘近末端具刺雄性腹部7节。雄性第1腹肢直或稍弯曲。

大眼蟹属世界已知48种，中国海域分布有19种，胶州湾及青岛邻近海域发现有2种。

137. 短身大眼蟹 *Macrophthalmus abbreviatus* Manning *et* Holthuis, 1981

Ocypode (*Macrophthalmus*) *abbreviata* De Haan, 1833-1849 (1835): 26 (nomen nudum).

Ocypode (*Macrophthalmus*) *dilatata* De Haan, 1833-1849 (1835): 55, pl. 15, fig. 3.

Macrophthalmus dilatatus De Man, 1890: 76, pl. 4, fig. 9; Ortmann, 1894: 744; Balss, 1922: 145; Shen, 1932b: 220, figs. 135-137, pl. 9 (6); Shen, 1937a: 170; Sakai, 1939: 624, fig. 96, pl. 105 (3); Shen *et* Dai, 1964: 112; Sakai, 1965: 190, pl. 90, fig. 3.

Macrophthalmus dilatatum Sakai, 1934: 320.

Macrophthalmus (*Macrophthalmus*) *dilatatus* Kim, 1973: 448, 644, fig. 190, pls. 37 (145a-b); Sakai, 1976: 613, pl. 210, fig. 4.

Macrophthalmus (*Macrophthalmus*) *dilatatum* Dai *et al.*, 1986: 429, fig. 239 (1), pl. 59 (6); Dai *et* Yang, 1991: 470, fig. 239 (1), pl. 59 (6).

Macrophthalmus (*Macrophthalmus*) *abbreviatus* Manning *et* Holthuis, 1981: 201; Huang *et al.*, 1992: 146, fig. 5, pl. 1E; Yang *et al.*, 2008: 806.

标本采集地：胶州湾沿岸及崂山港。

特征描述：头胸甲甚宽，约为长的 2.3 倍，背面具颗粒，雄性的颗粒较明显。分区明显，各区之间有浅沟隔开，胃区近方形，心区呈矩形。额窄而突出，背面具一倒"Y"形沟伸至胃区。眼窝横宽，腹缘较背缘突出，前者具一列锯齿，后者具颗粒，眼柄特别瘦长，侧缘密布长软毛。前侧缘（包括外眼窝）共有 3 齿：第 1 齿长而锐，与第 2 齿之间仅有缝隙隔开，第 3 齿小。第 3 颚足基部宽于末部，内缘有软毛，座节长宽相等，内缘呈弧状突出，长节宽大于长，不到座节的 1/2。雌性螯足很小；雄性螯足大而长，长节基半部有毛，末半部有 2～3 齿，前腹缘在中部具两齿，后腹缘有颗粒；腕节内末角具 2 齿。掌瘦长，背缘具 6 齿突，内侧面密覆短毛。两指合拢时空隙大，密具短毛；可动指合拢时几乎与掌垂直，内缘具钝齿；不动指甚短，基半部内陷，具细锯齿，末半部具小齿。雄性腹部呈钝三角形；雌性为扁圆形，几乎全覆盖胸部腹甲，表面光滑。头胸甲长 13.5mm，宽31.3mm。

生态习性：栖息于潮间带低潮线的泥滩上，爬行较快。体呈黄绿色，腹面及螯足呈棕黄色。

地理分布：中国沿海；日本；朝鲜。

1cm

图 137a　短身大眼蟹 *Macrophthalmus abbreviatus*

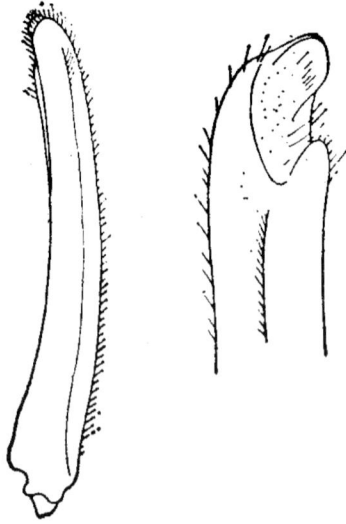

图 137b　短身大眼蟹 *Macrophthalmus abbreviatus* (♂)（仿 Dai *et al.*, 1986）
第 1 腹肢及末端放大

138. 日本大眼蟹 *Macrophthalmus* (*Mareolis*) *japonicus* (De Haan, 1835)

Ocypode (*Macrophthalmus*) *depressa* (not Rüppell, 1830) De Haan, 1833-1849 (1833): pls. 7 (1), B.

Ocypode (*Macrophthalmus*) *japonica* De Haan, 1833-1849 (1835): 54, pl. 15, fig. 2 (not 3).

Macrophthalmus japonicus Gray, 1847: 38; Ortmann, 1897b: 343; Parisi, 1918: 96; Balss, 1922: 145; Yokoya, 1928: 779; Shen, 1932b: 215, figs. 132-134 (not fig. 134b), pl. 9 (5); Sakai, 1934: 320; Shen, 1937a: 170; Sakai, 1939: 627, figs. 98a-d, pls. 73 (2), 105 (4); Shen *et* Dai, 1964: 114; Sakai, 1965: 190, pl. 90(4).

Macrophthalmus (*Mareotis*) *japonicus* Barnes, 1967: 224, pls. 2d(8a-d); Kim, 1973: 450, 644, fig. 191, pls. 38 (146a-b); Sakai, 1976: 614, pl. 210(1); Dai *et* Yang, 1991: 475, fig. 242 (12), pl. 60 (4); Huang *et al.*, 1992: 148, fig. 7, pl. 1G; Yang *et al.*, 2008: 806.

标本采集地：胶州湾沿岸。

特征描述：头胸甲呈方形，宽为长的 1.5 倍，背面中部光滑，两侧密且细颗粒，表面有横、纵沟，分区明显。额很窄，稍向下弯，前缘截形；背面有一纵沟。眼柄细长，背腹上下，眼窝缘均有细锯齿，腹内眼窝齿小。头胸甲侧缘有颗粒，前侧缘有 3 齿（包括外眼窝齿）：第 1、第 2 齿由窄而深的缺刻分开，第 3 齿很小而明显；后缘平直。第 1 触角藏于额下；第 2 触角较长，位于眼窝内侧。第 3 颚足座节长大于宽，内侧隆起，外侧十分薄，边缘锐，长节宽大于长，末端窄于基部。颊区表面有细颗粒，中间由一条宽而斜的沟分成两部分。螯足对称，长节较粗而长，内侧面及腹面有软毛。腕节边缘有颗粒，掌侧扁而瘦长，背缘有尖颗粒，内侧面的颗粒较多而大。两指合拢时空隙很小，可动指基部具一钝齿（由 5 枚小齿组成），其他为细锯齿，不动指内缘基半部具一列细锯齿，末部有三角形小齿。雌性螯足很小，长约为头胸甲的1/2。雄性第1腹肢短棒状，稍弯。雄性头胸甲长19.8mm，宽29.8mm。

图 138a　日本大眼蟹 *Macrophthalmus* (*Mareolis*) *japonicus*

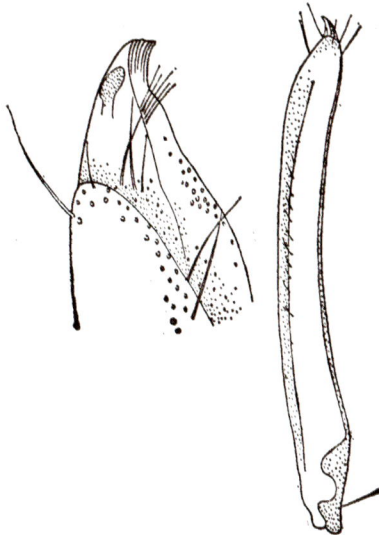

图 138b　日本大眼蟹 *Macrophthalmus* (*Mareolis*) *japonicus* (♂)（仿 Dai *et al.*, 1986）
第 1 腹肢及末端放大

生态习性：栖息于潮间带中区或上区的泥沙质或软泥质海岸。

地理分布：中国沿海；日本；朝鲜；新加坡。

（八十二）三强蟹属 Genus *Tritodynamia* Ortmann, 1894

头胸甲横六角形，宽大于长；表面光滑，具后侧斜面，前侧缘弯曲。眼窝横卵圆形。第 1 触角完全隐藏在触角窝内。第 3 颚足座节、长节未完全愈合；长节明显长于座节；第 3 颚足之间的间隙宽大，指节大，扁平，连接于掌节的基部内侧。指节长于腕节。第 2 步足最长，第 4 步足最短。

三强蟹属世界已知 11 种，中国海域分布有 8 种，胶州湾及青岛邻近海域发现有 2 种。

139. 兰氏三强蟹 *Tritodynamia rathbunae* Shen, 1932

Tritodynamia rathbunae Shen, 1932b: 118, figs. 68-70, pl. 5 (4); Sakai, 1934: 317, 318 (list); Shen, 1937a: 168, 176; 1939: 603, fig. 87, pl. 70 (3); 1965: 183, pl. 88(5); Kim, 1973: 424, 639, fig. 173, pl. 32 (133a-b); Sakai, 1976: 589, fig. 324b, pl. 204 (2); Dai *et* Yang, 1991: 442, figs. 225 (1-2); Yang *et al.*, 2008: 806.

标本采集地：胶州湾（南部、北部）。

特征描述：头胸甲呈横卵圆形，宽为长的 1.8 倍，背面有许多细麻点，分区不明显，胃区、心区之间有横沟，侧面有许多细皱纹。额与眼窝等宽，稍隆起，前缘有一条光滑脊，表面有一条细沟。眼窝缘有一条光滑脊，内眼窝齿小，下眼窝脊有细颗粒。口前板很短。前侧缘稍呈拱形；有细颗粒，位于后侧缘；前、后侧缘交接处向内有一斜行隆线，与后侧缘呈三角形斜面；后缘宽，两端稍突，中部向内陷。第 3 颚足之间空隙甚大，座节基部宽于末部。长节恰相反，末部宽于基部，近内缘有一纵沟。指节接于掌节内侧基部，远超出掌节末端。螯足对称，雄性大于雌性，长节短小，内外缘有一撮长毛。腕节小而隆起，背面有 2 条颗粒脊，内、外前末角有绒毛，内缘有颗粒，中部有几根硬毛。掌粗大，长大于宽，内侧面中部有一纵列长软毛，外侧面光滑，有 3 条纵行细沟，且有颗粒。雄性两指内缘空隙较大，雌性空隙较窄；可动指背面有光滑脊，内缘有毛，中部有一大齿，其余为颗粒状齿；不动指中部有颗粒状齿。雌性螯足可动指基部有 2 颗大齿，末部有 7 颗小齿，不动指具钝齿。雌性头胸甲长 8.0mm，宽 14.0mm。体呈紫红色，带有黑色小点。

生态习性：常栖于潮间带及潮下带的泥沙质海底。一般在多毛类的磷虫、日本中磷虫、崎柱头虫及扁顶蛤等管内或体内，能爬出营自由生活。

地理分布：中国（山东、辽宁沿海）；朝鲜东岸；日本；西伯利亚。

图 139a   兰氏三强蟹 *Tritodynamia rathbunae*

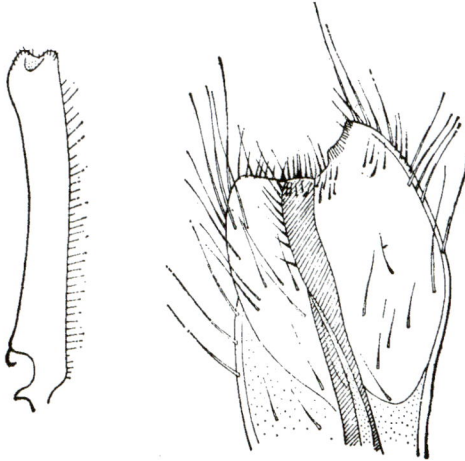

图 139b   兰氏三强蟹 *Tritodynamia rathbunae* (♂)（仿 Dai *et al.*, 1986）
第 1 腹肢及末端放大

140. 霍氏三强蟹 *Tritodynamia horvathi* Nobili, 1905

Tritodynamia horvathi Nobili, 1905: 407, pl. 10(1); Shen, 1932b: 123, figs. 71-72, pl. 5 (5); Sakai,
    1934: 317, 318, fig. 25; 1936b: 205, fig. 108; Shen, 1937a: 169, 176; Sakai, 1939: 604, fig. 88;
    1956: 52; Miyake, 1961b: 175; Kim, 1973: 426, 639, fig. 174, pl. 88 (134); Sakai, 1976: 590,
    pls. 204(3-5); Dai *et* Yang, 1991: 441, figs. 224 (1-2); Yang *et al.*, 2008: 806.
Tritodynamia fani Shen, 1932b: 125, figs. 73-74, pl. 5 (6).

标本采集地：胶州湾南部。

特征描述：体小，壳薄，头胸甲略呈六角形，宽约为长的 1.5 倍，背面稍隆，
分区不明显，胃-心区有一对向上弯曲的浅沟，有细麻点及栗褐色斑点。额弯向腹

面，前缘分 3 个不明显的齿，侧齿较中齿显著，背面中线有一纵行浅沟。眼窝缘隆起呈一薄脊，稍宽于额缘，外眼窝角小而锐。侧缘较斜直，侧缘中部有一条斜行隆线延伸至后缘两端；后缘较平直。第 3 颚足长节长于座节。触须具长刚毛。指十分瘦长，接于掌节内缘基半部。螯足对称，有光泽，长节末部宽于基部，内侧面内陷，两侧缘呈拱形。腕节小，内缘有颗粒齿。掌长大于宽，内、外侧面隆起，内侧面中线有一隆脊，具刚毛；外侧面有 2 条隆脊，其中一条延伸至不动指

图 140a　霍氏三强蟹 *Tritodynamia horvathi*

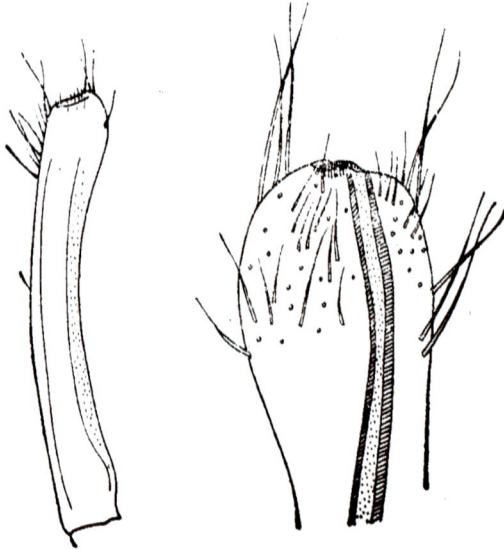

图 140b　霍氏三强蟹 *Tritodynamia horvathi*（♂）（仿 Dai *et al.*, 1986）
第 1 腹肢及末端放大

末端。两指内缘合拢时空隙较大，且有刚毛；可动指在基部 1/3 处有一大齿，齿后又有一小齿；不动指基部有一小齿，其余部分有细锯齿。头胸甲长 5.0mm，宽 7.0mm。

生态习性：栖息于 100m 以内的沙泥底。有成群洄游的习性，可作鱼类饵料，渔民以此追捕鱼群。除自由生活外，可栖息于瓣鳃类软体动物体内。

地理分布：中国（渤海，黄海，东海）；日本；朝鲜。

四十一、沙蟹科 Family Ocypodidae Rafinesque, 1815

头胸甲多数呈方形，少数略呈球形。眼窝很长而斜，几乎占头胸甲的整个前缘，眼柄长而细。额窄，弯向腹面。雄性生殖孔位于胸部腹甲上。

沙蟹科世界上已知 13 属 134 种，中国海域分布有 2 属 10 种，胶州湾及青岛邻近海域发现有 2 属 2 种。

（八十三）沙蟹属 Genus *Ocypode* Weber, 1795

体厚实，头胸甲近方形，分区不甚明显。额窄为头胸甲宽的 1/8～1/7。眼窝宽大，眼柄粗壮；角膜肿胀，占据整个眼柄的腹面。第 1 触角纵褶；隔板宽，触角鞭退化，完全藏于额下。第 3 颚足完全覆盖口框，外肢细小。两性螯足均甚不对称；某些种大螯掌节内侧面具发声隆脊。步足粗壮，末对短小，第 2、第 3 步足基节间具 1 短毛脊。两性腹部均为 7 节。

沙蟹属世界已知 26 种，中国海域分布有 5 种，胶州湾及青岛邻近海域发现有 1 种。

141. 痕掌沙蟹 *Ocypode stimpsoni* Ortmann, 1897

Ocypode (Ocypode) cordimana De Haan, 1833-1849 (1835): 57, pl. 15, fig. 4. [Not *Ocypode (Ocypode) cordimana* Latreille, 1818]

Ocypode stimpsoni Ortmann, 1897b: 367, pl. 58 (2), figs. 230 (1-3); Balss, 1922: 142; Shen, 1932b: 268, figs. 164-166, pl. 9 (3); Sakai, 1934: 319; 1936b: 211, pl. 58, fig. 4; Shen, 1937a: 170; Shen *et* Dai, 1964: 108; Kim, 1973: 428, 640, fig. 176, pl. 33 (135); Sakai, 1976: 599, fig. 327b, pl. 206 (3); Dai *et* Yang, 1991: 454, figs. 230 (1-3), pl. 58 (2); Huang *et al.*, 1992: 144, fig. 3, pl. 1C; Yang *et al.*, 2008: 807.

标本采集地：沙子口。

特征描述：头胸甲呈方形，宽大于长，背面甚隆，密具细颗粒，胃区两侧有细纵沟，心区呈六角形。额窄，向腹面弯曲，表面具颗粒。眼大而深，眼柄甚长，眼窝上（背）缘凹，有细颗粒，眼窝下缘中央有一缺刻，外眼窝齿甚突而尖锐，齿端指向前侧方。前侧缘在外眼窝齿后稍凹，后侧缘具一斜行颗粒隆线。第 3 颚足长大于宽，中间无缝隙，表面有颗粒及稀少毛，座节的长不到长节的两倍。长节中央凹陷，末部较基部窄。两性螯足均为不对称；长节三角形，背缘呈圆形，具皱襞；腕节短，表面隆起，有颗粒，内角具一齿，外末角具细锯齿；较大螯足掌扁平，内侧面具许多纵行隆脊（响器）、其上方具一列弧形的短毛。两指内缘具小齿。步足有细毛，除指节外，各节表面均具皱襞及颗粒，第 2 对步足为最长。两性腹部均分为 7 节。头胸甲长 15.1mm，宽 17.2mm。

生态习性：栖息于潮上带或潮间带高潮线的沙滩，洞穴斜而长。爬行速度极快，故有沙马之称。

地理分布：中国沿海；日本；朝鲜。

图 141a　痕掌沙蟹 *Ocypode stimpsoni*

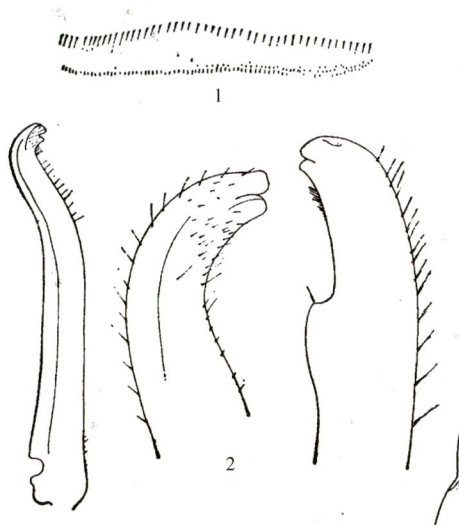

图 141b　痕掌沙蟹 *Ocypode stimpsoni* (♂)（仿 Dai *et al.*, 1986）
1. 掌部内侧发音隆脊；2. 第 1 腹肢及末端放大

（八十四）管招潮属 Genus *Tubuca* Bott, 1973

雌性头胸甲后侧缘常有细沟，雄性无。额窄。角膜圆，眼柄细长。雄性成体螯足大小悬殊，掌部外表面分布有大小不一的颗粒；小螯上有短而硬的刚毛。雄性腹部可自由活动，无闭锁机构。

管招潮属世界已知 21 种，中国海域分布有 5 种，胶州湾及青岛邻近海域发现有 1 种。

142. 弧边管招潮 *Tubuca arcuata* (De Haan, 1835)

Ocypode (*Gelasimus*) *arcuata* De Haan, 1833-1849 (1835): 53, pl. 7, fig. 2.

Uca arcuata Parisi, 1918: 93; Balss, 1922: 143; Gordon, 1931: 528; Shen, 1932b: 273, figs. 167-168, pl. 9 (4); Sakai, 1934: 320; Shen, 1937a: 170, 184; 1937b: 309; Kim, 1973: 433, 641, fig. 179, pls. 34 (137a-b); Crane, 1975: 47; Yang *et al.*, 2008: 807.

Uca (*Tubuca*) *arcuata* Ng *et al.*, 2008: 241.

Tubuca arcuata Shih *et al.*, 2016: 157, 159, fig. 10 (G).

标本采集地：沧口。

特征描述：头胸甲前宽后窄，背面有些细沟，胃区、心区具一"H"形沟。额很窄，向下弯曲，前缘钝圆，背面有一纵沟。眼窝小而深，背缘基部内凹，中部

图 142a　弧边管招潮 *Tubuca arcuata*

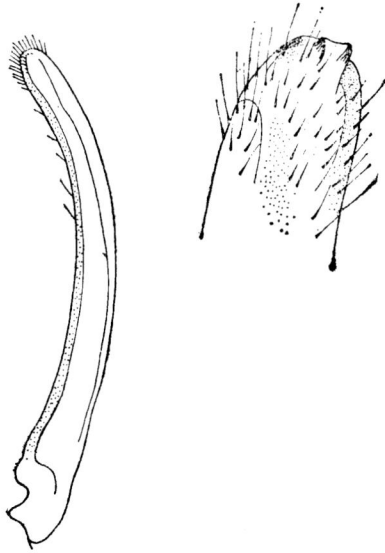

图 142b　弧边管招潮 *Tubuca arcuata* (♂)（仿 Dai *et al.*, 1986）
第 1 腹肢及末端放大

向前突，末部向后倾斜，眼柄细长，外眼窝呈三角形，稍向外突，下眼窝缘有细锯齿。头胸甲侧缘自外眼窝齿后向后内侧斜伸一条脊。第 3 颚足长节很小，约为座节 1/2，近内缘有一沟，内缘有一隆脊，边缘有毛。雄性两个螯足差别很大，大螯足长节背缘隆起而弯，有细颗粒，内腹缘有细锯齿。腕节略呈长方形。掌部宽大于长，外侧面有粗颗粒，内侧面空凹。可动指内缘有两列颗粒状齿，中部有时有一齿突；不动指内缘基部内凹，有两列颗粒状齿。雄性的较小螯足与雌性的相同，十分细小而简单。步足长节宽扁，其长约为宽的 2 倍。头胸甲长 13mm，宽 22mm。

生态习性：栖息于潮间带高潮线附近的软泥或泥沙滩，其洞穴高出地面成一烟筒状。生活时头胸甲呈青黑色，红色花纹，较大螯足呈红色。

地理分布：中国沿海；日本；朝鲜；新加坡；加里曼丹；菲律宾；澳大利亚；新喀里多尼亚。

四十二、短眼蟹科 Family Xenophthalmidae Stimpson, 1858

头胸甲近梯形，眼窝和眼柄很窄，呈纵向排列，且从背面可见。第 3 颚足座节及长节发达，指节细小。

短眼蟹科世界已知 3 属 5 种，中国海域分布有 3 属 3 种，胶州湾及青岛邻近海域发现有 1 属 1 种。

（八十五）短眼蟹属 Genus *Xenophthalmus* White, 1846

头胸甲近梯形，前半部及步足密布有长刚毛。眼窝纵向，大致平行第 3 颚足座、长节指节上翻。第 1 步足掌节呈方形。

短眼蟹属世界已知 2 种，中国海域分布有 1 种，胶州湾及青岛邻近海域发现有 1 种。

143. 豆形短眼蟹 *Xenophthalmus pinnotheroides* White, 1846

Xenophthalmus pinnotheroides White, 1846: 177, 178, pl. 2, fig. 2; Adams *et* White, 1848: 63, pl. 12, figs. 3-3a; Stimpson, 1858b: 107; Shen, 1937a: 170, 178; 1937b: 301, 308 (list), figs. 11a-g; 1948: 113, 114, fig. 4; Sakai, 1976: 591, pl. 203, fig. 4; Dai *et* Yang, 1991: 446, fig. 228A (1), pl. 57 (2); Takeda *et al.*, 2000: 138, 141; Yang *et al.*, 2008: 808.

标本采集地：胶州湾（南部、东北部）。

特征描述：头胸甲近梯形，前半部较后半部窄，两侧角钝圆，边缘及前半部均有长羽状毛，各区不甚明显，唯胃区、心区、肠区与鳃区之间有纵沟，自眼窝后贯穿至头胸甲的后部。额窄，弯向腹下方，前缘平直，两侧角钝圆。眼窝瘦长，纵行于背面，相互平行，眼柄不能活动。第 2 触角较大。第 3 颚足座节及长节宽扁，长节短于座节，末 3 节扁平，指及掌节末端具长羽状毛，指向上翘。螯足瘦弱，一般不如步足粗壮。充分发育的雄性，其螯足较粗壮，对称，各节光滑，边缘有长毛。掌长大于宽。两指合拢时内缘有较大空隙；可动指内缘近中部有一钝齿；不动指末半部具细齿。步足各节边缘均有长毛。第 1 步足各节均较其他 3 对粗壮，长节的后缘呈颗粒状突起。腕节和掌节粗大。掌节长宽相等，表面及边缘有细颗粒。指宽扁，末端尖。两性腹部均分为 7 节；雌性扁圆形，尾节与第 6 节的末端等宽；雄性窄长，有光泽。雄性第 1 腹肢呈棒状，末端具粗刺。头胸甲长 10.5mm，宽 14mm。

生态习性：栖息于近岸泥沙碎壳或软泥底。

地理分布： 中国沿海；日本；菲律宾；印尼；泰国；印度。

图 143a　豆形短眼蟹 *Xenophthalmus pinnotheroides*

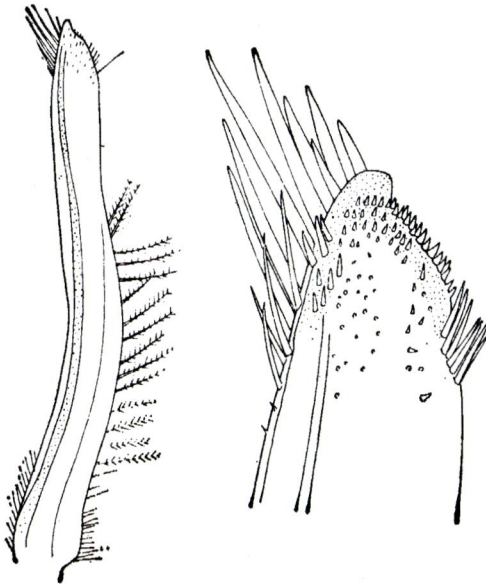

图 143b　豆形短眼蟹 *Xenophthalmus pinnotheroides* (♂)（仿 Dai *et al.*, 1986）
第 1 腹肢及末端放大

豆蟹总科 Superfamily Pinnotheroidea De Haan, 1833

四十三、豆蟹科 Family Pinnotheridae De Haan, 1833

体小，一般圆形或横椭圆形。眼窝及眼十分小。雄性生殖孔位于腹甲上。多数与其他无脊椎动物共栖。

豆蟹科世界已知 53 属 313 种，中国海域分布有 11 属 33 种，胶州湾及青岛邻近海域发现有 5 属 9 种。

（八十六）蚶豆蟹属 Genus *Acrotheres* Manning, 1993

头胸甲近六边形。第 3 颚足座节、长节愈合，节缝不可辨，具鞭状外肢，掌节明显长于腕节，指节呈匙状，位于掌节腹缘且长不超过掌节最末端。雌雄末 2 对步足指节均明显长于前 2 对步足指节，呈棒状。雌雄腹部均为 7 节。

蚶豆蟹属世界已知 21 种，中国海域分布有 3 种，胶州湾及青岛邻近海域发现有 1 种。

144. 中华蚶豆蟹 *Arcotheres sinensis* (Shen, 1932)

Pinnotheres sinensis Shen, 1932: 131, text-figs. 78, 79, pls. 6 (3, 4); Sakai, 1939: 584, text-figs. 70a-d;
    Dai *et al.*, 1986: 391, fig. 206.
Arcotheres sinensis Yang *et al.*, 2008: 808.

标本采集地：青岛。

特征描述：体软，雌性头胸甲几乎呈圆形，宽稍大于长，背面光滑，稍隆起，侧缘呈弧形，后缘中部内凹。额小而突出，弯向腹面。眼窝很小，眼柄短小。第 1 触角大；第 2 触角很小。口腔宽而短。第 3 颚足光滑，座节、长节大而斜，其外缘拱形，内缘凹，具羽状刚毛。掌大，指节短小，呈窄条状，其长不达掌节的末端。外肢瘦长，鞭有 2 节。螯足光滑，前 3 节甚短小，长节呈圆柱状，腕节长大于宽。掌节略呈长方形，基部较末部窄。指短于掌，可动指内缘基部具一三角形齿。不动指的基半部具 2 枚小齿。步足光滑，以第 3 对为最长，右足长于左足，第 4 对最短，各对步足的指节前 2 对短于后 2 对，具稀疏短刚毛，末对步足的指节为最长，其末半部周围密具短刚毛。雄性头胸甲较雌性坚硬且小。雌性腹部很宽大，雄性腹部窄长。雄性第 1 腹肢小而弯。雌性头胸甲长 11.3mm，宽 8mm。

生态习性：栖息于双壳软体动物，如缀锦蛤、巴非蛤、贻贝、文蛤、牡蛎等体内。雌性腹部常有蟹奴寄生。

地理分布：中国（山东半岛，辽宁半岛）；日本；朝鲜。

图 144a　中华蚶豆蟹 *Arcotheres sinensis*

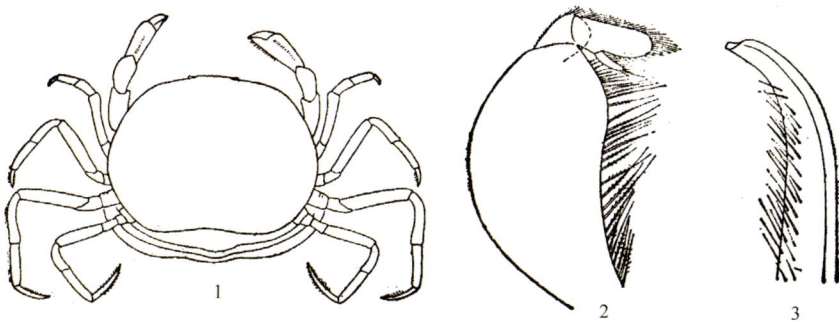

图 144b　中华蚶豆蟹 *Arcotheres sinensis*（仿 Dai *et al.*, 1986）

1. 整体背面（♀）；2. 第 3 颚足（♀）；3. 第 1 腹肢（♂）

（八十七）拟豆蟹属 Genus *Pinnaxodes* Heller, 1865

　　头胸甲宽近等于长，表面光滑或有一薄层绒毛。螯足及步足表面有浓密短毛。第 3 颚足座节、长节愈合，表面亦有较粗的短毛，指节超过掌节末缘，呈勺状。

　　拟豆蟹属世界已知 6 种，中国海域分布有 2 种，胶州湾及青岛邻近海域发现有 1 种。

145. 大拟豆蟹 *Pinnaxodes major* Ortmann, 1894

Pinnaxodes major Ortmann, 1894: 697, pl. 23, fig. 10; Sakai, 1939: 593, text-figs. 80; 1976: 578; Yang *et al.*, 2008: 808; Jiang *et* Liu, 2011: 488-489, fig. 1.

　　标本采集地：青岛。

　　特征描述：头胸甲近五边形，边缘宽圆，前侧缘略拱起，后侧缘略凹。额略凸，覆有密集短毛，中间有 1 模糊浅沟。雌性头胸甲表面光滑，螯足和步足表面有密集短毛，雄性全身覆盖浓密短毛。第 3 颚足表面覆有短毛，指节勺形，座节、长节愈合，内末角突出在透射光下可见座节、长节接缝痕迹。螯足可动指近基部有 1 三角形齿，不动指有数个小齿。步足指节较长，基部粗且密布短毛，末部尖锐略弯， 颜色较深且半透明。雄性腹部条形，尾节基部窄末部宽，呈五边形。雄性

图 145a　大拟豆蟹 *Pinnaxodes major*

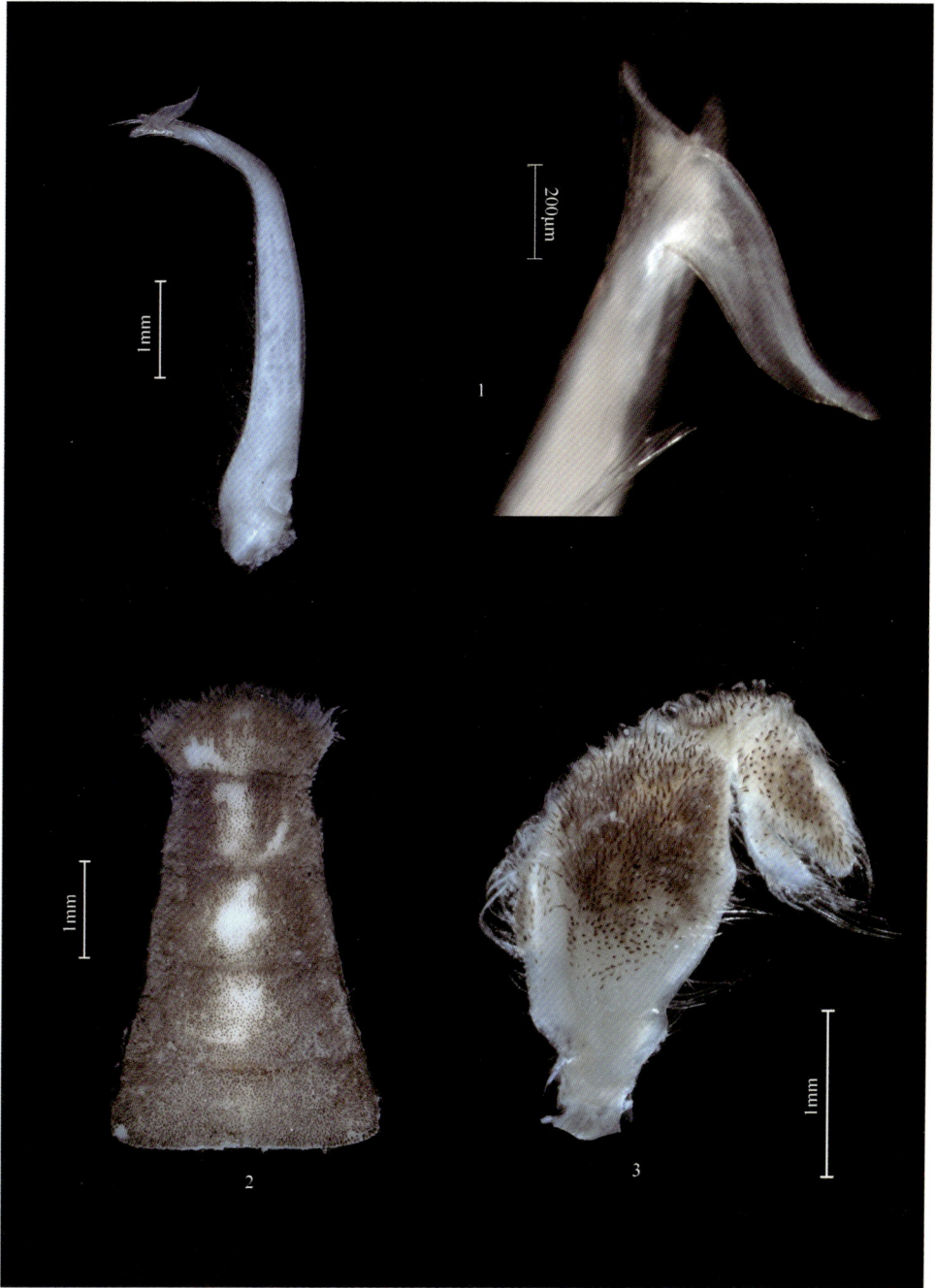

图 145b　大拟豆蟹 *Pinnaxodes major* (♂)
1. 第 1 腹肢及末端放大；2. 腹部第 3～第 7 节；3. 第 3 颚足

第 1 腹肢结构特殊，基部较粗，向末部逐渐变细，先弯向背外侧，末部再折向内侧，转折处有 2 个突起和数根长刚毛，刚毛较细且透明在图中不太明显。外侧缘有 1 列长刚毛。雌性腹部圆形，中部凸出。

生态习性：与海参 *Holothuria* sp.、贻贝 *Mytilus* sp.、无裂栉江珧 *Atrina pectinata* Linnaeus 等共栖。

地理分布：中国（黄海）；日本（东京湾，伊势湾，纪伊半岛，青森湾等）。

（八十八）豆蟹属 Genus *Pinnotheres* Latreille, 1802

头胸甲圆形或圆方形，宽等于或稍大于长。表面光滑，前侧缘圆钝，光滑或具微细小齿。第 3 颚足通常横覆于口框上。座节、长节愈合。额须小，分 3 节。第 2 步足不明显长于第 3 对。

豆蟹属世界已知 63 种，中国海域分布有 17 种，胶州湾及青岛邻近海域发现有 4 种。

146. 隐匿豆蟹 *Pinnotheres pholadis* De Haan, 1835

Pinnotheres Pholadis De Haan, 1835: 63; 1837: pl. 16, fig. 7.
Pinnotheres pholadis Herklots, 1861: 18; Miers, 1886: 276; Balss, 1922: 139; Yokoya, 1928: 773; Sakai, 1934: 316; 1939: 590, fig. 76, pl. 69, fig. 2; Kim, 1973: 419, 638, fig. 169, pls. 87 (130a-d); Sakai, 1976: 571, pls. 199 (2-3); Dai *et* Yang, 1991: 428, figs. 213 (1-2); Yang *et al.*, 2008: 809.

标本采集地：青岛。

特征描述：头胸甲呈圆形，略方，背面隆起，前末部稍呈拱形，胃区两侧，胃-心区均有浅沟，心区两侧向后方有一斜沟，此处背面凹陷，额甚突；背面观，额为截形，其前缘中央更凸，弯向腹面。眼大，低位。第 3 颚足座节、长节愈合，粗大，内缘直，内末角甚突，具羽状毛。腕节短。指节瘦长，可达掌节末端，并接于掌节内缘基部。螯足粗壮，长节内侧面有短绒毛。腕节基半部边缘均有短毛。掌长大于宽，内缘有短毛延伸至不动指的末端。可动指内缘基部具。三角形齿，不动指内缘有小齿，近中部一枚齿较大。步足瘦长而光滑（除指节有少许刚毛外），呈圆柱形，指呈钩状。步足以第 2 对为最长，第 4 对最短。雄性体小，壳较硬，额部较雌性突出，前缘呈截形，两侧角突出。步足各节边缘有短刚毛，特别在第 2、第 3 对步足的掌节和腕节，各具一列长羽状刚毛。雄性腹部分为 7 节，呈长三角形，尾节长等于宽，末端钝圆形。雄性第 1 腹肢呈羽状，末端向外弯曲，外侧具羽状毛，内侧毛少而短。雌性头胸甲长 13mm，宽 14mm，雄性长为 7.9mm，宽 7.9mm。

图 146a　隐匿豆蟹　*Pinnotheres pholadis*

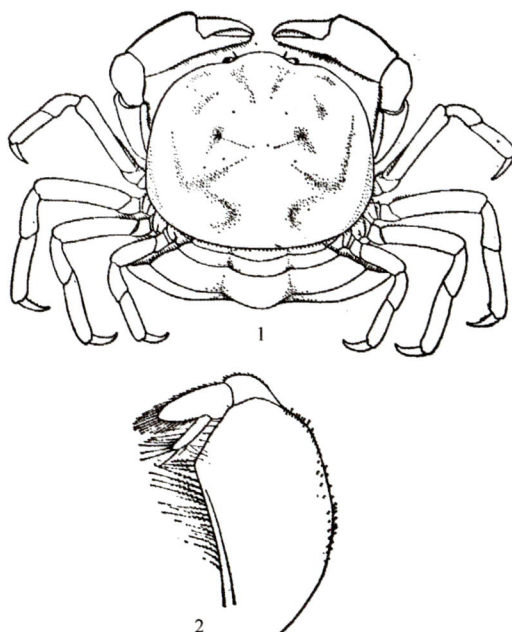

图 146b　隐匿豆蟹　*Pinnotheres pholadis*（♀）（仿 Dai *et al.*, 1986）

1. 整体背面；2. 第 3 颚足

生态习性：栖息于密鳞牡蛎、凹线蛤蜊、贻贝、厚壳贻贝、栉孔扇贝等双壳软体动物体内。

地理分布：中国（山东半岛）；日本；朝鲜。

147. 宽豆蟹　*Pinnotheres dilatatus* Shen, 1932

Pinnotheres dilatatus Shen, 1932b: 140, text-figs. 84, 85, pl. 6 (6); Dai *et al.*, 1986: 398, fig. 216 (1-3); Yang *et al.*, 2008: 808.

标本采集地：胶州湾南部。

特征描述：头胸甲呈四方形，宽稍大于长，背面光滑而有光泽，前缘及后缘均内凹。侧缘中部近平行，末部稍拱，基部内凹。额弯向腹面、背面不可见，前缘共分 3 齿，中齿小于侧齿。第 3 颚足座节、长节甚大，末部宽而圆钝，基部甚窄。指节呈指状，接于掌节内缘基部，指达到掌节末端。螯足光滑，长节内缘有短毛；腕节甚长，内缘基半部边有短毛。掌瘦长，内腹缘有一列短毛，延至不动指末端，不动指内缘末半部有细锯齿，基半部有几枚小齿，可动指的末半部有细锯齿，基部有一枚大齿。步足光滑，几乎无毛，除指节呈尖爪状外，各节略呈圆柱形，第 2 对步足明显地长于其他 3 对步足。雌性腹部宽而圆，覆盖整个胸部腹甲。雌性头胸甲长 5mm，宽 6.8mm。

生态习性：栖息于菲律宾蛤仔体内。

地理分布：中国（山东半岛）。

图 147a　宽豆蟹 *Pinnotheres dilatatus*

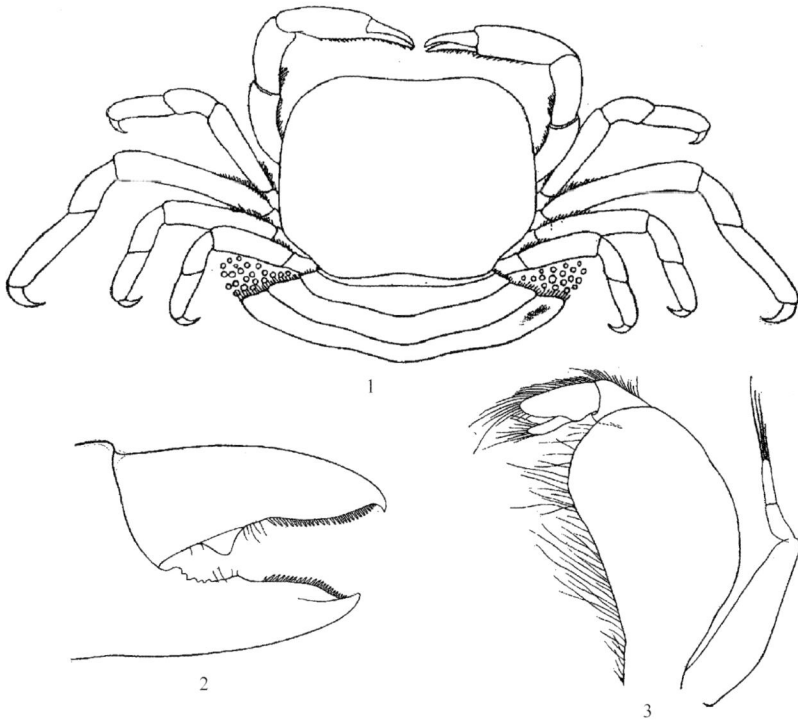

图 147b　宽豆蟹 *Pinnotheres dilatatus* (♀)（仿 Dai *et al.*, 1986）
1. 整体背面；2. 左螯两指外侧面；3. 第 3 颚足

148. 海阳豆蟹 *Pinnotheres haiyangensis* Shen, 1932

Pinnotheres haiyangensis Shen, 1932b: 145, figs. 89-91, pls. 6 (8-9); 1937a: 168, 178; 1937b: 308; Dai *et* Yang, 1991: 430, figs. 214 (1-3); Yang *et al.*, 2008: 808.

标本采集地：青岛。

特征描述：头胸甲近圆形，背面凸，有麻点，分区不明显。额弯向腹面，稍突出于眼窝，背面观，其前缘截形。腹面观额分 3 齿，中齿大于侧齿。眼小而圆。第 3 颚足座节、长节愈合，外缘甚弯，内角突出，内缘微向外凹，且有羽状毛。腕节粗短。掌节略呈圆锥形。指呈细条状，末端不达到掌节末端。螯足粗壮，稍有短毛。掌略呈长方形，内外侧面稍隆起。可动指较不动指长而粗，两指内缘近基部各具一齿，末部具细锯齿。步足较厚而扁平，边缘有短毛；第 2 对步足最长，第 3 对次之，末对最短，第 2、第 3 对的长节及腕节各有一列刚毛，指呈尖爪状，雄性头胸甲长 3.7mm，宽 4.4mm。

生态习性：栖息于潮间带低潮线沙滩上，与鸭嘴蛤共生。

地理分布：中国（山东半岛）。

图 148a　海阳豆蟹 *Pinnotheres haiyangensis*

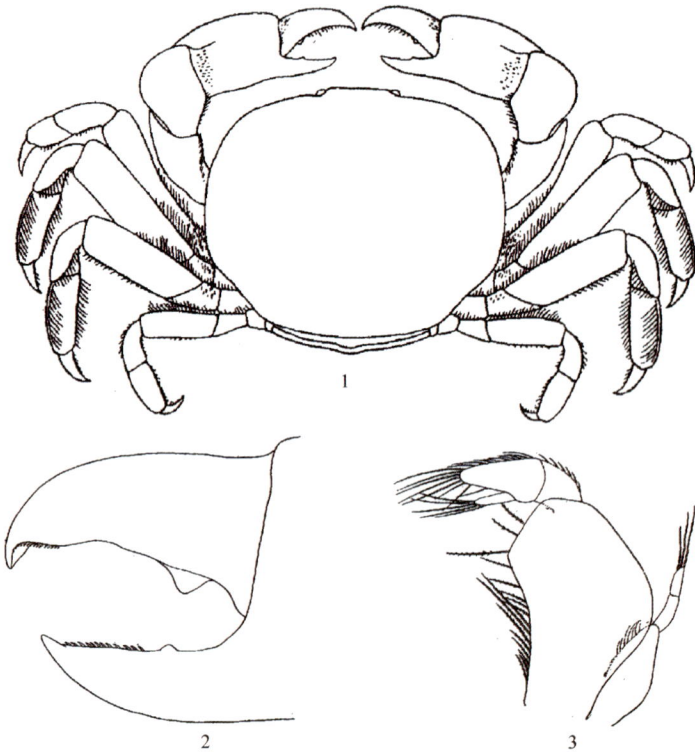

图 148b　海阳豆蟹 *Pinnotheres haiyangensis* （♀）（仿 Dai *et al.*, 1986）
1. 整体背面；2. 左螯两指外侧面；3. 第 3 颚足

149. 青岛豆蟹 *Pinnotheres tsingtaoensis* Shen, 1932

Pinnotheres tsingtaoensis Shen, 1932b: 149, figs. 92-94, pls. 6 (10-11); Shen, 1937a: 168, 178; 1937b: 308; Dai *et* Yang, 1991: 433, figs. 217 (1-3); Yang *et al.*, 2008: 809.

标本采集地：大沽河，胶州湾南部。

特征描述：雌性头胸甲呈圆形，宽大于长，背面隆起，具稀少的麻点。额较厚。第 3 颚足指节很长，接于掌节内缘基部，其末端变宽且超出掌节末端。螯足毛不多，长节边缘有短毛。腕节内缘基部及掌节腹内缘均有一列短毛，后者的毛延伸至不动指末端。可动指内缘有细锯齿，唯其基部有一枚较大的齿；不动指有细锯齿，但基部有几枚小齿。步足瘦长，各节边缘有刚毛，指呈爪状，向内弯曲，以第 2 对步足为最长，第 2、第 3 对步足的腕节和掌节各具一列刚毛。雌性腹部宽，尾节末端稍突。雄性个体甚小，头胸甲较厚和较隆起，额的中线具一纵沟。腹部第 6 节宽大于长，末端窄于基部，侧缘直，折向背面，尾节宽大于长，位于末端中央，呈三角形。雄性第 1 腹肢末端尖，具较长刚毛。雄性头胸甲长 4mm，宽 4.7mm。

图 149a 青岛豆蟹 *Pinnotheres tsingtaoensis* (♀)（仿 Dai *et al.*, 1986）

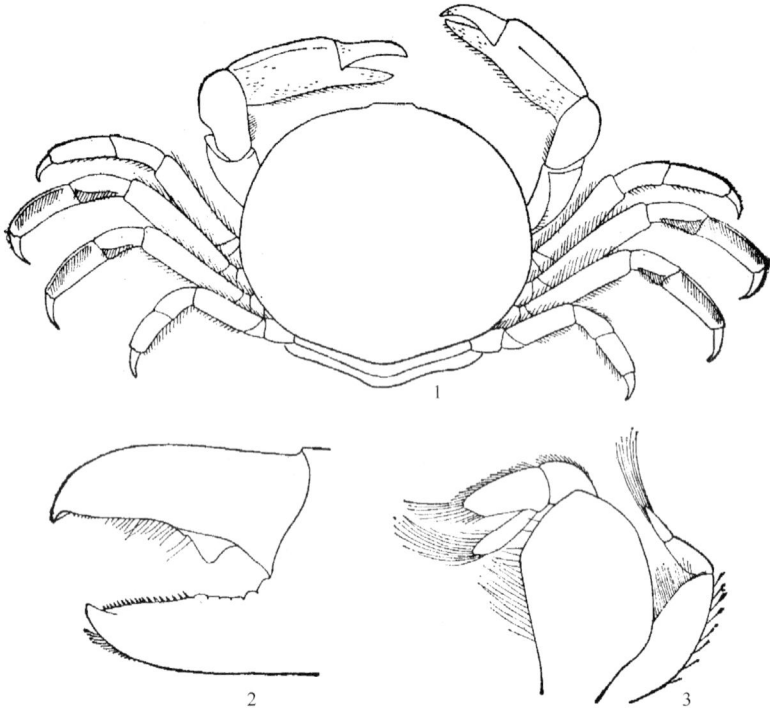

图 149b　青岛豆蟹 *Pinnotheres tsingtaoensis*
1. 整体背面；2. 左螯两指外侧面；3. 第 3 颚足

生态习性：栖息于鸭嘴蛤及四角蛤蜊的外套腔中。

地理分布：中国（辽东半岛，山东半岛）。

（八十九）巴豆蟹属 Genus *Pinnixa* White, 1846

头胸甲横圆柱形，宽明显大于长，不具后侧斜面。眼窝横置，眼柄很短。第 3 颚足座节、长节未完全愈合；颚须大，指节末端扁平，连接于掌节内侧。螯足强壮。第 3 步足最为粗壮，末对步足最短小。

巴豆蟹属世界已知 54 种，中国海域分布有 2 种，胶州湾及青岛邻近海域发现有 2 种。

150. 宽腿巴豆蟹 *Pinnixa penultipedalis* Stimpson, 1858

Pinnixa penultipedalis Stimpson, 1858b: 108; Ortmann, 1894: 695, pl. 23, figs. 7, 7i; Balss, 1922: 140; Sakai, 1934b: 41, fig. 2e; Shen, 1937a: 170, 177; 1937b: 298, 308 (list), figs. 10a-g; Sakai, 1939: 600; 1965: 181; 1976: 584; Dai *et* Yang, 1991: 437, fig. 221; Yang *et al.*, 2008: 808.

标本采集地：胶州湾东北部。

特征描述：头胸甲较扁，宽大于长的 2 倍，表面十分光滑而有光泽，胃-心区有浅沟。额窄，不甚弯。前缘呈截形，中线具纵沟。外眼窝角后具一条斜沟，沟后具一小凹陷。前侧缘呈拱形，后侧缘较斜直。口腔末端稍窄。第 3 颚足各节边缘均有长羽状刚毛，座节、长节愈合为一节，末端变宽。腕节长。掌节末端变宽，指呈片状。螯足小，掌小，略呈长方形，背缘具 6～8 个小齿，其外侧面近背缘处

图 150a　宽腿巴豆蟹 *Pinnixa penultipedalis*

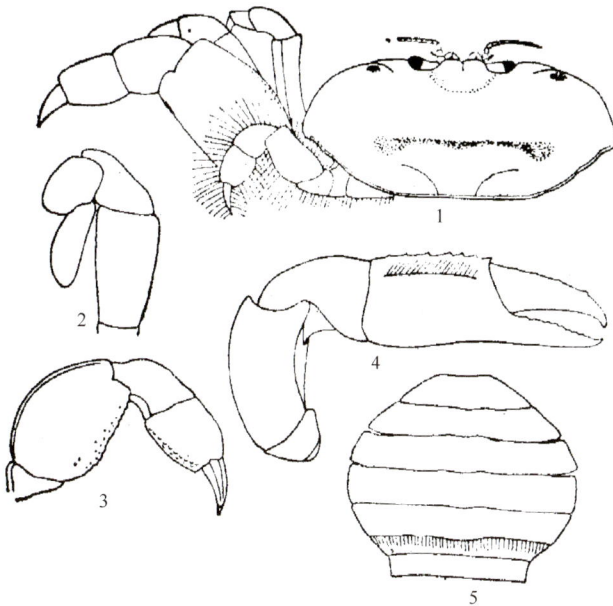

图 150b　宽腿巴豆蟹 *Pinnixa penultipedalis*（♀）（仿 Dai *et al.*, 1986）

1. 整体背面；2. 第 3 颚足；3. 第 3 步足；4. 右螯；5. 腹部

有一列刚毛。两指合拢时内缘无空隙；可动指短于掌，背缘具 4～5 个小齿。第 1 对步足短而细；掌节后缘的末部具一列小刺，指节前缘有 5～6 个小齿，近末端有一撮刚毛；第 1 对步足比第 2 对短，各节后缘有颗粒，掌节后缘具一列小刺，指节前缘有 5 枚齿，后缘具一列小刺，末端有一撮刚毛；第 3 对步足为最长且最粗壮，长节宽扁，表面光滑，后缘具颗粒，末对步足最小，各节有刚毛，长节后缘有 4～5 枚钝齿。指节前缘具 3 齿。雌性腹部呈卵圆形，覆盖整个腹甲，第 2 节末缘具一排毛，尾节末端截形。头胸甲长 2.5mm，宽 5mm。

生态习性：栖息于近岸泥质海底，常见于多毛类刺缨虫栖管中。

地理分布：中国（胶州湾，南海）；日本；莫桑比克。

151. 肥壮巴豆蟹 *Pinnixa tumida* Stimpson 1858

Pinnixa tumida Stimpson, 1858b: 108; Balss, 1922: 140; Yokoya, 1928: 776, figs. 7a-e; Shen, 1932b: 127, figs. 75-77, pl. 5 (3); Sakai, 1934b: 39; Shen, 1937a: 169, 177; 1937b: 308; Sakai, 1939: 598, pl. 70, fig. 5; Shen, 1948: 112, 113; Sakai, 1965: 181; Kim, 1973: 422, 639, fig. 171, pls. 88 (132a-c); Sakai, 1976: 585, pl. 202, fig. 2; Dai *et* Yang, 1991: 437, fig. 220; Yang *et al.*, 2008: 808.

标本采集地：青岛。

特征描述：头胸甲呈横椭圆形，宽约为长的 1.8 倍，最大宽位于第 3 步足基部上方，壳较薄，表面光滑而有光泽，背面十分隆起，尤以中部为甚。前鳃区

图 151a　肥壮巴豆蟹 *Pinnixa tumida*

图 151b 肥壮巴豆蟹 *Pinnixa tumida*（仿 Shen, 1932b）
1. 雌性整体背面；2. 雌性腹部；3. 雄性腹部；4. 雄性第 1 腹肢

与后鳃区稍平，胃-心区之间具一对不明显而向前弯曲的浅沟。额窄，前缘呈截形，中线具一纵行浅沟。前侧缘向外凸，无隆脊，后侧缘末部较基部更向外突出，中部内凹，后缘向后突出。第 3 颚足粗壮，完全覆盖口腔，座节、长节愈合，触须很大。掌节基部宽于末部，指节基部窄，接于掌节基部内侧，这两节均有长羽状毛。螯足粗壮，左右对称，长节边缘及内侧面密具刚毛，内缘及背缘均有细颗粒。腕节小而隆起，密具同样的刚毛。掌节长、宽相等，基部窄于末部，背缘隆起甚高，表面光滑。两指合拢时内缘空隙较大且有短毛，可动指内缘中部具一枚三角形的齿，不动指内缘近末端有一小钝齿。雌性腹部呈圆形，几乎覆盖整个胸部腹甲。头胸甲长 5.5mm，宽 10.8mm。

生态习性： 栖息在海老鼠（海棒槌）的胃砂团里，能自由生活。体呈黑褐色，带蓝白色斑。

地理分布： 中国（黄海，渤海）；日本。

（九十）酒井蟹属 Genus *Sakaina* Serène, 1964

头胸甲略方，宽为长 1.5 倍以上，侧面观头胸甲前后略向下倾斜，额中部凹陷，两侧拱起，形成 1 小三角形区域覆盖有浓密短毛。头胸甲侧缘各有 1 排短毛。螯足内侧面隆起。第 1 步足粗大，第 2、第 3 步足依次减小，末对步足退化极小。

酒井蟹属世界已知 7 种，中国海域分布有 3 种，胶州湾及青岛邻近海域发现有 1 种。

152. 日本酒井蟹 *Sakaina japonica* Serène, 1964

Sakaina japonica Serène, 1964: 273, fig. 22, pl. 24, fig. B; Yang *et al.*, 2008: 809; Jiang *et* Liu, 2011: 494, fig. 7.

标本采集地： 团岛。

特征描述： 头胸甲横圆形，宽约为长 1.7 倍。额部两边拱起中间略凹形成 1 三角区域，覆盖有浓密短毛。侧缘也有 1 列浓密短毛。螯足内侧上部明显隆起，边缘有 1 排 5 个颗粒及短毛；可动指内缘有 3 钝圆齿。第 1 步足粗壮，第 2 步足较扁，末对步足细小；各对步足长节背面边缘有短毛而中间光滑。雄性腹部尾节末部略宽于基部，呈较窄的倒梯形。第 1 腹肢基半部弯折成直角，末部细长向内弯曲，内外侧均附有长刚毛。

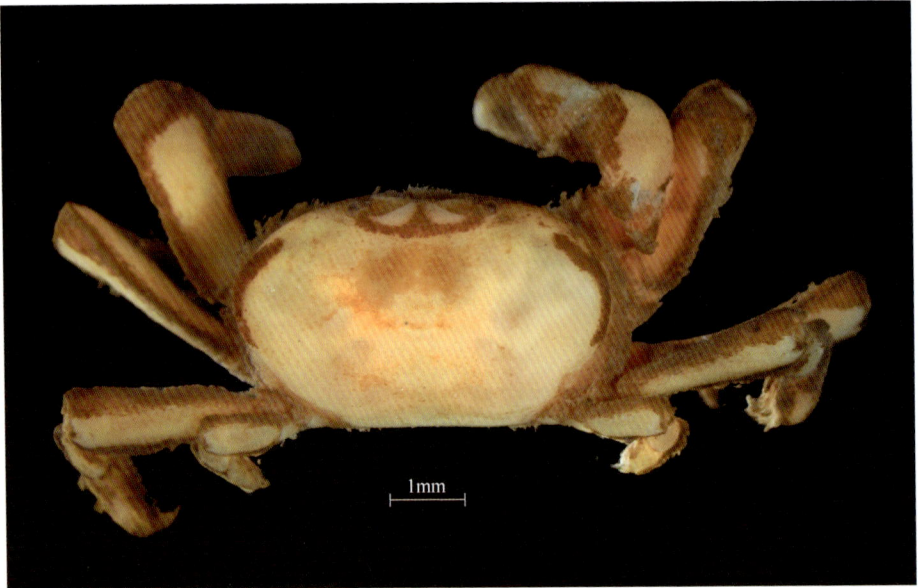

图 152a　日本酒井蟹 *Sakaina japonica*

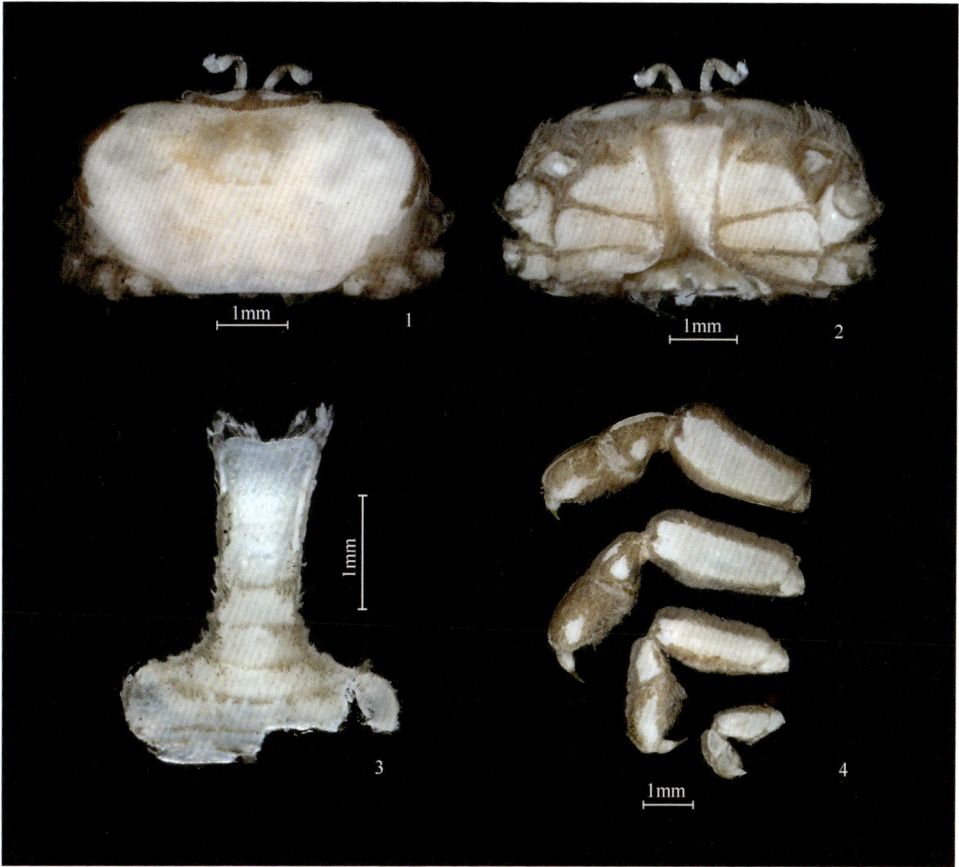

图 152b　日本酒井蟹　*Sakaina japonica* (♂)

1. 头胸甲背面；2. 头胸甲腹面；3. 腹部；4. 左侧第 1～第 4 步足

生态习性：栖息于浅水区石块底质生长的海藻上，自由生活。

地理分布：中国（青岛）；日本（相模湾，纪伊半岛）。

参 考 文 献

陈惠莲, 孙海宝. 2002. 中国动物志 节肢动物门 甲壳动物亚门 短尾次目 海洋低等蟹类. 北京: 科学出版社.

戴爱云, 杨思谅, 宋玉枝, 陈国孝. 1981. 绵蟹科新种与新记录. 动物分类学报, 6(2): 131-139.

戴爱云, 杨思谅, 宋玉枝, 陈国孝. 1986. 中国海洋蟹类. 北京: 海洋出版杜: 1-568.

韩庆喜. 2009. 中国及相关海域褐虾总科系统分类学和动物地理学研究. 中国科学院海洋研究所研究生学位论文.

蒋维, 陈惠莲, 刘瑞玉. 2007. 中国海倒颚蟹属 (甲壳动物亚门: 十足目: 豆蟹科) 两新记录种. 海洋与湖沼, 38(1): 77-83.

刘瑞玉. 1955. 中国北部的经济虾类. 北京: 科学出版社: 1-73.

刘瑞玉. 1959. 黄海及东海经济虾类区系特别. 海洋与湖沼, 2(1): 35-42.

刘瑞玉. 1963. 黄、东海虾类动物地理学研究. 海洋与湖沼, 5(3): 230-320.

刘瑞玉. 2003. 关于对虾类(属)学名的改变和统一问题 // 中国甲壳动物学会. 甲壳动物学论文集(第四辑): 104-122.

刘瑞玉. 2008. 中国海洋生物名录. 北京: 科学出版社: 1267.

刘瑞玉, 梁象秋, 严生良. 1990b. 中国长臂虾亚科的研究 II: 长臂虾属、白虾属、小长臂虾属、细腕虾属. 海洋科学集刊, 31: 229-265.

刘瑞玉, 梁象秋, 严生良. 1990a. 中国长臂虾亚科的研究 I: 沼虾属、瘦虾属和拟瘦虾属. 甲壳动物学论文集 II: 102-134.

刘瑞玉, 王永良. 1987 中国近海仿对虾属的研究. 海洋与湖沼, 18(6): 523-539.

刘瑞玉, 钟振如, 等. 1988. 南海对虾类. 北京: 农业出版社: 278.

刘瑞玉, 钟振如. 1994. 甲壳动物 十足目 虾类 // 黄宗国. 中国海洋生物种类与分布. 北京: 海洋出版社: 545-568.

刘文亮. 2010. 中国海域螯虾类和海蛄虾类分类及地理分布特点. 中国科学院海洋研究所研究生学位论文.

沙忠利, 肖丽婵, 王永良. 2015. 中国海活额寄居蟹科分类学研究. 北京: 科学出版社.

沈嘉瑞, 戴爱云. 1964. 中国动物图谱甲壳动物, 第二册, 蟹类. 北京: 科学出版社. 插图277.

沈嘉瑞, 刘瑞玉. 1976. 我国的虾蟹. 北京: 科学出版社: 1-145.

汪宝永. 1991. 游泳亚目(除长臂虾外) 龙虾族 螯虾族 附录II // 董聿茂. 浙江动物志(甲壳类). 杭州: 浙江科学技术出版社: 214-219.

王复振, 董聿茂. 1977. 我国寄居蟹二新种. 动物学报, 23(1): 109-112.

王复振, 董聿茂. 1980. 中国寄居蟹二新种. 动物分类学报, 5(1): 35-38.

杨思谅, 陈惠莲, 戴爱云. 2012. 中国动物志, 节肢动物门, 甲壳动物亚门, 十足目, 梭子蟹科. 北京: 科学出版社.

杨思谅, 陈惠莲, 蒋维. 2008. 短尾下目 // 刘瑞玉. 中国海洋生物名录. 北京: 科学出版社.

杨思谅, 孙秀敏. 1990. 福建省沿海的瓷蟹类. 北京自然博物馆研究报告, 45: 1-15.

杨思谅, 孙秀敏. 1992. 广西沿海瓷蟹(歪尾类)初步报告 // 中国甲壳动物学会. 甲壳动物学论文集(第三辑): 196-213.

Adams A, White A. 1848. Crustacea, Part 1 // Adams A. The zoology of the voyage of H. M. S. Samarang, 1843-1864. London: Reeve, Benham, and Reeve, 1849: 1-66, pls. 1-13.

Alcock A. 1898. Materials for a carcinological fauna of India, No. 3. The Brachyura Cyclometopa, Part I. The Family Xanthidae. Journal of the Asiatic Society of Bengal, 67(2): 67-233.

Alcock A. 1901. A descriptive catalogue of the Indian deep-sea Crustacea Decapoda Macrura and Anomala, in the Indian Museum. Being a revised account of the deep-sea species collected by the Royal Indian Marine Survey Ship Investigator. Calcuta: printed by order of the Trustees of the Indian Museum: Iv+286, 3 pls.

Alcock A. 1905. A revision of the "genus" Penaeus, with diagnoses of some new species and varieties. Annals and Magazine of Natural History, (7)16: 508-532.

Alcock A. 1906. Catalogue of the Indian decapod Crustacea in the collection of the Indian Museum. Part III. Macrura. 1-55, 9 pls. Clacutta.

Alcock AW. 1896. Materials for a carcinological fauna of India, No. 2. The Brachyura Oxystomata. Journal of the Asiatic Society of Bengal, 65, part2(2): 134-296, pls 6-8.

Alcock AW. 1899. Materials for a carcinological fauna of India, No. 4. The Brachyura Cyclometopa, Part 2. A revision of the Cyclometopa with an account of the families Portunidae, Cancridae and Corystidae. Journal of the Asiatic Society of Bengal, 68, part 2(1): 1-104, pls 1-2.

Alcock AW. 1900. Materials for a carcinological fauna of India, No. 6. The Brachyura Catometopa or Grapsoidea. Journal of the Asiatic Society of Bengal, 69(3): 279-456.

Almeida AO, Simões SM, Costa RC, et al. 2012. Alien shrimps in evidence: new records of the genus Athanas Leach, 1814 on the coast of São Paulo, southern Brazil (Caridea: Alpheidae). Helgoland Marine Research: 1-9.

Anker A. 2003. Alpheid shrimps from the the mangroves and mudflats of Singapore, Part I: genera Salmoneus, Athanas and Potamalpheops, with the description of two news species (Crustacea: Decapoda: Caridea). Raffles Bulletin of Zoology, 51(2): 283-314.

Anker A, Jeng MS, Chan TY. 2001. Two unusual species of Alpheidae (Decapoda: Caridea) associated with upogebiid mudshrimps in the mudflats of Taiwan and Vietnam. Journal of Crustacean Biology, 21(4): 1049-1061.

Asakura A. 1995. Anomura // Nishimura S. Guide to seashore animals of Japan with color pictures and keys, Col. 2. Osaka: Hoikusha Publishing Co. Ltd.: 347-377.

Asakura A. 2006. Shallow water hermit crabs of the family Pylochelidae, Diogenidae and Paguridae (Crustacea: Decapoda: Anomura) from the sea of Japan, with a description of a new species of Diogenes. Chiba: Natural History Museum and Institute: 23-103, figs. 1-70.

Baba K, Hayashi KI, Toriyama M. 1986. Decapod crustaceans from continental shelf and slope around Japan: the intensive research of unexploited fishery resources on continental slopes. Tokyo: Japan Fisheries Resource Conservation Association: 336.

Balss H. 1913. Ostasiatische Decapoda I. Die Galatheiden und Paguriden // Doflein F. Beiträge zur Naturgeschichte Ostasiens, abhandlungen der mathphys. Klasse der K. Bayerischen Akademie der Wissenschaften, Supplement 2(9): 1-85.

Balss H. 1914. Ostasiatische Decapoden II. Die Natantia and Reptantia // Doflein F. Beiträge zur

Naturgeschichte Ostasiens. Abhandlungen Bayerischen Akademie der Wissenschaften, Supplement 2(10): 1-101 + figures 1-50 + plate 1.

Balss H. 1922. Ostasiatische Decapoden III. Die Dromiaceen, Oxystomen und Parthenopiden. Archiv für Naturgeschichte, 88A(3): 104-140, figs. 1-9.

Balss H. 1933. Beiträge zur kenntnis der gattung *Pilumnus* (Crustacea, Dekapoda) und verwandter gattungen. Capita Zoologica, 4(3): 1-47, figs. 1-7, pls. 1-7.

Balss H. 1934. Sur quelques décapodes brachyoures de Madagascar // Gruvel A. Contribution à l'étude des Crustacés de Madagascar. Faune des Colonies françaises, 5 (fasc. 8, No. 31): 501-528, 1 fig., 1 pl.

Banner AH. 1953. The Crangonidae or snapping shrimp of Hawaii. Pacific Science, 7(1): 1-147, 50 figs.

Banner AH. 1959. Contributions to the knowledge of the alpheid shrimp of the Pacifi Ocean, Part IV. Various small collections from the Central Pacifi area, including supplementary notes on alpheids from Hawaii. Pacific Science, 13: 130-155.

Banner AH, Banner DM. 1966. The Alpheidae shrimp of Thailand. The siam society monograph series, 3: 1-168, 62 figs.

Banner AH, Banner DM. 1974. Contributions to the knowledge of the alpheid shrimp of the Pacific Ocean, Part XVII. Additional notes on the Hawaiian alpheids: new species, subspecies, and some nomenclatorial changes. Pacific Science, 28(4): 423-437.

Banner AH, Banner DM. 1983. An annotated checklist of the alpheid shrimp from the western Indian Ocean. Paris: Office de la Recherche. Scientifique et Technique Outre-Mer, 158: 1-164.

Banner DM, Banner AH. 1973. The alpheid shrimp of Australia, Part I: the lower genera. Records of the Australian Museum, 28(15): 291-382.

Banner DM, Banner AH. 1982. The alpheid shrimp of Australia, Part III: the remaining alpheids, principally the genus *Alpheus* and the family Ogyrididae. Records of the Australian Museum, 34: 1-357.

Barnard KH. 1950. Descriptive catalogue of South African decapod Crustacea (crabs and shrimps). Annals of the South African Museum, 38: 1-837, figs. 1-154.

Barnes RSK. 1967. The Macrophthalminae of Australia, with a review of the evolution and morphological diversity of the type genus *Macrophthalmus* (Crustacea: Brachyura). Transactions of the Zoological Society of London, 31: 195-262, figs. 1-16, pls. 1-4.

Bate CS. 1868. On a new genus with four species of freshwater prawns. Proceedings of the Zoological Society of London: 363-367, pls. 30-31.

Bate CS. 1888. Report on the Crustacea Macrura collected by H. M. S. Challenger during the years 1873-1876. Report on the Sicentific Results of the Voyage of H. M. S. Challenger, during the years 1837-1876 (Zool.). London: Her Majesty's Stationery Office, 24: xc + 942, 76 text-figs, 150 pls.

Benedict JE. 1904. A new genus and two new species of crustaceans of the family Albuneidae from the Pacific Ocean; with remarks on the probable use of the antennule in *Albunea* and *Lepidopa*. Proceedings of the United States National Museum, 27(1367): 621-625.

Boone L. 1931. A collection of anomuran and macruran Crustacea from the Bay of Panama and the fresh waters of the canal zone. Bulletin of the American Museum of Natural History, 63(2): 137-189.

Borradaile LA. 1903. On the classification of the Thalassinidea. Annals and Magazine of Natural History, 7(12): 534-551.

Bouvier EL. 1898a. Sur le *Blepharipoda fauriana*, crustacé anomoure de la famille des hippidés. Comptes Rendus des Séances de l'Académie des Sciences, 127(16): 566-567.

Bouvier EL. 1898b. Observations nouvelles sur les *Blepharopoda* Randall (*Albunhippa* Edw.). Annales de la Société Entomologique de France, 67: 337-343.

Bouvier EL. 1901. Sur quelques crustacés du Japon, offerts au museum par M. le Dr. Harmand. Bulletin du Muséum National d'Histoire Naturelle, 7: 332-334.

Bouvier EL. 1905. Sur les Pénéides et les *Sténopies receuillis* par les expeditions françaises et monégasques dans l'Atlantique oriental. Comptes rendus hebdomadaires des séances de l'Académie des sciences, 140: 980-983.

Brandt JF. 1851. Krebse // Middendorff ATV. Reise in den äussersten Norden und Osten Sibiriens während der Jahre 1843 und 1844. Mit allerhöchster Genehmigung auf Veranstaltunng der Kaiserlichen Akademie der Wissenschaften zu St. Petersburg ausgeführt und in Verbindung mit vielen Gelehrten herausgegeben, 2(1): 77-148.

Brown DJ, Bowler K. 1978. A population study of the british freshwater crayfish *Austropotamobius pallipes* (Lereboullet) // Lindqvist OV. Freshwater crayfish 3. Kuopio: University of Kuopio: 33-49.

Bruce AJ. 1990. Additions to the marine shrimp fauna of Hong Kong // Morton B. Proceedings of the second international marine biological workshop: the marine flora and fauna of Hong Kong and Southern China, Hong Kong, 1986. Hong Kong: Hong Kong University Press: 611-648.

Bruin GHP. 1965. Penaeid prawns of Ceylon (Crustacea, Decapoda, Penaeidae). Zoologische Mededelingen, 41(4): 73-104.

Burkenroad MD. 1934. Littoral Penaeidae chiefly from the Bingham Oceanographical Collection, with a revision of *Panaeopsis* and descriptions of two new genera and eleven new American species. Bulletin of the Bingham Oceanographic Collection, 4(7): 1-109.

Cha HK, Lee JU, Park CS, Baik CI, Hong SY, Park JH, Choi JH. 2001. Shrimps of the Korean waters. Busan: National Fisheries Research Development Institute: 1-188.

Chace FA. 1976. Shrimps of the Pasiphaeid genus *Leptochela* with descriptions of three new species (Crustacea: Decapoda: Caridea). Smithsonian Contributions to Zoology, 222: 1-51.

Chace FA. 1988. The Caridean shrimps (Crustacea: Decapoda) of the Albatross Philippine expedition, 1907-1910, Part 5: family Alpheidae. Smithsonian Contributions to Zoology, 466: 1-99.

Chace FA. 1997. The Caridean shrimps (Crustacea: Decapoda) of the Albatross Philippine expedition, 1907-1910, Part 7: families Atyidae, Eugonatonotidae, Rhynchocinetidae, Bathypalaemonellidae, Processidae, and Hippolytidae. Smithsonian Contributions to Zoology, 587: 1-106.

Chan TY, Hsiangping Y. 1985. Studies on the shrimp of the genus *Palaemon* (Crustacea: Decapoda: Palaemonidae) from Taiwan. Journal of the Taiwan Museum, 38(l): 119-128.

Chen H. 1986. Studies on the Dorippidae (Crustacea, Brachyura) of Chinese waters. Transactions of the Chinese Crustacean Society, 1: 118-139, figs. 1-15.

Chen HL. 1989. Leucosiidae (Crustacea, Brachyura) // Forest J. Résultats des Campagnes MUSORSTOM, Volume 5. Paris: Mémoires du Muséum national d'Histoire Naturelle, Series A, 144: 181-263, figs. 1-32, pls. 1-6.

Cheung TS. 1960. A key to the identification of Hong Kong penaeid prawns with comments on points of systematic interest. Hong Kong University Fisheries Journal, 3: 61-69.

Coutière H. 1897a. Note sur quelques Alphéidés nouveaux ou peu connus rapportés de Djibouti (Afrique orientale). Bulletin du Muséum National d'Histoire Naturelle, 3(6): 233-236.

Coutière H. 1897b. Note sure *Betæus Jousseaumei*, nouvelle espèce d'Alphée de la Mer Rouge.

Bulletin du Muséum National d'Histoire Naturelle, 2: 236-237.

Coutière H. 1897c. Note sur quelques espèces du genre *Alpheus* du Musée de Leyde. Notes from the Leyden Museum, 19: 195-207.

Coutière H. 1898. Note sur quelques cas de regeneration hypotypique chez *Alpheus* (Crust.). Annales de la Société Entomologique de France, (12): 248-250, 8 figs.

Coutière H. 1899. Les "Alpheidae" morphologie externe et interne, formes larvaires, bionomie. Faculte des Sciences de Paris, Ser. A, 321(980.559): 1-409 text-figs., 6 pls. Masson et Cie, Paris. (Also in: Ann. Sci. Nat., VIII, Zool. 9: 1-560). (For index see: Chace and Forest, 1970).

Coutière H. 1903. Note sur quelques Alpheidae des Maldvies et Laquedives. Bulletin de la Societe philomathique de Paris, 5(2): 72-90.

Coutière H. 1905. Les Alpheidae // Gardiner JS. The fauna and geography of the Maldive and Laccadive archipelagoes, 2(4): 852-921, pls. 70-87.

Crane J. 1975. Fiddler crabs of the world (Ocypodidae: genus *Uca*). New Jersey: Princeton University Press: i-xxiii, 1-736, figs. 1-101, maps 1-21, pls. 1-50.

Dai AY, Xu Z. 1991. A preliminary study on the crabs of the Nansha Islands, China. Symposium of Marine Biological Research from Nansha Islands and adjacent seas, No. 3: 1-47, figs. 1-28.

Dai AY, Yang SL. 1991. Crabs of the China Seas. Beijing: China Ocean Press and Berlin Heidelberg, New York, Tokyo: Springer-Verlag: i-iv, 1-608, figs. 1-295, pls. 1-74.

Dall W. 1957. A revision of the Australian species of Penaeinae (Crustacea Decapoda: Penaeidae). Australian Journal of Marine and Freshwater Research, 8(2): 136-231.

Dana JD. 1852. Conspectus crustaceorum quae in orbis terrarium circumnavtione, Carolo Wilkes e classe Reipublicae Foederatae duce, lexit et descripsit. Proceedings of Academy of Natural Sciences of Philadelphia, 6: 10-28.

Davie PJF, Short JW. 1989. Deepwater Brachyura (Crustacea: Decapoda) from southern Queensland, Australia with descriptions of four new species. Memoirs of the Queensland Museum, 27(2): 157-187, figs. 1-14.

Davie PJF. 1992. A new species and new records of intertidal crabs (Crustacea: Brachyura) from Hong Kong // Moreton B. The marine flora and fauna of Hong Kong and Southern China III. Proceedings of the Fourth International Marine Biological Workshop: The Marine Flora and Fauna of Hong Kong and Southern China, Hong Kong: 345-359, fig. 1, pls. 1-2.

De Grave S, Fransen CHJM. 2011. Carideorum catalogus: the recent species of the dendrobranchiate, stenopodidean, procarididean and caridean shrimps (Crustacea: Decapoda). Zoologische Mededelingen Leiden, 89(5): 195-589, figs. 1-59.

De Haan W. 1833-1849. Crustacea // de Siebold PF. Fauna Japonica. Amsterdam: Müller: 1-244, pls. 1-55, A-Q, 1-2.

De Haan W. 1833-1850. Crustacea // Siebold PFv. Fauna japonica: sive descriptio animalium, quae in itinere per Japoniam, jussu et auspiciis superiorum, qui summum in India Batava imperium tenent, suscepto, annis 1823-1830 collegit, noitis, observationibus et adumbrationibus illustravit. Leiden: Lugduni-Batavorum: 1-243.

De Man JG. 1879. On some new or imperfectly known Podophthalmous Crustacea of the Leyden Museum. Notes from the Leyden Museum, 1(19): 53-73.

De Man JG. 1881. Carcinological studies in the Leyden Museum, No. 1. Notes from the Leyden Museum, 3: 121-144.

De Man JG. 1888. Report on the podophthalmous Crustacea of the Mergui Archipelago, collected for the Trustees of the Indian Museum, Calcutta, by Dr. John Anderson F.R.S., Superintendent of the

Museum. The Journal of the Linnean Society (Zoology), 22: 1-305, Plate 1-19.

De Man JG. 1890. Carcinological studies in the Leyden Museum. No. 4. Notes from the Leyden Museum, 12: 49-126, pls 3-6.

De Man JG. 1895. Bericht über die von Herrn Schiffscapitän storm zu Atjeh, an den westlichen Küsten von Malakka, Borneo und Celebes sowie in der Java-See Gesammelten Decapoden und Stomatopoden. Zoologische Jahrbücher, Abteilung für Systematik, Geographie und Biologie der Thiere, Vol. 8(Teil 1): 485-610, figs. 1-15.

De Man JG. 1898. Note sur quelques especes du genre *Alpheus* Fabr. appartenant a la section dont l'*Alpheus Edwardsi* Aud. est le representant. Memoires de la Societe Zoologique Paris, 11: 309-325, pl. 4.

De Man JG. 1899. Zoological results of the dutch scientific expedition to Central Borneo, the Crustaceans, Part II: Brachyura. Notes from the Leyden Museum, 21: 53-144, pls. 5-12.

De Man JG. 1906. Diagnoses of five new species of Decapod Crustacea and of the hitherto unknown male of *Spirontocaris rectirostris* (Stimps.) from the Inland Sea of Japan, as also of a new species of a new species of *Palaemon* from Darjeeling, Bengal. The Annals and Magazine of Natural History, Zoology, London, Ser. 7(17): 400-406.

De Man JG. 1907. On a collection of crustacea, decapoda and stomatopoda, chiefly from the Inland Sea of Japan: with description of new species. Transactions of the Linnean Society of London, 9: 387-454, pls. xxxi-xxxiii.

De Man JG. 1909. Note sur quelques espèces du genre *Alpheus* Fabr., appartenant au groupe brevirostris de M. Mémoires de la Société Zoologique de la France, 22: 146-164, Plates 7-8.

De Man JG. 1911. The decapoda of the siboga expedition, Part 1: family Penaeidae. Siboga Expedition monographie, 39a: 1-131, pls. 1-10.

De Man JG. 1915. On some European species of the genus *Leander* Desm., also a contribution to the fauna of Dutch waters. Tijdschrift der Nederlandsche Dierkundige Vereeniging, Ser. 2(14): 115-179, pls. 10-12.

De Man JG. 1920. Diagnoses of some new species of Penaeidae and Alpheidae with remarks on two known species of the genus *Penaeopsis* A. M. Edw. from the Indian Archipelago. Zoologische Mededelingen Leiden, 5(3): 103-109. (Alpheidae: 106-109).

De Man JG. 1922. The decapoda of the Siboga expedition, Part V: on a collection of macrurous decapod crustacea of the Siboga expedition, chiefly penaeidae and alpheidae. Siboga Expedition monographie, 39a 4: 1-51.

De Man JG. 1924. On a collection of macrurous decapod crustacea, chiefly penaeidae and alpheidae from the Indian archipelago. Archiv für Naturgeschichte, 90(2): 1-60.

De Man JG. 1927. A contribution to the knowledge of twenty-one species of the genus *Upogebia* Leach. Capita Zoologica, 2: 1-58.

De Man JG. 1928a. A contribution to the knowledge of twenty-two spcies and three varieties of the genus *Callianassa* (Leach). Capita Zool., 2(6): 1-56.

De Man JG. 1928b. The Decapoda of the Siboga-Expedition, Part. vii: the thalassinidae and callianassidea collected by the Siboga-Expediton with some remarks on the Laomediidae. Siboga Expedition monograph, 39a(6): 1-187.

De Saint LM, Ngoc-Ho N. 1979. Description de deux espèces nouvelles du genre *Upogebia* Leach, 1814 (Decapoda, Upogebiidae). Crustaceana, 37(1): 57-70.

Derjugin KM, Kobjakova ZI. 1935. Zur Decapoden fauna des Japanischen Meeres. Zoologicher Anzeiger, 112: 141-147.

Doflein F. 1902. Ostasiatische Dekapoden. München: Abhandlungen der Bayerischen Akademie der Wissenschaften, 21(3): 613-670.

Durufle M. 1889. Description d'une nouvelle es-pèce du genre. Blepharopoda. Bulletin de la Société Philomathique, 8(1), No. 2: 92-95.

Dworschak PC. 1992. The thalassinidea in the Museum of Natural History, Vienna, with some remarks on the biology of the species. Annalen des Naturhistorischen Museums in Wien, 93B: 189-238.

Fabricius JC. 1793. Entomologia systematica emendata et acuta. Hafniae: Secundum Classes, Ordines, Genera, Species, adjectis Synonymis, Locis, Observationibus, Descriptionibus, 2: i-viii, 1-519, pls. 1-8.

Fabricius JC. 1798. Supplementum entomologiae systematicae. Hafniae (= Copenhagen): Proft et Storch: 572.

Fan ZG. 1976. Ecology and burrow observations on crabs of the infauna of the intertidal zone, Qingdao. Studia marina sinica, 11: 397-403, figs. a-e, pls. 1-2.

Faxon W. 1914. Notes on the crayfishes in the United States National Museum and the Museum of Comparative Zoology, with descriptions of new species and subspecies. Memoirs of the Museum of Comparative Zoology at Harvard College, 40(8): 351-427.

Fingermann M, Lago AD. 1957. Endogenous twenty-four hour rhythms of locomotor activity and oxygen consumption in the crawfish orconectes clypeatus. American Midland Naturalist, 58(2): 383-393.

Fize A, Serene R. 1955. Les pagures du Vietnam. Institute Océanographique Nhatrang, 45: 1-228.

Forest J, Guinot D. 1958. Sur une collection de crustaces decapodes des cotes d'lsrael. Bulletin of the Sea Fisheries Research Station, Haifa 15: 4-16. (Alpheidae: 6-10, figs. 1-7).

Fowler HW. 1912. The crustacea of new jersey. Annual Report of the New Jersey Museum, 1911(3): 29-650.

Franzini-Armstrong C. 1976. Frceze-Fracture of excitatory and inhibitory synapses in crayfish neuromuscular junctions. Journal de Microscopie et de Biologie Cellulaire, 25(3): 217-222.

Fujino T, Miyake S. 1970. Caridean and stenopodidean shrimps from the East China Sea and the Yellow Sea (Crustacea, Decapoda, Natantia). Journal Faculty of Agriculture Kyushu, 16(3): 237-312.

Fujino T. 1978. Palaemonidae and others of Macrura // Kikuchi T, Miyake S. Fauna and flora of the sea around the Amakusa Marine Biological Laboratory, Part II: Decapod Crustacea (revised edition). Contributions from the Amakusa Marine Biological Laboratory, Kyushu University, 245: 19-25 (in Japanese) .

Fukuda Y. 1982. Zoeal stages of the burrowing mud shrimp Laomedia astacina De Haan (Decapoda: Thalassinidea: Laomediidae) reared in the laboratory. Proceedings of the Japanese Society of Systematic Zoology, 24: 19-31.

Galil BS. 2001. A revision of the genus Arcania Leach, 1817 (Crustacea: Decapoda: Leucosioidea). Zoologische Mededelingen, Leiden, 75(11): 169-205, figs. 1-7.

Gee NG. 1925. Tentative list of Chinese decapod Crustacea, including those represented in the collections of the United States National Museum (marked with an[*]) with localities at which collected. Continuation of Lingnan Agricultural Review, 3: 156-163.

George MJ. 1969. Systematics, taxonomy considerations and general distribution-prawn fisheries of India. Bulletin of Central Marine Fisheries Research Institute, 14: 5-48, 2 figs.

Girard CF. 1852. A revision of the North American Astaci, with observations on their habits and geographical distribution. Proceedings of Academy of Natural Sciences of Philadelphia, 6: 87-91.

Gordan J. 1956. A bibliography of pagurid crabs, exclusive of Alcock, 1905. Bulletin of the American Museum of Natural History, 108(3): 253-352.

Gordon I. 1931. Brachyura from the coasts of China. Journal of the Linnean Society of London, Zoology, 37(254): 525-558, figs. 1-36.

Grant FE, McCulloch AR. 1906. On a collection of Crustacea from the Port Curtis district, Queensland. Proceedings of the Linnean Society of New South Wales, 1906(1): 1-53.

Gray JE. 1847. List of the specimens of Crustacea in the collection of the British Museum. London: Edward Newman.

Guinot D. 1968. Recherches préliminaires sur les groupements naturels chez les Crustacés, Décapodes, Brachyoures, IV: observations sur quelques genres de Xanthidae. Bulletin du Muséum national d'Histoire naturelle, Paris, (2) 39(4), (1967): 695-727, figs. 1-60.

Guinot D. 1985. Révision du genre *Parapanope* De Man, 1895 (Crustacea Decapoda Brachyura) avec description de trois espéces nouvelles. Bulletin du Museum national d'Histoire naturelle, Paris, (4) 7 (A3): 677-707, pls. 1-4.

Hagen HA. 1870. Monograph of the North American Astacidae. Illustrated Catalogue of the Museum of Comparative Zoology at Harvard College, 3: 1-9.

Haig J. 1965. The Porcellanidae (Crustucea: Anomura) of Western Australia, with description of four Australian species. Journal of the Royal Society of Western Australia, 48(4): 97-118.

Haig J. 1966. The Porcellanidae (Crustucea: Anomura) of the Iranian Gulf and the gulf of Omann. Videnskabelige meddelelser fra Dansk naturhistorisk forening, 129: 49-65.

Haig J. 1992. Hong Kong's Porcellanidae crabs // Morton B. The marine flora and fauna of Hong Kong and Southern China III, proceedings of the Fourth International Marine Biological Workshop (Hong Kong 11-29 April 1989). Hong Kong: Hong Kong University Press: 303-327.

Haig J, Wicksten MK. 1975. First records and range extensions of crabs in California waters. Bulletin of the Southern California Academy of Sciences, 74(3): 100-104.

Haig J. 1960. The Porcellanidae (Crustucea: Anomura) of Eastern Pacific. Allan Hancock Pacific Expeditions, 24: 1-440.

Hall DNF. 1956. The Malayan Penaeidae (Crustacea, Decapoda), Part I: introductory notes on the species of the genera *Solenocera*, *Penaeus*, and *Metapenaeus*. Bulletin of the Raffles Museum, 27: 68-90.

Hall DNF. 1962. Observations on the taxonomy and biology of some Indo-West Pacific Penaeidae (Crustacea, Decapoda). Fishery Publications, Colonial Office, (17): 229.

Hansen HJ. 1919. Sergestidae of the Siboga-Expeditie. Siboga-Expeditie, Monograph, 38: 1-65.

Hart JFL. 1982. Crabs and their Relatives of British Columbia. British Columbia Provincial Museum Handbook, Vol. 40. Victoria: Provincial Secretary Province of British Columbia Ministry of Provincial Secretary and Government Services: 267.

Hashiguchi Y, Miyake S. 1967. Ecological studies of marsh crabs, Sesarma spp. II: habitats, copulation and egg-bearing season. Science Bulletin of the Faculty of Agriculture, Kyushu University, 23(2): 81-89, figs. 1-5.

Haworth AH. 1825. A new binary arrangement of the macrurous Crustacea. Philosophical Magazine, 65(323): 183-184.

Hay WP. 1902. Description of two new species of Crayfish. Proceedings of the United States National

Museum, 22: 121-123.

Hayashi KI. 1979. Studies on the hippolytid shrimps from Japan, VII: the genus *Heptacarpus* Holmes. The Journal of Shimonoseki University of Fisheries, 28: 11-32, figures 1-6.

Hayashi KI. 1986. Penaeoidea and Caridea // Baba K, Hayashi KI, Toriyama M. Decapoda crustaceans from continental shelf and continental shelf and slope around Japan. Tokyo: Japan Fisheries Resource. Conservation Association, Tosho Printing Co., Ltd: 336, 23 figs, 176 photos (in Japanese and English).

Hayashi KI. 1989. *Saron rectirostris* Hayashi and *S. inermis* Hayashi, two shrimpsfrom Indonesia (Crustacea: Decapoda: Hippolytidae). Revue Francaised'Aquariology et Herpetologie, 16: 23-32, figures 1-8, photos 1-3.

Hayashi KI. 1992. Dendrobranchiata crustaceans from Japanese waters. Tokyo: Seibutsu Kenkyusha.

Hayashi KI. 1994. Prawns, shrimps and lobsters from Japan (79). Family Hippolytidae-genus *Tozeuma* and key to genera of *Hippolytidae*. Aquabiology, 16(5): 355-358.

Hayashi KI. 1995. Prawns, shrimps and lobsters from Japan (82). Family Alpheidae-genus *Athanas* (3). Aquabiology, 97: 107-110.

Hayashi KI. 1998. Prawns, Shrimps and Lobsters from Japan (101). Family Alpheidae-genus *Alpheus*. Aquabiology, 20: 289-293.

Hayashi KI. 2002. A new species of the genus *Athanas* (Decapoda, Caridea, Alpheidae) living in the burrows of a mantis shrimp. Crustaceana (Leiden), 75(3-4): 395-403.

Hayashi KI, Kim JN. 1999. Revision of the East Asian species of *Crangon* (Decapoda: Caridea: Crangonidae). Crustacean Research, 28: 62-103.

Hayashi KI, Miyake S. 1968. Studies on to hippolytid shrimps from Japan, V: Hippolytid fauna of the sea around the Amakusa. Marine Biological Laboratory, OHMU, 1(6): 121-163.

Heller C. 1861. Synopsis der im rothen Meere vorkommenden Crustaceen. Verhandlungen der kaiserlich-königlichen zoologisch-botanischen Gesellschaft in Wien 11: 1-32.

Heller C. 1862. Beitrage zur Crustaceen-Fauna des rothen Meeres(zweiter theil). Sitzungsberichte der Akademie der Wissenschaften in Wien, 44(1): 241-295, plates 1-3.

Heller C. 1865. Crustacea // Reise der österreichischen Fregatte Novara um die Erde in den Jahren 1857, 1858, 1859 unter den Befehlen des Commodore B. von Wullerstorf-Urbair. *Zoologische Theil*, 2(3): 1-280.

Herbst JFW. 1782-1804. Versuch einer Naturgeschichte der Krabben und Krebse nebst euber systematischreibung ihrer verschieden Arten. Berlin and Stralsund, 3 Vols (Vol. I, 1782-1790; Vol. II, 1796, Vol. III. 1799-1804), Atlas, 62 pls.

Hess W. 1865. Beiträge zur Kenntniss der Decapoden-Krebse Ost-Australiens. Archiv für Naturges- chichte, 31: 127-173.

Hilgendorf F. 1869. Crustacee // van der Decken CC. Reisen in Ost-Afrika in dem Jahren 1859-1865, Vol. 3. Leipzig, Heidelberg: C. F. Winter'sche Verlagshandlung: 69-116.

Hobbs HH. 1942. A generic revision of the crayfishes of the subfamily Cambarinae (Dcapoda, Astacidae) with the description of a new genus and species. American Midland Naturalist, 28(2): 334-357, 3 plates.

Hobbs HH. 1972. The subgenera of the crayfish genus *Procambarus* (Decapoda: Astacidae). Smith- sonian Contributions to Zoology, 117: 1-22.

Hobbs HH. 1974. A checklist of the north and middle American crayfishes (Decapoda: Astacidae and Cambaridae). Smithsonian Contributions to Zoology, 166: 1-161.

Hobbs HH. 1989. An illustrated checklist of the American crayfishes (Decapoda: Astacidae,

Cambaridae, and Parastacidae). Smithsonian Contributions to Zoology, 480: 1-236.

Holthuis LB. 1947. The Decapoda of the Siboga Expedition, Part IX: the Hippolytidae and Rhyncho-cinetidae collected by the Siboga and Snellius expeditions with remarks on other species. Siboga-Expeditie, Monograph, 39 a (8): 1-100.

Holthuis LB. 1950. The Decapoda of the Siboga Expedition, Part 10: the Palaemonidae collected by the Siboga and Snellius Expeditions with remarks on other species I, Subfamily Palaemoninae. Siboga-Expeditie, Monograph, 39a (10): 1-268, figs. 1-52.

Holthuis LB. 1955. The recent genera of the caridean and stenopodidean shrimps (class Crustacea, order Decapoda, supersection Natantia) with keys for their determination. Zoologische Verhandelingen, 26: 1-157.

Holthuis LB. 1980. FAO Species Catalogue, Vol. 1: shrimps and prawns of the world, an annotated catalogue of species of interest to fisheries. FAO Fisheries Synopsis, 125(1): 271.

Holthuis LB. 1991. FAO species catalogue, Vol. 13: marine lobster of the world, an annotated and illustrated catalogue of interest to fisheries known to date. FAO Fisheries Synopsis, 125: 1-292.

Holthuis LB. 1993. Recent genera of the caridean and stenopodidean shrimps (Crustacea, Decapoda), with an appendix on the order Amphionidacea. Leiden: the Netherlands National Natuurhistorisch Museum: 1-328.

Holthuis LB, Manning RB. 1990. Crabs of the subfamily Dorippinae MacLeay, 1838, from the Indo-West Pacific region (Crustacea: Decapoda: Dorippidae). Researches on Crustacea, Special No. 3: i-iii, 1-151, figs. 1-58.

Holthuis LB, Sakai T. 1970. Ph. F. Von Siebold and Fauna Japonica. A history of early Japanese Zoology: i-xviii+ part I, 1-132+part II, 207-323.

Hsueh PW, Huang JF. 1998. *Polyonyx bella*, new species (Decapoda: Anomura: Porcellanidae) from Taiwan, with notes on its reproduction and swimming behavior. Journal of Crustacean biology, 18(2): 332-336.

Huang JF, Yu HP, Takeda M. 1992. A review of the ocypodid and mictyrid crabs (Crustacea: Decapoda: Brachyura) in Taiwan. Bulletin of the Institute of Zoology, Academia Sinica, 31(3): 141-161, figs. 1-18, pls. 1-2.

Huang JF, Yu HP. 1997. Illustrations of swimming crabs from Taiwan. National Museum of Marine Biology and Aquarium: 1-181, figs (in Chinese).

Huxley TH. 1879. On the classification and the distribution of the crayfishes. Proceedings of the Scientific Meetings of the Zoological Society of London, 46 [for 1878]: 752-788.

Igarashi T. 1969. A list of marine decapod crustaceans from Hokkaido, deposited at the Fisheries Museum, Faculty of Fisheries, Hokkaido University, I. Macrura. The Fisheries Museum, Faculty of Fisheries, Hokkaido University, contribution, 11: 1-15.

Igarashi T. 1970. A list of marine decapod crustaceans from Hokkaido, deposited at the Fisheries Museum, Faculty of Fisheries, Hokkaido University, II. Anomura. The Fisheries Museum, Faculty of Fisheries, Hokkaido University, contribution, 12: 15, 9 pls.

Ihle JEW. 1918. Die Decapoda Brachyura der Siboga-Expedition, III. Oxystomata: Calappidae, Leucosiidae, Raninidae. Siboga Expeditie Monografie, 39(b2): 159-322, figs. 78-148(71 pls).

Imanaka T, Sasada Y, Suzuki H, Segawa S, Masuda T. 1984. Crustacean decapod fauna in Kominato and adjacent waters middle Honshu: a provisional list. Journal of the Tokyo University of Fisheries, 71: 45-74.

Itani G. 2004. Distribution of intertidal upogebiid shrimp (Crustacea: Decapoda: Thalassinidea) in Japan. Contributions from the Biological Laboratory, Kyoto University, 29(4): 383-399.

Jenkins RJF. 1972. *Metanephrops*, a new genus of late pliocene to recent lobsters, (Decapoda, Nephropidae). Crustaceana, 22(2): 161-177.

Jiang W, Liu RY. 2011. New species and new records of pinnotherid crabs (Crustacea: Decapoda: Brachyura) from the Yellow Sea. Zoologischer Anzeiger 250(4): 488-496, 7 figs.

Johnson ME, Snook HJ. 1927. Seashore animals of the Pacific coast. New York: Mac-Millan Co.: 659, 11 pls.

Kamita T. 1955. Studies on the decapod Crustacean of Korea, Part II: herbst-crabs. Science Report of Shimoda University, 2(5): 29-48.

Kamita T. 1957. Studies on the decapod Crustacean of Korea, Part II: herbst-crabs (4). Science Report of Shimoda University, 7: 91-109.

Kamita T. 1958. Studies on the decapod crustaceans of Corea, Part II: hermit-crabs (5). Science Report of Shimoda University, 8: 59-75, figs. 45-50.

Kemp SW. 1906. Preliminary description of two new species of Caridea from the West Coast of Ireland. The Annals of Magazine of natural history: zoology, 17: 297-300.

Kemp SW. 1914. Notes on Crustacea Decapoda in the Indian Museum, V: Hippolytidae. Records of the Indian Museum, 10: 81-129, plates 1-7.

Kemp SW. 1915. Fauna of the Chilka Lake, Crustacea Decapoda. Memoirs of the Indian Museum, 5(3): 199-326.

Kim HS. 1963. On the distribution of anomuran decapods of Korea. Sung Kyun Kwan University Journal, 8: 287-311 (in Korean).

Kim HS. 1964. A study on the geographical distribution of anomuran decapods of Korea with consideration of its oceanographic conditions. Journal of Sung Kyun Kwan University, 8(suppl.): 1-15.

Kim HS. 1970. A checklist of the Anomura and Brachyura (Crustacea, Decapoda) of Korea. Seoul National University Journal, Biology and Agriculture, Series B 21: 1-34, pls. 1-5.

Kim HS. 1973. A Catalogue of Anomura and Brachyura from Korea // Illustrated encyclopedia of fauna and flora of Korea, Vol. 14. Seoul: Samhwa Publishing Company: 1-694, figs. 1-265, pls. 1-112, tabls 1-2, 1 map (in Korean with English summary).

Kim HS. 1973. Anomura, Brachyura // Illustrated encyclopedia of fauna and flora of Korea, Vol. 14. Seoul: Samhwa Publishing Company: 697, 112 pls. (in Korean).

Kim HS. 1976. A Checklist of Macrura (Crustacea, Decapoda) of Korea. Proceedings of the College of Natural Sciences, Seoul National University, 1(1): 131-152.

Kim HS. 1977. Macrura // Illustrated Flona and Fauna of Korea, Vol. 19. Seoul: Samhwa Publishing Company: 1-414 (in Korean with english abstract).

Kim JN, Hayashi KI. 2003. *Syncrangon*, a new crangonid genus, with redescriptions of *S. angusticauda* (De Haan) and *S. dentate* (Balss) (Crustacea, Decapoda, Caridea) from East Asian waters. Zoological Science (Tokyo), 20(5): 669-682.

Kim W. 1998. *Chelomalpheus koreanus*, a new genus and species of snapping shrimp from Korea (Crustacea: Decapoda: Alpheidae). Proceedings of the Biological Society of Washington, 111(1): 140-145.

Kinahan JR. 1862. On the Brittanic species of *Crangon* and *Galathea*, with some remarks on the homologies of these groups. Transactions of the Royal Irish Academy, 24: 45-113.

Kingsley JS. 1880. Carcinological Notes, No. IV: synopsis of the grapsidae. Proceedings of the Academy of Natural Sciences of Philadelphia, 32: 187-224.

Kishinouye K. 1900. Japanese species of the genus *Penaeus*. Journal of the Fisheries Bureau, 8(1):

1-29.

Kishinouye K. 1905. On a species of *Acetes* from Japan. Annotationes Zoologicæ Japonenses, 5(4): 163-167.

Kobyakova ZI. 1958. *Desjatinogie raki* (Decapoda) raynona yuzhnykh kurilskikh Ostrovov. [Decapoda from the vicinity of the southern Kurile Islands.] Issledovania Dal'nevostochnykh Morei SSSR, 5: 220-248.

Komai T. 1994. Taxonomic synopsis of Caridea (Pandalidae, Hippolytidae, Crangonidae) occurring on continental shelf of the Sea of Japan. Contributions to the Fisheries Research in the Japan Sea Block, 31: 81-107 (in Japanese).

Komai T. 1997. Revision of *Argis dentata* and related species (Decapoda: Caridea: Crangonidae), with description of a new species from the Okhotsk Sea. Journal of Crustacean Biology, 17(1): 135-161.

Komai T. 1999. Hermit crabs of the families Diogenidae and Paguridae (Crustacea: Decapoda: Anomura) collected during the Shinn'yomaru cruise to the Ogasawara Islands and Torishima Island, oceanic islands in Japan. Natural History Reserach, Special, Issue 6: 1-66.

Komai T. 2000. Redescription of *Pagurus pectinatus* (Crustacea: Decapoda: Anomura: Paguridae). Results of Recent Research on Northeast Asian Biota, Natural History Research, Special, (7): 323-337.

Komai T. 2003. Identities of *Pagurus japonicus* (Stimpson, 1858), *P. similis* (Ortmann, 1892) and *P. barbatus* (Ortmann, 1892), with description of a new species (Crustacea, Decapoda, Anomura, Paguridae). Zoosystema, 25: 377-411.

Komai T. 2004. A new genus and new species of Crangonidae (Crustacea, Decapoda, Caridea) from the southwestern Pacific. Zoosystema, 26(1): 73-85.

Komai T, Ivanov BG. 2008. Identities of three taxa of the hippolytid shrimp genus *Heptacarpus* (Crustacea: Decapoda: Caridea), with description of a new species from East Asian waters. Zootaxa, 1684: 1-34.

Komai T, Maruyama S, Konishi K. 1992. A list of decapod crustaceans from Hokkaido, northern Japan. *Researches on Crustacea*, 21: 189-205 (in Japanese with English abstract).

Komai T, Mishima S. 2003. A redescription of *Pagurus minutus* Hess, 1865, a senor synonym of *Pagurus dubius* (Ortmann, 1892) (Crustacea: Decapoda: Anomura: Paguridae). Benthos Research, 58: 15-30.

Kubo I. 1936. A description of a new alpheiod schrimp from Japan. Journal of the Imperial Fisheries Institute, 31(2): 43-46.

Kubo I. 1940. Notes on the Japanese schrimps of the genus *Athanas* with a decription of a new species. Annotationes zoologicae Japonenses, 19: 99-106.

Kubo I. 1949. Studies on Penaeids of Japanese and its adjacent waters. Journal of the Tokyo College of Fisheries, 36(1): 1-467.

Kubo I. 1965. Macrura // Okada K. New illustrated encyclopedia of the fauna of Japan. Tokyo: Hokoryu-kan Publishing Co.: 591-629, figs. 892-1031, 3 unnumbered figs.

Kubo L. 1951. Some macrurous decapod crustacean found in Japanese waters, with descriptions of four new species. Journal of the Tokyo University of Fisheries, 38: 259-289.

Latreille PA. 1825. Familles naturelles du règne animal, exposées succinctement et dans un ordre analytique, avec l'indication de leurs genres. Paris: J.-B. Baillière: 570.

Latreille PA. 1831. The animal kingdom: arranged in conformity with its organization, by the Baron Cuvier, perpetual secretary to the Royal Academy of Sciences, etc. The Crustacea, arachnides

340

胶州湾及青岛邻近海域底栖甲壳动物（下册）

and Insecta. Vol. 3. Translated by H. M'Murtrie. New York: G. & C. & H. Carvill: 575, 3 pls.

Laubenheimer H, Rhyne AL. 2010. *Lysmata rauli*, a new species of peppermint shrimp, (Decapoda: Hippolytidae) from the southwestern Atlantic. Zootaxa, 2372, 298-304.

Le Loeuff P, Intès A. 1974. Les Thalassinidea (Crustacea, Decapoda) du Golfe de Guinée systématique-écologie. Cahiers de l'Office de Recherches Scientifiques et Techniques Outre-Mer, série Océanographique, 12(1): 17-69.

Leach WE. 1814. Crustaceology // Brewster D. The Edinburgh Encyclopaedia, Vol. 7. London: 383-437, pl. 221.

Lee DA. Yu HP. 1977. The penaeid shrimps of Taiwan. Chinese-American Joint Commission on Rural Reconstruction Fisheries, Series 27: 1-110, 74 text-figs (in Chinese with English abstract).

Lee SC. 1969. Anomuran crustaceans of Taiwan, Part 1: Diogenidae. Bulletin of the Institute of Zoology Academia Sinica, 8(2): 39-57.

Leene JE. 1938. The Decapoda Brachyura of the Siboga-Expedition, VII: Brachygnatha: Portunidae. Siboga Expeditie Monografie, 39C3(livr. 131): i-iv, 1-156, 87 figs.

Lemaitre R, Castaño C. 2004. A new species of *Pagurus* Fabricius, 1775, from the Pacific coast of Colombia, with a checklist of eastern Pacific species of the genus. Nauplius, 12(2): 71-82.

Linnaeus C. 1771. Mantissa Plantarum, Regni Animalis Appendi Insecta.

Liu RY. 1949. On a fresh-water prawn. *Leander modestus* Heller and its larval development. Contributions from the Institute of Zoology, National Academy of Peiping, 5(5): 171-189, fig.1, pls. 18-21.

Liu WL, Liu RY. 2012. A new species of the genus *Austinogebia* Ngoc-Ho, 2001 (Crustacea, Decapoda, Gebiidea, Upogebiidae) from northern China. Zootaxa, 3243: 59-64.

Lucas JS. 1980. Spider crabs of the family Hymenosomatidae (Crustacea; Brachyura) with particular reference to Australian Species: systematics and biology. Records of the Australian Museum, 33(4): 148-247, figs. 1-10.

Makarov WW. 1937. Contribution to the Paguridae-fauna of the Far-Eastern Seas. Issledovaniya Fauny Morei, SSSR, 23: 55-67.

Manning RB, Holthuis LB. 1981. West African Brachyuran crabs (Crustacea: Decapoda). Smithsonan Cobtributions to zoology, 306: 1-379, 87 figs.

Manning RB, Holthuis LB. 1986. Preliminary descriptions of four new species of dorippid crabs from the Indo-West Pacific region (Crustacea: Decapoda: Brachyura). Proceedings of the biological Society of Washington, 99(2): 363-365.

Manning RB, Tamaki A. 1998. A new genus of ghost shrimp from Japan (Crustacea: Decapoda: Callianassidae). Proceedings of the Biological Society of Washington, 111: 889-892.

McLaughlin PA. 1974. The hermit crabs (Crustacea Decapoda, Paguridea) of northwestern North America. Zoologische Verhandelingen, 130: 1-396.

McLaughlin PA. 1976. A new Japanese hermit crab (Decapoda, Paguridea) resembling *Pagurus samuelis* (Stimpson). Crustaceana, 30(1): 13-26.

McLaughlin PA. 2002. A review of the hermit crab (Decapoda: Anomura: Paguridea) fauna of southern Thailand, with particular emphasis on the Andaman Sea, and descriptions of three new species. *Phuket* Marine Biological Center Special Publication, 23(2): 385-460.

McLaughlin PA, Clark PF. 1997. A review of the *Diogenes* (Crustacea, Paguridea) hermit crabs collected by Bedford and Lanchester from Singapore, and from the 'Skeat' expedition to the Malay Peninsula, with a description of a new species and notes on *Diogenes intermedius* De Man, 1892. Bulletin of the Natural Museum, London (Zoology), 63: 33-49.

McLaughlin PA, Crain JA, Gore RH. 1992. Studies on the provenzanoi and other pagurid groups, VI: larval and early juvenile stages of *Pagurus ochotensis* Brandt (Decapoda: Anomura: Paguridae) from a northeastern Pacific population, reared under laboratory conditions. Journal of Natural History, 26: 507-531.

McLaughlin PA, Komai T, Lemaitre R, *et al*. 2010. Annotated checklist of anomuran decapod crustaceans of the world (exclusive of the Kiwaoidea and families Chirostylidae and Galatheidae of the Galatheoidea) Part I: Lithodoidea, Lomisoidea and Paguroidea. The Raffles Bulletin of Zoology, Supplement No. 23: 5-107.

McLaughlin PA, Rahayu DL, Komai T, *et al*. 2007. A catalog of the hermit crabs (Paguroidea) of Taiwan. Taiwan: Taiwan Ocean University: 365.

McLay CL. 1993. Crustacea Decapoda: the sponge crabs (Dromiidae) of New Caledonia and the Philippines with a review of the genera // Crosnier A. Résultats des Campagnes MUSORSTOM, Volume 10. Mémoires du Muséum national d'Histoire naturelle, 156: 111-251.

Mcneill FA. 1968. Crustacea, Decapoda and Stomatopoda. Great barrier reef expedition 1928-29 scientific reports, Vol. 7. London: Trustees of the British Museum (Natural History): 98.

Miers EJ. 1876. Descriptions of some new species of Crustacea, chiefly from New Zealand. Annals and Magazine of Natural History, (4)17: 218-229.

Miers EJ. 1877. Notes upon the Oxystomatous Crustacea. Transactions of the Linnean Society of London, Zoology, 1(2): 235-249.

Miers EJ. 1879. On a collection of Crustacea made by Capt. H. C. St. John R. N. in the Corean and Japanese Seas, Part I: Podophthalmia. With an Appendix by Capt. H. C. St. John. Zoological Society of London, 1879: 18-61, pls. 1-3.

Miers EJ. 1880. On a collection of Crustacea from the Malaysian region, Part IV: Penaeidea, Stomatopoda, Isopoda, Suctoria, and Xiphosura. The Annals and Magazine of Natural History, Series 55: 457-471.

Miers EJ. 1884. Crustacea // Report of the zoological collections made in the Indo-Pacific Ocean during the voyage of H.M.s. "Alert", 1881-2, pp. 178-322, 513-575, pis. 18-35, 46-52. Printed by order of Trustees of the British Museum (Natural History), London. (Alpheidae: collections from Melanesia, pp. 284-291; collections from Western Indian Ocean, pp. 561-562.)

Miers EJ. 1886. Report on the Brachyura collected by H. M. S. Challengerduring the years 1873-1876 // Thompson CW, Murray J. Report on the Scientific Results of the exploring Voyage of H.M.S. Challenger during the years 1873-1876, under the command of Captain George S. Nares R. N., F. R. S. and the late captain frank tourle Thomson R. N. Zoology, 17(2): L + 362, 29 pls.

Milne-Edwards A. 1872. Recherches sur la faune carcinologique de la Nouvelle-Calédonie, Part 1: Groupe des Oxyrynches. Nouvelles archives du Muséum national d'Histoire naturelle, 8: 229-267, pls. 10-14.

Milne-Edwards H. 1830. Description des genres *Glaucothoe, Sicyonie, Sergeste,* et *Acete,* de l'ordre des Crustacés Décapodes. Annales des Sciences Naturelles, 19(1): 333-352.

Milne-Edwards H. 1837. Histoire naturelle des crustaces, comprenant l'anatomie, la physiologie et la classification de ces animaux. Paris: Roret 2: 1-532, Atlas 1-32, pls. 1-42.,. (Alpheidae: pp 349-357, pl. 24).

Milne-Edwards H. 1853. Mémoire sur la famille des Ocypodiens. Annales du Science Naturelles. Zoologie, (3) 20: 163-226, pls. 6-11. (A continuation of H. Milne Edwards, 1852, and reprinted with it in undated Mélanges Carcinologiques, pages 129-196.)

Minemizu R. 2000. Marine decapod and stomatopod crustaceans mainly from Japan. Tokyo: Bun'ichi

Sogo Publishing Co.: 344 (in Japanese).

Miquel JC. 1983. Notes on Indo-West Pacific Penaeidae, 2. *Penaeus chinensis* (Osbeck), a west Pacific shrimp and its related species. Crustaceana, 45(2): 139-144.

Miya Y. 1997. *Stenalpheops anacanthus*, new genus, new species (Crustacea, Decapoda, Alpheidae) from the Seto Inland Sea and the Sea of Ariake, South Japan. Bulletin of the Faculty of Liberal Arts. Nagasaki University. Natural Science, 38(1): 145-161.

Miya Y, Miyake S. 1968. Revision of the genus *Athanas* of Japan and the Ryukyu Islands, with description of a new species (Crustacea, Decapoda, Alpheidae). Publications from the Amakusa Marine Biological Laboratory, Kyushu University, 1: 129-162, 13 figs.

Miyake S. 1943. Studies on the crabs-shaped Anomura of Nippon and adjacent waters. Journal of the Faculty of Agriculture, Kyushu University, 7(3): 49-158.

Miyake S. 1956. Invertebrate fauna of the intertidai zone of the Tokara Islands. Anomura. Publications of the Seto Marine Biological Laboratory, 5(3): 310-337.

Miyake S. 1957. Anomuran decapod fauna of Hokkaido, Japan. Journal of the Faculty of Science, Hokkaido University, 6: 85-92.

Miyake S. 1960. Anomura. Encyclopaedia zoological Iluustrated in colours. Tokyo: Hokuryukan, 4: 89-97.

Miyake S. 1961. Fauna and flora of the sea around the Amakusa Marine Biological Laboratory, Part II: Decapod Crustacea. Contributions from the Amakusa Marine Biological Laboratory, Kyushu University: 1-30 (in Japanese).

Miyake S. 1961b. A list of the decapod Crustacea of the Sea of Ariaké, Kyushu. Records of Oceanographic Works in Japan, (5): 165-178.

Miyake S. 1965. Anomura // Uchida K, Uchida T. New illustrated encyclopedia of the fauna of Japan. Tokyo: Hokuryu-kan: 630-653 (in Japanese).

Miyake S. 1975. Anomura // Freshwater and marine animals. Tokyo: Gakushu-kenkyusha: 187-342.

Miyakc S. 1978. Thc Crustacean Anomura of Sagami Bay. Tokyo: Imkperial Household: 200.

Miyake S. 1982. Japenese Crustacean decapods and stomatopods in color, Vol. 1: Macrura, Anomura and Stomatopoda. Osaka: Hoikusha: 261, 56 pls. (in Japenese).

Miyake S. 1983. Japanese Crustacean decapods and stomatopods in color, Vol. II: Brachyura (Crabs). Osaka: Hoikusha: i-viii, 1-277, pls. 1-64 (in Japanese; second edition in 1992).

Miyake S. 1998. Japanese Crustacean Decapods and Stomatopods in Color, Vol. I: Macrura, Anomura and Stomatopoda (second edition). Osaka: Hoikusha: vii+261 pp., 56 pls. (in Japanese).

Miyake S, Hayashi K. 1968a. Studies on the hippolytid shrimps from Japan, III: *Heptacarpus propugnatrix* (De Man), a synonym of *H. pandaloides* (Stimpson). Journal of the Faculty of Agriculture, Kyushu University, 14(3): 373-378.

Miyake S, Hayashi KI. 1967. Studies on the hippolytid shrimps from Japan, I: Revision of the Japanese species of the genus *Eualus*, with description of two new species. Journal of the Faculty of Agriculture, Kyushu University, 14: 247-265.

Miyake S, Hayashi, KI. 1968b. Studies on the hippolytid shrimps from Japan, IV: Two allied species, *Heptacarpus rectirostis* (Stimpson) and *H. futilirostis* (Bate), from Japan. Journal of the Faculty of Agriculture, Kyushu University, 14(3): 433-447.

Miyake S, Imafuku M. 1980. Hermit crabs from Kii Peninsula II: Nankiseibutu. Nanki Biological Society, 22: 59-64 (in Japanese with English abstract).

Miyake S, Sakai K, Nishikawa S. 1962. A fauna list of the decapod Crustacea from the coasts washed by the Tsushima Warm Current. Records of Oceanographic Works in Japan, 6: 121-131.

Motoh H. 1972. A faunal list of the macruran Decapoda from Nanao Bay, Ishikawa Prefecture, middle Japan. Bulletin of the Ishikawa Prefectural Marine Culture Station, 2: 29-83.

Motoh H, Buri P. 1984. Studies on the penaeid prawns of the Philippines. Researches on Crustacea, (13, 14): 1-120.

Nakazawa K, Kubo I. 1947. Illustrated encyclopedia of the fauna of Japan, Vol. 2. Tokyo: Hokuryukan: 5213.

Nakazawa T. 1927. Decapoda // Illustration of Japanese Zoology. Tokyo: Hokuryukan: 992-1124 (in Japanese).

Nations JD. 1975. The genus *Cancer* (Crustacea: Brachyura): systematics, biogeography and fossil record. Science Bulletin of the Natural History Museum of Los Angeles County, 23: 1-104, 42 figs, 21 tabs.

Newman WA. 1963. On the introduction of an edible oriental shrimp (Caridea, Palaemonidae) to San Francisco Bay. Crustaceana, 5(2): 119-132.

Ng PKL, Chen HL, Fang SH. 1999. On Some Species of Hymenosomatidae (Crustacea: Bracyhura) from China, with description of a new species of *Elamena* and a Key to the Chinese Species. Journal of the Taiwan Museum, 52(1): 81-93.

Ng PKL, Guinot D, Davie PJF. 2008. An Annotated Checklist of Extant Brachyuran Crabs of the World. Raffles Bulletin of Zoology, Suppl. 17: 1-286.

Ng PKL, Nakasone Y. 1994. On the pocellanid genera *Raphidopus* Stimpson, 1858, and *Pseudoporcellanella* Sankarankutyy, 1961, with description of a new mangrove species, *Raphidopus johnsoni* from Singapore (Decapoda, Anomura). *Crustaceana*, 66(1): 1-21.

Ngoc-Ho N. 1994. Notes on some Indo-Pacific Upogebiidae with descriptions of four new species (Decapoda: Thalassinidea). Memoirs of the Queensland Museum, 35: 193-216.

Ngoc-Ho N. 1997. The genus *Laomedia* De Haan, 1841 with description of a new species from Vietnam (Crustacea, Thalassinidae, Laomediidae). Zoosystema, 19(4): 729-747.

Ngoc-Ho N. 2001. Une espèce nouvelle d'*Upogebia* (Crustacea, Decapoda, Thalassinidea, Upogebiidae) du Sénégal. Zoosystema, 23: 109-116.

Ngoc-Ho N. 2001b. *Austinogebia*, a new genus in the Upogebiidae and rediagnosis of its close relative, *Gebiacantha* Ngoc-Ho, 1989 (Crustacea: Decapoda: Thalassinidea) // Paula JPM, Flores AAV, and Fransen CHJM. Advances in decapod crustacean research. Proceedings of the 7th Colloquium Crustacea Decapoda Mediterranea. Hydrobiologia Vol. 449. Doordrecht: Kluwer: 47-58.

Ngoc-Ho N, Chan TY. 1992. *Upogebia edulis*, new species, a mud-shrimp (Crustacea: Thalassinidea: Upogebiidae) from Taiwan and Vietnam, with a note on polymorphism in the male first pereiopod. The Raffles Bulletin of Zoology, 40: 33-43.

Niiyama H. 1962. On the unprecedently large number of chromosomes of the crayfish *Astacus trowbridgii* Stimpson. Annotationes Zoologicae Japonenses, 35: 229-233.

Nobili G. 1906. Faune carcinologique de la Mer Rouge Decapodes et Stomatopodes. Annales de Scices Naturelles, Zoologie, Ser. 9, 4: 1-347, text-figs. 1-12, pls. 1-11.

Nobili MG. 1905. Diagnoses Préliminaires de 34 Espèces et Variétés Nouvelles et de 2 Genres Nouveaux de Decapodes de la Mer Rouge. Bulletin du Muséum national d'Histoire naturelle, 11(6): 393-411.

Odhner T. 1925. Monographierte Gattungen der Krabben familie Xantidae, I. Göteborgs Kungliga Vetenskapsoch Vitterhets-Samhälles Handlingar, (4) 29: 1-92, 5 pls, text-figs. 1-7.

Ortmann A. 1895. A study of the systematic and geographical distribution of the decapod family

Crangonidae, Bate. Proceedings of the Academy of Natural Sciences of Philadelphia, 1895: 173-197.

Ortmann AE. 1890. Die Unterordnung Natantia Boas. Die Decapoden-Krebse des Strassburger Museums, mit besonderer Berucksichtigung der von Herrn Dr. Döderlein bei Japan und bei der Liu-Kiu-Inseln gesammelten und z.Z. in Strassburger Museum aufbewahrten Formen, I. Zoologische Jahrbucher, Abteilung für Systematik. Geographie und Biologie der Thiere, 5: 437-542, pls. 36-37.

Ortmann AE. 1891. Die Decapoden Krebse des Strassburger Museum, Theil II. Versuch einer Revision der Gattungen Palacmon sens. strict. und Bithynis. Zoologische Jahrbucher Abtcilung fur Systtematik, geographie und Biologie der Thiere, 5: 521.

Ortmann AE. 1892. Die Decapoden-Krebse des Strassburger Museums, mit besonderer Berücksichtigung der von Herrn Dr. Döderlein bei Japan und bei den Liu-Kiu-Inseln gesammelten und zur Zeit im Strassburger Museum aufbewahrten Formen, IV. Die Abtheilungen Galatheidea und Paguridea. Zoologische Jahrbücher. Abteilung für Systematik, Geographie und Biologie der Thiere, 6: 241-326.

Ortmann AE. 1893. Decapoden und Schizopoden. Ergebnisse der Plankton-Expedition der Humbolt-Stiftung im Atlantischen Ozean, 2: 1-120.

Ortmann AE. 1893. Die Decapoden-Krebse des Strassburger Museums, mit besonderer Berücksichtigung der von Herrn Dr. Döderlein bei Japan und bei den Liu-Kiu-Inseln gesammelten und zur zeit im Strassburger Museum aufbewahrten Formen, Theil VII. Abteilung Brachyura (*Brachyura genuina* Boas), II. Unterabteilung: Cancroidea, 2. Section: Cancrinea, 1. Gruppe: Cyclometopa. *Zoologische Jahrbücher*, Abtheilung für Systematik, Geographie und Biologie der Thiere, 7: 411-495, pl. 17.

Ortmann AE. 1894. Crustaceen // Semon. Zoologische Forschungsreisen in Australien und dem malayischen Archipel. Denkschriften der Medicinisch-Naturwissenschaftlichen Geselschaft zu Jena, Vol. 8: 3-80.

Ortmann AE. 1894. Die Decapoden-Krebse des Strassburger Museums mit besonderer Berücksichtigung der von Herrn Dr. Döderlein bei Japan und bei den Liu-Kiu-Inseln gesammelten und zur Zeit im Strassburger Museum aufbewahrten Formen, Theil VIII. Abtheilung: Brachyura (*Brachyura genuina* Boas), III. Unterabtheilung: Cancroidea. 2. Section: Cancrinea, 2. Gruppe: Catametopa. Zoologische Jahrbücher, Abtheilung für Systematik, Geographie und Biologie der Thiere, 7: 683-772, pl. 23.

Ortmann AE. 1897. Carcinologische Studien. Zool. Jahrb. Syst., 10: 258-372, pl. 17.

Ortmann AE. 1905. A new species of *Cambarus* from Louisiana. Ohio Naturalist, 6(2): 401-403.

Osbeck P. 1765. Reise nach Ostindien und China. Nebst O. Toreens Reise nach Suratte und C.G. Ekebergs Nachrict von der Landwirthschaft der Chineser. Aus dem Schwedischen übersetzi von J.G. Georgi. Rostock: 552.

Parisi AS. 1919. Natantia, I. Decapodei Giapponesi del Museo di Milanese, VII. Attidella Società Italiana di Scienze Naturali, 58: 59-99, pls. 3-6.

Parisi B. 1917. Decapodi giapponesi del Museo di Milano, V: Galatheidea e Reptantia. Atti della Società Italiana di Scienze Naturali e del Museo Civico di Storia Naturale di Milano, 56: 1-24.

Parisi B. 1918. I Decapodi Giapponesi del Museuo di Milano, VI: Catometopa e Paguridea. Atti Societas Italiano Sciences naturelle, 57: 90-115 (in Italian).

Park HS, Choi SS. 2001. Guide Book to marine life of Korea. Seoul: Poongdeung Publishing Cp.: 290 (in Korean).

Pérez-Farfante I, Kensley B. 1997. Penaeoid and Sergestoid Shrimps and Prawns of the World. Paris: Editions du Muséum national d'Histoire naturelle.

Pérez-Farfante I. 1969. Western Atlantic shrimps of the genus *Penaeus*. Fishery Bulletin of the Fish and Wildlife Service, 67(3): 461-591.

Racek AA. 1959. Prawn investigations in Eastern Australia. Research Bulletin State Fisheries, NSW, 6: 1-57.

Racek AA, Dall W. 1965. Littoral Penaeinae (Crustacea Decapoda) from Northern Australia, New Guinea, and adjacent waters. Verhandelingen der Koninklijke Nederlandse Akademie van Wetenschappen, Afd. Natuurkunde, 56(3): 1-119.

Rafinesque CS. 1815. Analyse de la Nature, ou Tableau de l'Univers et des Corps Organisés. Palermo: L'Imprimerie de Jean Barravecchia: 224.

Rahayu DL, Forest J. 1993. Le genre *Clibanarius* (Crustacea, Decapoda, Diogenidae) en Indonésie, avec la description de six espèces nouvelles. Bulletin du Muséum national d'Histoire naturelle, Paris, 14(A): 745-779.

Rahayu DL, Forest J. 1995. Le genre *Diogenes* (Decapoda, Anomura, Diogenidae) en Indonésie, avec la description de six espèces nouvelles. Bulletin du Muséum national d'Histoire naturelle, Paris, 16(A): 383-415.

Randall JW. 1839. Catalogue of the Crustacea brought by Thomas Nuttall and J. K. Townsend, from the west coast of North America and the Sandwich Islands, with descriptions of such species as are apparently new, among which are included several species of different localities, previously existing in the collection of the Academy. Proceedings of the Academy of Natural Sciencs of Philadelphia, 8(1): 106-147, pls. 3-7 (Alpheidae: pp. 140-141, pl. 5).

Rathbun MJ. 1894. Descriptions of new genera and species of Crabs from the West Coast of North America and the Sandwich Islands, in Scientific Results of Exploration by the U.S. Fish Commission Steamer *Albatross*. No. XXIX. Proceedings of the United States national Museum, 16(933): 223-260.

Rathbun MJ. 1898. The Brachyura collected by the U.S. Fish commission Steamer 'Albatross' on the voyage from Norfolk, to San Franciso, California, 1887-1888. Proceedings of the United States national Museum, 21(1162): 567-616, pls. 41-44.

Rathbun MJ. 1902. Japanese stalk-eyed Crustaceans. Proceedings of the United States National Museum, 26(1307): 23-55, figs 1-24.

Rathbun MJ. 1909. New crabs from the Gulf of Siam. Proceedings of the biological Society of Washington, 22: 107-114.

Rathbun MJ. 1913. Descriptions of new species of crabs of the families Grapsidae and Ocypodidae. Proceedings of the United States national Museum, 46: 353-358, pls. 30-33.

Rathbun MJ. 1931. New and rare Chinese crabs. Lingnan Science Journal, 8(1929): 75-104, pls. 5-15.

Risso A. 1816. Histoire naturelle des Crustacés des environs de Nice. Paris: Librairie Grecque-Latine-Allemande: 175, Plates 1-3.

Saint Laurent M. 1979. Sur la classification et la phylogénie des Thalassinides: définitions de la superfamille des Axioidea, de la sous-famille des Thomassiniinae et de deux genres nouveaux (Crustacea Decapoda). Comptes rendus hebdomadaires des séances de l'Académie des sciences, Série D, 288(31): 1395-1397.

Sakai K. 1935. Crabs of Japan. 66 plates in life colours with descriptions. Tokyo: sanseido: 239.

Sakai K. 1962. Systematic studies on Thalassinidea I: *Laomedia astacina* De Haan. Publications of the Seto Marine Biological Laboratory, 10(1): 27-34.

Sakai K. 1968a. Three species of the genus *Upogebia* (Decapoda, Crustacea) in Japan. Journal of Seika Women's Junior College, 1: 45-50.

Sakai K. 1968b. On Thalassinidea. Nature Study, 14(9): 2-3(114-115).

Sakai K. 1969. Revision of Japanese Callianassidae based on the variations of larger Cheliped in *Callianassa petalura* Stimkps and *C. japónica* (Crustacea: Anomura). Publications of the Seto Marine Biological Laboratory, 17: 209-252.

Sakai K. 1982. Revision of Upogebiidae (Decapoda, Thalassinidea) in the Indo-West Pacific region. Researches on Crustacea, Special Number 1: 1-106.

Sakai K. 1987. Two new Thalassinidea (Crustacea: Decapoda) from Japan, with the biogeographical distribution of the Japanese Thalassinidea. Bulletin of Marine Science, 41(2): 296-308.

Sakai K. 1993. On a collection of Upogebiide (Decapoda, Thalassinidea) from the northern Territory Museum, Australia, with the description of two new species. Beagle, 10(1): 87-114.

Sakai K. 1999. Synopsis of the family Callianassidae, with keys to subfamilies, genera and species, and the description of new taxa (Crustacea: Decapoda: Thalassinidea). Zoologische Verhandelingen, Leiden, 326: 1-152.

Sakai K. 2001. A review of the common Japanese callianassid species, *Callianassa japonica* and *C. petalura* (Decapoda, Thalassinidea). Crustaceana, 74(9): 937-949.

Sakai K. 2002. Callianassidae (Decapoda, Thalassinidea) in the Andaman Sea, Thailand. Phuket Marine Biological Center Special Publication, 23(2): 461-532.

Sakai K. 2006. Upogebiidae of the world (Decapoda, Thalassinidea) // Fransen CHJM and von Vaupel Klein JC. Crustaceana Monographs, Vol. 6. Leiden: Brill: 186.

Sakai K. 2011. Axioidea of the world and a reconsideration of the Callianassoidea (Decapoda, Thalassinidea, Callianassida). // Fransen CHJM and von Vaupel Klein JC. Crustaceana Monographs, Vol. 13. Leiden: Brill: 520.

Sakai T. 1934. Brachyura from the coast of Kyushu, Japan. Science Reports of the Tokyo Bunrika Daigaku, (B) 1(25): 281-330, figs. 1-26, pls. 17-18.

Sakai T. 1938. Studies on the crabs of Japan, III. Brachygnatha, Oxyrhyncha. Tokyo: Yokendo Co.: 193-364, 55 figs, pls. 20-41.

Sakai T. 1939. Studies on the crabs of Japan, IV. Brachygnatha, Brachyrhyncha. Tokyo: Yokendo Co.: 365-741, figs. 1-129, pls. 42-111, table 1.

Sakai T. 1965. The Crabs of Sagami Bay, collected by His Majesty the Emperor of Japan. Tokyo: Maruzen Co.: i-xvi, 1-206 (English text), figs. 1-27, pls. 1-100: 1-92 (Japanese text): 1-26 (references and index in English): 27-32 (index in Japanese), 1 map.

Sakai T. 1976. Crabs of Japan and the Adjacent Seas. Tokyo: Kodansha Ltd. In three volumes: English text: xxix + 773; Japanese Text: 460, Plates volume 16 + 251pls.

Sakai T. 1983. Description of a new genera and species of Japanese crabs, together with systematically and biogeographically interesting species. Researches on Crustacea, 12: 1-44, pls. 1-8.

Sakai K, Miyake, S. 1964. Description of the first zoea of *Laomedia astacina* de Haan (Decapoda, Crustacea). Science Bulletin, Faculty of Agriculture, Kyushu University, 21: 83-87.

Sakai K, Mukai H. 1991. Two species of *Upogebia* from Tokushima, Japan, with a description of a new species, *Upogebia trispinosa* (Crustacea: Decapoda: Thalassinidea). Zoologische Mededelingen (Leiden), 6515-6529: 317-325

Sakai K, Saint Laurent M. 1989. A check list of Axiidae (Decapoda, Crustacea, Thalassinidea, Anomura), with remarks and in addition descriptions of one new subfamily, eleven new genera and two new species. Naturalists, Tokushima Biological Laboratory, Shikoku Women's University, 3: 1-104.

Sakai K, Yatsuzuka K. 1980. Notes on some Japanese and Chinese *Helice* with *Helice* (*Helicana*) n. subgen., including *Helice* (*Helicana*) *japonica* n. sp. (Crustacea: Decapoda). Senckenbergiana biologica, 60(5-6): 393-411, figs 1-19.

Sakamoto T, Hayashi KI. 1977. Prawns and shrimps collected from the Kii Strait by small type trawlers. Bulletin of the Japanese Society of Scientific Fisheries, 43: 1259-1268.

Sandberg L, McLaughlin PA. 1993. Crustacea, Decapoda, Pguridae. Marine Invertebrates of Scandinavia, 10: 1-113.

Schmitt WL. 1926. The Macruran, Anomuran, and Stomatop Crustaceans collected by the American Museum Congo Expedition, 1909-1915. Bulletin of the American Museum of Natural History, 53(1): 1-67, figs. 1-75, pls. I-IX.

Sekiguchi H. 1982. Scavenging amphipods and isopods attacking the spiny lobster caught in a gill-net. Report of the Fisheries Research Laboratory, Mie University, 1: 14-66, pls. 1-4.

Serène R, Romimohtarto K. 1969. Observations on the species of Dorippe from the Indo-Malayan Region. Penelitian Laut Di Indonesia. Marine Research in Indonesia, No. 9: 1-35, pls. 1-6, text-figs. 1-29.

Sha ZL, Liu RY (Liu J. Y.). 2007. Study on Alpheidae (Crustacea: Decapoda) of China seas, genus *Athanas* Leach. Acta Zootaxonomica Sinica, 32(4): 749-755.

Shen CJ. 1930. A new *Scopimera* from North China. Bulletin of the Fan Memorial Institute of Biology, 1(14): 227-233, 2 figs.

Shen CJ. 1931. The Crabs of Hong Kong, Part 1. Hong Kong Naturalist, 2(2): 92-110, 11 figs, pls. 4-10.

Shen CJ. 1932a. The Crabs of Hong Kong, Part 3. Hong Kong Naturalist, 3(1): 32-45, figs. 1-10, pls. 6-9.

Shen CJ. 1932b. The Brachyuran Crustacea of North China. Zoologia Sinica, (A) 9(1): i-x, 1-320, figs. 1-171, pls. 1-10, 1 map.

Shen CJ. 1936. Additions to the fauna of Brachyuran Crustacea of North China. Contributions from the Institute of Zoology, National Academy of Peiping, 3(3): 58-76, 4 text-figs.

Shen CJ. 1937a. On some Account of the Crabs of North China. Bulletin of the Fan Memorial Institute of Biology (Zool.), 7(5): 167-185.

Shen CJ. 1937b. Second Addition to the Fauna of Brachyuran Crustacea of North China, with a check list of the species recorded in this particular region. Contributions from the Institute of Zoology, National Academy of Peiping, 3(6): 277-313.

Shen CJ. 1948. On a collection of crabs from the Shandung Peninsula, with notes some new and rare species. Contributions from the Institute of Zoology, National Academy of Peiping, 4(3): 105-118.

Shen CJ. 1949. Notes on the genera *Blepharipoda* and *Lophomastix* of the family Albuneidae (Crustacea Anomura) with description of a new species, *B. liberata,* from China. Contributions from the Institute of Zoology, National Academy of Peiping, 5(4): 153-170, pls. 14-17.

Shen JR. 1936. Notes on the genus *Polyonyx* (Porcellanidae) with description of a new species. Bulletin of the Fan Memorial Institute of Biology Zoology, Serial 6: 275-286.

Shih HT, Ng PKL, Davie PJF, *et al.* 2016. Systematics of the family Ocypodidae Rafinesque, 1815 (Crustacea: Brachyura), based on phylogenetic relationships, with a reorganization of subfamily rankings and a review of the taxonomic status of Uca Leach, 1814, sensu lato and its subgenera. Raffles Bulletin of Zoology, 64: 139-175.

Song DX, Yang SL. 2009. The fauna of Hebei, China. Shijiazhuang: Hebei Science and Technology Publishing House: 787.

Starobogatov YI. 1972. Penaeidae (Crustacea Decapoda) of the Tonking Gulf. Akademiia Nauk SSSR, Trudy Zoologicheskogo Instituta, 10(18): 359-415 (in Russian).

Stebbing TRR. 1914. South African Crustacea (Part VII. of S. A. Crustacea, for the Marine Investigations in South Africa). Annals of the South African Museum, 15: 1-55, Plates 1-12.

Stebbing TRR. 1921. Some Crustacea of Natal. Annals of the Durban Museum, 3: 12-26, plates 1-5.

Stimpson W. 1857. Prodromus descriptionis animalum evertebratorum, quae in Expeditione ad Oceanum Pacificum Setentrionalem, e Republica Federata missa, C. Ringgold et J. Rodgers Ducibus, Observavit et descripsit, Pars III: Crustacea Maioidea. the Academy of Natural Sciences of Philadelphia, 9(25): 216-222.

Stimpson W. 1858a. Prodromus descriptionis animalium evertebratorum, quae Expeditione ad Oceanum Pacificum Septentrionalem, e Republica Federata missa, Cadwaladaro Ringgold et Johanne Rodgers Ducibus, observavit et descripsit, Pars IV: Crustacea Cancroidea et Corystoidea. the Academy of Natural Sciences of Philadelphia, 10(4): 31-40.

Stimpson W. 1858b. Prodromus descriptionis animalium evertebratorum, quae Expeditione ad Oceanum Pacificum Septentrionalem, a Republica Federata missa, Cadwaladaro Ringgold et Johanne Rodgers Ducibus, observavit et descripsit, Pars IV-VI: Crustacea Ocypodoidea. the Academy of Natural Sciences of Philadelphia, 10(4): 93-110.

Stimpson W. 1858c. Prodromus descriptionis animalium evertebratorum, quae Expeditione ad Oceanum Pacificum Septentrionalem, a Republica Federata missa, Cadwaladaro Ringgold et Johanne Rodgers Ducibus, observavit et descripsit, Pars VI: Crustacea Oxystomata. the Academy of Natural Sciences of Philadelphia, 10(4): 159-163.

Stimpson W. 1860. Crustacea Macrura, Pars VIII of prodromus descriptionis animalium evertebratorum, quae in Expeditione ad Oceanum Pacificum Septentrionalem, a Republica Federata missa, Cadwaladaro Ringgold et Johanne Rodgers Ducibus, observavit et descripsit. the Academy of Natural Sciences of Philadelphia, 1860: 22-47.

Stimpson W. 1874. Notes on North American Crustacea, in the Museum of the Smithsonian Institution No. III. Annals of the Lyceum of Natural History of New York, 10: 92-136.

Stimpson W. 1907. Report on the Crustacea (Brachyura and Anomura) collected by the North Pacific Exploring Expedition, 1853-1856. Smithsonian Miscellaneous Collections, 49: 1-240, 26 pls.

Suzuki H. 1971. On some commensal shrimps found in the western region of Sagami Bay. Researches on Crustacea, 4(5): 1-31.

Suzuki S. 1979. Marine invertebrates in Yamagata Prefecture: 370 (in Japanese).

Takahashi S. 1934. On the land hermit-crabs (Coenobitidae) in Formosa. Transactions of the Natural History Society of Formosa, 24: 506-507 (in Japanese).

Takeda M. 1982. Keys to the Japanese and foreign crustaceans fully illustrated in colour. Tokyo: Hokuryukan: 285 (in Japanese).

Takeda M. 1986. Anomura // Masuda H, Hayashi K, Nakamura K, et al. Marine Invertebrates. Tokyo: Tokai University press: 119-126 (in Japanese).

Takeda M. 1994. Anomura and Brachyura // Okutani T. Seashore animals. Yama Kei field Books 8. Tokyo: Yamato Keikokusha: 222-264 (in Japanese).

Takeda M, Sakai K, Shinomiya S, et al. 2000. Crabs from the Seto Inland Sea, Southern Japan. Memoirs of the National Science Museum, Tokyo, 33: 135-144.

Tattersall WM. 1921. Report on the Stomatopoda and Macrurous Decapoda collected by Mr. Cyril

Crossland in the Sudanese Red Sea. Journal of the Linnean Society of London. Zoology, 34: 345-398.

Terao A. 1913. A catalogue of hermit-crabs found in Japan (Paguridea excluding Lithodidae), with descriptions of four new species. Annotationes Zoologicae Japonenses, 8: 355-391.

Tesch JJ. 1917. Synopsis of the genera Sesarma, Metasesarma, Sarmatium, and Clistocoeloma, with a key to the determination of the Indo-Pacific species. Zoologische Mededeelingen, Leyden, 3(2-3): 127-260, 8 figs., pls. 15-17.

Thallwitz J. 1891. Uber einige neue Indo-Pacifische Crustaceen (Vorlaufige Mittheilung). Zoologicher Anzeiger, 14: 96-103.

Thallwitz J. 1892. Decapoden-Studien insbesondere basirt auf A. B. Meyer's sammlungen im Ostin-dischen Archipel, nebst einer Aufzahlung der Decapoden und Stomatopoden des Dredener Museums. Abhandlungen und Berichte des Königlichen Zoologischen und Anthropologisch, 1890-1891(3): 1-55. pl. 1.

Tirmizi NM. 1971. *Marsupenaeus*, a new subgenus of *Penaeus* Fabricius, 1798 (Decapoda, Natantia). Pakistan Journal of Zoology, 3: 193-194.

Tirmizi NM, Siddiqui FA. 1982. The marine fauna of Pakistan, 1: hermit crabs (Crustacea, Anomura). University Grants Commission: 103.

Tiwari K. 1963. Alpheid shrimps (Crustacea: Decapoda: Alpheidae) of Vietnam. Annales de la Faculté des Sciences de Saigon, 2: 269-362, 1 table, 32 figs.

Tudge CC, Poore GCB, Lemaitre R. 2000. Preliminary phylogenetic analysis of generic relationships within the Callianassidae and Ctenochelidae (Decapoda: Thalassinidea: Callianassoidea). Journal of Crustacean Biology, 20(2): 129-149.

Urita T. 1921. Studies on the shrimps and their distribution in Kagoshima Prefecture. Dobutsugaku Zasshi, 33: 214-220.

Urita T. 1926. On macrurous and brachyurous crustaceans from Tsingtao. Zoological Magazine, 38: 421-438.

Urita T. 1934. A new crab of the family Albuneidae from Saghalien. Dobutsugaku Zasshi, 46(546): 149-154.

Urita T. 1942. Decapod crustaceans from Saghalien, Japan. Bulletin of the Biogeographical Society, Tokyo, 12: 1-78, 16 text-figs.

Utinomi H. 1956. Coloured Illustrations of Seashore Animals of Japan. Osaka: Hoikusha: i-xvii, 1-168.

Vinogradov LG. 1950. Opredelitel'krevetok, rakov i krabov Dal'nego Vostoka. [A key to the shrimps, lobsters and crabs of the Far East.] Izvestiya Tikhookeanskogo Nauchno-Issledovatel'skogo Instituta Rbnogo Khozyaistvai Okeanografii, 33: 179-358.

Von Siebold PF. 1824. De Historiae naturalis in Japonia statu, nec non de augmento emolumentisque in decursu perscrutationum exspectandis dissertatio, cui accedunt Spicilegia Fauna Japoniccae, Bataviae: 1-16.

Wang FZ. 1991. Anomura // Dong Y. Fauna of Zhejiang. Zhejiang: Zhejiang Science and Technology: 221-280 (in Chinese).

Wang FZ. 1992. Studies on the hermit crabs fauna of China (Crustacea, Anomura). Donghai Marine Science, 10: 59-63 (in Chinese with English summary).

Wang FZ. 1994. Anomura // Huang Z. Marine species and their distributions in China's seas. Beijing: China Ocean Press: 568-576.

Wang YR, Sha ZL. 2017. The caudal appendix as an important character to identify different species in the genus *Stenalpheops* (Crustacea: Decapoda: Alpheidae). Crustaceana, 90(13): 1615-1640.

Wardiatno Y, Tamaki A. 2001. Bivariate discriminant analysis for the identificaton of *Nihonotrypaea japonica* and *N. hardmani* (Decapoda: Thalassinidea: Callianassidae). Journal of Crustacean Biology, 21(4): 1042-1048.

Weber F. 1795. Nomenclator entomologicus secundum entomologiam systematicam ill. Chilonii et Hamburgi: Fabricii adjectis speciebus recens detectis et varietatibus: viii, 172.

White A. 1846. Notes on four new genera of *Crustacea*. Annals and Magazine of Natural History, London, (1) 18: 176-178, figs. 1-3, pl. 2.

Williams RJ, Griffiths FB, Wal EJ, *et al*. 1988. Cargo vessel ballast water as a vector for the transport of non-indigenous marine species. Estuarine, Coastal and Shelf Science, 26(4), 409-420.

Wood-Mason J, Alcock A. 1891. Natural history notes from H. M. Indian Marine Survey Steamer "Investigator". Annals and Magazine of Natural History, 6(8): 269-286.

Xu P, Li XZ. 2015. Report on the Hippolytidae Bate (*sensu lato*) from China seas. Zoological Systematics, 40(2): 107-165.

Yaldwyn JC, Wear RG. 1972. The Eastern Australia, burrowing mud-shrimp *Laomedia healyi* (Crustacea, Macrura Reptantia, Laomediidae) with notes on the larvae of the genus *Laomedia*. Australian Zoologist, 17(2): 126-141, pls. 6, 7.

Yamaguchi T, Baba K. 1993. Crustacean specimens collected in Japan by Ph. F von Siebold and H Bürger and held by the National Natuurhistorisch Museum in Leiden and other museums. Ph. F von Siebold and Natural History of Japan, Crustacea. Tokyo: The Carcinological Society of Japan: 145-570.

Yamaguchi T, Takeda M, Tokudome K. 1976. A list of crabs collected in the vicinity of the Aitsu Marine Biological Station and a preliminary report on the cheliped asymmetry of the crabs. Calanus, 5: 31-46, 2 tabs.

Yang HJ, Kim JN. 2005. New record of *Heptacarpus jordani* (Crustacea: Decapoda: Hippolytidae) from Korea and redescription of *Heptacarpus geniculatus*. The Korean Journal of Systematic Zoology, 21(1): 11-19, figs. 1-2.

Yang SL, Sun DX. 2005. The Porcellanidae (Crustacea: Anomura) of the Hainan Island, China with Description of a new species. Natural Sciences and Museums, 1: 1-30.

Yap-Chiongco JV. 1938. The littoral Paguridea in the collection of the University of the Philippines. Philippine Journal of Science, 66: 183-219.

Yokoya Y. 1927. Notes on two alpheoid shrimps from Japan. Journal of the College of Agriculture, Tokyo Imperial University, 9: 171-176, Plate 7.

Yokoya Y. 1928. Report on the biological survey of Mutsu Bay, No. 10: Brachyura and crab-shaped Anomura. Science Reports of the Tôhoku Imperial University Sendai, Series 4, 3(4): 757-784, figs. 1-8.

Yokoya Y. 1930. Report of the Biological Survey of Mutsu Bay, 16: Macrura of Mutsu Bay. Science Reports of the Tohoku Imperial University, Series 4, 5(3): 525-548, figs. 1-5, pl. 16.

Yokoya Y. 1933. On the distribution of decapod crustaceans inhabiting the cotinental shelf around Japan, chiefly based upon the material collected by SS Soyo-Maru. Journal of the College of Agriculture, Tokyo Imperial University, 12: 1-226, figs. 1-71.

Yokoya Y. 1936. Some rare and new species of decapod crustaceans found in the vicinity of the Misaki marine biological station. Japanese Journal of Zoology, 7: 129-146.

Yokoya Y. 1939. Macrura and Anomura of Decapod Crustacea found in the neighbourhood of Onagawa, Miyagi-ken. The Science Reports of the Tokohu Imperial University, Series 4, 14: 261-289.

Yoshida H (吉田裕). 1941. 朝鲜附近海产有用虾类. 水产试验场报告, 7: 1-36.

Yu HP, Foo KY. 1991. Hermit crabs of Taiwan. Taipei: S. C. Publishing Inc.: 78.

Yü SC. 1930. Notes sur les crevettes chinoses appartenant au genre Leander Desm.Avec description de nouvelles especes. Bulletin de la Société Zoologique de France, 55: 553-573, figs. 1-4.

Yü SC. 1931. Note sur les crevettes chinoses appartenant an genre *Palaemon* Fabr.Avec description de nouvelles espece. Bulletin de la Société Zoologique de France, 56: 269-288, figs. 1-4.

Yü SC. 1931a. Description de deux nouvelles crevettes de Chine. Bulletin du Museum National d'Histoire (Paris), 3(6): 513-516.

Yü SC. 1935a. Sur les crevettes chinoises appartenant au genre *Crangon* (*Alpheus*) avec descriptions de nouvelles espèces. The Chinese Journal of Zoology, 1935, 1: 55-67.

Yü SC. 1935b. On the Chinses Penaeidea. Bulletin of the Fan Memorial Institute of Biology Zoology Serial, 6(2): 161-173.

Yü SC. 1936a. Notes on new freshwater prawns of the genus *Palaemon* from Yunnan. Bulletin of the Fan Memorial Institute of Biology Zoology Serial, 6(6): 305-314.

Yü SC. 1936b. Report on the macrurous Crustacea collected during the Hainan Biological Expedition in 1934. The Chinese Journal of Zoology, 2: 85-100.

Zarenkov NA. 1965. Revision of the genus *Crangon* Fabricius and *Sclerocrangon* G. O. Sars (Decapoda, Crustacea). Zooloqicheskii Zhurnal, 44: 1761-1775.

Zhang ZQ. 2011. Animal biodiversity: an outline of higher-level classification and survey of taxonomic richness. Zootaxa, 3148: 1-237.

英 文 摘 要
(Abstract)

Marine Benthic Crustacea from Jiaozhou Bay
and Qingdao Adjacent Waters (2)

Sha Zhong-Li, Jiang Wei, Ren Xian-Qiu & Wang Yong-Liang
(Institute of Oceanology, Chinese Academy of Sciences)

This is the second part of *Marine Benthic Crustacea from Jiaozhou Bay and Qingdao Adjacent waters*. It is a continuity of the first part. The waters are situated in the middle of Shandong peninsula, along the South Yellow Sea coast of China.

In this part, 152 species of Decapoda (Crustacea) belonging to 43 families and 90 genera are given. These materials are deposited in the Institute of Oceanology, Chinese Academy of Sciences.

List of the species in the part:

Suborder Dendrobranchiata Bate, 1888
    Superfamily Penaeoidea Rafinesque-Schmaltlz, 1815
        一、 **Family Penaeidae Rafinesque, 1815**
          (一) Genus *Fenneropenaeus* Pérez-Farfante, 1969
            1. *Fenneropenaeus chinensis* (Osbeck, 1765)
          (二) Genus *Litopenaeus* Pérez-Farfante, 1969
            2. *Litopenaeus stylirostris* (Stimpson, 1874)
            3. *Litopenaeus vannamei* (Boone, 1931)
          (三) Genus *Marsupenaeus* Tirmizi, 1971
            4. *Marsupenaeus japonicus* (Bate, 1888)
          (四) Genus *Metapenaeopsis* Bouvier, 1905
            5. *Metapenaeopsis dalei* (Rathbun, 1902)
          (五) Genus *Metapenaeus* Wood-Mason *et* Alcock, 1891
            6. *Metapenaeus joyneri* (Miers, 1880)
          (六) Genus *Parapenaeopsis* Alcock, 1901

30. *Heptacarpus geniculatus* (Stimpson, 1860)

31. *Heptacarpus pandaloides* (Stimpson, 1860)

32. *Heptacarpus rectirostris* (Stimpson, 1860)

（十四）Genus *Latreutes* Stimpson, 1860

33. *Latreutes anoplonyx* Kemp, 1914

34. *Latreutes laminirostris* Ortmann, 1890

35. *Latreutes planirostris* (De Haan, 1844)

（十五）Genus *Lysmata* Risso, 1816

36. *Lysmata vittata* (Stimpson, 1860)

五、**Family Ogyrididae Holthuis, 1955**

（十六）Genus *Ogyrides* Kemp, 1915

37. *Ogyrides orientalis* (Stimpson, 1860)

Superfamily Crangonoidea Haworth, 1825

六、褐虾科 **Family Crangonidae Haworth, 1825**

（十七）Genus *Crangon* Fabricius, 1798

38. *Crangon cassiope* De Man, 1906

39. *Crangon hakodatei* Rathbun, 1902

40. *Crangon uritai* Hayashi *et* Kim, 1999

（十八）Genus *Syncrangon* Kim *et* Hayashi, 2003

41. *Syncrangon angusticauda* (De Haan, 1849)

Superfamily Palaemonoidea Rafinesque, 1815

七、**Family Palaemonidae Rafinesque, 1815**

（十九）Genus *Exopalaemon* Holthuis, 1950

42. *Exopalaemon carinicauda* (Holthuis, 1950)

43. *Exopalaemon modestus* (Heller, 1862)

（二十）Genus *Macrobrachium* Bate, 1868

44. *Macrobrachium nipponense* (De Haan, 1849)

45. *Macrobrachium rosenbergii* (De Man, 1879)

（二十一）Genus *Palaemon* Weber, 1795

46. *Palaemon gravieri* (Yu, 1930)

47. *Palaemon macrodactylus* Rathbun, 1902

48. *Palaemon ortmanni* Rathbun, 1902

49. *Palaemon serrifer* (Stimpson, 1860)

50. *Palaemon tenuidactylus* Liu, Liang *et* Yan, 1990

Superfamily Pasiphaeoidea Dana, 1852

八、**Family Pasiphaeidae Dana, 1852**

（二十二）Genus *Leptochela* Stimpson, 1860

62. *Pisidia serratifrons* (Stimpson, 1858)

（三十一）Genus *Polyonyx* Stimpson, 1858

63. *Polyonyx sinensis* Stimpson, 1858

（三十二）Genus *Porcellana* Lamarck, 1801

64. *Porcellana pulchra* Stimpson, 1858

（三十三）Genus *Raphidopus* Stimpson, 1858

65. *Raphidopus ciliatus* Stimpson, 1858

Superfamily Hippoidea Latreille, 1825

十六、Family Blepharipodidae Boyko, 2002

（三十四）Genus *Blepharipoda* Randall, 1839

66. *Blepharipoda liberata* Shen, 1949

（三十五）Genus *Lophomastix* Bendict, 1904

67. *Lophomastix japonica* (Durufle, 1889)

Superfamily Paguroidea Latreille, 1802

十七、Family Diogenidae Ortmann, 1892

（三十六）Genus *Clibanarius* Dana, 1852

68. *Clibanarius infraspinatus* (Hilgendorf, 1869)

（三十七）Genus *Diogenes* Dana, 1851

69. *Diogenes deflectomanus* Wang *et* Tung, 1980

70. *Diogenes edwardsii* (De Haan, 1849)

71. *Diogenes nitidimanus* Terao, 1913

72. *Diogenes paracristimanus* Wang *et* Dong, 1977

73. *Diogenes rectimanus* Miers, 1884

十八、Family Paguridae Latreille, 1802

（三十八）Genus *Pagurus* Fabricius, 1776

74. *Pagurus conformis* De Haan, 1849

75. *Pagurus filholi* (De Man, 1887)

76. *Pagurus japonicus* (Stimpson, 1858)

77. *Pagurus lanuginosus* De Haan, 1849

78. *Pagurus minutus* Hess, 1865

79. *Pagurus ochotensis* Brandt, 1851

80. *Pagurus pectinatus* (Stimpson, 1858)

Infraorder Brachyura Latreille, 1803

Superfamily Dromiidea De Haan, 1833

十九、Family Dromiidae De Haan, 1833

（三十九）Genus *Paradromia* Balss, 1921

81. *Paradromia sheni* (Dai *et al.*, 1981)

Superfamily Calappoidea De Haan, 1833

二十、**Family Matutidae De Haan, 1833**

(四十) Genus *Matuta* Weber, 1795

82. *Matuta planipes* Fabricius, 1798

Superfamily Cancroidea Gill, 1894

二十一、**Family Cancridae Latreille, 1802**

(四十一) Genus *Glebocarcinus* Nations, 1975

83. *Glebocarcinus amphioetus* (Rathbun, 1898)

Superfamily Dorippoidea MacLeay, 1838

二十二、**Family Dorippidae MacLeay, 1838**

(四十二) Genus *Heikeopsis* Ng *et al.*, 2008

84. *Heikeopsis japonica* (Von Siebold, 1824)

(四十三) Genus *Paradorippe* Serène *et* Romimohtarto, 1969

85. *Paradorippe granulata* De Haan, 1841

86. *Paradorippe cathayana* Manning *et* Holthuis, 1986

Superfamily Eriphioidea MacLeay, 1838

二十三、**Family Menippidae Ortmann, 1893**

(四十四) Genus *Sphaerozius* Stimpson, 1858

87. *Sphaerozius nitidus* Stimpson, 1858

Superfamily Eriphioidea MacLeay, 1838

二十四、**Family Euryplacidae Stimpson, 1871**

(四十五) Genus *Eucrate* De Haan, 1835

88. *Eucrate crenata* (De Haan, 1835)

二十五、**Family Goneplacidae MacLeay, 1838**

(四十六) Genus *Entricoplax* Castro, 2007

89. *Entricoplax vestita* (De Haan, 1835)

Superfamily Leucosioidea Samouelle, 1819

二十六、**Family Leucosiidae Samouelle, 1819**

(四十七) Genus *Arcania* Leach, 1817

90. *Arcania globata* Stimpson, 1858

91. *Arcania undecimspinosa* De Haan, 1841

(四十八) Genus *Nursia* Leach, 1817

92. *Nursia rhomboidalis* (Miers, 1879)

(四十九) Genus *Philyra* Leach, 1817

93. *Philyra carinata* Bell, 1855

94. *Philyra pisum* De Haan, 1841
Superfamily Majoidea Samouelle, 1819
　二十七、Family Hymenosomatidae MacLeay, 1938
　　（五十）Genus *Halicarcinus* White, 1846
　　　95. *Halicarcinus setirostri*s Stimpson, 1858
　　（五十一）Genus *Neohynchopax* Sakai, 1938
　　　96. *Neorhynchoplax sinensis* (Shen, 1932)
　二十八、Family Epialtidae MacLeay, 1838
　　（五十二）Genus *Pugettia* Dana, 1851
　　　97. *Pugettia quadridens* (De Haan, 1839)
　　（五十三）Genus *Hyastenus* White, 1847
　　　98. *Hyastenus pleione* (Herbst, 1803)
　　（五十四）Genus *Scyra* Dana, 1851
　　　99. *Scyra compressipes* Stimpson, 1857
　二十九、Family Inachidae MacLeay, 1838
　　（五十五）Genus *Achaeus* Leach, 1817
　　　100. *Achaeus tuberculatus* Miers, 1879
Superfamilv Orithyoidea Dana, 1852
　三十、Family Orithyiidae Dana, 1852
　　（五十六）Genus *Orithyia* Fabricius, 1798
　　　101. *Orithyia sinica* (Linnaeus, 1771)
Superfamily Parthenopoidea MacLeay, 1838
　三十一、Family Parthenopidae MacLeay, 1838
　　（五十七）Genus *Enoplolambrus* A. Milne-Edwards, 1878
　　　102. *Enoplolambrus validus* (De Haan, 1837)
Superfamily Pilumnoidea Samouelle, 1819
　三十二、Family Galenidae Alcock, 1898
　　（五十八）Genus *Parapanope* De Man, 1895
　　　103. *Parapanope euagora* De Man, 1895
　三十三、Family Pilumnidae Samouelle, 1819
　　（五十九）Genus *Pilumnus* Leach, 1816
　　　104. *Pilumnus spinulus* Shen, 1932
　　　105. *Pilumnus tuantaoensis* Shen, 1948
　　　106. *Pilumnus minutus* De Haan, 1835
　　（六十）Genus *Pilumnopeus* A. Milne-Edwards, 1863
　　　107. *Pilumnopeus makiana* (Rathbun, 1931)

(六十一) Genus *Heteropilumnus* De Man, 1895

    108. *Heteropilumnus ciliatus* (Stimpson, 1858)

(六十二) Genus *Typhlocarcinops* Rathbun, 1909

    109. *Typhlocarcinops canaliculata* Rathbun, 1909

Superfamily Portinoidea Rafinesque, 1815

    三十四、Family Portunidae Rafinesque, 1815

(六十三) Genus *Portunus* Weber, 1795

    110. *Portunus trituberculatus* (Miers, 1876)

(六十四) Genus *Charybdis* De Haan, 1833

    111. *Charybdis* (*Charybdis*) *japonica* (A. Milne-Edwards, 1861)

    112. *Charybdis* (*Gonioneptunus*) *bimaculata* (Miers, 1886)

Superfamily Xanthoidea MacLeay, 1838

    三十五、Family Xanthidae MacLeay, 1838

(六十五) Genus *Gaillardiellus* Guinot, 1976

    113. *Gaillardiellus orientalis* (Odhner, 1925)

(六十六) Genus *Macromedaeus* Ward, 1942

    114. *Macromedaeus distinguendus* (De Haan, 1835)

Superfamily Grapsoidea MacLeay, 1838

    三十六、Family Sesarmidae Dana, 1851

(六十七)Genus *Chiromantes* Gistel, 1848

    115. *Chiromantes haematocheir* (De Haan, 1835)

(六十八)Genus *Parasesarma* De Man, 1895

    116. *Parasesarma pictum* (De Haan, 1835)

    117. *Parasesarma affine* (De Haan, 1837)

    三十七、Family Varunidae H. Milne-Edwards, 1853

(六十九) Genus *Asthenognathus* Stimpson, 1858

    118. *Asthenognathus inaequipes* Stimpson, 1858

(七十) Genus *Eriocheir* De Haan, 1835

    119. *Eriocheir sinensis* H. Milne-Edwards, 1853

(七十一) Genus *Neoeriocheir* Sakai, 1983

    120. *Neoeriocheir leptognathus* (Rathbun, 1913)

(七十二) Genus *Hemigrapsus* Dana, 1851

    121. *Hemigrapsus sanguineus* (De Haan, l835)

    122. *Hemigrapsus penicillatus* (De Haan, l835)

    123. *Hemigrapsus longitarsis* (Miers, 1879)

    124. *Hemigrapsus sinensis* Rathbun, 1931

（七十三）Genus *Gaetice* Gistel, 1848

125. *Gaetice depressus* (De Haan, 1833)

（七十四）Genus *Helice* De Haan, 1833

126. *Helice tientsinensis* Rathbun, 1931

（七十五）Genus *Helicana* Sakai *et* Yatsuzuka, 1980

127. *Helicana wuana* (Rathbun, 1931)

Superfamily Ocypodoidea Rafinesque, 1815

三十八、Family Camptandriidae Stimpson, 1858

（七十六）Genus *Camptandrium* Stimpson, 1858

128. *Camptandrium sexdentatum* Stimpson, 1858

（七十七）Genus *Cleistostoma* De Haan, 1835

129. *Cleistostoma dilatatum* (De Haan, 1835)

（七十八）Genus *Deiratonotus* Manning *et* Holthuis, 1981

130. *Deiratonotus cristatum* (De Man, 1895)

三十九、Family Dotillidae Stimpson, 1858

（七十九）Genus *Scopimera* De Haan, 1833

131. *Scopimera globosa* (De Haan, 1835)

132. *Scopimera longidactyla* Shen, 1932

133. *Scopimera bitympana* Shen, 1930

（八十）Genus *Ilyoplax* Stimpson, 1858

134. *Ilyoplax dentimerosa* Shen, 1932

135. *Ilyoplax deschampsi* (Rathbun, 1913)

136. *Ilyoplax pingi* Shen, 1932

四十、Family Macrophthalmidae Dana, 1851

（八十一）Genus *Macrophthalmus* Desmarest, 1823

137. *Macrophthalmus abbreviatus* Manning *et* Holthuis, 1981

138. *Macrophthalmus* (*Mareolis*) *japonicus* (De Haan, 1835)

（八十二）Genus *Tritodynamia* Ortmann, 1894

139. *Tritodynamia rathbunae* Shen, 1932

140. *Tritodynamia horvathi* Nobili, 1905

四十一、Family Ocypodidae Rafinesque, 1815

（八十三）Genus *Ocypode* Weber, 1795

141. *Ocypode stimpsoni* Ortmann, 1897

（八十四）Genus *Tubuca* Bott, 1973

142. *Tubuca arcuata* (De Haan, 1835)

四十二、Family Xenophthalmidae Stimpson, 1858

(八十五) Genus *Xenophthalmus* White, 1846

143. *Xenophthalmus pinnotheroides* White, 1846

Superfamily Pinnotheroidea De Haan, 1833

四十三、Family Pinnotheridae De Haan, 1833

(八十六) Genus *Acrotheres* Manning, 1993

144. *Arcotheres sinensis* (Shen, 1932)

(八十七) Genus *Pinnaxodes* Heller, 1865

145. *Pinnaxodes major* Ortmann, 1894

(八十八) Genus *Pinnotheres* Latreille, 1802

146. *Pinnotheres pholadis* De Haan, 1835

147. *Pinnotheres dilatatus* Shen, 1932

148. *Pinnotheres haiyangensis* Shen, 1932

149. *Pinnotheres tsingtaoensis* Shen, 1932

(八十九) Genus *Pinnixa* White, 1846

150. *Pinnixa penultipedalis* Stimpson, 1858

151. *Pinnixa tumida* Stimpson 1858

(九十) Genus *Sakaina* Serène, 1964

152. *Sakaina japonica* Serène, 1964

中 名 索 引

学 名 索 引

作者（从左到右）：蒋维，王永良，任先秋，沙忠利